U0151333

电网设备材料检测技术

总主编　　骆国防

电网设备射线检测技术与应用

主　编　骆国防

副主编　张武能　何晓东　虞鸿江

田　江　李义彬

上海交通大學出版社

SHANGHAI JIAO TONG UNIVERSITY PRESS

内容提要

本书共7章，主要内容包括射线检测概述、射线检测的物理基础、射线照相检测技术、射线数字成像检测技术、计算机层析成像检测技术、其他射线检测技术（如高能射线照相检测技术、中子射线照相检测技术、胶片扫描成像检测技术、康普顿散射成像检测技术、X射线表面残余应力测试技术、射线测厚技术）和辐射防护等内容。

本书着重从目前电网行业中采用的各种射线检测技术的检测原理、检测设备及器材、检测工艺、典型案例等方面进行全面而系统地讲解。本书知识覆盖面广，通俗易懂，实用性强，可供电力系统从事射线检测的工程技术人员和管理人员学习及培训使用，也可供其他行业从事射线检测工作的相关人员、大专院校相关专业的师生阅读参考。

图书在版编目(CIP)数据

电网设备射线检测技术与应用/骆国防主编. —上海:上海交通大学出版社,2022.10

ISBN 978-7-313-26782-5

Ⅰ.①电… Ⅱ.①骆… Ⅲ.①电网—电力设备—X射线探测 Ⅳ.①TM4

中国版本图书馆CIP数据核字(2022)第072873号

电网设备射线检测技术与应用

DIANWANG SHEBEI SHEXIAN JIANCE JISHU YU YINGYONG

主　　编：骆国防
出版发行：上海交通大学出版社　　地　　址：上海市番禺路951号
邮政编码：200030　　电　　话：021-64071208
印　　制：上海新艺印刷有限公司　　经　　销：全国新华书店
开　　本：710mm×1000mm　1/16　　印　　张：19.25
字　　数：372千字
版　　次：2022年10月第1版　　印　　次：2022年10月第1次印刷
书　　号：ISBN 978-7-313-26782-5
定　　价：78.00元

编　委　会

主　编　骆国防

副主编　张武能　何晓东　虞鸿江　田　江　李义彬

参　编　夏纪真　袁英豪　李正利　钟黎明　马君鹏
刘高飞　周志源　夏福勇　刘荣海　谢　亿
岳贤强　张　强　张佩铭　曹先慧　陈君平
郭振华　王　琦　李　波　章有为　陈振堂

前　言

无损检测是在现代科学基础上产生和发展的检测技术，是指在不损坏检测对象的前提下，以物理或化学方法为手段，借助一定的设备器材，按照规定的技术要求，对检测对象的内部及表面的结构、性质或状态进行检查和测试，并对结果进行分析和评价。根据检测原理、检测方式和信息处理技术的不同，无损检测有多种分类，除了比较常见的射线检测、超声检测、磁粉检测、渗透检测、涡流检测五大常规检测方法外，还有厚度测量、目视检测及太赫兹波检测等。其中，根据所能检测缺陷的位置，又可把磁粉检测、渗透检测、涡流检测、目视检测等统称为表面检测。随着科技水平的不断发展，每种检测方法又衍生和发展出一些新的检测技术，如射线检测，在工业领域目前就已经形成了由射线照相技术（radiography）、射线实时成像技术（radioscopy）、射线层析成像技术（tomography）等构成的比较完整的射线无损检测技术系统，且绝大部分技术都在电网不同设备如气体绝缘金属封闭开关（GIS）、母线导电杆、隔离开关触头、瓷柱式断路器、电力电缆、输电线路耐张线夹、变压器绝缘纸板、电气设备管道焊缝等中得到了比较广泛和成熟的应用。

为了更好开展电网设备金属及材料检测专业工作，我们于 2019—2024 年连续 6 年组织电网系统内、外的权威专家，全专业、成体系、多角度架构和编写了电网设备金属及材料检测技术方面的系列书籍：《电网设备金属材料检测技术基础》《电网设备金属检测实用技术》《电网设备超声检测技术与应用》《电网设备射线检测技术与应用》《电网设备表面检测技术与应用》《电网设备厚度测量技术与应用》《电网设备太赫兹检测技术与应用》。其中，《电网设备金属材料检测技术基础》是系列书籍的理论基础，由上海交通大学出版社出版，全书共 8 章，包括电网设备概述、材料学基础、焊接技术、缺陷种类及形成、理化检验、无损检测、腐蚀检测及表面防护、失效分析等;《电网设备金属检测实用技术》则是《电网设备金属材料检测技术基础》中所讲解的“理化检验、无损检测、腐蚀检测及表面防护”等检测方法、检测技术总揽,由中国电力出版社出版,全书共15章,包括电网设备金属技术监督概述及光谱检测、金相检测、力学性能检测、硬度检测、射线检测、超声检测、磁粉检测、渗透检测、涡流检测、厚度测量、盐雾试验、晶间(剥层)腐蚀试验、应力腐蚀试验、涂层性能检测14大类金属材料检测实用技术。

《电网设备射线检测技术与应用》作为详细阐释《电网设备金属检测实用技术》中14大类检测技术之一的射线检测技术专业书籍,由上海交通大学出版社出版,全书共7章,内容包括射线检测概述、射线检测的物理基础、射线照相检测技术、射线数字成像检测技术、计算机层析成像检测技术、其他射线检测技术(如高能射线照相检测、中子射线照相检测、胶片扫描成像检测、康普顿散射成像检测、X射线表面残余应力测试、射线测厚)及辐射防护等。本书在讲解各种射线检测技术基本知识、检测设备及器材的基础上,结合电网设备射线检测技术及应用特点,对射线检测的流程(即通用检测工艺)进行了规范、统一,并辅以实际典型案例进行讲解,进一步提高专业技术人员的实际操作水平和对缺陷的判断、分析能力。

本书由国网上海市电力公司电力科学研究院高级工程师骆国防担任主编并负责全书的编写、统稿、审核,国网河南省电力公司电力科学研究院高级工程师张武能、江苏迪业检测科技有限公司高级工程师何晓东、云南电网有限责任公司电力科学研究院高级工程师虞鸿江、江苏海达电气有限公司高级工程师田江、丹东奥龙射线仪器集团有限公司高级工程师李义彬等共同担任副主编。本书第1章射线检测概述,由骆国防、国网山西省电力公司电力科学研究院钟黎明编写;第2章射线检测的物理基础,由骆国防、张武能编写;第3章射线照相检测技术,由骆国防、张武能编写;第4章射线数字成像检测技术,由张武能、北京理工大学珠海学院夏纪真、骆国防、虞鸿江、江苏方天电力技术有限公司马君鹏编写;第5章计算机层析成像检测技术,由虞鸿江、刘荣海编写;第6章其他射线检测技术,由骆国防、国网山东省电力公司电力科学研究院李正利、张武能编写;第7章辐射防护,由骆国防编写。

本书在撰写过程中参考了大量文献及相关标准，在此对其作者表示衷心感谢，同时也感谢上海交通大学出版社和编者所在单位给予的大力支持。

限于时间和作者水平，书中不足之处，敬请各位同行和读者批评指正。

国网上海市电力公司电力科学研究院
华东电力试验研究院有限公司　骆国防

2021 年 09 月于上海

目　　录

第 1 章　射线检测概述

1.1　射线检测的发展历程

1836 年，英国科学家法拉第(Michael Faraday)发现了一种在稀薄气体中的放电辉光，根据产生的电源极性，后世将这种绚丽辉光命名“阴极射线”。

1861 年，英国科学家克鲁克斯(William Crookes)发现对阴极射线管进行通电并放电时，会产生亮光。由于当时实验室条件一般，克鲁克斯没有拍摄到有用信息，最后放弃了进一步研究。

1895 年 11 月，德国物理学家伦琴(Wilhelm Konrad Röntgen)使用克鲁克斯阴极射线管做通电实验，通过包裹黑纸的方式控制射线管发出一束窄缝光，发现该方法能够激发亚铂氰化钡荧光屏发出荧光。随后，伦琴又使用厚书、几厘米厚的木板或硬橡胶来测试光束的穿透性，发现仍能看到荧光。伦琴用这种特殊的穿透射线拍摄了他夫人手部骨骼的照片，引起了轰动效应。他递交了研究报告《一种新射线—初步报道》，将这种射线命名为 X 射线，随后又发表了《论一种新型的射线》《关于 X 射线的进一步观察》等论文，并因此获得了 1901 年的诺贝尔物理学奖。

1896 年，英国伦敦的坎佩尔·斯温顿和美国耶鲁大学的亚瑟·赖特分别使用 X 射线透视检测金属材料和钢板焊缝，都成功地检测出金属及焊缝内部缺陷，从此开启了射线检测时代。

1912—1913 年，美国通用电气研究员考林杰(William David Coolidge)发明了热阴极管(真空 X 射线管)。该热阴极管能提供可靠的电子束，改善了射线的线质和穿透性，避免了早期克鲁克斯阴极射线管的不稳定性缺点。热阴极发射的电子在经过几万伏特到几十万伏特的加速后，产生高能射线，从而缩短了底片曝光时间。这种热阴极射线管通过后世的不断改进，一直沿用至今。

1933 年，美国通用电气开始商业售卖 X 射线设备，高能射线能量达到 1 MeV，后续升级到 2 MeV，开启了第一代工业超高能 X 射线检测设备时代。1941 年，凯斯特(D. W. Kerest)研发了电子回旋加速器，将高能射线能量提升到 4.5 MeV，但是由于该设备复杂、造价高、X射线强度低，限制了其应用范围。20世纪50年代，美国瓦里安(Varian)公司和英国Dynamics公司发布了最高能量达25 MeV的电子直线加速器，与电子回旋加速器相比较，直线加速器体积小，产生的X射线强度大，更加适用于工业射线照相。

1925年，帕衣龙(Pilon)与拉卜特(Laborde)发表了一篇有关γ射线检测汽轮机铸件内部缺陷的报告，开启了γ射线用于无损检测的时代。1952—1953年，英国哈维尔原子能研究中心(AERE Harwell)推出人造放射性同位素源，取代了昂贵天然放射源。最早的人造γ射线源是钽(^{182}Ta)，半衰期为115天，后续被人造钴(^{60}Co)取代，其拍摄的底片质量与钽源底片质量相似，半衰期达到5.3年，但能谱只适用于透照厚度50 mm以上厚钢试件。同年，铱(^{192}Ir)源开始在英国和美国使用，该γ射线源的能谱范围为0.13～0.89 MeV，主能谱为0.31 MeV和0.47 MeV，半衰期为74天，适用透照钢厚度范围为10～100 mm。1994年，德国推出硒(^{75}Se)源，其透照钢的厚度范围为4～30 mm，主能谱为0.18 MeV、0.24 MeV和0.4 MeV，半衰期为118天。截至2021年，金属射线检测主要使用的还是^{192}Ir和^{60}Co放射性同位素源。

1922年，美国水城兵工厂设计并建造了第一个工业用射线成像检测实验室。早期的射线成像检测利用X射线荧光检测系统，它采用荧光屏将X射线照相的强度分布转换为可见图像，因图像亮度低、颗粒粗和对比度低等缺点未得到普及。直到20世纪70年代，科研人员通过采用图像增强器代替荧光屏，引入数字图像处理技术改进图像质量，才使得工业射线实时成像得到了广泛的应用。

1966年，计算机射线照相(computed radiography, CR)发明于美国，主要由磷光成像板(IP板)、读出装置(系统扫描器)、计算机软件和射线机等硬件组成。其刚开始被用于第三代照相排字机，到了20世纪80年代开始用于医学，直到1990年，R. Halmshaw和N. A. Ridyard在《英国无损检测杂志》上发表论文《数字射线照相方法评述》，宣告数字射线照相时代的到来。

20世纪90年代后期，数字平板射线检测技术逐渐成熟和对外推广，以美国杜邦公司1987年首次生产数字化X射线照相的平板探测器为标志，宣告了DR成像时代到来。该技术能够实现X射线图像数字读出、处理和储存等功能，能够真正意义上实现X射线无损检测自动化。目前该技术分为直接数字化技术的以非晶硒半导体为代表的检测平板和间接数字化技术的以CsI(碘化铯)为代表的非晶硅半导体检测平板。据相关研究结果，当检测精度要求大于200 μm时，非晶硅材料的性能更好。

1963年，美国物理学家科马克(Allan M. Cormack)根据人体组织对X射线阻挡率不同，提出了奠定计算机层析成像(computed tomography, CT)检测理论基础的计算公式。1967年，英国电器与乐器工业有限公司(EMI)的电子工程师亨斯费尔德(Godfrey Newbold Hounsfield)开始了CT扫描装置研究，并于1972年在英国放射学年会上公布了第一台 CT 装置，正式宣告 CT 装置的诞生。1979 年，豪恩斯菲尔德和塔夫斯大学的科马克因为对 CT 技术发展做出的贡献获得了诺贝尔医学奖。自 20 世纪 80 年代以来，世界主要工业先进国家在航空、军事、电力、考古等领域应用 X 射线源或 γ 射线源的 ICT(工业 CT)进行无损检测。

我国从 20 世纪 80 年代初期开始 CT 理论与应用研究，代表单位及研究人员有上海交通大学庄天戈、北京信息工程学院邱佩璋等。20 世纪 90 年代开始，ICT 技术逐步应用于工业无损检测领域。目前，代表单位及研究人员有清华大学康克军、中北大学韩炎以及中科院高能物理研究所、重庆大学工业 CT 无损检测研究中心等高校研究机构。

1.2　射线检测技术在电网中的应用

射线检测(radiographic testing, RT)是无损检测中五大常规检测方法之一。其工作原理：利用射线在穿透物体的过程中会与物质发生相互作用，当物体内部存在不连续性时，透过该部分物质的射线强度也不相同，利用胶片和探测器记录透过物质的不同射线强度，用图像将相互作用的结果等信息显示出来，从而分析、判断被检测物质内部不连续存在的缺陷的基本特性。

射线检测技术分类方法有很多，不同的分类方法包含不同的射线检测技术，比较常见的是把射线检测技术分为射线照相检测技术、射线实时成像检测技术、射线层析检测技术和其他射线检测技术四大类。随着计算机技术和传感器技术的发展，射线实时成像检测技术逐步被射线数字成像检测技术取代，目前，主流的射线数字成像检测技术主要包括计算机射线成像(computed radiography, CR)检测技术、图像增强器实时成像检测技术、数字平板探测器成像(digital radiography detector, DR)检测技术、线阵列扫描成像(linear detector array, LDA)检测技术等。其中，把计算机射线成像(CR)检测技术、图像增强器实时成像检测技术称为间接数字化射线成像检测技术，数字平板探测器成像(DR)检测技术、线阵列扫描成像(LDA)检测技术称为直接数字化射线成像检测技术。射线数字成像检测技术除了间接数字化射线成像检测技术和直接数字化射线成像检测技术外，还包括所谓的后数字化射线成像检测技术，比如胶片扫描成像检测技术，由于是在后期对射线底片进行扫描转换成数字化图像的技术，它与前述四种射线数字成像检测技术还是存在较大的差异，因此，把后数字化射线成像检测技术的胶片扫描成像检测技术放在其他射线检测技术这一章里介绍。

本书除了在主要章节介绍以上提到的电网常用的射线检测技术外，还会在第 6 章(其他射线检测常用技术)中简单介绍高能射线照相检测技术、中子射线照相检测技术、胶片扫描成像检测技术、康普顿散射成像检测技术、X 射线表面残余应力测试技术、射线测厚技术等内容。

1）射线照相检测技术

日常所提的射线检测主要是指狭义的射线照相检测(RT)，也叫常规射线检测或胶片射线检测。所谓射线照相检测法是指用胶片作为记录器材的无损检测方法，该方法是最基础和目前应用最多的射线检测方法。射线照相检测技术根据射线源不同可以分为X射线照相检测法、γ射线照相检测法、中子射线照相检测法和电子射线照相检测法。X射线和γ射线照相检测是目前应用比较广泛的照相检测方法，两者的工艺大致相同，但是γ射线的放射源是天然放射性元素或人工同位素，不同于X射线可以通过调节管电压来选择穿透能力，只能根据需要检测的对象厚度、检测精度要求来选择合适的γ射线源；且γ射线辐射剂量相比X射线要低，因此曝光时间相对较长。

射线照相检测基本原理公式如下：

$$\frac{\Delta I}{I}=\frac{(\mu-\mu')\Delta T}{1+n}$$

式中，I 为透射射线总强度，即背景辐射强度；ΔI 为缺陷与其周边的射线强度差值；ΔT 为缺陷在射线透过方向的尺寸；μ 为试件线衰减系数；μ' 为缺陷线衰减系数；n 为散射比。

上述关系式中，$\Delta I/I$ 是物体对比度，由公式可见，缺陷在透照方向上具有尺寸，试件线衰减系数和缺陷线衰减系数之间存在差值，在散射比系数不大情况下，能在底片上产生有对比度的缺陷影像，从而发现缺陷。

射线照相检测技术最早应用在电网输变电设备中，主要用于输电线路中金具材料缺陷、导线的内部缺陷、杆塔和钢管塔焊缝内部焊接质量、耐张线夹内部压接质量、气体绝缘开关设备(gas insulated switchgear, GIS)筒体焊缝内部焊接质量等的检测。

2）射线数字成像检测技术

(1) 计算机射线成像(CR)检测技术。

计算机射线成像检测技术，又称为计算机辅助成像检测技术，是射线数字成像检测技术中采用非胶片记录影像的成像检测技术。目前，它采用可记录且由激光读出X射线成像信息板(imaging plate, IP)作为载体完成射线成像检测，整个检测系统由IP成像板、IP板图像读出器(激光扫描读出器)、数字图像处理软件和存储系统组成。IP板为柔软可弯曲涂覆有均匀的荧光物质薄层的基板，其荧光物质被射线照射时，随辐射射线的强弱能激发不同强度的荧光，从而具有保留潜在图像信息的能力，这些潜影是由在较高能带俘获的电子形成光激发射荧光中心(PLC)。使用激光激发时，光激发射荧光中心被激发到高能级的电子将返回它们初始能级，并以发射可见光的形式输出能量。这样，激光扫描技术可以将照相图像转化为可见的图像。

由于计算机射线成像检测技术的成像 IP 板是可以分割和弯曲的，能够贴合带有圆弧曲面的工件表面，适合对电网设备中部件表面为非平面的部分开展射线检测工作，故目前 CR 被广泛应用于检测 GIS 设备内部结构及缺陷、瓷支柱式断路器轴销、断路器合闸电阻辅助触头、隔离开关内部结构、闸刀超声波局部放电信号异常、电力电缆外力破坏以及调相机冷却水系统管道焊缝等。

(2) 图像增强器实时成像检测技术。

射线检测的同时可以得到透照图像的检测技术称为实时成像检测技术。实时射线成像检测系统早期为 X 射线荧光检测系统，通过使用荧光屏将不可见的射线转换为可见光。由于荧光屏图像亮度偏低，图像清晰度和对比度不高，导致其检测灵敏度低于胶片照相检测方法。20 世纪 70 年代，图像增强器射线实时成像系统发展较快，检测系统克服了荧光屏的亮度低、图像质量差的缺点；随着微焦点和数字图像处理等技术的引入，检测的图像质量有了进一步改进，可以满足工业检测的要求。图像增强器射线实时成像系统是目前主流的工业射线实时成像检测系统。

图像增强器射线实时成像检测系统与传统的照相检测技术相比，可以立即获得透照图像，工作效率几十倍高于射线照相法，除了对金属、非金属、复合材料等都适用外，还能应用于大尺寸的材料、整体部件或者其特定部位的检测，制造和加工过程中的实时观测以及检测对象上隐藏的或者内部部件工作情况的实时观测等。该检测系统被广泛应用于国防、化工、机械制造、锅炉压力容器、汽车制造、微电子(晶体管、微型电路、印刷电路板)等行业，例如机场行李检查，核燃料棒检测，铸件、金属轧制和成形件，焊缝、火箭推进器均匀性检测，电磁阀、雷管、继电器、轮胎和增强塑料等的检测，还可应用于检查裂纹、多孔性、气孔、夹杂物、宏观特殊结构和偏心、尺寸变化，厚度、直径、间隙和位置、密度变化，以及变形应力影响、动态现象、结构内部位移、缺陷变动等的直接实时观测，能够直接得到显示结果，可与标准图像比较，并以目视感觉为依据。

对于电力行业来说，图像增强器实时成像检测技术主要用于发电厂蒸汽锅炉的过热器、省煤器及水冷壁系统等的小管径对接焊缝的检验检测，其在电网物资入网前的质量检测、电网设备制造阶段的盆式绝缘子等环氧树脂类绝缘部件检测方面也有相关研究和试验。

(3) 数字平板探测器成像(DR)检测技术。

数字平板成像检测技术是直接将 X 射线成像结果转换为数字化图像的成像技术，由于平板曝光加图像采集仅需要几秒到十几秒，故检测效率非常高，同时借助数字处理功能，可以获得高宽容度和灵敏度图像。根据成像板数字信号转换原理，目前可将 DR 分为间接数字化 X 射线成像[非晶硅(α－Si)探测器成像]、直接数字化 X 射线成像[非晶硒(α－Se)探测器成像],以及 CMOS 数字平板这三种。与常规胶片技术和 CR 技术相比,DR 检测技术省去了胶片冲洗工艺和激光扫描读取过程,大大提高了检测效率,并且有较宽的动态范围和曝光范围,可以在射线曝光不足或过曝时也能获得良好的图像。与线阵列扫描成像技术相比,DR 成像系统中大面积平板可以一次曝光获得图像,效率远高于采用反复扫描方法的线扫描成像。

数字平板探测器成像检测技术目前广泛应用于电网设备的 GIS 设备内部结构及缺陷、电力金具、电力电缆、绝缘子、水泥杆塔等设备的检测,能非常直观、及时地发现电网设备内部结构的异常以及存在的缺陷,为保证电网设备本质安全发挥了重要力量。

(4) 线阵列扫描成像(LDA)检测技术。

线阵列扫描成像(LDA)检测技术通过准直器将 X 射线准直为扇形的 X 射线单束,照射被检工件后成像信息被线扫描成像器接收,直接转换为数字信号后输出到图像数据采集和控制系统中。虽然每次线扫描成像器接收和生成的图像是一条线,但是通过让工件匀速通过扫描射线,进行多次扫描后使用图像处理功能将线形图像拼接成完整的工件图像,达到整体扫描成像的效果。线阵列扫描成像系统中关键设备是线阵列扫描成像器(LDA 成像器),主要工作原理是使用闪烁体将 X 射线转化为能由光电二极管接收的可见光(要求波长大于 500 nm),然后让电荷耦合器件(charge couple device, CCD)图像传感器采集光信号并输出数据。LDA 成像器组成主要包括闪烁体、光电二极管阵列组成的 CCD 图像传感器或者 CMOS 图像传感器、数据采集系统、控制单元、机械设备、辅助设备和软件;LDA 成像器主要技术参数包括空间分辨率、动态范围、动态校准、扫描速度、与不同射线源配套参数等。

LDA 线阵列成像器可以随设备体积变化而制作成不同长度的 CCD 图像传感器,故其可以应用在电网零部件和大型设备内部成像检测中,还可以应用在 GIS 筒体的对接焊缝和长母线筒体螺旋焊缝检测中。

3) 计算机层析成像(CT)检测技术

计算机层析成像(CT)检测技术又称为计算机断层成像检测技术或工业 CT 技术。

由于射线照相检测技术是三维物体的二维成像,对于缺陷的检测只能提供一些定性的信息,对于被检工件的结构尺寸、缺陷方向和大小等信息不能或者无法准确提供,而计算机层析成像(CT)检测技术则是多视角测量物体特定区域横断面的一组投影数据,经数据重建获取零部件和设备内部结构图像,从而能更精确地检测出材料和被检工件内部的细微变化,克服了射线照相检测技术可能导致的失真和影像重叠,并且大大提高了空间分辨率和密度分辨率。由于 CT 检测技术呈现的是工件内部分层横断面图像,可以发现平面内各种类型的缺陷,并准确确定缺陷的位置和性质,有效帮助工作人员对检测对象内部缺陷进行分析和判断。该检测技术借助高性能计算机技术，通过三维图像重建还能获得工件的三维立体模型。

计算机层析成像检测技术常用于电力金具、绝缘子、小型互感器和变压器等电力设备的缺陷检测，以及GIS设备绝缘拉杆、罐式断路器绝缘喷嘴、变压器绝缘纸板、配电变压器线圈等电力部件的内部缺陷检测和设备尺寸及材质的分析和逆向建模等。

4）其他射线检测技术

（1）高能射线照相检测技术。

工业射线检测常用的X射线机和γ射线机能量较低，穿透力不足，比如，X射线机最高能量是几百千伏（kV）级，一般只能穿透几十毫米厚的钢，极限穿透厚度也就100 mm左右，且所需曝光时间非常长，$^{60}Co-\gamma$射线对钢的穿透厚度极限也只有200 mm左右。为了解决大厚度金属工件的射线检测问题，使用一百万电子伏特（1 MeV）或更高能量的X射线检测技术应运而生，通常将这类使用1 MeV能量及以上的射线检测技术称为高能射线照相检测技术。

高能射线照相检测技术具有以下特点：穿透能力强，射线强度大，透照厚度大；焦点小、焦距大，照相清晰度高；散射线少，照相灵敏度高；由于射线强度高，曝光时间短，可连续运行，工作效率高；照相厚度宽容度大，对形状复杂、厚度差异比较大的工件检测时，也不需要考虑采用补偿块或其他工艺措施；能量转换效率比普通X射线机高得多，配备直线加速器的高能射线照相检测系统的能量转换效率甚至可达60%左右。

（2）中子射线照相检测技术。

中子射线照相与X射线和γ射线照相类似，都是利用射线对物体有很强的穿透力来实现对物体的检测，只不过中子射线照相检测是利用中子透过被检工件时与物质相互作用产生的散射与俘获综合效应，导致中子束强度的衰减，从而实现工件的射线照相影像，显示物体的内部结构。中子射线照相检测技术就是利用发散角很小的均匀的准直中子束垂直穿透被检测物体来进行检测的方法。

与X射线和γ射线照相检测相比，中子射线照相具有以下特点：

① 中子照相法对检测重金属内所含轻材料的状态和分布有较高的灵敏度。因为普通金属与中子的核反应截面较小，大多数轻材料是C、H化合物，H原子对中子具有较大的散射截面，使中子的穿透强度大大减弱。

② 可用于鉴别同位素。即使原子序数相同，但同位素之间的核反应截面相差近百倍，中子照相检测可轻松鉴别。

③ 对放射性物体进行X射线或γ射线照相检测时，物体本身放出的射线也会让胶片感光，产生干扰“云雾”，使图像“湮灭”，而中子照相可采用对中子反应截面较大的、半衰期稍长的转换屏来记载中子图像，从而把α、β、γ和X射线的影响消除掉，实现纯中子照射图像的记录和显示。

④ 能对原子序数差异小或相邻的两个原子、元素的物质进行检测。因为即使原

子序数差异小或相邻的两个原子、元素，它们之间的中子反应截面却有非常大的差异，从而可以检测物质内某种元素的含量及其分布情况。

(3) 胶片扫描成像检测技术。

胶片扫描成像检测技术的作用是方便射线照相检测图像的保存与管理，实现射线底片的数字化。其工作原理是利用图像扫描设备和计算机系统，将射线照相检测后经过暗室处理的X射线或γ射线底片通过胶片扫描数字成像系统的扫描，在尽量保持原有底片细节的情况下，使之转换成数字化图像并输入计算机。胶片扫描数字成像系统又称为胶片数字化扫描仪、平面透射式扫描仪。

(4) 康普顿散射成像检测技术。

当发生康普顿效应时，入射射线的光子能量一部分转移给反冲电子，另外一部分保留为散射光子的能量，当射线通过准直器狭缝入射到被检测物体时，从被检测物体不同厚度层产生的散射线到达探测器的路径不同；如果同一厚度层中存在性质(如缺陷、密度、厚度)差异，其产生的散射线也不同，被探测器探测到的该层相关数据也将不同，构成康普顿散射图像，根据其成像情况就可对被检测物体存在的问题进行分析和判断。

(5) X射线表面残余应力测试技术。

金属内存在残余应力产生的弹性应变会引起晶体结构中原子面间距的变化。X射线应力测定法是残余应力测试方法中的一种，它通过检测射线照射金属产生的衍射角度的变化，来测量得到原子间距的变化而获得残余应力的数值。

(6) 射线测厚技术。

射线测厚技术包括X射线荧光测厚和辐射测厚两种。

① X射线荧光法测厚。利用荧光光谱仪测量不同镀层厚度的基体金属元素的含量，间接推算镀层内射线的衰减量：镀层厚度越大，衰减幅度越大，所测得基体材料合金成分含量值越低。通过将基体材料合金元素不同的百分比与镀层厚度绘制成拟合曲线。实际测量过程中，在曲线上找到数值点，就可以得出镀层的厚度值。通常，单层镀层(如电网设备的高压隔离开关触头的镀银层)的厚度采用X射线荧光发射法来进行测量。该方法是依据镀层中目标分析元素的特征谱线的荧光X射线强度来确定厚度的。

② 辐射测厚。通过测量β射线或γ射线或X射线穿过待测物体时因被吸收衰减发生的强度变化而得出被测物体厚度的方法叫辐射测厚。辐射测量被测物体厚度的原理是通过探测器吸收辐射源发射的射线，该射线透过被测物体被吸收后，产生与被测物体厚度相对应的电流I_x，同时测量在负载电阻R上的压降为V_x，根据V_x与之前设定的标准厚度所对应的标准电压V_s相比所得的偏差，就能得到被测物体与标准物体厚度的变化值。因此辐射测厚属于射线穿透式测厚。

第 2 章　射线检测的物理基础

本章主要介绍射线检测所必须了解和掌握的一些物理基础理论，如原子及原子结构、射线种类及性质、射线与物质的相互作用、射线的衰减等。掌握这些基础知识对于正确理解射线的特性、合理选择射线检测工艺条件、有效解释射线检测结果等非常重要。

2.1　原子及原子结构

2.1.1　元素与原子

物质由元素组成。元素是指具有相同核电荷数（质子数）的同一类原子或性质相同的同一类原子。为了表达和书写方便，每种元素都用特定的符号来表示，即元素符号，通常用该元素的拉丁文名称第一个大写字母，或再加一个小写字母来表示，如氢的元素符号是 H、铯的元素符号是 Cs、铁的元素符号是 Fe 等。把元素的核电荷数按照一定的顺序排列就构成了元素周期表，而元素在周期表上的排列序号就是原子序数（用字母 Z 表示），原子序数 Z 在数值上等于核电荷数（质子数）。

原子的半径一般在 10^{-9} mm 数量级。原子的质量极其微小，如氢原子的质量为 1.673×10^{-24} g，因为常用质量单位来表示原子质量不方便，所以在物理学中采用“原子质量单位”来表示原子质量，单位为“u”，规定碳同位素 ${}^{12}_{6}C$ 原子质量的 1/12 为 1 u，相对原子质量就是元素的原子的平均质量相对于 ${}^{12}_{6}C$ 质量的 1/12 的比值，如氢元素的相对原子质量为 1、氧元素的相对原子质量为 16。

原子由原子核和核外电子组成。原子核位于原子中心，带正电荷，核外电子围绕原子核做高速运动，带负电荷。由于原子核的正电荷和核外电子的负电荷相等，所以整个原子呈电中性。

原子核还可以再分，由质量基本相等的中子和质子组成。原子核内中子个数称为该核的中子数 N。中子不带电，质子带正电，1 个质子带 1 个正电荷，原子核中质子数与核电荷数相等：

质子数＝核电荷数＝核外电子数＝原子序数

质子的质量为 1.007 277 u，中子的质量为 1.008 665 u，两者质量几乎相等，都接近于 1，核外电子质量太小，计算相对原子质量时可以忽略不计，因此

相对原子质量＝原子内全部质子质量＋原子内全部中子质量

物理学和化学中，常把相对原子质量的整数值标注在元素符号的左上角，核电荷数标注在左下角，如$^{60}_{27}Co$，表示 Co 元素相对原子质量为 60，核电荷（质子）数为 27，则中子数为 $60-27=33$。

同种元素原子具有相同的核电荷数，即相同质子数，但中子数可以不同，如$^{60}_{27}Co$和$^{59}_{27}Co$都是钴元素的两种原子，分别含有 27 个质子、33 个中子和 27 个质子、32 个中子。这些质子数相同而中子数不同的几种原子互称为同位素。

同位素分为稳定同位素和不稳定同位素，不稳定同位素又称放射性同位素，它们能自发地放出 α、β 或 γ 射线。放射性同位素也有天然放射性同位素和人工制造放射性同位素两大类，天然放射性同位素一般为自然界存在的矿物质，如原子序数 $Z \geqslant 83$ 的许多元素及其化合物具有放射性。人工放射性同位素是用高能粒子轰击稳定同位素的核，使其变成不稳定的、具有放射性的同位素。符合我们日常工业用射线检测需要的天然放射性同位素稀少，不易提炼，且价格昂贵，所以，当前大部分射线检测采用的是人工放射性同位素。

2.1.2 核外电子运动规律

19 世纪初，美国科学家道尔顿提出了原子理论，认为原子是物质存在的最小单元，是不可分割的。1897 年，英国科学家汤姆逊发现了电子，并提出一种原子模型，认为正电荷平均分布在整个原子中，电子平均分布在正电荷之间。直到 1913 年，丹麦科学家玻尔运用量子理论对原子核模型进行完善，提出原子轨道和能级的概念，并对原子发光原理进行阐述。

原子核外的电子环绕原子核在距离原子核不同距离的不同轨道上做高速圆周运动，每条轨道能量状态不同，称为能级，每个能级的能量值是确定的。核外电子在能级最低的轨道上运行时的原子状态称作基态。当原子从外界吸收一定能量时，核外电子会从低能级轨道激发到较高能级轨道，这种现象称作跃迁，这时原子的状态称作激发态。激发态是一种不稳定状态，当核外电子从较高能级轨道跃迁回到较低能级轨道，跃迁的能量就会以光能的形式辐射出来，即：

$$h\nu = E^{h} - E^{l} \tag{2-1}$$

式中，$h\nu$ 为光量子能量，E^{h} 为高能级能量，E^{l} 为低能级能量。

无论是原子从基态向激发态跃迁吸收的能量，还是从激发态向基态或者从高能量的激发态向低能量的激发态跃迁时辐射出的能量，其数值都等于电子激发跃迁时两个能级之间的能量差。当轨道上的电子获得的能量足以脱离原子时，则成为自由电子，此时的原子被电离，处于电离态。激发态或电离态的电子处于不稳定态，将很快回到最稳定的基态。例如氢原子从外界获得 10.2 eV(即 $E_2 - E_1$) 的能量，原子内能增大，核外一个电子就跃迁到第二能级，若再获得 1.89 eV(即 $E_3 - E_2$) 的能量，核外电子跃迁到第三能级，这时氢原子属于激发态，此时跃迁的电子很不稳定，不能长久停留在高能级，有跃迁到低能级的趋势。反之，当核外电子从高能级跃迁到低能级时，原子能量减小，释放出 1 个光子，光子能量为 12.09 eV(即 $E_3 - E_1$)。

2.1.3　原子核结构

原子核很小，其半径为 $10^{-13} \sim 10^{-12}$ cm，相当于原子半径的万分之一，也就是说原子内很空旷。在原子核里，不仅存在带正电的质子间的库仑斥力，还存在核力。所谓核力，是指质子与质子、质子与中子或中子与中子之间相互作用的力。核力具有如下特点：

(1) 核力与电荷无关，质子和中子都受到核力的作用。质子与质子之间的核力 F_{pp}、中子与中子之间的核力 F_{nn}、质子与中子之间的核力 F_{pn} 都是相等的，即

$$F_{pp} = F_{nn} = F_{pn}$$

(2) 核力是强相互作用，远大于库仑力，约比库仑力大 100 倍。

(3) 核力只有在相邻核子之间发生作用，一个核子所能与之相互作用的其他核子数目是有限的，即核力具有饱和性。

(4) 核力能促成粒子的成对结合以及对对结合。

原子核的稳定性与原子核核力和库仑力的作用有关。如不考虑库仑力，中子数和质子数相等的原子核最稳定；若考虑库仑力，含有较多中子的原子核较为稳定，但中子数越多，没有足够的质子进行匹配，库仑力会增大导致原子核不稳定。一般情况下，对于小质量数的核，在 $N/Z=1$(N 为中子数，Z 为原子序数) 附近较稳定，N/Z 比值随核质量数增大而增加；对大质量数的核，在 $N/Z=1.6$ 附近较稳定。

不稳定核元素会发生蜕变变成另一种核元素，同时放出各种射线，这种现象称为放射性衰变。放射性衰变有多种模式，但主要有 α 衰变、β 衰变和 γ 衰变三种模式。

(1) α 衰变。一个原子核释放一个 α 粒子(即由两个中子和两个质子形成的氦原子核)，自己转变为质量数减少 4、核电荷数减少 2 的新原子核。α 衰变过程如下：

$$ {}_{Z}^{A}X \xrightarrow{\alpha} {}_{Z-2}^{A-4}X + {}_{2}^{4}\text{He} $$

α 粒子穿透物体能力很弱，但有很强的电离能力。

(2) β衰变。β衰变的实质是质子和中子的相互转化过程，一个原子核释放一个β粒子（电子或者正电子）。β衰变可分为 β^+ 衰变（释放正电子）、β^- 衰变（释放负电子）及 K 俘获。β衰变过程如下所示。

β^- 衰变： $${}_{Z}^{A}X \xrightarrow{\beta^-} {}_{Z+1}^{A}Y + e^-$$

β^+ 衰变： $${}_{Z}^{A}X \xrightarrow{\beta^+} {}_{Z-1}^{A}Y + e^+$$

K 俘获： $${}_{Z}^{A}X + e^- \xrightarrow{K} {}_{Z-1}^{A}Y$$

β^- 衰变放射负电子[①]，原子核变为原子序数增加 1 的核；β^+ 衰变放射正电子[②]，原子核变为原子序数减少 1 的核；K 俘获是原子核俘获一个核外 K 层电子，变为原子序数减少 1 的核。

原子核经过β衰变后只改变核电荷数 Z 而不改变质量数 A。β衰变放出的电子能量是连续谱分布。

(3) γ衰变（或γ跃迁）。γ衰变是原子核从激发态自动跃迁到低能态时放出γ射线的过程。由于γ射线是高能光子流，因此其在磁场或电场中不会发生偏转。γ衰变通常伴随其他形式的辐射产生，例如α射线或β射线。也就是说，当一个原子核发生α衰变或β衰变时，生成的新原子核有时会处于激发态，而处于激发态的原子核是不稳定的，这时，新原子核会向低能级发生跃迁，同时释放γ粒子。

常用的射线检测是放射源 ${}_{77}^{192}\text{Ir}$ 和 ${}_{27}^{60}\text{Co}$ β^- 衰变到激发态，在放出γ射线后变成稳定态。

2.2 射线种类和性质

2.2.1 射线分类

射线是由各种放射性核素，或者原子、电子、中子等粒子在能量交换过程中发射的、具有特定能量的粒子束或光子束流。射线可以分为两大类，一类为非带电粒子射线（电磁辐射），另一类则是带电粒子射线（粒子辐射）。属于非带电粒子射线（电磁辐射）的有 X 射线、γ射线等，属于带电粒子射线的有α射线、β射线、质子射线、中子射

① 负电子，是构成原子的基本粒子，也称为核外电荷（电子）。

② 正电子，又称阳电子，是负电子的反粒子，除带正电荷外，其他性质与负电子相同。

线和电子射线等。常见的带电粒子射线和非带电粒子射线种类及特点如图 2－1 所示。

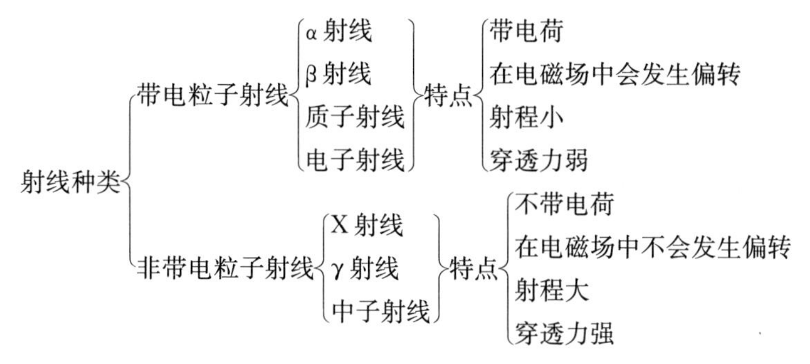

图 2－1　射线种类及特点

(1) X 射线。曾被称为伦琴射线，是最常见的射线，同时也是一种频率极高、波长极短、能量很大的电磁波，其频率一般高于 30 PHz①，波长短于 10 nm，能量大于 124 eV。在电磁波中，X 射线的频率和能量仅次于 γ 射线，频率范围为 30 PHz～300 EHz，对应波长为 1 pm②～10 nm，能量为 124 eV～1.24 MeV。工业上用于金属设备或材料检测的 X 射线波长一般为 0.005～0.1 nm。X 射线波长越短，穿透力越强，检测厚度更深。一般把波长小于 1 Å(1 Å＝0.1 nm)的射线称为硬 X 射线，波长大于 1 Å 的射线称为软 X 射线。

(2) γ 射线。又称 γ 粒子流、γ 衰变或 γ 跃迁，是放射性同位素经过 α 衰变或 β 衰变后，从激发态向稳定态过渡的过程中从原子核内发出的辐射，是波长短于 0.01 Å 的电磁波，能量高于 1.24 MeV，频率超过 300 EHz。γ 射线不带电荷，在电磁场内做直线运动，其能量高，穿透力强，可以穿过人体相当大的深度，对人体和生物会造成较大的损伤伤害。

(3) α 射线。又称为 α 粒子束，是高速运动的氦原子核($^{4}_{2}He$)，由放射性同位素在 α 衰变过程中从原子核内发出。由于带电，α 射线很容易引起电离，有很强的电离本领，对人体内组织破坏能力较大。另外，α 射线质量较大，穿透能力差，在空气中的射程只有 1～2 cm，只要一张纸或健康的皮肤就能挡住。由于 α 粒子带正电荷，因此会受到电磁场的影响。

(4) β 射线。由高速运动的电子流组成，是放射性物质发生 β 衰变时，原子核发射的电子流。β 射线又分为 $β^-$ 射线和 $β^+$ 射线。$β^-$ 射线就是通常的电子流，每个电子带有一个单位的负电荷，$β^+$ 射线就是正电子流，每个正电子带有一个单位的正电荷。β 射线比 α 射线穿透力强，但电离作用弱，在穿过同样距离时，β 射线引起的损伤更

① PHz 为频率单位，其换算关系为 $1EHz=10^{3}PHz=10^{6}THz=10^{9}GHz=10^{12}MHz=10^{15}KHz=10^{18}Hz$。
② pm 为长度单位，$1\ pm=10^{-12}\ m=10^{-3}\ nm$。

小。β射线能被体外衣服或一张几毫米厚的铝箔完全阻挡。

(5) 质子射线。与α射线一样,也是带正电的粒子流,由带一定能量的质子(氢核)组成。质子射线可以通过加速器获得,其常见能量为1～1 000 MeV,低能质子射线(10 MeV以下)很容易防护,而高能质子射线则有很强的穿透性,比如,在相同条件下,10 MeV质子射线需要0.06 cm厚的铝完全防护,100 MeV质子射线需要3.7 cm厚的铝完全防护,1 000 MeV的质子射线需要150 cm厚的铝完全防护。质子射线对人体健康以及电子元器件有很强的破坏作用。

(6) 中子射线。是一束粒子流,可通过放射性同位素、加速器或核反应堆获得。中子射线属于不带电粒子辐射,可与不同元素之原子核撞击,进行"中子激发",产生不稳定同位素,使物质具有放射性。按照能量由低到高,中子可分为热中子、慢中子、中能中子、快中子、高能中子等。中子射线对人体的主要危害是外照射,其危害比γ射线和α射线大得多。

X射线、γ射线和中子射线均不带电,对物质具有很强的穿透力。目前工业射线无损检测中最常用的是X射线和γ射线,因此在接下来的章节中主要围绕以X射线和γ射线为手段的射线检测内容进行展开。

2.2.2 X射线和γ射线的性质比较

X射线和γ射线与红外线、紫外线、无线电等一样,都属于电磁波,它们的主要区别是波长不同和产生机理不同。各种电磁波所占据的波长范围如图2-2所示。

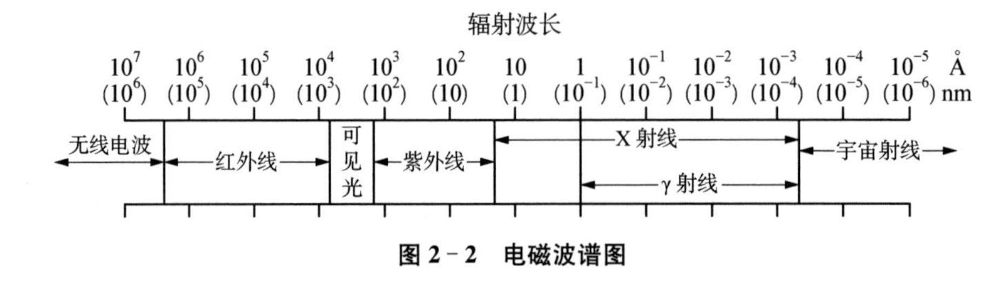

图2-2 电磁波谱图

X射线和γ射线传播过程中会发生干涉和衍射现象,且会与物质相互作用产生光电效应、康普顿效应等。

X射线和γ射线的波粒二象性有以下关系式:

$$c = \lambda\nu \tag{2-2}$$

$$E = h\nu = hc/\lambda \tag{2-3}$$

式中,h为普朗克常数,$h = 6.626 \times 10^{-34}$ J·s;ν为频率(Hz);c为光速,$c = 3.0 \times 10^8$ m/s;E为光子能量(J);λ为波长(m)。

由此可知，X射线和γ射线光子能量与频率成正比，与波长成反比。频率越高，波长越短，能量越强，穿透力越强。

1) X射线和γ射线的相同点

(1) 具有强穿透能力。X射线、γ射线的能量大，照射在物质上时，其中少部分射线被物质吸收，大部分经原子间隙而透过，也就是说X射线、γ射线具有很强的穿透能力，其穿透物质的能力与X射线、γ射线光子的能量有关，波长越短，光子能量越大，穿透力越强。X射线、γ射线的穿透力也与物质密度有关，利用差别吸收的性质可以把密度不同的物质区分开来。

(2) 能产生电离。当物质受X射线、γ射线照射时，可使物质原子核外电子脱离原子轨道产生电离。电离电荷的数量可测定X射线、γ射线的辐射量，利用这个机理，可以制成X射线、γ射线辐射剂量检测仪器。在电离作用下，气体能够导电，某些物质可以发生化学反应，也可能在有机体内诱发各种生物效应。

(3) 能使荧光物质发出荧光。X射线、γ射线波长很短，肉眼不可见，当它照射到某些化合物如磷、铂氰化钡、硫化锌镉、钨酸钙等时，可使这些物质发生荧光(可见光或紫外线)，荧光的强弱与X射线、γ射线量成正比，利用这种荧光作用制成荧光增感屏，可以大大降低射线探伤的透照时间。

(4) 不受电磁场的影响。与α射线、β射线不同，X射线、γ射线是一种光子流，不带电，在传播过程中不受电磁场影响，因此，在实际检测中，不需要考虑附近电磁场的影响。

(5) 具有感光作用。X射线、γ射线与可见光一样，都是光子流，具有使胶片感光的能力，胶片感光的强弱与X射线、γ射线量成正比。在工业探伤中，当X射线透过被检工件照射到涂有感光剂的胶片时，会产生化学反应，因工件各部位厚度不同，对X射线量的吸收不同，胶片上所获得的感光度不同，获得工件不同厚度处的X射线影像从而也不同。

(6) 杀死生物细胞。X射线、γ射线照射到生物机体时，可使生物细胞受到抑制、破坏，甚至坏死，致使机体发生不同程度的生理、病理和生化性能的改变。X射线、γ射线照射到人体时，可使身体内细胞受到抑制、破坏，甚至坏死，致使身体发生不同程度的生理、病理变化，因此，在使用X射线、γ射线的同时，也应注意其对人体的伤害，必须采取防护措施。

(7) 肉眼不可见，沿直线传播。X射线、γ射线与可见光一样，能沿着直线传播。但与可见光不同，它肉眼不可见，因此在射线防护时，一定要注意做好保护措施，确保人员身体健康安全。

2) X射线、γ射线的不同点

(1) 来源不同。X射线由原子核外电子的跃迁或受激等作用产生，来源于原子核外。γ射线则是原子核的衰变或裂变等产生的，来源于原子核内。

(2) 波长不同。X射线波长比γ射线更长,X射线波长为0.001～10.0 nm,用于金属材料检测的X射线波长一般为0.005～0.1 nm(0.05～1 Å)。γ射线波长为0.001～0.0001 nm。

(3) 频率不同。γ射线的频率比X射线大,X射线频率高于30 PHz,γ射线频率为30 PHz～30 EHz。

(4) 穿透性不同。γ射线比X射线波长更短,穿透能力更强。

2.2.3 X射线

1) X射线的产生条件

X射线一般是在X射线管中产生的,X射线管结构如图2-3所示。X射线管是一个真空二极管,包含有阳极和阴极两个电极,分别是接受电子轰击的靶材和发射电子的钨丝,其中靶材通常用高熔点的金属材料如金属钨、钼等制作而成。当阴、阳两极之间施加很高的直流电压(管电压)时,阴极的钨丝在灯丝电流作用下被加热到白炽状态释放出大量电子,电子在高压电场作用下加速,从阴极飞向阳极形成管电流,最终以高能、高速的状态撞击金属靶,释放动能,这些动能绝大部分转换为热能,因此X射线管工作时温度很高,需要对阳极靶材进行强制冷却,另外极少部分动能会转换为X射线向外辐射。

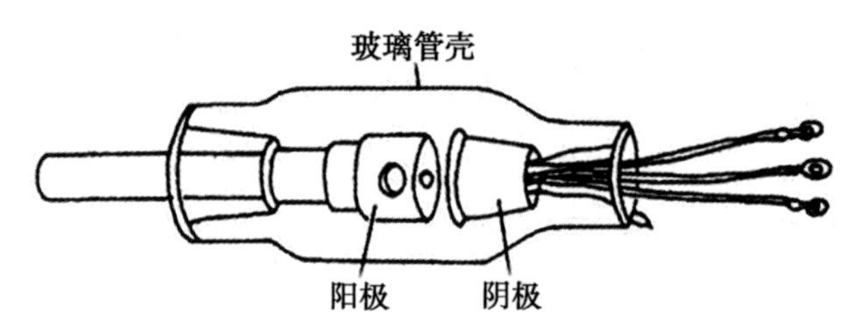

图2-3　X射线管结构示意图

因此,产生X射线必须同时具备以下5个条件:①有很高真空度的空间;②有产生足够电子的电子源;③有电子聚焦器;④有加速电子做高速定向运动的高压电场;⑤有阻止电子流高速运动的金属靶。

2) X射线的发射谱

X射线管产生的X射线由两部分构成:一部分是波长连续变化的谱线,称为连续谱;另一部分是具有独立波长的谱线,它的谱峰所对应的波长完全取决于靶材料本身,这部分谱线称为标识谱或特征谱,标识谱重叠在连续谱之上。

(1) X射线的连续谱。

根据经典动力学可知,带电粒子在加速或减速运动时必然伴随着电磁辐射,当高速电子打到靶材并与原子(原子核)相碰撞而突然减速时,伴随产生的辐射称为韧致辐射。

大量电子高速运动撞击金属靶时,大部分能量在撞击过程中转换成热量,只有2%左右的能量转变为 X 射线。

$$E=h\nu=\frac{1}{2}mv^2-w \tag{2-4}$$

式中,E 为光子能量,单位为焦耳(J);$\frac{1}{2}mv^2$ 为电子动能,m 为电子质量,单位为 kg,v 为电子速度,单位为 m/s;w 为热能,单位为 J。

对于单一电子,$\frac{1}{2}mv^2$ 是固定值,但各电子初速度各不相同,电子每次撞击金属靶减速过程也不相同。在电子撞击过程中,少量电子一次撞击后失去全部动能,但大部分电子需多次撞击才逐步丧失动能。因此,电子每次撞击所耗热能不同,产生的 X 射线光子能量不相同,波长也不相同,这就使得 X 射线管产生的 X 射线波长是连续的。

该连续谱存在着一个最短波长 $\lambda_{\min}$,其数值与管电压 V 有关而与靶材料无关,其最短波长可按下式计算:

$$\lambda_{\min}=\frac{hc}{eV}=\frac{12.4\times10^{-7}}{V}\approx\frac{12.4}{V}(\text{Å}) \tag{2-5}$$

式中,$\lambda_{\min}$ 为对应管电压下的最短波长(cm);h 为普朗克常数,$h=6.626\times10^{-34}$ J·s;c 为光速,3×10^8 m/s;e 为电子电量,$e=1.6\times10^{-19}$ C;V 为管电压(kV);1 Å $=$ 0.1 nm $=10^{-8}$ cm。

由式(2-5)可以看出,X 射线管管电压越大,X 射线最短波长越短,能量越强,穿透能力也越强。最短波长对应的 X 射线光子能量最高,但光子数量较少,因此其强度较低。一般来说,X 射线的最大能量对应的射线波长 λ_{IM} 与最短波长 $\lambda_{\min}$ 存在关系如下:

$$\lambda_{IM}=1.5\lambda_{\min} \tag{2-6}$$

连续 X 射线总强度 $I_{总}$ 可按下式计算:

$$I_{总}=\int I(\lambda)\mathrm{d}\lambda=KZiV^2 \tag{2-7}$$

式中,K 为比例系数,$K\approx(1.1\sim1.4)\times10^{-6}$/kV;$V$ 为管电压(kV);i 为管电流(mA);Z 为靶材料原子序数。

从式(2-7)可以看出,X 射线总强度与管电压平方成正比,与管电流、靶材料原子序数成正比。管电流、靶材料原子序数一定时,管电压越大,最短波长减小,总强度增大，因此，在实际检测时，增加管电压不仅可能提高X射线穿透能力，还能提高曝光能量，缩短曝光时间。同时，管电压不变时，若管电流增加，最短波长不变，总强度增大。在实际检测时，增加管电流，能提高曝光能力，缩短曝光时间。

X射线管的效率可按下式计算：

$$\eta=\frac{I}{I_0}=KZV \tag{2-8}$$

式中，I 为X射线总强度；I_0 为输入功率；K 为比例系数，K 为$(1.1\sim1.4)\times10^{-6}$/kV；$V$ 为管电压(kV)；Z 为靶材料原子序数。

从式(2-8)可以看出，X射线管的效率 η 与管电压、靶材料原子序数成正比，与管电流无关。

前文提到了射线能量与射线强度，在此做一个简单的对比和介绍，方便读者更好理解这两个概念。射线的能量主要体现在对物质或被检工件的穿透力上，射线能量也叫线质，波长越短，穿透力越强，线质越硬，反之，线质越软；射线的强度则是指在垂直于射线传播方向的单位面积上单位时间所通过的所有数目光子的能量总和，体现在射线照相检测时使胶片感光或者数字射线检测时射线接收器在单位时间内落到单位面积上的光子数。

(2) X射线的标识谱(特征谱)。

当X射线管施加电压超过某个临界值 V_k 时，产生的X射线连续谱中，在特定波长位置会出现强度很大的线状谱线，这种谱线与管电压和管电流无关，只与阳极靶面的材料有关，把这种标识靶材料特征的谱称为标识谱，将 V_k 称为激发电压。不同靶材的激发电压各不相同，如钨的激发电压 $V_k=69.51$ kV，钼的激发电压 $V_k=20.0$ kV。

标识谱的产生机制：特征X射线是由不同轨道层电子发生跃迁产生的，在X射线管中，高速电子撞击金属靶，若电子能量足够大，将金属靶原子内层电子击出，形成空位，外层电子跃迁到内层填补空位，将多余能量以X射线形式释放出来。

(3) 连续X射线和标识X射线的区别。

① 连续X射线是高速电子与靶材料原子核的库仑场碰撞产生的，标识X射线是高速电子把靶材料原子的内层轨道电子撞出轨道后，外层电子向内层跃迁时产生的。

② 连续X射线波长是混合波长，能谱为连续谱，最短波长或最高能量取决于X射线管的管电压。而标识X射线波长为特定值，能谱为线状谱，是叠加在连续谱上的单色谱，波长或能量取决于临界电压，达到临界电压后就与管电压没有关系，只与靶材料元素有关。

③ 连续X射线的强度很大，标识X射线在X射线总强度中仅仅占极少部分，能量很低，因此，在工业X射线检测中，穿透工件产生X射线图像主要是依靠连续X射

线，标识 X 射线基本不起作用。

2.2.4　γ 射线

1896 年，法国物理学家贝克勒尔发现铀能放射出一种穿透力很强的射线，1898 年居里夫妇发现钋和镭也能发出这种射线。随着科学技术的快速发展，人们逐渐认识许多元素能自发产生这种射线，并了解了这种射线的产生机理，这种射线称之为 γ 射线，能产生这种射线的元素称为放射性同位素。

γ 射线是通过同位素原子核能级跃迁产生的，放射性同位素经过 α 衰变或 β 衰变后，从激发态向稳定态转变过程中从原子核内发出辐射，这一过程称为 γ 衰变，又称 γ 跃迁。一般情况下，原子核处于基态最稳定，当核吸收一定能量后处在激发态，能量不稳定，需向基态跃迁，多余能量就会以 γ 射线形式释放，由于核能级差较大，产生的 γ 射线能量高，波长短，穿透力强。

γ 射线与 X 特征射线比较类似，都是不同能级粒子跃迁产生的，都有特定波长，波长与元素种类有关。但两者也有本质区别，γ 射线是原子核发生能级跃迁产生的，X 特征射线是核外电子发生能级跃迁产生的。

放射性同位素的原子核衰变是自发的，放射性元素原子不是同时发生衰变的，一些原子先衰变，另外一些原子后衰变，具有一定的衰变规律。

不同的原子核具有不同的能级结构，所以不同的放射性元素辐射的 γ 射线具有不同的能量，也就是说，γ 射线的能量是由放射性同位素的种类决定的。一种放射性同位素能放出多种能量的 γ 射线，则该同位素的辐射能量为所有辐射出的能量平均值，如工业射线检测中的 ^{60}Co(钴)射线源的平均能量为 $(1.17+1.33)/2=1.25\,\text{MeV}$。

放射性同位素的原子核衰变是自发不间断地发生，对任意一个放射性核，其发生衰变时间具有随机性，但衰变过程服从指数衰减规律。

在 $\mathrm{d}t$ 时间内衰变原子核数量为 $\mathrm{d}N$ 与总原子核数 N 和时间 $\mathrm{d}t$ 存在关系为

$$\mathrm{d}N=-KN\mathrm{d}t \tag{2-9}$$

式中，K 为衰变常数；t 为衰变时间；N 为衰变时间 t 后的原子序数。

设 $t=0$ 时原子核的数目为 N_0，则式(2-9)积分后得到

$$N=N_0\mathrm{e}^{-KT} \tag{2-10}$$

放射性同位素衰变掉原有核数一半所需的时间称为半衰期，用 $T_{1/2}$ 表示。

当 $T=T_{1/2}$ 时，$N=N_0/2$，由式(2-10)得

$$N_0/2=N_0\mathrm{e}^{-KT_{1/2}}$$

$$T_{1/2}=\frac{\ln 2}{K}=\frac{0.693}{K}$$

$T_{1/2}$ 反映了放射性物质的固有属性，K 越大，$T_{1/2}$ 越小，衰变越快，比活度①越高。同样，衰变常数 K 反映放射性物质的固有属性，表征单位时间内一个原子的衰变概率，K 越大，则衰变越快。

目前工业检测中常用 γ 射线源的特性参数如表 2-1 所示。

表 2-1　常用 γ 射线源的特性参数

γ 射线源	^{60}Co	^{137}Cs	^{192}Ir	^{75}Se	^{170}Tm	^{169}Yb
主要能量/MeV	1.17，1.33	0.662	0.30，0.31，0.35，0.47	0.121，0.136，0.265，0.280	0.084，0.054	0.063，0.12，0.193，0.309
平均能量/MeV	1.25	0.662	0.355	0.206	0.072	0.156
半衰期	5.27 年	33 年	74 天	120 天	128 天	32 天
比活度	中	小	大	中	大	小
透照厚度(钢)/mm	40～200	15～100	10～100	5～40	3～20	3～15

2.3　射线与物质的相互作用

X 射线、γ 射线通过物质时，会与物质发生相互作用，从而引起射线强度的减弱。导致射线强度减弱的原因有吸收与散射两类。吸收是一种能量转换，光子能量被吸收后转变为其他形式的能量；散射会使光子的运动方向发生改变，其效果等于在束流中移去入射光子。

X 射线、γ 射线与物质的相互作用包括光电效应、康普顿效应、电子对效应、瑞利散射、光致核反应和核共振反应等。其中光致核反应和核共振反应发生概率比较小，本节内容不做阐述。

2.3.1　光电效应

X 射线、γ 射线穿透物质与物质发生相互作用时，X 射线、γ 射线光子撞击物质原子的束缚电子，将全部能量传递给某个束缚电子，将电子击出，同时原来的 X 射线、γ

① 比活度是指放射源的放射性活度与质量之比。

射线光子消失的现象，称为光电效应，被击出的电子称为光电子。光电效应如图 2-4 所示。

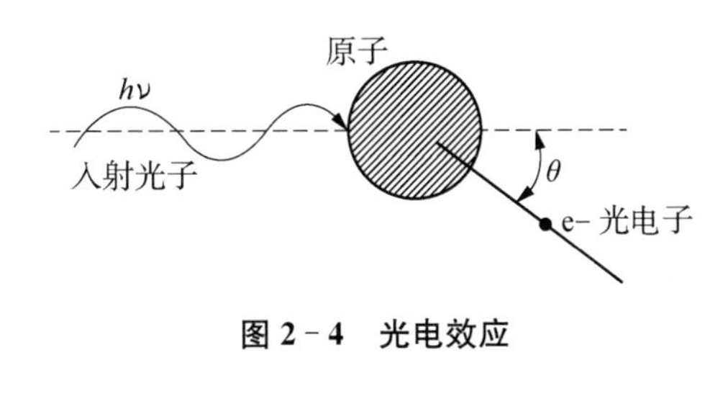

图 2-4　光电效应

发生光电效应时，X 射线、γ 射线光子放出的能量全部被物质吸收，部分能量使光电子电离，其余能量转换成光电子的动能。

$$E = h\nu = W + E_{\mathrm{k}} \tag{2-11}$$

式中，h 为普朗克常量；ν 为光子频率；E 为光子能量；W 为光电子逸出功；E_{k} 为光电子动能。

发生光电效应的前提条件是光子能量 E 必须大于光电子逸出功 W。当光子能量较低时，光子只与外层电子作用，随着能量的增加，内层的电子也被击出。当原子内层电子被击出，外层电子会跃迁填充空位，产生二次特征 X 射线。二次特征 X 射线又可击出外层电子，形成俄歇电子。在实际射线检测中，X 射线、γ 射线穿透工件与胶片或显像板作用，会产生大量光电子和俄歇电子，使胶片和显像板感光。

光电效应的发生概率与射线能量和物质的原子序数有关，随光子能量增大而减小，随原子序数 Z 增大而增大。另外，光电效应是光子与束缚电子作用并将其击出，光子与自由电子(非束缚电子)不能发生光电效应；电子在原子中束缚得越紧，就越容易使电子参与相互作用过程，发生光电效应的概率就越大。

2.3.2　康普顿效应

X 射线、γ 射线入射到物质时，光子与原子中的轨道电子发生非弹性碰撞，入射光子一部分能量传递给电子并改变了原来的运动方向，成为散射线，而轨道电子在获得光子的能量后与入射光子方向成小于 90°的角度脱离轨道飞出，成为反冲电子(也叫康普顿电子)，反冲电子继续与介质中的原子发生相互作用，这种现象就是康普顿效应，也称散射效应或康普顿散射，如图 2-5 所示。

发生康普顿效应的前提条件是光子能量 E 明显大于反冲电子逸出功 W，即 $E \gg W$。当 E 为 0.2～3 MeV 时，康普顿效应最严重。康普顿效应与物质厚度、质子数和原子质量比有关，物质厚度增加，质子数和原子质量比增加，康普顿效应也增强；入射光子的能量越大，发生康普顿效应的概率也越大。

康普顿效应发生在自由电子或原子束缚最小的外层电子上，入射 X 射线、γ 射线的光子能量和动量被反冲电子、散射光子分摊，散射角越大，散射光子的能量越小，当散射角 θ 为 180°时，散射光子能量最小。

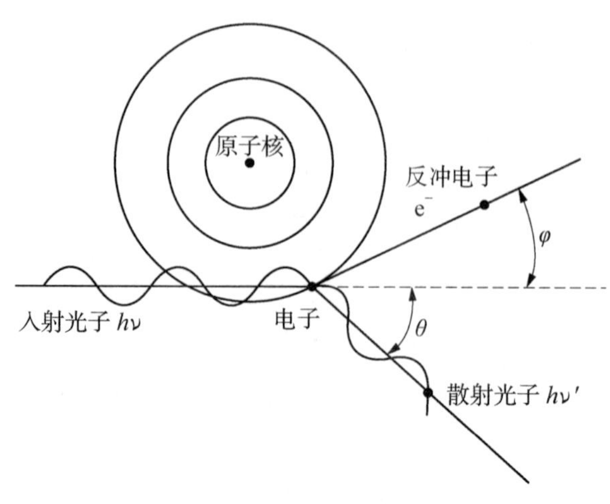

图 2-5 康普顿效应

由于康普顿效应产生的散射光子方向杂乱无章，在实际射线检测中，它会降低射线胶片成像清晰度，影响检测灵敏度，因此，需对散射线进行屏蔽。

2.3.3 电子对效应

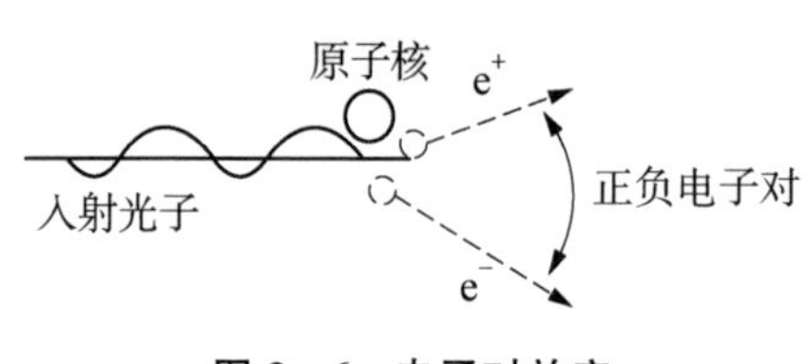

图 2-6 电子对效应

当入射光子能量大于 1.02 MeV，并且从原子核旁边经过时，在原子核的库仑场作用下，射线光子转化成一个正电子和一个负电子，光子消失，这种现象称作电子对效应。电子对效应如图 2-6 所示。

发生电子对效应的前提条件是入射 X 射线、γ 射线光子能量 E 大于 1.02 MeV，入射光子能量除一部分转变成为正负电子对的静止质量(1.02 MeV)外，其余转换成电子对动能。

电子对效应与光子能量及原子序数有关，光子能量增加，原子序数增大，电子对效应越明显。

在实际射线检测中，通常射线的能量低于 1.02 MeV，一般不会发生电子对效应，但在高能射线检测时，应注意电子对效应对检测的影响。

2.3.4 瑞利散射

当能量较低的 X 射线、γ 射线入射光子与原子发生碰撞，光子与内层电子作用时，电子吸收光子能量从低能级跃迁到高能级，同时释放出一个能量约等于入射光子能量的散射光子，这种散射称为瑞利散射，如图 2－7 所示。

瑞利散射是相干散射的一种。所谓相干散射，是指低能射线光子与物质原子束缚电子之间发生弹性碰撞，碰撞后物质原子保持其初始状态，而散射光子的能量不变。

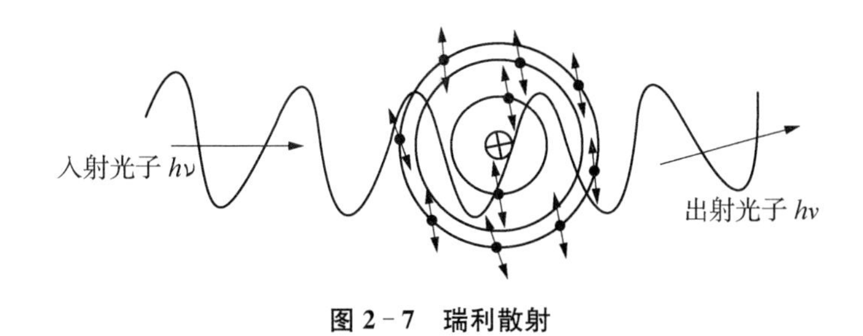

图 2－7　瑞利散射

瑞利散射发生的概率与物质的原子序数和入射 X 射线、γ 射线光子能量有关，其大致与物质原子序数 Z 的平方成正比，且随入射光子能量的增大而急剧减小。

在实际射线检测中，瑞利散射线朝向各个方向，一般强度很低，对检测影响不大。

2.3.5　各种相互作用的比较

在 100 keV～30 MeV 能量范围内，光电效应、康普顿效应和电子对效应是射线与物质相互作用的主要方式，其他作用发生的概率很低，不到 1%，一般不考虑。光电效应、康普顿效应、电子对效应发生概率与物质的原子序数和入射光子能量有关，图 2－8 所示为三种效应占优势的能量区域示意图。

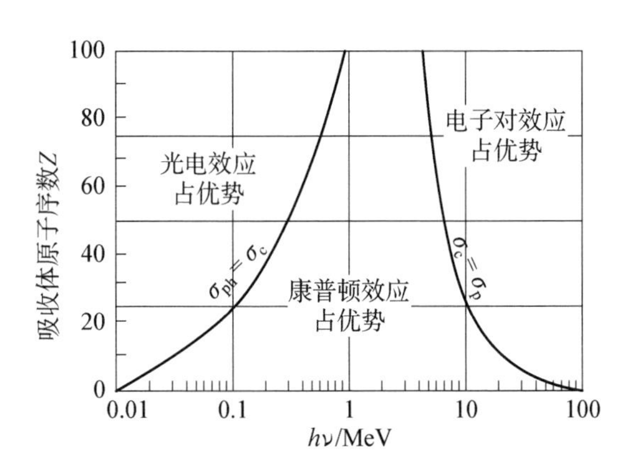

图 2－8　光子与物质相互作用的主要类型及其占优势的能量区域示意图

从图 2－8 可以看出，各种相互作用的发生都与射线的能量及物质的原子序数 Z 有关：

① 对于低能量射线和原子序数高的物质（重物质），以发生光电效应为主。

② 对于中等能量射线和原子序数低的物质，以发生康普顿效应为主。实际上，对于中等能量的射线，在与各种物质的相互作用中基本上也都是以康普顿效应为主。

(3) 对于高能量射线和原子序数高的物质（重物质），以发生电子对效应为主。

铁中各种效应发生的概率与光子能量的关系如图 2－9 所示，几种常见材料的各种作用能量范围如表 2－2 所示。

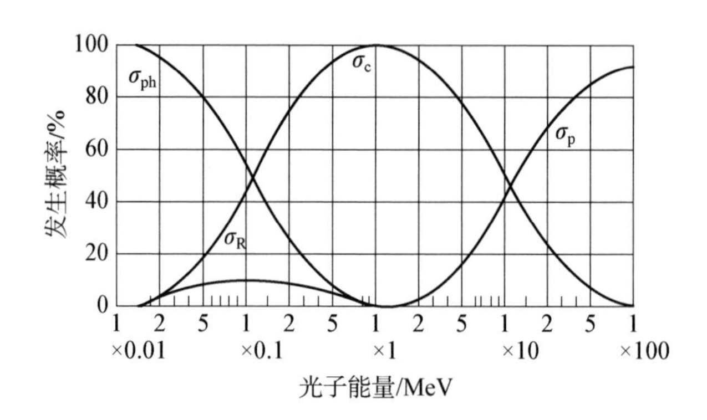

σ_{ph}—光电效应；σ_c—康普顿效应；σ_p—电子对效应；σ_R—瑞利散射。

图 2－9　铁中各种效应发生的概率

表 2－2　几种常见材料的各种效应作用的能量范围

元素	起始作用区/MeV			主要作用区/ MeV		
	光电效应	康普顿效应	电子对效应	光电效应	康普顿效应	电子对效应
Cu	＜0.40	0.15～10	＞2.0	＜0.15	0.15～10	＞10
Al	＜0.15	0.05～15	＞3.0	＜0.05	0.05～15	＞15
Pb	＜5.0	0.5～5	＞2.0	＜0.50	0.5～5	＞5

各种效应对射线检测质量的影响也不相同。如光电效应和电子对效应引起的吸收有利于提高成像对比度，而康普顿效应产生的散射线会降低成像对比度。当使用 1 MeV 左右能量的射线进行检测时，检测成像对比度往往比较低能量射线或更高能量射线差，这就是康普顿效应的影响造成的，故实际射线检测时，要尽量避免使康普顿效应占相对优势。

以 X 射线与物质的相互作用导致射线强度减弱以及能量转化关系如图 2－10 所示。

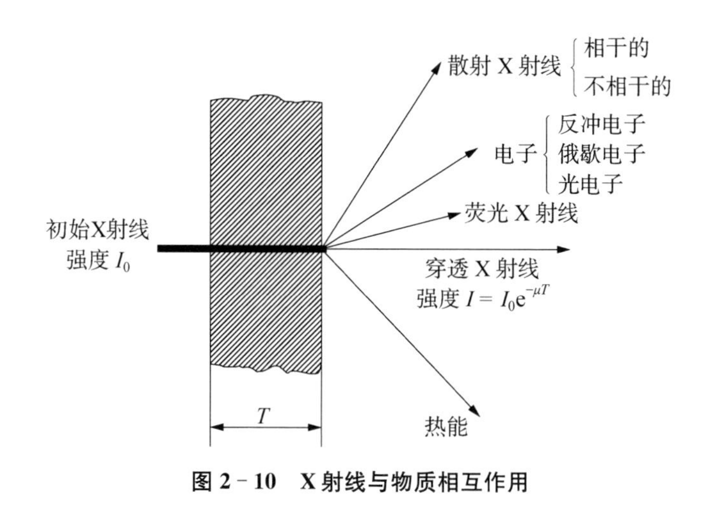

图 2 - 10　X 射线与物质相互作用

在实际射线检测能量范围内，我们通常主要考虑光电效应、康普顿效应。

2.4　射线的衰减

当光子与物质发生相互作用时，一部分能量转移给能量或方向发生变化的光子，产生散射（康普顿散射、瑞利散射）；一部分能量转移给与之发生相互作用或随之产生的电子，发生吸收（光电效应、电子对效应）。散射和吸收的共同作用导致射线在透过物质时强度的衰减（即散射效应＋吸收效应＝射线强度的衰减）。X 射线、γ 射线与物质作用的结果及产物如图 2 - 11 所示。

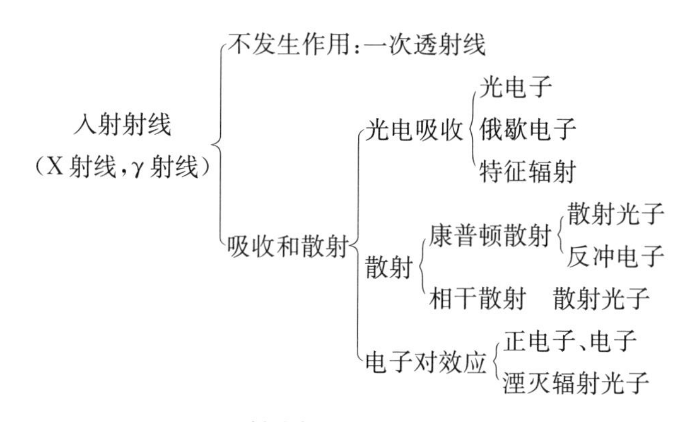

图 2 - 11　射线与物质作用的结果及产物

射线衰减就是指 X 射线、γ 射线在传播过程中，随着物质遮挡和距离增加，其能量会逐渐减弱的现象，包括吸收衰减、散射衰减及扩散衰减。

(1) 吸收衰减。X(γ)射线穿透工件时,与物质发生相互作用产生光电效应和电子对效应,其射线能量被吸收而产生的能量衰减,称为吸收衰减。

(2) 散射衰减。X(γ)射线穿透工件时,与物质发生相互作用产生康普顿效应和瑞利散射,其射线能量被散射而产生的能量衰减,称为散射衰减。

(3) 扩散衰减。X(γ)射线在真空或工件中传播,由于波束扩散,随着距离的增加,射线截面积增大,单位面积射线能量降低的现象称为扩散衰减。

当射线源尺寸远小于射线源与工件距离时,射线强度 I 与距离 L 的平方成反比:

$$I \propto \frac{1}{L^2} \tag{2-12}$$

2.4.1 衰减系数

X(γ)射线穿透物质后强度的减弱程度可以用衰减系数 μ 来表示,衰减系数 μ 包括吸收衰减和散射衰减,不包括扩散衰减:

$$\mu = \mu_1 + \mu_2 + \mu_3 + \mu_4 \tag{2-13}$$

式中,μ_1 为光电吸收衰减系数;μ_2 为康普顿效应衰减系数;μ_3 为瑞利散射衰减系数;μ_4 为电子对吸收衰减系数。

一般情况下,衰减系数与物质密度成正比,常用质量衰减系数 μ_m 表示:

$$\mu_m = \mu / \rho \tag{2-14}$$

式中,μ 为衰减系数;ρ 为物质密度。

当射线能量 < 1.02 MeV 时,$\mu = \mu_1 + \mu_2 + \mu_3$,随着射线光子能量的增加,光电吸收衰减系数 μ_1 和瑞利散射衰减系数 μ_3 急剧减小,康普顿效应衰减系数 μ_2 也减小,但变化比较缓慢。

当射线能量 > 1.02 MeV 时,$\mu = \mu_2 + \mu_4$,随着射线光子能量的继续增加,康普顿效应衰减系数 μ_2 减小,电子对吸收衰减系数 μ_4 增加。

当射线能量 < 5 MeV 时,随着能量增加,μ 减小;当射线能量 > 5 MeV 时,随着能量增加,μ 增加。因此在低能或高能射线检测时,胶片成像反差较大,中能射线检测时,胶片成像反差较小。

针对同种材料,如钢铁类材料,当射线能量 < 0.1 MeV 时,光电吸收系数 μ_1 起主导作用。当射线能量 $= 0.1$ MeV 时,光电吸收衰减系数 μ_1 和康普顿效应衰减系数 μ_2 作用相等。当射线能量为 0.1～10 MeV 时,康普顿效应衰减系数 μ_2 起主导作用。当射线能量 $= 10$ MeV 时,康普顿效应衰减系数 μ_2 和电子对吸收衰减系数 μ_4 作用相当。当射线能量 > 10 MeV 时,电子对吸收系数 μ_4 起主导作用。

实际射线检测时，低能射线和高能射线成像胶片清晰度较高，中能射线成像胶片清晰度较差。

射线的衰减系数与射线能量、材料特性相关，几种常用材料的衰减系数见表 2 - 3。

表 2 - 3　几种常用材料的衰减系数

射线能量 /MeV	衰减系数/cm^{-1}					
	水	碳	铝	铁	铜	铅
0.25	0.121	0.26	0.29	0.80	0.91	2.7
0.50	0.095	0.20	0.22	0.665	0.70	1.8
1.0	0.069	0.15	0.16	0.469	0.50	0.8
1.5	0.058	0.12	0.132	0.370	0.41	0.58
2.0	0.050	0.10	0.116	0.313	0.35	0.524
3.0	0.041	0.83	0.100	0.270	0.295	0.482
5.0	0.030	0.067	0.075	0.244	0.284	0.494
7.0	0.025	0.061	0.068	0.233	0.273	0.53
10.0	0.022	0.054	0.061	0.214	0.272	0.6

2.4.2　射线的色和束

1）射线的色

从波长或能量来划分，射线分为单色射线、多色射线和连续谱射线，其中连续谱射线又叫白色射线。单色射线，是指只含有一种能量、单一波长的光子的射线；多色射线，是指不同波长混合在一起的射线；连续谱线是指能量连续分布的射线，即含有不同能量的光子，在某一段波长范围内的射线谱是连续的。

2）射线的束

X(γ)射线通过一定厚度物质后的，射线由两部分组成，一部分未与物质发生相互作用并且能量和方向均未发生变化的光子，称为透射线；另一部分发生一次或多次康普顿效应且能量和方向都发生了改变的光子，称为散射线。因此，透过物质后的射线其实就是由透射线、散射线和电子束①等组成，可以看成是由不同成分组成的一个射线束。根据在射线检测中的不同作用，射线束可分为窄束射线和宽束射线两种，如图 2 - 12 所示。

① 电子束，射线与物质作用产生的电子。

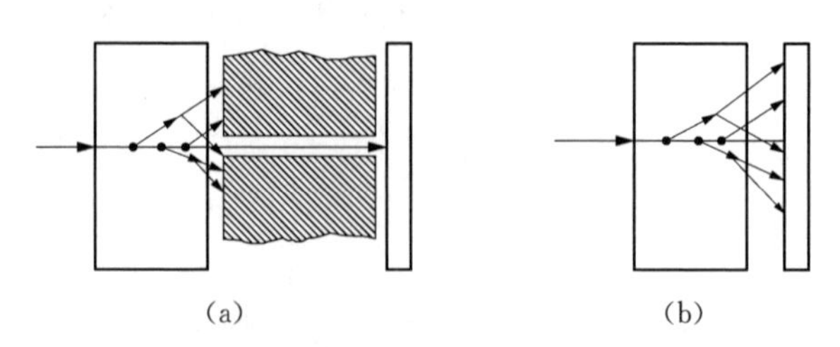

图 2－12　窄束射线和宽束射线产生原理图

(a)窄束射线；(b)宽束射线

2.4.3　单能窄束射线的衰减

X(γ)射线检测工件的情况比较复杂，为了简化问题，先讨论单能窄束射线的衰减。所谓单能窄束射线是指由相同能量光子组成，不存在散射射线的细小辐射束流。

如图 2－13 所示为单能窄束射线衰减测量装置，在单能辐射源与探测器之间放置两个准直器，在两个准直器之间放置吸收体，通过实验可测出射线的强度衰减情况。

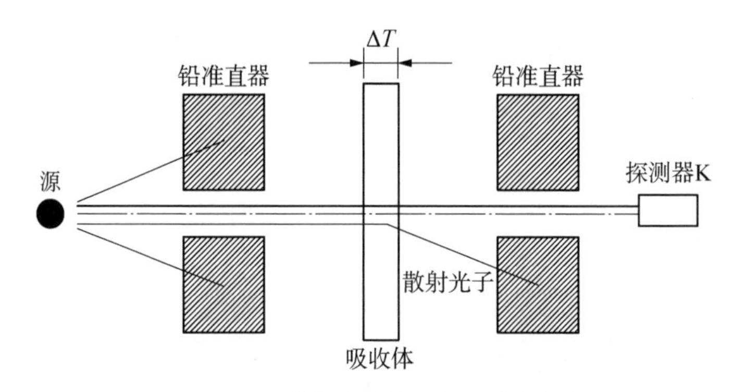

图 2－13　单能窄束射线衰减测量装置

当吸收体不存在时，探测器记录的射线辐射强度为 I_0，是辐射射线的原始强度。射线穿透厚度为 ΔT 的吸收体后，探测器记录的射线辐射强度 I，称为一次透射射线强度。ΔI 表示射线辐射强度的变化：

$$\Delta I = I_0 - I \tag{2-15}$$

式中，I_0 为入射射线强度；I 为穿透物质后射线强度。

通过不同材质、厚度的吸收体和不同能量的射线进行实验可得

$$\Delta I = \mu I_0 \Delta T \tag{2-16}$$

单能窄束射线强度衰减方程为

$$I = I_0 e^{-\mu T} \tag{2-17}$$

式中，μ 为衰减系数，是由波长和物质决定的常数，与射线能量、物质的密度和物质的原子序数有关，对于同一种物质，射线能量不同时衰减系数不同，对于同一能量的射线，通过不同物质时衰减系数也不同；e 为自然对数的底；T 为穿透位置的厚度。

射线穿透吸收体时辐射强度的变化与吸收体厚度及辐射初始强度成正比，同时与衰减系数 μ 有关，衰减系数 μ 越大，衰减越快。

在实际射线检测中，常用半价层来描述某种能量射线的穿透能力或某种射线的衰减作用程度。射线穿透物质后的强度减弱到穿透前强度的一半时的工件（吸收体）厚度称为该物质的半价层或半值层，又称为半衰层，常用 $T_{1/2}$ 来表示。

$$T_{1/2} = \frac{0.693}{\mu} \tag{2-18}$$

几种常见材料的半价层 $T_{1/2}$ 如表 2-4 所示。

表 2-4　几种材料的半价层 $T_{1/2}$

射线能量/keV	半价层 $T_{1/2}$/mm		
	铝	铁	铜
50	7.2	0.46	0.3
100	15.1	2.37	1.69
150	18.6	4.5	3.5
200	21.1	6.0	5.0
300	24.7	8.0	7.0
400	27.7	9.4	8.3
500	30.4	10.5	9.3

半价层与衰减系数成反比：半价层越大，衰减系数越小；半价层越小，衰减系数越大。同时，半价层与原子序数和射线能量有关，当射线能量固定时，原子序数越小半价层越大；当原子序数固定时，射线能量越高半价层越大。

2.4.4　连续窄束射线的衰减

与单能窄束射线不同，连续窄束射线的波长连续变化。由于衰减系数随着射线能量而变化，连续窄束射线中含有不同能量的射线光子，因此衰减系数不是一个固定值，从而会使得其衰减规律变得比较复杂。

连续窄束射线的衰减系数可以通过试验进行测量，在物体两侧设光阑，改变物体厚度，用射线计量仪测量穿透物体后的强度，即可绘制出该物体的衰减系数曲线。按单能窄束射线的衰减方程可知，衰减系数 μ 随着物体厚度变化，当物体厚度增大时，衰减系数 μ 减小，这是因为连续窄束射线穿透物体时，波长较长的射线容易被物体吸收，从而使得衰减系数 μ 降低。

连续窄束射线衰减方程：

$$I = I_0 e^{-\bar{\mu} T} \tag{2-19}$$

式中，$\bar{\mu}$ 为平均衰减系数。

$$\bar{\mu} = -2.3 \frac{\lg \frac{I_2}{I_1}}{T_2 - T_1} \tag{2-20}$$

式中，I_1 为射线穿透厚度 T_1 后的强度；I_2 为射线穿透厚度 T_2 后的强度。

物质的半价层定义如下：

$$T_{1/2} = 0.693/\bar{\mu} \tag{2-21}$$

衰减系数 μ 随射线能量变化，每个确定的 μ 对应一个单一波长的射线能量，与平均衰减系数 $\bar{\mu}$ 对应的单一波长的射线能量称为连续射线的平均能量或有效能量。

2.4.5 连续宽束射线的衰减

在实际射线检测中，常用射线是连续宽束射线，该射线不仅波长连续变化，射线束中含有不同能量的射线光子，且存在散射线。在射线穿透物质过程中，会与物质发生相互作用，穿透物质后有沿直线传播的透射射线、散射线以及荧光 X 射线、光电子、反冲电子、俄歇电子等，它们向各个方向辐射，其中电子穿透能力弱，容易被物质或空气吸收，荧光 X 射线能量较低，也容易被物质或空气吸收。但康普顿效应产生的散射射线不容易被吸收，其对射线检测结果影响较大。

连续宽束射线穿透物质时，能量较低的射线强度衰减多，能量较高的射线强度衰减较少，导致透射射线的平均能量将高于初始射线的平均能量，这一过程被称为线质硬化现象。随着穿透厚度的增加，线质逐渐硬化，平均衰减系数 $\bar{\mu}$ 的数值逐渐减小，而平均半价层 $T_{1/2}$ 值将逐渐增大。

连续宽束射线衰减方程：

$$I = I_0 e^{-\bar{\mu} T}(1 + n) \tag{2-22}$$

式中，I 为透射线强度，为一次透射线强度 I_p 和散射线强度 I_s 强度之和；I_0 为初始射线强度；$\bar{\mu}$ 为平均衰减系数；T 为穿透物质的厚度；n 为散射比，即散射线强度 I_s 与一次透明线强度的比值，$n=\frac{I_s}{I_p}$。

平均衰减系数和散射比都不是定值，它们随着穿透厚度变化而变化。对于单能窄束射线，$n=0$，$\bar{\mu}=\mu$；对于连续窄束射线，$n=0$，$\bar{\mu}$ 则是一个变量。

第 3 章　射线照相检测技术

射线照相检测(radiography testing, RT)技术是射线胶片照相(胶片成像)技术或常规射线检测技术,它是指利用 X 射线管产生的 X 射线或放射性同位素产生的 γ 射线穿透被检测的试件,以胶片作为记录信息器材的一种无损检测方法,也是最基本的,目前应用最为广泛的一种射线检测方法。

对比其他无损检测技术,如超声检测、磁粉检测、渗透检测、涡流检测等,射线照相检测技术的特点:能检出焊接接头中裂纹、未焊透、未熔合、气孔、夹渣,以及铸件中缩孔、气孔、疏松、夹杂等,能确定缺陷平面投影的位置、大小及缺陷性质,射线检测穿透厚度主要由射线能量确定。与此同时,射线照相检测技术也存在一定的局限性,主要是难以确定缺陷深度、高度,较难检测出厚锻件、管材、棒材及 T 形焊接接头、堆焊层中的缺陷以及焊缝中细小裂纹及层间未熔合处。

3.1　射线照相检测原理

3.1.1　检测原理

当射线穿透工件时,由于射线与物质发生吸收或散射而使射线强度衰减,其衰减程度与物质的密度和厚度有关,如果被透射工件内部存在缺陷,由于缺陷与母材的密度不同,对射线的衰减作用不同,导致穿透工件后的射线强度不一样,使工件后的胶片感光不同,曝光后的胶片经过暗室处理(显影、定影、水洗、干燥等)得到底片,将底片放在观片灯上观察,根据底片上黑度变化所形成的图像,就可以判断出有无缺陷以及缺陷的种类、数量、大小、形状、分布状况等,从而实现对被检工件内部质量的检测。

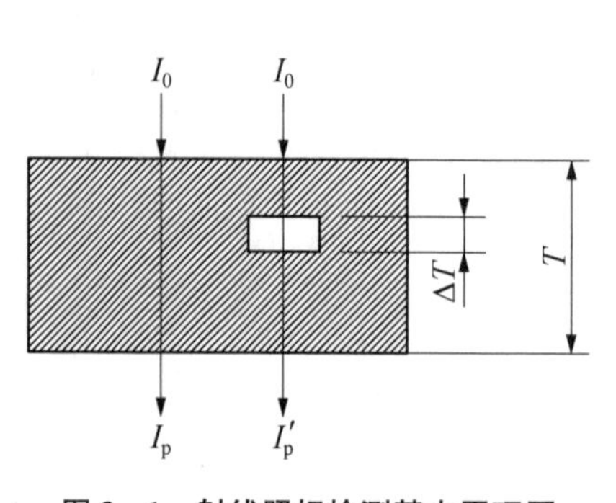

图 3 - 1　射线照相检测基本原理图

图 3 - 1 所示为射线照相检测的基本原理,

该工件中存在一处缺陷，工件厚度为 T，透照方向缺陷厚度为 ΔT，由射线透照衰减公式可知：

$$I=(1+n)I_0 e^{-\mu T} \tag{3-1}$$

$$I_p=I_0 e^{-\mu T} \tag{3-2}$$

$$I'_p=I_0 e^{-\mu(T-\Delta T)\mu'\Delta T} \tag{3-3}$$

$$\Delta I=I'_p-I_p=I_0 e^{-\mu T}[e^{(\mu-\mu')\Delta T}-1] \tag{3-4}$$

式中，I_0 为入射射线强度；I_p 为无缺陷处透射射线强度；I'_p为缺陷处透射射线强度；T 为工件厚度；ΔT 为透照方向缺陷厚度；μ 为工件衰减系数；μ' 为缺陷处衰减系数；n 为散射比。

ΔI 为缺陷与其附近的辐射强度差，I 为背景辐射强度，用式(3－4)除以式(3－1)，可得

$$\frac{\Delta I}{I}=\frac{e^{(\mu-\mu')\Delta T}-1}{1+n} \tag{3-5}$$

$e^{(\mu-\mu')\Delta T}$ 可以做级数展开：

$$e^{(\mu-\mu')\Delta T}=1+(\mu-\mu')\Delta T+\frac{[(\mu-\mu')\Delta T]^2}{2!}+\cdots+\frac{[(\mu-\mu')\Delta T]^n}{n!} \tag{3-6}$$

取近似值，代入式(3－5)，可得

$$\frac{\Delta I}{I}=\frac{(\mu-\mu')\Delta T}{1+n} \tag{3-7}$$

如果缺陷介质的 μ' 值与 μ 相比极小，则 μ' 可以忽略不计。比如常见的钢中缺陷为气孔，因空气的衰减系数 μ' 远远小于钢的衰减系数 μ，可以得到

$$\frac{\Delta I}{I}=\frac{\mu\Delta T}{1+n} \tag{3-8}$$

射线强度差异是导致底片影像产生对比度的根本原因，所以把 $\Delta I/I$ 称为主因对比度，也叫物体对比度。由式(3－8) 可知，影响主因对比度的因素有透照方向缺陷厚度、工件衰减系数和散射比。因此，在实际射线照相检测过程中，为得到较大的主因对比度，往往会采取以下措施。

(1) 通过降低射线能量来提高衰减系数 μ，对于 X 射线来说，就是要保证在能穿透的条件下应用较小的管电压。

(2) 根据被检工件情况及现场工作经验来判断缺陷的取向，或者根据需要有针

对性的探测某种缺陷时，尽量采取垂直透照的方法检测，从而增大缺陷在射线透照方向上的缺陷厚度 ΔT。

（3）在透照过程中采取各种方法减少散射线，从而减小散射比 n，提高主因对比度，从而提高检测影像对比度。

3.1.2 检测特点

射线照相检测技术作为无损检测五大常规检测技术之一，在工业各领域应用中具有其独特的技术特点，具体如下。

（1）适用范围比较广。适用于各种材料并且对材料、工件的形状和表面粗糙度没有特殊要求，不需要耦合剂，材料晶粒度对检测也不产生影响；适用于各种熔化焊接方法（电弧焊、电渣焊、气体保护焊、气焊等）的对接接头；也能检测铸钢件等，在某种情况下还能检测角焊缝或其他一些特殊结构的工件；检测厚度几乎不存在下限，上限受射线穿透能力的限制，更大厚度工件的检测则需要特殊的设备，如加速器等。

（2）检测结果以照相底片作为记录媒介，可以长期保存，且比较直观，对缺陷的定性、定量、定位、数量等分析比较方便，在缺陷长度和宽度方向上的尺寸精度能达到毫米数量级和亚毫米数量级，甚至更小。

（3）体积型缺陷（气孔、夹渣类）检出率高，面积性缺陷（裂纹、未熔合类）的检出率受透照厚度、透照角度、透照几何条件、缺陷形态尺寸、源和胶片种类、像质计灵敏度等的综合影响，如果透照参数选择不适当，则容易漏检。

（4）不适宜检测板材、棒材、锻件，因为板材、棒材及锻件的大部分缺陷的延伸方向与射线透照方向垂直，射线照相无法检出，加上棒材、锻件厚度较大，射线穿透比较困难，检测效果不好；也较少用于钎焊、摩擦焊等焊接方法接头的检测。

（5）对缺陷在工件中厚度方向的位置、尺寸（高度）的确定较困难。

（6）射线照相检测设备在检测过程中需要消耗大量的胶片、辅助器材（如暗室设备、洗片机、烘干机、观片灯、冲洗药液、电子钟及现场拍片的工装等）及废弃液处理，使得检测成本较高，检测速度及检测结果较慢；另外，检测所用的射线有放射性辐射危害，会对人体组织造成多种伤害，需要采取防护措施，现场检测有可能因防护而带来其他问题，尤其是 γ 射线，在管理、现场检测、运输等方面牵涉的内容更多，这对检测工作效率、检测成本带来更大的影响，以及对检测安排有更高要求的现实考虑。

3.1.3 影响影像质量的因素

1）缺陷与底片影像之间的关系

射线照相检测的图像质量是指底片上反映的影像质量，这里的底片影像主要由黑度和缺陷形状两大部分组成。黑度由射线透照工件后的强度变化及胶片特性、暗室处理等综合因素决定。缺陷的影像形状是射线透照被检工件后在底片上的几何投影，由于射线源有一定尺寸，射线束与平行光的投影不同，且缺陷在被透照工件中的分布位置、取向、形状等不同，使得缺陷在底片上的影像会发生变化，所得图像不一定完全是缺陷真实情况的反映，比如会发生影像放大、重叠、畸变、半影和穿透厚度差等。半影即几何不清晰度(U_g)、穿透厚度差跟有效透照区及透照厚度比 K 相关，这两部分内容都将在后续相关章节具体讲解。影像放大、重叠及畸变分别如图 3-2、图 3-3、图 3-4 所示。

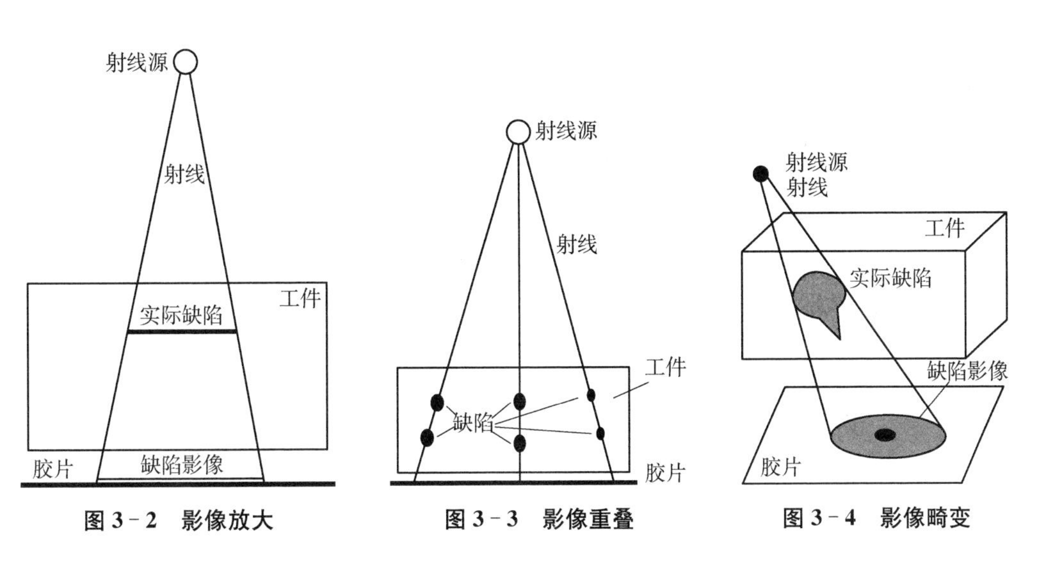

图 3-2　影像放大　　**图 3-3　影像重叠**　　**图 3-4　影像畸变**

2）射线检测灵敏度

评价射线检测质量最重要的指标是射线检测灵敏度。射线检测灵敏度，从定量方面是指射线检测底片上观察最小缺陷尺寸或最小细节尺寸的能力，从定性方面是指发现和识别细小影像的难易程度。射线检测灵敏度可分为绝对检测灵敏度和相对检测灵敏度。

(1) 绝对灵敏度。

在射线检测底片上能发现的沿射线入射方向上的最小缺陷尺寸称为绝对灵敏度，常用 $\Delta T_{\min}$ 表示，发现最小缺陷尺寸 $\Delta T_{\min}$ 越小，绝对灵敏度越高。

(2) 相对灵敏度。

在射线检测底片上能发现的沿射线入射方向上的最小缺陷尺寸与穿透工件厚度的比值，称为相对灵敏度，用 K 表示。

$$K = \frac{\Delta T_{\min}}{T} \tag{3-9}$$

式中，T 为工件厚度；$\Delta T_{\min}$ 为底片上最小缺陷尺寸。K 值越小，相对灵敏度越高。

在实际射线检测工作中，常用像质计作为底片影像质量的评价工具，此时得到的灵敏度一般称为像质计灵敏度。值得指出的是，像质计只能间接反映射线照相灵敏度。因为被检工件或设备中实际的自然缺陷形状复杂多变，与像质计的形状、结构等不同，底片上显示的像质计最小金属丝直径、孔径或槽深等，并不等于被检工件或设备中所能发现的最小真实缺陷尺寸。比如，裂纹类的面积型缺陷，在底片上显示其像质计灵敏度非常高，底片黑度和不清晰度等也符合相关标准要求，但实际检测有时就难以检测出来或者根本就检测不出来。

3）影响影像质量的因素

射线照相检测技术的影像质量主要由对比度 ΔD、不清晰度 U、颗粒度 σ_D 三大要素综合决定，而这三大要素又分别受到不同工艺因素的影响，概括来讲，颗粒度影响影像的清晰度，清晰度影响影像对比度，从而最终影响射线照相的灵敏度。一般情况下，一个照相质量好的影像应该具有较高的对比度、较好的清晰度以及较小的灰雾度、较细的颗粒度。灰雾度的具体内容介绍详见第 3.2.2 节。

(1) 底片对比度 ΔD。

射线照相检测的对比度主要包括胶片对比度（梯度）、主因对比度（物体对比度）和底片对比度，三者之间存在一定的定量关系，而通常说的对比度 ΔD 就是指底片对比度，也是射线照相检测中关心的指标。

当射线穿透工件时，穿透不同厚度部位的射线强度不同，在射线底片上产生不同黑度的阴影而形成影像，才能被人观察和识别。通常把射线底片上某一区域和相邻区域的黑度差称为底片对比度（ΔD），又称底片反差。该对比度决定了在射线透照方向上可识别的细节尺寸。射线底片对比度越大，影像越容易观察和识别，因此，为了能检测细小缺陷，提高检测灵敏度，必须提高底片对比度，但提高对比度也会造成可检测工件的厚度变小、底片上有效评定区减小、曝光时间延长、检测速度变慢、成本增加等不利影响。所以，在现场实际检测过程中，一定要平衡对比度和检测灵敏度之间的关系。

根据式(3-8)及胶片对比度公式 $G=\dfrac{\Delta D}{\Delta \lg E}$，推导出射线底片对比度公式：

$$\Delta D=\frac{0.434\mu G\sigma\Delta T}{1+n} \tag{3-10}$$

式中，ΔD 为底片对比度；G 为胶片梯度；σ 为几何修正系数，与射线源的焦点尺寸有关，如果射线源近似为点源，则 $\sigma=1$；ΔT 为射线透照方向缺陷厚度；μ 为工件衰减系数；n 为散射比。

由式(3－10)可知,底片对比度 ΔD 与衰减系数、胶片梯度、几何修正系数、透照方向缺陷厚度和散射比等参数有关,但实际上底片对比度公式中部分参数还受其他因素直接影响,具体分析如下。

① 射线能量的影响。射线能量影响工件衰减系数和散射比,从而影响底片对比度。

射线穿透工件后,当射线能量较低时,射线衰减系数近似与波长的三次方成正比。随着射线能量的降低,波长将会增加,衰减系数急剧增加,从而会使底片对比度增加,灵敏度得到提高。

在射线检测中,散射线对底片对比度也有一定影响。射线能量较低时,散射比随着能量的增加而增加;射线能量较高时,散射比随着能量的增加而降低。射线能量为300 MeV时,散射比最大。

由于X射线能量比γ射线能量低,因此,X射线透照底片的灵敏度比γ射线透照底片的灵敏度高,在实际射线检测中,为了获得更好的底片对比度,往往在保证穿透工件的条件下,尽可能选择能量较低的射线进行检测。

② 底片黑度的影响。底片对比度与胶片梯度成正比,而胶片梯度与底片黑度直接有关。对于非增感型胶片,随着底片黑度的增加,胶片梯度也增加。为了获得更好的底片对比度,检测时需要获得黑度较大的射线底片。

射线底片黑度不仅影响底片对比度,还影响底片像质计线径的识别。底片像质计线径 d 的对比度 ΔD 与识别线径所需最小对比度 ΔD_{min} 都随黑度 D 的增加而增加,当 ΔD 和 ΔD_{min} 的差值最大时,底片黑度最佳。增感型胶片的 $D=2.0$;非增感型胶片的 $D=2.5$。故一般要求底片黑度 $D>2.0$。

③ 几何条件的影响。当射线源的焦点尺寸大于缺陷,而且透照的距离比较小时,底片上缺陷的影像会受几何不清晰度的影响,导致底片对比度降低,灵敏度下降,因此,在求解底片对比度时,需要进行几何系数修正。

对于微小缺陷,当透照距离增加时,几何修正系数就会增加,底片对比度也随之增加,因此,可以通过扩大透照距离来提高检测灵敏度,但实际射线检测时,透照距离不可能太大,否则会影响曝光时间和检测效率。

④ 透照缺陷厚度的影响。由式(3－10)可知,底片对比度与透照缺陷厚度成正比,透照缺陷厚度越大,底片对比度就越大。在实际射线检测时,被检工件中是否存在缺陷以及存在缺陷的大小、取向等是固定的,但是射线透照方向与缺陷取向的相对位置或夹角是可以凭现场经验来进行调整和改变的,设置缺陷在射线透照方向的尺寸(缺陷厚度)达到最大,从而获得理想的对比度。同时,这也是为什么对于气孔、夹渣等体积型缺陷的检测灵敏度比较高,而对于裂纹、未熔合等面积型缺陷的检测灵敏度较低的主要原因。

(2) 底片清晰度。

底片清晰度是指射线底片影像的清晰程度,一般用射线底片相邻黑度之间分界线的宽度来表示:分界线越宽,射线底片清晰度越小;分界线越窄,射线底片清晰度越高。由于定量的表述和实际测量清晰度比较困难,难以找到一个客观的评价标准,因此,在实际射线检测中,人们习惯用不清晰度来表示底片影像的清晰程度。底片清晰度除了几何不清晰度、固有不清晰度、散射不清晰度外,还有屏不清晰度和运动不清晰度。

① 几何不清晰度 U_g。在射线检测中,射线源都具有一定的几何尺寸,激发的射线穿透工件后,会在底片上缺陷影像边缘轮廓处留下虚影,这就是射线几何不清晰度,常用 U_g 表示。在实际射线检测中,射线穿透不同深度的缺陷具有不同的几何不清晰度,加上射线束本身存在辐射角度,因此,底片上不同部位影像的 U_g 是不同的,通常标准规定将工件中可能产生的最大几何不清晰度作为射线照相必须满足的几何不清晰度,如图 3-5 所示。

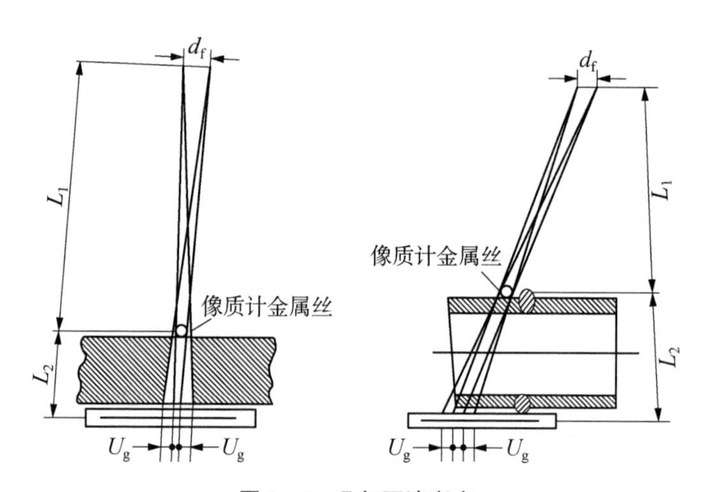

图 3-5 几何不清晰度

由图 3-5 可得出几何不清晰度计算公式:

$$U_g = d_f L_2 / L_1 \tag{3-11}$$

式中,d_f 为射线源有效焦点尺寸;L_1 为焦点至被检工件表面的距离;L_2 为工件表面至胶片距离。

由式(3-11)可知,射线检测时,射线源焦点尺寸越小,工件表面至胶片距离 L_2 越小,工件表面至焦点距离 L_1 越大,底片几何不清晰度越小。在实际射线检测时,为了提高底片清晰度,一方面可以把胶片紧贴着工件,大大降低缺陷至胶片距离;另一方面，可以适当提高焦距，但由于射线强度与距离平方成反比，如果底片黑度不变，则需要提高管电压或者延长曝光时间，因此要综合考虑各方面的因素。

② 固有不清晰度 U_i。射线穿透工件后与胶片发生作用时，会产生二次电子使胶片感光，这些二次电子具有一定的动能，在胶片乳化剂层内产生一定的行程，从而造成底片缺陷轮廓不清晰，使底片缺陷周围产生黑度过渡区，称为底片固有不清晰度，其大小就是散射电子在胶片乳剂层中的平均作用距离，用 U_i 表示。

底片固有不清晰度与射线能量、胶片、增感屏、显影技术等有关。

射线能量越大，产生的二次电子动能就越大，行程越长，从而导致底片固有不清晰度越大，这也是X射线底片的清晰度比 γ 射线底片的清晰度好的原因。

底片固有不清晰度还与胶片颗粒度和增感屏种类有关。胶片颗粒度越大，底片固有不清晰度越大。增感屏种类对底片固有不清晰度也有影响，一般来说，金属增感屏比荧光增感屏的底片固有不清晰度小。另外，如果增感屏与胶片贴合不紧，有间隙，也会增大射线的散射，从而使底片固有不清晰度明显增大。

③ 散射不清晰度 U_s。射线穿透物质时，会与物质发生康普顿效应，从而产生散射线，这些散射线杂乱无章，会使得底片清晰度下降，导致检测灵敏度降低，这种现象称为底片散射不清晰度，用 U_s 表示。

底片散射不清晰度与透照工件厚度、辐照范围和射线能量有关。透照工件越大，辐照范围越大，底片散射不清晰度越大。当射线能量较低时，随着射线能量增加，底片散射不清晰度增大；当射线能量较高时，随着射线能量增加，底片散射不清晰度降低。

实际射线检测时，不仅被透照的工件会产生散射线，附近的物体受到照射后也会产生散射线，这些散射线都会造成底片散射的不清晰度，因此，要尽可能选择最佳检测位置，降低周围环境条件影响，从而提高检测灵敏度。

④ 屏不清晰度。射线检测中，使用增感屏时，由于增感物质对射线的散射或次级效应带来的散射所产生的不清晰度，称为屏不清晰度。影响屏不清晰度的因素有增感屏的材料种类、厚度、使用情况及射线的能量等。

⑤ 运动不清晰度。在射线照相过程中，射线源与工件本应该是相对静止的，但在某些特殊情况下如果存在相对运动，则会产生运动不清晰度。某种程度上来说，这种相对运动实际上就是相当于增加了射线源的尺寸而导致的不清晰度。

(3) 颗粒度 σ_D。

颗粒度是指底片黑度的不均匀性，用 σ_D 表示。颗粒度直接关系到缺陷的可检出性，决定了射线检测所能检出缺陷的最小尺寸。颗粒性是指均匀曝光的射线底片上影像黑度分布不均匀的视觉印象。颗粒度是对颗粒性不均匀性的一种客观度量。颗粒度的主要影响因素包括胶片的性质、射线能量、显影条件等。感光度越高的胶片，感光银盐的颗粒尺寸越大，颗粒度越大；射线能量越高，颗粒性越大；在显影过程中，显影不足或显影过度，特别是显影温度过高等都会导致影像颗粒度增大。

(4) 对比度 ΔD、不清晰度 U、颗粒度 σ_D 的影响因素总结。

对比度 ΔD、不清晰度 U、颗粒度 σ_D 的主要影响因素总结见表 3-1。

表 3-1 对比度 ΔD、不清晰度 U、颗粒度 σ_D 的主要影响因素

射线照相对比度 ΔD $\Delta D = 0.434G\mu\sigma\Delta T/(1+n)$		射线照相不清晰度 U $U=\sqrt{U_g^2+U_i^2}$			射线照相颗粒度 σ_D
主因对比度 $\Delta I/I = \mu\Delta T/(1+n)$	胶片对比度 $G=\Delta D/\Delta \lg E$	几何不清晰度 $U_g = d_f L_2/L_1$	固有不清晰度 $U_i = 0.0013(kV)^{0.79}$[b]	屏不清晰度	$\sigma_D=\sqrt{\dfrac{\sum_{i=1}(\overline{D}-D_i)^2}{N-1}}$
取决于：①由缺陷引起的透照厚度差 ΔT（缺陷高度、形状及透照方向）；②射线的质[a]（μ 或 λ、kV_p）；③散射比 n	取决于：①胶片类型（或胶片梯度 G）；②显影条件（配方、时间、活度、温度、搅动）；③底片黑度 D	取决于：①焦点尺寸 d_f；②焦点至工件表面距离 L_1；③工件表面至胶片距离 L_2	取决于：射线的质（μ 或 λ、kV_p）	取决于：①增感屏种类（Pb、Au、Sn等）；②屏-片贴紧程度	取决于：①胶片系统（胶片型号、增感屏、冲洗条件）；②射线的质（μ 或 λ、kV_p）；③曝光量（I_t）及底片黑度 D

注：a. 射线的质，是指射线本身对不同工件的穿透能力，μ 为工件的线衰减系数，μ 值越大，则射线的线质越软。对于给定工件，射线能量越低，μ 值越大，线质越软。

b. 射线照相固有不清晰度可用公式 $U_i = 0.0013(kV)^{0.79}$ 表示，该公式为经验公式，适用于 100～400 kV 射线能量范围内。

3.2 射线照相检测设备及器材

射线检测设备与器材包括射线源、工业射线胶片及完成射线照相检测所必需的一些相关辅助设备器材等。

3.2.1 射线源

常用的射线源包括 X 射线机、γ 射线机、电子加速器等。

3.2.1.1 X 射线机

1) X 射线机工作原理

X 射线机主要由电源、X 射线管、高压部分、控制部分和辅助装置等组成，如图 3-6 所示。通过控制台可以调节管电流、管电压等各项指标及操作仪器，高压部分将电源传递的电压提升到 X 射线管激发所需的几千伏电压，形成高压电场，使 X 射线管灯丝产生的热电子高速撞击金属靶产生 X 射线。

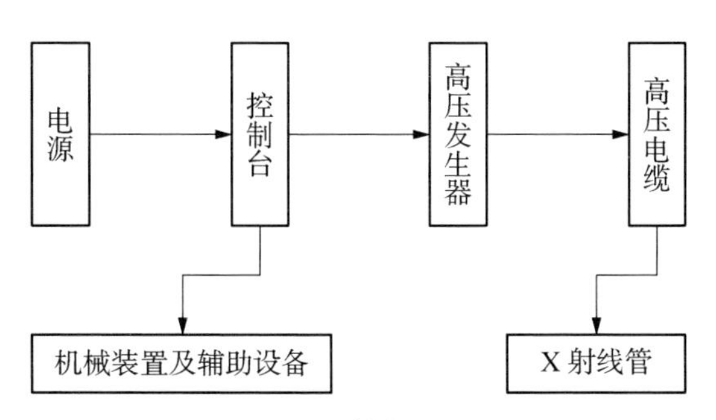

图3-6　X射线机原理图

2）X射线机分类

X射线机的分类方式很多，不同的分类对X射线机的叫法也不一样，比如有按工作电压（恒压、脉冲）、X射线管（玻璃管、陶瓷管）、辐射方向（定向、周向）、焦点尺寸（纳米焦点、微焦点、小焦点、常规焦点）、绝缘介质（油绝缘、气绝缘）等来分类，也有按结构、频率、用途及绝缘介质种类来分类的。本节采用后一种分类方式，如图3-7所示，这里没有对所有分类涉及的X射线机进行逐一介绍，只选取在电网检测中最常用的几种X射线机进行展开和具体讲解，即图3-7括号中打钩（√）为本部分重点介绍内容。值得指出的是，由于对射线机分类不是唯一的，对于同一种射线机，可能同时划归几种分类，比如电网设备现场检测用的便携式X射线机，同时也是气体绝缘X射线机，再比如工频X射线机、脉冲X射线机，同时也是便携式X射线机等。

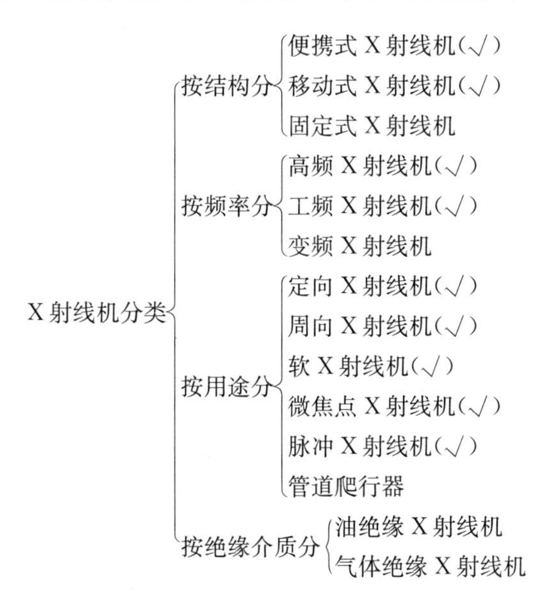

图3-7　X射线机分类图

(1) 按结构来分。

X 射线机按结构分为便携式 X 射线机、移动式 X 射线机和固定式 X 射线机。

① 便携式 X 射线机。便携式 X 射线机是最常用的 X 射线机，体积小，重量轻，便于携带，非常适用于高空和野外作业。如图 3-8 所示，便携式 X 射线机由控制箱、射线机头、电缆组成，射线机头包含 X 射线管和高压部分等，其通过电缆与控制箱连接，控制箱可以对射线机进行开关操作，也可以对射线机管电压、管电流等参数进行调节。

图 3-8　便携式 X 射线机

便携式 X 射线机一般采用半波自整流或可控硅整流方式。由于其 X 射线管和高压变压器被封闭在充满六氟化硫(SF_6)的机头内，故采用风冷方式进行冷却散热，这种散热方式的效率较低，很难对 X 射线管进行充分散热，因此，这种射线机的管电压较低，管电流较小，管电压一般不超过 300 kV，管电流不超过 10 mA。这类射线机绝大部分不能连续工作，一般采取工作 5 min，休息 5 min 的工作模式。由于该类射线机价格较为低廉，技术也十分成熟，故便携式 X 射线机是工业射线检测领域最常用的 X 射线机。

② 移动式 X 射线机。与便携式 X 射线机不同，移动式 X 射线机(见图 3-9)的 X 射线管和高压部分是分开的，该射线机主要由控制箱、X 射线管、高压部分、电缆等组成。这种 X 射线机多安装在移动小车上，适合于固定或半固定场合。

图 3-9　移动式 X 射线机

移动式X射线机一般采用全波整流或倍压整流方式，采用强制油循环方式进行冷却散热，这种散热方式效率高，能很好地对X射线管进行散热，因此，这类射线机的管电压较高，管电流较大，最大管电压能达到450 kV，最大管电流可达到30 mA。该类射线机穿透能力强，检测效率高，价格较贵。

③ 固定式X射线机。由于这类射线机体积大、重量重，不便于移动，所以通常被固定安装在X射线机房内。固定式X射线机冷却系统的冷却散热效果非常好，通常是"油绝缘＋水循环或油循环＋风冷"的冷却散热方式，输出功率大，可以长时间连续工作。

(2) 按频率来分。

X射线机按工作频率可分为高频X射线机、工频射线机和变频射线机。

① 高频X射线机。高压发生器的工作频率大于20 kHz的X射线机即可认为是高频X射线机，如图3-10所示。高频X射线机的工作频率高，可通过逆变技术将工频交流电转换为高频交流电，通过升压和整流滤波，将供给X射线机的交流电变为恒定的直流，其交流波纹系数小于0.1%。不同的高压电压对应不同能量的电子束，从而产生不同波长的X射线，X射线波谱越单一，散射越少，成像越清晰。

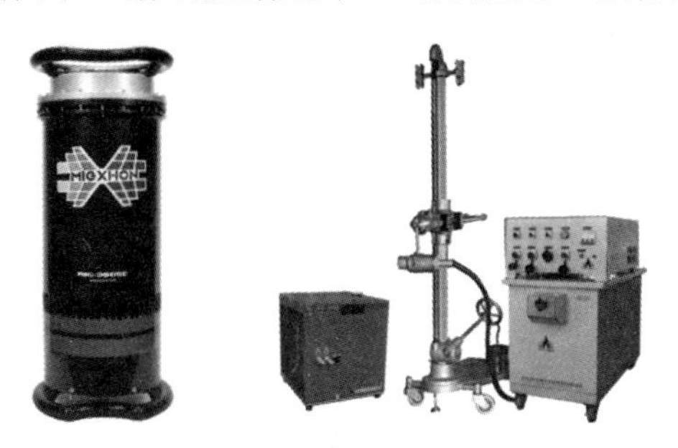

图3-10　高频X射线机

② 工频X射线机。高压发生器的工作频率小于400 Hz的X射线机即为工频X射线机，如图3-11所示。工频射线机将50 Hz的工频电源升高压整流后产生100 Hz的正弦纹波，经滤波后仍有超过10%的纹波。工频机发出的X射线波谱复杂，相同时间内特征频率的X射线量少，杂散射线多，成像模糊。

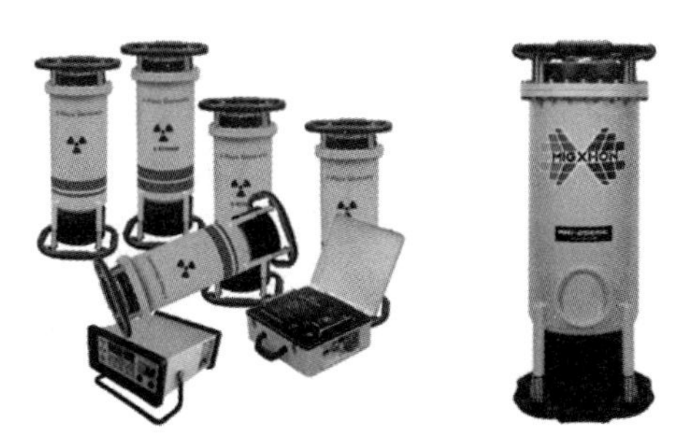

图3-11　工频X射线机

③ 变频射线机，一般对应于普通气体绝缘 X 射线机，其工作频率为 300～800 Hz。

在实际射线检测中，由于胶片透照过程是一个射线光子积累的过程，射线机输出波动这一特性在胶片透照时体现得并不明显，故工作频率对胶片透照的成像质量影响较小。但对于数字成像技术而言，射线机输出的管电压和管电流的波动，直接体现在图像上就是图像噪声变大，体现为亮度和对比度的波动。因此，在数字成像中，对于射线机负载稳定性的要求就更为严格，特别在连续成像中，高频射线机成为首选。

(3) 按用途来分。

X 射线机按用途可分为定向 X 射线机、周向 X 射线机、软 X 射线机、微焦点 X 射线机以及脉冲 X 射线机、管道爬行器这 6 类。

① 定向 X 射线机。定向 X 射线机是工业射线检测中使用最为广泛的 X 射线机，其产生的 X 射线辐射方向为 40°左右的圆锥角，常见定向 X 射线机的辐射角度为轴线左右圆锥角各 20°。由于辐射方向集中，故其射线强度比周向 X 射线机更强，一般用于定向的 X 射线检测。

定向 X 射线机不同角度的射线强度并不相同，其不同角度射线强度的差异可以用伦琴计来测量，定向 X 射线机射线强度分布如图 3－12 所示。

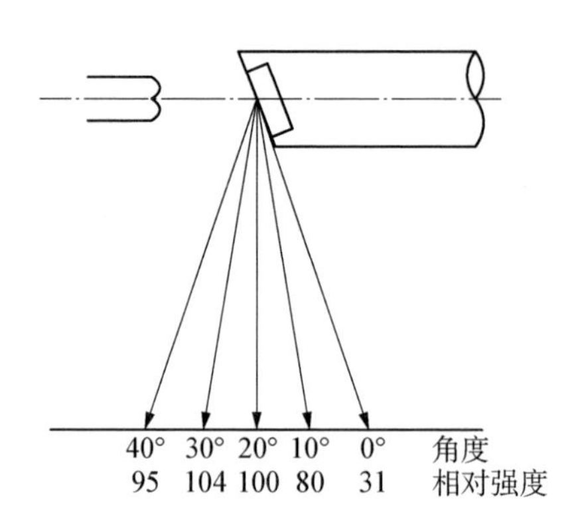

图 3－12　定向 X 射线机不同角度 X 射线强度分布图

由图 3－12 可知，定向 X 射线机辐射射线的强度分布为中间高、两边低，且阳极侧比阴极侧射线强度低。在偏阴极的 30°辐射角处射线强度最高。在实际射线检测中，阴极侧与阳极侧的检测效果差异不明显，阴极侧检测底片与阳极侧检测底片黑度相当，其主要原因是阴极侧辐射的射线存在较多软射线，导致射线穿透能力差，因此对具有一定厚度的工件进行射线检测时，利用阴极侧射线进行检测并不能缩短曝光时间。

② 周向 X 射线机。周向 X 射线机是一种用于大直径管道或容器环焊缝检测的专用 X 射线机，这种射线机发射的 X 射线束沿周向 360°全方位辐射。将周向 X 射线

机固定在管道或容器环焊缝中心，一次曝光就可以完成大直径管道或筒体环焊缝检测，能极大地提高检测效率。

周向X射线机分为平面靶和锥体靶两种，其中平面靶如图3-13(a)所示，它设计简单，散热性能强，但其X射线束与周向机中心轴线有小角度偏移，这对环焊缝纵向裂纹的检测有一定影响。而锥体靶如图3-13(b)所示，它和定向X射线机一样在轴线上射线呈圆锥分布，非常适用于检测环焊缝纵向裂纹。

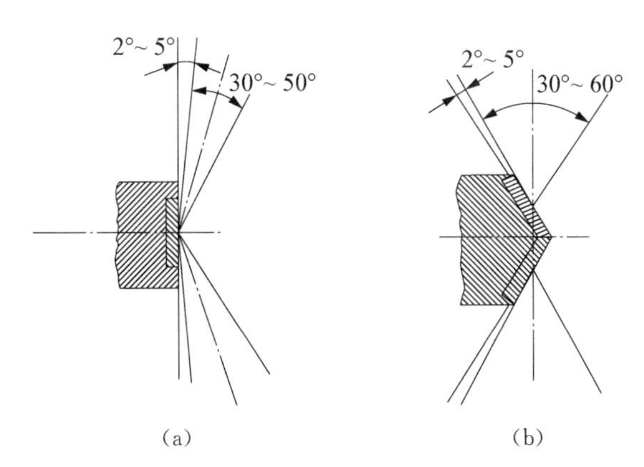

图3-13　周向X射线机金属靶

(a)平面靶；(b)锥体靶

③ 软X射线机。软X射线机是一种功率较小的X射线机，管电压一般低于60 kV，这种射线机的穿透能力较低，主要用于低密度材料的工件检测，如陶瓷材料、塑料材料等制件内部缺陷的检测。

④ 微焦点X射线机。微焦点X射线机的焦点尺寸可达到几个微米，并且能够在0～225 kV或更高恒电压模式下，以一定的功率(通常最高为320 W)连续工作。微焦点X射线机的焦点尺寸通常可以连续可调，从几微米直到0.2 mm。微焦点X射线机实物图如图3-14所示。

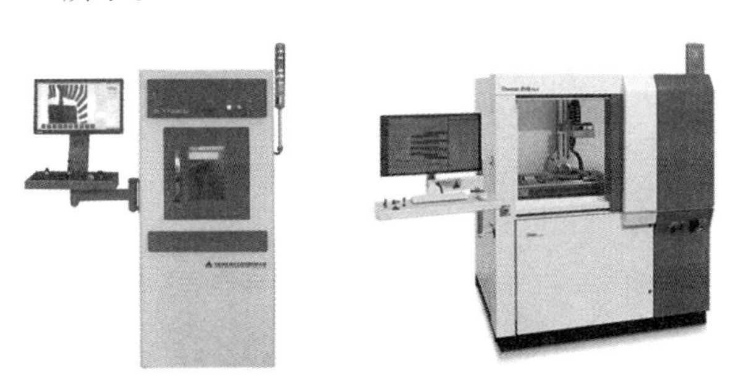

图3-14　微焦点X射线机

微焦点 X 射线机用循环油或水来冷却散热，与常规 X 射线机不同，微焦点 X 射线机用真空泵来维持 X 射线管内的真空度，微焦点 X 射线管打开方便，可更换不同的靶材以产生不同的 X 射线频谱，也可以更换不同形状及大小的 X 射线窗口及阳极类型，以满足不同检测任务的需求。用微焦点 X 射线检测，当焦距值较小时，锥束角或视场范围非常重要，如在检测相同的范围下，25°锥角的微焦点 X 射线机的曝光次数要小于 15°锥角微焦点 X 射线机曝光次数。

与常规 X 射线检测不同，微焦点 X 射线机检测时通常不需要考虑图像半影的大小，即不考虑几何清晰度的影响，这是因为焦点尺寸足够小时可以忽略半影。因此，当 X 射线视野在可接受范围内，宜将从样品到焦点的距离最小化。

微焦点 X 射线机主要用于半导体元件、化工复合材料、植物种子等内部结构的检测。

⑤ 脉冲 X 射线机。脉冲 X 射线机利用瞬间(纳秒级)产生的大剂量 X 射线脉冲对工件内部进行检测，其瞬间管电压很高，检测时根据射线激发脉冲数进行调节。在射线检测操作上，脉冲 X 射线技术比传统 X 射线或放射源具有先天的优势，非常适合对物体的运动动态进行实时成像检测。脉冲 X 射线机如图 3－15 所示。

图 3－15　脉冲 X 射线机

⑥ 管道爬行器，是为长管道环焊缝拍片设计生产的、安装在爬行装置上的 X 射线机。

(4) 按绝缘介质分。

X 射线机按绝缘介质材料可分为变压器油绝缘 X 射线机和气体绝缘 X 射线机。变压器油绝缘 X 射线机是用变压器油作为绝缘和冷却介质；气体绝缘 X 射线机一般用 SF_6 气体作为冷却和绝缘介质。

3) X 射线机组成

X 射线机的基本结构包括射线发生器、高压发生器、冷却系统、控制系统和保护系统。其中射线发生器主要由 X 射线管、外壳和绝缘介质构成，本部分将重点介绍 X

射线管。

(1) X射线管。

① X射线管的基本结构。X射线管是X射线机的核心部件，负责产生X射线，其基本组成包括阴极、阳极、保护罩、壳体等，其结构如图3-16所示。

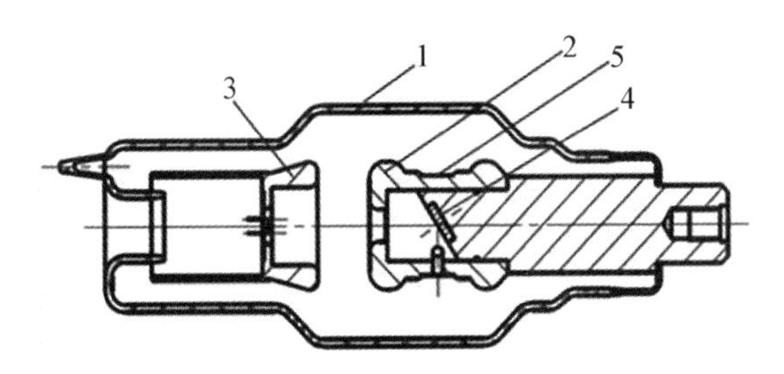

1—玻璃壳；2—阳极罩；3—阴极；4—阳极靶；5—阳极罩。

图3-16　X射线管结构图

X射线管阴极主要用于发射电子和聚焦电子，由用于发射电子的灯丝和聚焦电子的凹面阴极头罩组成。灯丝由钨丝绕制而成，钨丝直径、长度及绕制形状决定焦点类型和大小。根据X射线管焦点的不同，分为圆焦点阴极和线焦点阴极(方形或长方形)。圆焦点阴极的灯丝绕成平面螺旋形，装在井式凹槽阴极头内；线焦点阴极的灯丝绕成螺旋管形，装在阴极头的条形槽内。若将两组灯丝绕成螺旋管形，并列排放，形成两个大小不同的焦点，就构成了双线焦点。X射线管阴极焦点类型如图3-17所示。

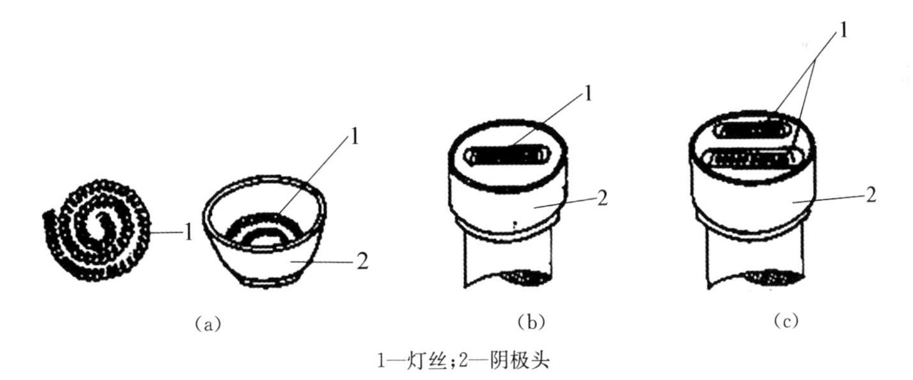

1—灯丝；2—阴极头

图3-17　X射线管阴极焦点形式

(a)圆焦点；(b)线焦点；(c)双线焦点

当阴极通电后，灯丝被灯丝电流加热发射热电子，阴极具有负电位，对电子流起聚束作用，在高压电场作用下高速撞击阳极金属靶，产生X射线。一般情况下，灯丝加热温度越高，发射的电子越多，得到的管电流也就越大，产生X射线强度更大。X

射线管的管电流大小是通过调节灯丝电压即控制灯丝电流来完成的。值得指出的是,使灯丝加热所施加的电流不是X射线管的管电流,而是灯丝发出的用于撞击阳极靶的电子流,称为X射线管的管电流。

X射线管阳极主要用于阻止高速电子运行,产生X射线,一般主要由阳极靶、阳极罩和阳极体组成,如图3-18所示。

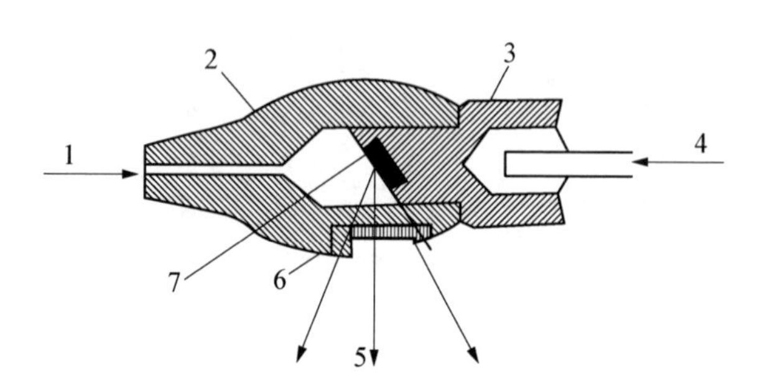

1—电子入射方向;2—阳极罩;3—阳极体;4—冷却油入口;
5—X射线;6—放射窗;7—阳极靶。

图3-18 X射线管的阳极

在高压电场作用下,阴极发射的电子汇成电子束以高速运动形式撞击阳极靶,其98%以上的动能将转换成热能,导致阳极靶温度急剧上升。另外,X射线的强度与阳极靶材的原子序数有关,因此,工业X射线管阳极靶常用原子序数大、熔点高的金属钨为制作材料,软X射线管的阳极靶一般选用钼来制作。

阳极体的作用是支承靶面并传送热量,避免金属靶因高温损坏,因此,阳极体采用热传导系数较高的铜制成。

阳极罩主要作用是吸收高速电子流撞击阳极靶时产生的二次电子,这些电子聚集在阳极罩上,对阴极发射的电子流会产生不利影响,因此,常用对X射线吸收作用小的金属铍制作。

X射线管壳体将各部分组合在一起,形成密封真空体,使电子流能在高压电场作用下加速运动达到阳极,其一般采用玻璃、陶瓷等制作而成。

② X射线管的分类主要包括以下几种。

按密封材质分为玻璃X射线管和金属陶瓷X射线管。玻璃X射线管采用耐高温的含铅石英玻璃作为外壳,其对热和机械冲击比较敏感,使用寿命比较短,制造成本较低。金属陶瓷X射线管在现代工业射线检测领域应用最为广泛,具有效率高、体积小、真空度高、寿命长和不受逃逸电子干扰等技术优势。不同类型的金属陶瓷X射线管可分别应用在携带式X射线机和移动式X射线机上,其中用于移动式X射线机的金属陶瓷X射线管具有两方面技术优势:一是包括循环冷却通道,在外接循环冷却器的情况下，能够实现长时间连续工作；二是可做成双线性焦点方式，在同一电压等级下，可提供匹配不同焦点尺寸的多种组合，满足各种现场检测技术需求，如在数字成像应用中，可选择较小焦点尺寸(如 0.4 mm)的射线管；在胶片透照时，可选择大焦点(如 3 mm)的射线管。这是因为在胶片透照过程中，由于胶片分辨率高，由焦点尺寸引起的几何不清晰度对图像质量的影响较小；而大焦点能够提供较大管功率，在电压一定时，能够获得较大管电流，从而可以缩短透照时间，提高检测效率。

按焦点尺寸分为常规焦点 X 射线管、小焦点 X 射线管、微/纳焦点 X 射线管。常规焦点 X 射线管的焦点尺寸在 0.4 mm 以上，这种射线机多用于常规材料焊接、铸造等内部质量的检测；小焦点 X 射线管的焦点尺寸为 30～100 μm，由于焦点尺寸较小，这种射线机在物距较小且像距较大条件下进行检测时，也不会产生较大几何不清晰度；微/纳焦点 X 射线管的焦点尺寸为 500 nm～20 μm，这种 X 射线机一般用于精密工件高精度、高分辨率的检测。一般大型的 X 射线机(如 400 kV)经常采用大小不同的两个焦点，即在阴极头上有两个不同的灯丝，大焦点可以减少透照时间，用于一般的射线检测，而当对灵敏度要求较高以及要求高透照清晰度的时候就采用小焦点 X 射线检测。

按阳极形状可分为固定阳极 X 射线管和旋转阳极 X 射线管。固定阳极 X 射线管因阳极焦点面受温度影响而功率不高，若要提高功率，则必须增加焦点面，这又降低了清晰度。旋转阳极 X 射线管在阳极旋转时阴极发射的高速电子不是打在固定点上，而是沿着阳极靶的整个圆周射出，从而使得产生的热量会很快散去，提高了 X 射线管的功率和影响清晰度，其较常用于医疗，在工业上应用比较少。

按产生的波谱可将 X 射线管分为软 X 射线管和一般 X 射线管。软 X 射线管的靶材常用钼制作，其产生的 X 射线波长长、能量小、焦点小，分辨率和影像清晰度比较高，但工业检测中不常用软 X 射线管。

按辐射方向可分为周向辐射 X 射线管和定向辐射 X 射线管。周向辐射 X 射线管辐射射线束是在与管轴线成垂直方向的 360°圆周上同时辐射 X 射线，其阳极靶有平面和锥体两种形式；定向辐射 X 射线管辐射的 X 射线是固定的，射线束辐射圆锥角一般在 40°～45°。

除了以上分类方式外，还有其他分类方式，比如按冷却方式分有自冷却式和强迫冷却式，按发射电子的方式分有冷阴极和目前较多采用的热阴极式，按工作电压分有恒压和脉冲 X 射线管等。

③ X 射线管性能参数。X 射线管的性能参数是衡量 X 射线管质量的重要指标，主要包括阳极、阴极特性曲线、焦点尺寸及形状、管电压(管电流)、辐射角、辐射强度，及其空间分布、真空度及寿命等。

X 射线管阴极特性曲线是表示阴极饱和电流密度和灯丝温度之间的关系曲线，

如图 3-19 所示。当灯丝温度升高时,饱和电流密度逐渐增加,当温度达到一定数值后继续增加时饱和电流密度急剧增加。

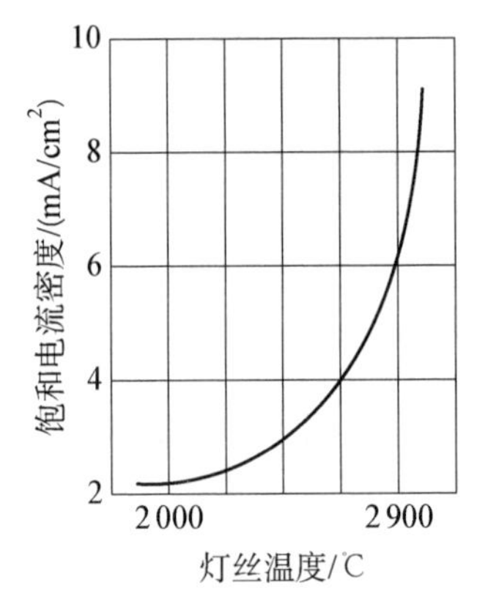

图 3-19 X 射线管阴极特性曲线

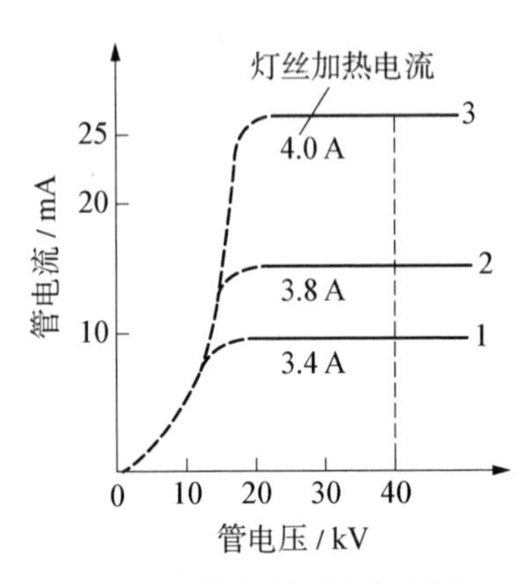

图 3-20 X 射线管阳极特性曲线

X 射线管阳极特性曲线是表示阳极管电压和管电流之间的关系曲线,如图 3-20 所示。当管电压增加时,管电流逐渐增加,管电压增加到一定数值后继续增加时管电流达到饱和电流,不再增加,这是因为当管电压增加到一定程度后,阴极发射的热电子全部达到阳极,管电流达到饱和,再增加管电压也不可能再增加管电流。

X 射线管焦点。其焦点的大小对 X 射线检测的清晰度有较大影响,焦点越小,射线检测清晰度越高,这是 X 射线管重要的性能指标之一。X 射线管焦点分为实际焦点和有效焦点。被高速电子流撞击在阳极靶上的实际面积称为 X 射线管实际焦点(即几何焦点)。实际焦点在垂直于 X 射线管轴线方向上的投影面积称为有效焦点(即光学焦点)。有效焦点尺寸小于实际焦点尺寸。X 射线机说明书或检测工艺卡上提及的焦点都是指有效焦点。实际焦点和有效焦点尺寸示意如图 3-21 所示。

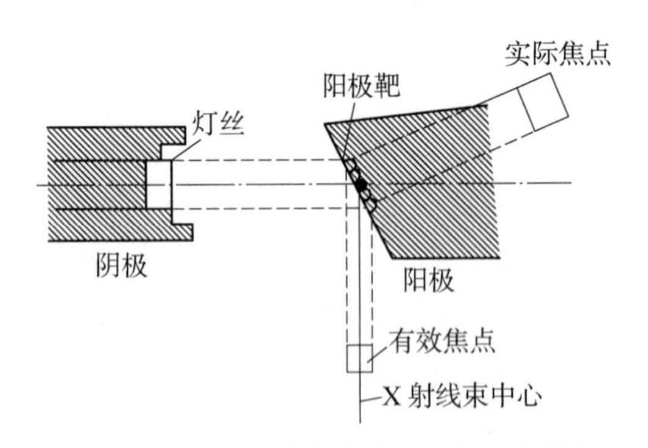

图 3-21 实际焦点和有效焦点尺寸示意图

关于焦点尺寸，圆焦点用直径表示，长方形焦点用(长＋宽)/2表示，正方形焦点用边长表示，椭圆形焦点则用(长轴＋短轴)/2表示。

对于斜靶定向X射线管，其有效焦点与实际焦点的关系为

$$S_0 = S\sin\alpha \tag{3-12}$$

式中，S_0为实际焦点；S为有效焦点；α为阳极靶与垂直管轴线平面的夹角。一般，$\alpha=20°$，所以，$S_0=S/3$。

X射线管焦点的大小与X射线管阴极灯丝的形状和大小、阴极头聚焦槽的形状及灯丝在槽内安装的位置有关。此外，管电压和管电流对X射线管焦点的大小也有一定影响。X射线管焦点大，有利于散热，可承受较大的管电流；焦点小，照相清晰度好，底片灵敏度高。

X射线管的管电压是指X射线管承载的最大峰值电压，以符号kV_p表示。与X射线管焦点一样，管电压也是X射线管的重要技术指标之一，它反映了X射线机的穿透能力。管电压越高，激发的X射线的波长越短，穿透能力就越强。在X射线检测时，X射线机管电压调节不能超过标称电压，否则会导致X射线管击穿损坏。

辐射角。X射线管发射的射线束有一定的发散角度，射线束内能量相对集中部分的边缘与射线束中心轴线夹角的2倍称为射线束的辐射角。辐射角决定了X射线机的辐射场大小，它由射线管阳极结构设计决定。一般定向X射线机的辐射角为40°，周向X射线机的辐射角为24°×360°。

辐射强度及其空间分布。辐射强度的计算公式及相关内容详见本书2.2.3节。辐射强度的空间分布是指从阳极靶上发射出来的X射线在不同方位角上的辐射强度量不均匀。越靠近阳极侧，X射线强度下降得越厉害，靶角越小，射线强度下降的程度越大。射线强度分布的不均匀会造成底片黑度的不均匀，使得缺陷影像过深或过浅，影响评片人员对底片的观察和评定，从而造成漏检。

X射线管的真空度也是X射线管的重要技术指标之一，它直接关乎X射线机能否正常启动。X射线管必须抽真空，只有管内真空度达到一定数值(早期射线管的真空度为$10^{-7}\sim10^{-6}$ mmHg，目前最新型X射线管真空度可达到10^{-9}mmHg)时，X射线机才能正常工作。一般情况下，X射线机工作时，阳极靶温度升高后会释放气体，使X射线管的真空度降低，严重时会导致X射线管击穿。另外，释放的气体会发生电离作用，其正离子将飞向阴极，同时吸收部分气体。这种状态达到平衡时，X射线管的真空度才是决定射线机是否满足工作要求的关键，这也是X射线机工作前必须进行训机的原因。

训机的原理：通过从最低数值开始逐步升高管电压和管电流，在低管电压下，管电流中电子使气体分子电离，被电离出来的正离子被阴极金属吸收，负离子被阳极吸

收，从而提高X射线管的真空度，同时，也有新的气体分子从电极中逸出来，当吸收与逸出达到平衡时，真空度达到最高。对于手工训机，从X射线管额定最低管电压和管电流开始，曝光、停机冷却，再升级曝光、停机冷却，逐步增加管电流和管电压，直到X射线管的额定值为止。在训机过程中注意观察管电流是否稳定，如果不稳定则立即停机，降低管电压和管电流或休息一定时间，重新再试验。对于有自动训机程序的，按照使用说明书规定的程序进行。

X射线管的寿命是衡量X射线管耐用程度的指标，常把阴极灯丝发射能力逐渐降低，射线管的辐射剂量率降为初始值80%时的累积工作时限称为X射线管寿命。根据《无损检测仪器 工业用X射线管通用技术条件》(GB/T 26833—2011)中的规定，金属玻璃X射线管寿命应不小于400 h，金属陶瓷X射线管寿命应不小于500 h。为了使X射线管的寿命能达到最大化，X射线检测时应严格按照使用说明书的要求进行训机，工作负载控制应在满负载的90%，送高压前，灯丝必须提前预热、活化，使用过程中工作和间隙时间按1∶1分配等操作要求。

(2) 高压发生器。

X射线机的高压发生器包括高压变压器、灯丝变压器、高压整流管和高压电容及高压电缆等。

① 高压变压器。与常见变压器一样，可以将几百伏的低电压提升到X射线管工作所需的几百千伏高电压(常见的有150 kV、250 kV、300 kV等)。为满足高压变压器工作要求，高压变压器的次级绕组匝数多，线径细，绝缘性能高。另外，为确保高压变压器不因过热而损坏，高压变压器用磁导率高的冷轧硅钢片制作铁心，用含杂质少的高强漆包线线圈作为绕组，将多层电容纸当作层间绝缘材料，绕制时，时刻检查匝间和层间的绝缘，控制灰尘和污物的影响，制作完成的变压器在真空条件下进行干燥处理。

② 灯丝变压器。它是一个降压变压器，可以将工频220 V电压降到X射线管灯丝所需要的十几伏电压，并提供较大的加热电流，一般约为十几安培。由于灯丝变压器的次级绕组与X射线管的阴极连在一起，因此需要采取可靠措施来确保初级绕组与次级绕组之间的绝缘。

③ 高压整流管。其为单向导通，主要起整流作用。常用的高压整流管有玻璃外壳二极整流管(尺寸比较大)和高压硅堆整流管(体积较小)。

④ 高压电容。其作用是储存能量，形成倍压整流，是一种金属外壳、耐高压、容量较大的纸介电容。

⑤ 高压电缆。该电缆可供移动式X射线机来连接高压发生器和X射线机头，包括保护层、金属网层、半导体层、主绝缘层、芯线、薄绝缘层、电缆头等。高压电缆在使用过程中应防止过度弯折而导致断芯，且避免低温条件下使用。

高压发生器分为工频高压发生器和高频高压发生器。

工频高压发生器是指工作频率小于 400 Hz 的 X 射线高压发生器，主要用在便携式 X 射线机中。工频高压发生器直接连接外部电源，初级调整后，将外部电压经高压变压器升压后调节到指定高压范围，最后经过高压整流得到相应的高压输出波形。高压波形的不同主要取决于整流的方式，目前主要的整流方式有单相自整流、单相半波整流、单相全波整流、三相全波整流、三相十二脉冲整流等。

高频机是指高压发生器工作频率大于 20 kHz 的 X 射线机，高频机工作频率高，高压整流后的电压基本上是恒定的直流，纹波可小于 0.1%。高频机输出的 X 射线波谱单纯，杂散射线少，成像清晰。高频高压 X 射线发生器的工作过程如下：50 Hz 交流电源经过二极管整流、电容器平滑为恒定直流电压后，经过逆变器转换成具有一定频率的方波电压，该电压经变压器升压，再经整流、滤波后变为平滑的直流高压施加于 X 射线管阴极、阳极。与此同时，采样电路对管电压进行采样，并将采样值送到比较器，与预置的管电压值进行比较。如果采样值低于预置值，则调节器发出调节信号，升高逆变器的频率，或增加逆变器输出的脉冲宽度，直到实际管电压采样值与预置值相等为止。反之，若采样值高于预置值，则调节电路降低逆变器的工作频率或减少脉冲宽度，直到采样值与预置值相等。同理，对管电流也可采用同样的方法进行调节与控制。

工频机将 50 Hz 的工频电源升高压整流后会产生 100 Hz 的正弦纹波，经滤波后仍有 10%以上的纹波；高频机工作频率高，高压整流后的电压基本上是恒定的直流，纹波可小于 0.1%。工频机出线波谱复杂，相同时间特征频率的 X 射线量少，杂散射线多，成像模糊。高频机出线波谱单纯，杂散射线少，成像清晰，但比工频机减少 50%以上的总出线量。

(3) 冷却系统。

X 射线管中，高速电子撞击阳极靶时只有 2%左右的动能转换成 X 射线，绝大部分的电子动能转化为热能，导致阳极靶的温度不断升高，若冷却不及时，过热会造成阳极靶的靶面熔化烧损，以致龟裂脱落，同时，由于金属阳极过热会释放出气体，降低 X 射线管内的真空度，导致 X 射线管被击穿而损坏。为了确保 X 射线管能正常工作，必须对 X 射线管进行冷却。常见的冷却方式有辐射散热冷却、冲油冷却、水循环冷却等。

① 辐射散热冷却(见图 3－22)。辐射散热冷却采用实心阳极体，将阳极体尾部延伸到 X 射线管外部来散热。为加快冷却速度，阳极体尾部除装有辐射散热片以增加散热面积外，还有外置风扇加速空气流动从而增加散热。这种冷却散热方式常用于便携式 X 射线机。

②冲油冷却。冲油冷却的阳极体为空腔式，其内部与冷却油箱连接，通过油循环将靶材中产生的热量直接带走，冷却效率较高，如图 3－23 所示。

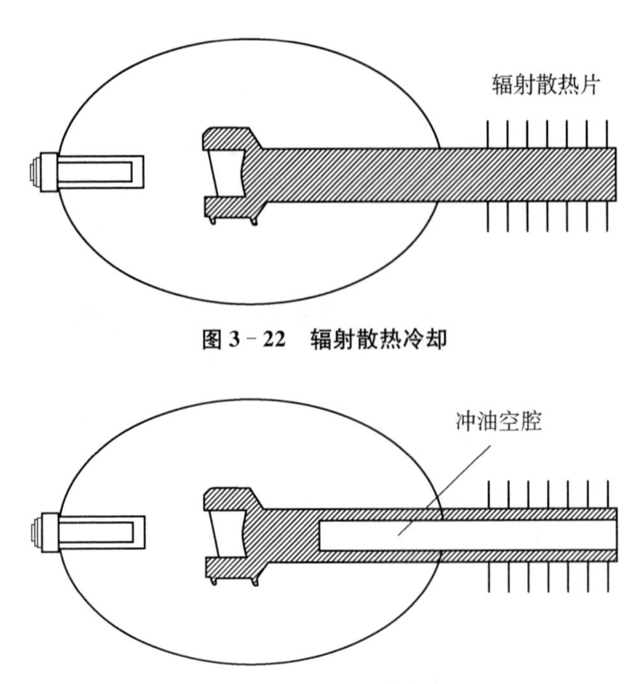

图 3-22　辐射散热冷却

图 3-23　冲油冷却

③水循环冷却。采用循环水直接进入射线发生器 X 射线管的阳极空腔，通过水流出时带走阳极的热量。这种冷却方式只适用于阳极接地型，主要用于移动式 X 射线机。

注意：不管哪种冷却方式，切断高压后，冷却系统都不要立即关闭，应继续运行 15 min 左右，使 X 射线管阳极充分冷却后再关闭冷却系统电源和总电源。

（4）控制系统。

控制系统是指 X 射线管外部工作条件的总控制部分，包括各种参数的调节、开关和指示部分等。

调节的参数主要包括管电压、管电流、曝光时间等参数。一般通过调整与高压变压器的初级侧并联的自耦变压器的电压来实现管电压调节，当电源电压波动较大时，常需要稳压电路来稳定电压，确保 X 射线机正常工作。通过调节灯丝加热电流可以调节管电流。通过计时器可以调节曝光时间。

X 射线机开关包括电源开关、高压开关等。

X 射线机指示部分有电压表、电流表、计时器表等，可直接反映 X 射线机工作时的输入电压、电流和曝光时间。

（5）保护系统。

X 射线机保护系统是用于防止电气设备内部因发生短路而损坏或因高压放电而损

坏的设备，它是保障X射线机安全使用的关键。X射线机保护部分包括短路过流保护、冷却保护、过载保护(过流或过压)、零位保护、接地保护、急停开关保护和其他保护。

① 短路过流保护常用保险丝，当电流超过额定值时，该保险丝就会发生过热而熔断，使设备得到保护。

② 冷却保护常用温控开关，为一种双金属片制成，整定值一般为60°，放在射线机头和循环油箱处，当温度超过额定值时就会自动断开高压。

③ 过载保护常用过压继电器和过流继电器，当回路电流和电压超过额定值时，就会切断高压。

④ 零位保护常用零位接触器和时间零位开关。零位接触器主要作用是确保X射线管必须从调压器的零位开始加压；时间零位开关主要作用是使时间继电器计时完毕时，触点打开，切断高压。

⑤ 接地保护主要对设备进行可靠接地，防止漏电和感应电对人身造成伤害。

⑥ 急停开关保护，在设备运行过程中发现紧急情况时可用来迅速停止发射射线，以减轻特殊情况下对人员的辐射伤害。

⑦ 对于气体绝缘的X射线机，在机头上加装一个气压开关，当机头气压达不到绝缘要求时，就会自动断开高压。

4) 使用X射线机的注意事项

(1) 使用前要根据说明书要求进行训机。玻璃管X射线机训机时管电压升压速度与停用时间见表3-2，金属陶瓷管X射线机训机规定见表3-3。

表3-2　玻璃管X射线机训机时升压速度与停用时间

停用时间	8～16小时	2～3天	3～21天	21天以上
升压速度	10 kV/30 s	10 kV/60 s	10 kV/2.5 min	10 kV/5 min

表3-3　金属陶瓷管X射线机训机规定

终止使用时间	训机方法
1天	只需自动训机到使用电压值，若使用电压较前一天高，可自动训机至前一天数值后手动按10 kV/min升至使用值
2～7天	手动训机，从最低值开始，按10 kV/min升至最高值，中间按使用说明书规定时间休息
7～30天	手动训机，从最低值开始，每5 min升一级，至最高值；每训机10 min，休息5 min
30～60天	手动训机，从最低值开始，每5 min升一级，至最高值；每升一级，休息5 min
60天以上	按上述方法进行，但需增加休息时间和训练次数

（2）使用前要预热至少 2 min 以上，使用中要注意机头有无过热，冷却系统是否正常。

（3）避免满负荷，禁止超负荷使用，即管电压、管电流等都不能超过 X 射线管的额定值。

3.2.1.2 γ 射线机

X 射线机只在开机并加上高压后才产生 X 射线；与 X 射线机不同，γ 射线源一直不间断地辐射 γ 射线，同时，γ 射线机具有体积小、重量轻、穿透力强、操作简便、可用于狭小空间检测等优点。工业中常用的射线照相检测用 γ 射线主要来自钴-60（^{60}Co）、铯-137（^{137}Cs）、铱-192（^{192}Ir）、硒-75（^{75}Se）、铥-170（^{170}Tm）等人工放射性同位素源。γ 射线的强度与放射性同位素源的体积有关，体积越大，γ 射线的强度就越大，而 γ 射线的穿透能力则取决于源的种类。

1）γ 射线机种类

（1）按放射性源种类可分为钴-60（^{60}Co）γ 射线机、铯-137（^{137}Cs）γ 射线机、铱-192（^{192}Ir）γ 射线机、硒-75（^{75}Se）γ 射线机、铥-170（^{170}Tm）γ 射线机及镱-169（^{169}Yb）γ 射线机。

（2）按射线机结构可分为直通道形式 γ 射线机和 S 通道形式 γ 射线机。

（3）按源容器的可移动性可分为便携式 γ 射线机、移动式 γ 射线机、固定式 γ 射线机和爬行式 γ 射线机等。

在工业 γ 射线检测中，常用便携式铱-192（^{192}Ir）γ 射线机和移动式钴-60（^{60}Co）γ 射线机。铱-192（^{192}Ir）γ 射线机主要用于检测厚度比较薄的工件，钴-60 γ 射线机主要用于检测厚工件。

2）γ 射线机特点

与 X 射线机相比，γ 射线机有其自身特点，主要表现在以下两个方面。

优点：①探测厚度大、穿透力强，与同等穿透力的 X 射线机相比，价格低；②体积小、重量轻，不需要使用水、电，适合野外作业；③效率高，对于环缝和球罐可以周向曝光和全景曝光，节约人力、物力，降低了成本；④设备故障低，可以长时间连续运行。

缺点：①γ 射线源都有一定的半衰期，对半衰期较短的放射源，需频繁更换；②辐射能量固定，无法根据工件厚度进行调节，透照厚度与能量不适配时灵敏度下降较严重；③放射强度随时间减弱，无法调节；④固有不清晰度比 X 射线机大，在同样条件下的灵敏度低于 X 射线机；⑤安全防护要求高，且要严格管理。

3）γ 射线机组成

一般来说，γ 射线机由 γ 射线源、源盒、机体、驱动机构、输源管和附件等组成。常见的 γ 射线机如图 3－24 所示。

图3－24　γ射线机

(1) γ射线源。

工业γ射线源多为人工放射性同位素(^{60}Co、^{137}Cs、^{192}Ir、^{170}Tm 等)，其主要特性包括放射性活度、放射性比活度、半衰期、同位素当量能等。工业检测中常用γ射线源的具体性能参数详见本书第2章的表2－1。

放射性活度(又称放射性强度)是指γ射线源在单位时间内发生的衰变数，单位是贝可(贝克勒尔)，符号是Bq。1 Bq表示在1 s时间内有1个原子核发生衰变。放射性活度的另一个单位是居里(Ci)，这两者之间的换算关系为 $1\ Bq = 2.7\times10^{-11}\ Ci$，$1\ Ci = 3.7\times10^{10}\ Bq$。对同一种γ射线源，放射性活度大的源在单位时间内辐射更多的γ射线。不同的γ射线源，即使放射性活度相同，其在单位时间内辐射的γ射线量子数不一定相同。

放射性比活度是指单位质量放射源的放射性活度，单位是贝可/克(Bq/g)。比活度不仅表示放射源的放射性活度，还表示了放射源的纯度。比活度大，表明在相同活度条件下，该种放射性同位素源的尺寸可以做得更小一些。

半衰期是γ射线源的重要技术指标之一，具体内容详见本书第2章2.2.4节。

同位素的当量能。放射性同位素源辐射出的γ射线能量是平均值，而X射线机辐射出的X射线能量是管电压峰值。一种放射性同位素辐射的能量相当于多少 kV_p 或MeV能力的X射线机工作能达到的效果，这种关系叫作同位素的当量能。常见同位素的当量能如表3－4所示。

表3－4　常见同位素的当量能

同位素	γ射线能量(平均)/MeV	相当于X射线能量(当量能)/kV_p
^{60}Co	1.25	2 000～3 000
^{137}Cs	0.661	600～1 500
^{192}Ir	0.355	150～800
^{75}Se	0.206	80～300
^{170}Tm	0.072	30～150

γ射线还有一个特性就是照射强度，也称辐射强度或者射线强度，是γ射线源放射γ量子数的量度，反映的是单位时间内在放射源以外某一点上接收的γ射线的照射量，也叫照射量率，单位是伦琴/小时(R/h)。值得指出的是，放射性强度(即放射性活度)和照射强度是两个不同的概念，放射性强度是指单位时间内衰变的原子数，照射强度是指单位时间内发射的光子数量。对于同一种放射性同位素源，放射性强度大的源其辐射的γ射线强度也大，但对于不是同一种放射性同位素的源则不一定。

用于工业射线检测用的γ射线源必须具备以下条件：①具有足够的能量，能穿透较厚工件；②有合适的半衰期，能满足检测要求；③有较小的射线源尺寸，可获得较高的灵敏度；④便于防护。

(2) 源盒。

源盒是用于盛装γ射线源的容器，将γ射线源密封在源盒，可防止γ射线泄漏。一般来说，源盒采用不易氧化或腐蚀的优质不锈钢制作，也可采用贫化铀或铅制作，并且要求密封性能好，机械强度高，对射线吸收小。源盒的尺寸很小，直径一般在10 cm左右，能方便地放入机体内。

(3) 机体。

γ射线机体必须具备以下条件：①具有良好的屏蔽效果；②易于携带，移动方便；③能实现定向、周向照射；④具有安全连锁保护装置。

γ射线机体最主要部分是屏蔽容器，其内部通道设计通常有S形弯通道和直通道两种类型结构(见图3-25)。

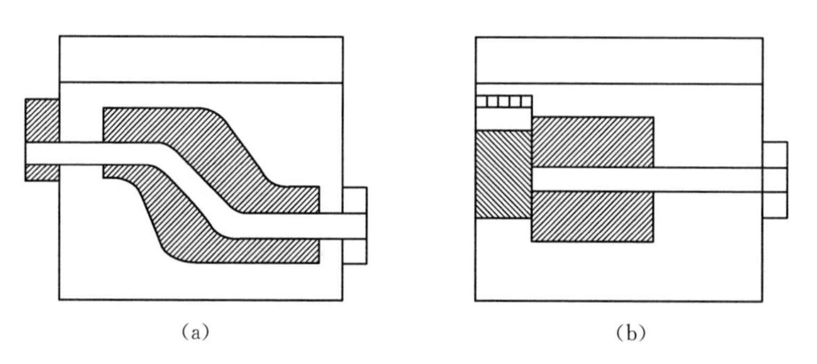

(a)　　(b)

图3-25　γ射线机体(屏蔽容器)内部结构图

(a)S形弯通道型；(b)直通道型

S形弯通道是指将机体内部通道形状设计成S形，使得射线不能按直线路径从屏蔽体中透射出来，与直通道型机体相比，S形弯通道型机体相对较重，内部结构复杂，其防护效果更好。机体的屏蔽体一般采用贫化铀或铅质材料制作而成，能很好地对γ射线源起到防护作用。另外，γ射线机机体的各种安全联锁装置可防止误操作，如当源不在机体中心位置时，安全连锁装置不能使用，需要设置驱动器不断调节源的位置使其到达指定位置才行。

(4) 驱动机构。

驱动机构可以将γ射线源从机体屏蔽容器中驱动到曝光焦点位置，也能将γ射线源回收到机体屏蔽容器中(见图3-26)。

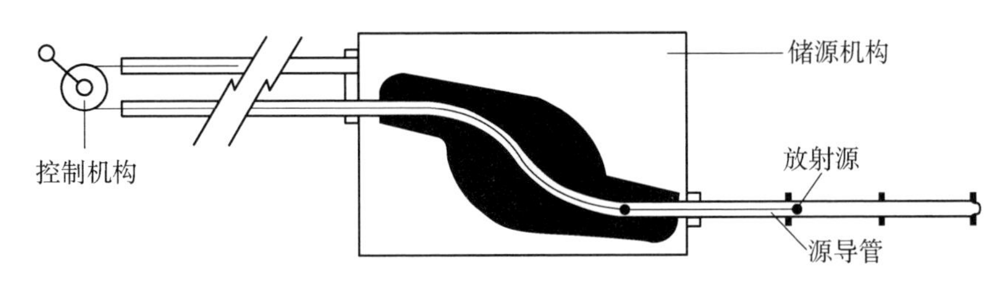

图3-26　γ射线探伤设备及驱动机构

驱动机构分为手动驱动和电动驱动两种。当γ射线机开始检测时，γ射线源处在机体屏蔽通道中心，机体屏蔽通道一端与输源管连接，另一端与操作机构的控制缆导管连接，通过驱动机构，可将源在输源管中移动至检测位置。当检测结束后，驱动机构再将γ射线源回收到机体屏蔽容器中。现场检测一般防护条件比较差，如用手动驱动器操作，人只能离开源的距离为10 m左右，此时放射剂量率非常高，因此，该情景下电动驱动就具有明显的优势，因为一般电动驱动机构有一个延时器，可以预置送源延长时间和曝光时间，并且源由电动驱动机构自动送到曝光位置，自动曝光完毕后再自动将放射源收回到机体内。

使用驱动机构时必须注意：①操作人员必须经过专业技术培训，熟悉结构原理和操作过程；②γ射线源必须专人、专地保管；③工作时必须用射线辐射剂量监测仪进行监测，确保人员安全。

(5) 输源管。

输源管也称源导管，其作用是输送γ射线源。它由一根或多根软管连接一个一头封闭的包塑不锈钢软管制成，长度可以根据不同检测需要进行匹配。检测时，开口一端接到机体源输出口，封闭一端放在曝光焦点位置。

(6) 附件。

为了使用安全和操作方便，一般会配置一些设备附件，主要有准直器、射线剂量、检测装置、定位架、曝光计算尺及换源器等。

① 准直器。它装设于射线机窗口。准直器上装有约6mm厚的铅光阑，可有效地遮挡非检测区的射线，以减少前方散射线；还装有可以拉伸、收缩的对焦杆，在对焦时，可将拉杆拨向前方，透照时则拨向侧面。利用准直器可方便地指示射线方向，使射线束中心对准透照中心。

② 射线剂量监测装置。可以对检测环境的辐射进行监测，确保操作人员及放射源的安全，防止发生放射事故。

③ 定位架。可以固定输源管位置，确保射线源在正确检测位置。

④ 专用曝光计算尺。可以根据胶片感光度、源种类、源龄、工件厚度、源活度及焦距快速算出最佳黑度所需的曝光时间。

⑤ 换源器。当γ射线源强度经过几个半衰期后，放射源的强度减小，曝光时间变长，工作效率降低，需要更换射线源，这时就需要换源器。换源器的作用就是把旧的γ源从γ射线机的机体内输送到换源器内，再把新的γ源从换源器内送到γ射线机的机体内。

4）γ射线机使用的注意事项

γ射线机的使用注意事项包括：①严格按照操作说明书操作；②现场必须有γ射线监测仪及警示灯、警示牌、区域限定等相关报警装置；③输源管正常无扁平及凹陷现象，放射源进出顺畅，接头连接可靠；④现场工作完毕，应及时把源回位到主机内，并用射线报警仪确认无异常；⑤如果要换源，则必须在γ射线剂量仪及报警仪的监测下进行；⑥γ射线机一旦发生故障，应立即停止操作，通知厂家，待修复后才能继续使用。若射线源不能正确回收被卡在机体外时，应按公司相关操作流程进行处理。

3.2.2 工业射线胶片

工业射线（以下简称射线）胶片又称X光胶片，是射线照相检测中记录射线透照工件结果的重要器材。

与常规照相胶片类似，射线胶片也采用卤化银作为感光材料。常规照相胶片两面分别涂布感光乳剂层和反光膜，而射线胶片的两面都涂布感光乳剂层，目的是提高卤化银感光材料的含量，使其能吸收更多的X射线或γ射线，在保证射线检测质量的条件下，减少曝光时间，尽可能保护操作人员人身安全。具体来说，射线胶片与普通照相胶片的区别主要表现在以下三个方面：

① 普通胶片只单面有感光乳剂层，而射线胶片双面都涂有感光乳剂层。这是因为射线的穿透力比日光强，大部分能量会穿透胶片，需要在射线胶片两面涂上感光乳剂层来提高胶片的感光度。

② 普通胶片的含Ag量较低，而射线胶片含Ag量较高。这是因为射线胶片的Ag颗粒越多，对射线的吸收能量就越强，感光效果越好。

③ 普通胶片不能在红光下操作，而射线胶片是色盲片，可以在红光下操作。

1）射线胶片结构

射线胶片沿片基镜像分布，上下各有三层结构，包括片基、结合层、感光乳剂层及保护层，如图3-27所示。

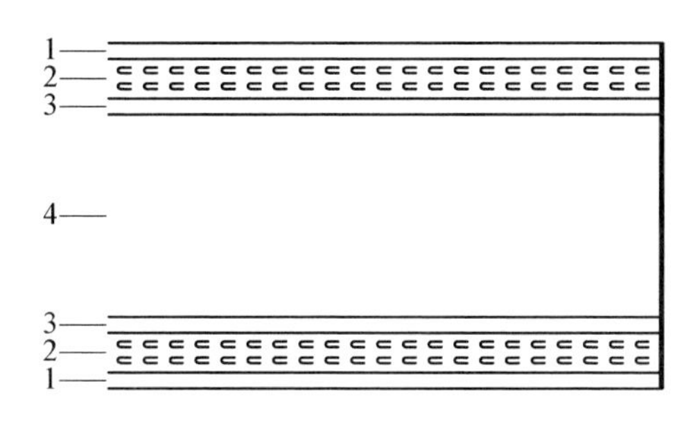

1—保护层；2—感光乳剂层；3—黏合剂层；4—片基。

图 3-27　X射线胶片结构断面示意图

(1) 片基。

片基是射线胶片基体，它是一种具有透明、柔软特性和一定机械强度的塑料薄膜，它的特性决定了胶片的主要物理机械性能。最早采用硝酸纤维素制作片基，但这种射线胶片易燃，故逐渐被淘汰。目前，常用醋酸纤维或聚酯材料(涤纶)来制作片基，这种射线胶片厚度约为 0.2 mm，片基薄、韧性好、强度高，非常适合自动洗片技术。为了提高日光下的观片效果，射线胶片片基常用淡蓝色。

(2) 黏合剂层。

黏合剂层又称结合层，其主要作用是将感光乳剂层和片基黏合在一起，使之形成一个整体，因此又叫黏合层。在显影、定影处理过程中，若黏合剂层不牢固，则感光乳剂层会从片基中脱落下来。黏合剂层由明胶、水、表面活性剂和树脂等组成。

(3) 感光乳剂层。

感光乳剂层又称感光药膜，是指一种具有感光特性的涂料层，通常由卤化银和明胶组成，其中的卤化银起感光作用，明胶起载体和加强光敏性作用。加工前的感光乳剂在室温时呈奶黄色黏稠状液体，当温度降到 10℃左右时即凝结成胶冻状。卤化银微晶是感光乳剂中的光敏物质，平均直径 1 μm 左右，其形状可以是立方体或八面体，或具有各种不规则的形状。这种混合晶体可使感光乳剂具有所需的感光性能。

明胶作为载体，可以使银颗粒在乳剂中均匀分布。明胶亲水性强，在显影和定影过程中，能够让药液均匀地渗透到乳化剂内部与卤化银粒子发生化学反应。另外，明胶中含有少量的增感剂、稳定剂等附加成分，能对卤化银有一定的增感作用，可以提高溴化银的光敏性。

为保证射线胶片的稳定性，感光乳剂层中会添加入少量防灰雾剂和坚膜剂。

(4) 保护层。

保护层，又叫保护膜，是一层极薄且透明的韧性胶质，1～2 μm，它附着在胶片表面，主要作用是保护乳剂层不受损伤。在射线照相时，在显影、定影和水洗过程中极易碰伤乳剂，保护层能起到一定的隔离作用。

2）射线胶片成像原理

与普通照相胶片感光一样，射线胶片感光形成影像也是利用潜影理论。潜影是指在胶片感光乳剂层中产生眼睛看不到的潜在的影像。潜影理论是英国 Bristol 大学的物理学家葛尔尼(R. W. Gurney)和莫特(N. F. Mott)于 1938 年共同提出，具体内容如下。

当射线入射到射线胶片时，射线光子会使胶片中的卤化银微晶发生分离。

$$AgBr \xrightarrow{h\nu} Ag^{+} + Br^{-} \tag{3-13}$$

射线光子与 Br^{-} 发生作用，将 Br^{-} 中电子击出，使 Br^{-} 变成 Br。

$$Br^{-} \xrightarrow{h\nu} Br + e^{-} \tag{3-14}$$

Br^{-} 失去的电子以及射线光子与胶片、增感屏作用时，产生的光电子、康普顿电子等与 Ag^{+} 作用，使 Ag^{+} 还原成 Ag。

$$Ag^{+} + e^{-} \xrightarrow{h\nu} Ag \tag{3-15}$$

由于射线连续照射，不断产生 Br^{-}，并失去电子，这些电子和射线光电子促进了射线胶片感光乳化层中银颗粒不断析出。银颗粒析出数量与射线强度和辐照时间有关，射线强度大，辐照时间长，银颗粒析出数量就越多。

析出的银颗粒附着在射线胶片上，形成了潜影，在暗室条件下，进行显影、定影等过程处理后，就能成为可见的黑色影像。在射线检测工作中，射线穿透工件缺陷时，透射的射线强度比没有缺陷位置多，强度大，析出的银颗粒多，底片黑度大。这样在射线胶片上形成黑度不同的影像。

射线胶片形成潜影后，应该尽快完成显影和定影步骤，若长时间不进行显影，则构成潜影中心的银会再次被空气氧化形成银离子，导致得到的影像变淡，即潜影衰退。环境温度、湿度对潜影衰退都会造成影响，温度越高、湿度越大则衰退越厉害。

3）射线底片黑度与曝光量

（1）黑度 D。

射线穿透被检工件后照射在胶片上，使胶片产生潜影，经过显影、定影，胶片上的潜影变成永久性的可见图像，称为射线底片(简称底片)。底片的黑化程度即不透明度，通常用黑度(又叫光学密度) D 来表示。由此可知，底片某处的黑度与透过该处的射线强度有关，而透过被检工件的射线强度与工件的结构、密度、厚度及有无缺陷等又有关，所以，底片的黑度分布影像也反映了被检工件的特征。

用数学表达式来定义黑度 D，指入射光强与穿过底片的透射光强之比的常用对数值，即

$$D = \lg(I_0/I_t) \tag{3-16}$$

式中，I_0 为照射光强；I_t 为透射光强；I_0/I_t 表示阻光率；I_t/I_0 表示透过率。

$D=1$ 时，表示入射光只有 1/10 穿透；

$D=2$ 时，表示入射光只有 1/100 穿透；

$D=3$ 时，表示入射光只有 1/1 000 穿透。

从上式中可以看出，射线底片接收的光子越少，射线胶片底片越黑，黑度 D 越大。射线胶片的黑度可以用黑度计来测量，也可以与标准黑度底片进行对照来确定射线胶片底片黑度范围。

注意：在射线检测中经常会碰到变截面工件或者一次透照范围内厚度差较大的工件，这时就需要采用双胶片透照技术。所谓双胶片透照技术是指在暗盒内装两张胶片和三片增感屏（前、中、后屏）进行曝光，在观片灯上采用双片叠加方式进行底片观察的透照技术。根据黑度的定义，双胶片透照技术的黑度等于两底片黑度之和，且任何单底片黑度不低于 1.3。评定范围内黑度 D 应满足 $2.7 \leqslant D \leqslant 4.5$。

（2）曝光量 E。

曝光量 E 是指胶片在曝光时所接受的射线强度 I 与曝光时间 t 的乘积，即 $E=It$。在实际应用中，曝光量多以毫安・分钟（mA・min）来衡量。

底片黑度的大小与曝光量之间的关系比较复杂，一般只能通过实验在一定条件下才能获得它们之间的关系曲线，即射线胶片特性曲线。

4）射线胶片的特性

（1）射线胶片特性曲线。

射线胶片特性曲线是描述底片黑度和曝光量之间关系的曲线。曲线横坐标表示 X 射线曝光量对数 $\lg E$，曲线纵坐标表示胶片显影后所得到的相应黑度 D。

射线胶片分为增感型射线胶片和非增感型射线胶片。增感型胶片的特性曲线由迟钝区、曝光不足区、曝光正常区、曝光过度区及反转区组成，非增感型胶片特性曲线由迟钝区、曝光不足区、曝光正常区组成。增感型射线胶片特性曲线如图 3-28 所示，非增感型胶片特性曲线如图 3-29 所示。

① 增感型射线胶片特性曲线。由图 3-28 增感型胶片特性曲线可以得到如下信息。

本底灰雾度区（D_0）：特性曲线原点至纵轴 A 点的距离，胶片在未经曝光的条件下，经显影和定影处理也会有一定的黑度，此黑度值称为灰雾度 D_0，又称本底灰雾度。

AB 区：随着射线曝光量的增加，射线胶片基本未感光，射线底片的黑度基本不会变化，因此，这个区间称为不曝光区（或迟钝区）。

BC 区：当曝光量超过 B 点时，随着射线曝光量的增加，射线胶片的黑度逐渐增加，但黑度增加比较缓慢，这个区间称为曝光不足区，B 点称为曝光量的阈值。

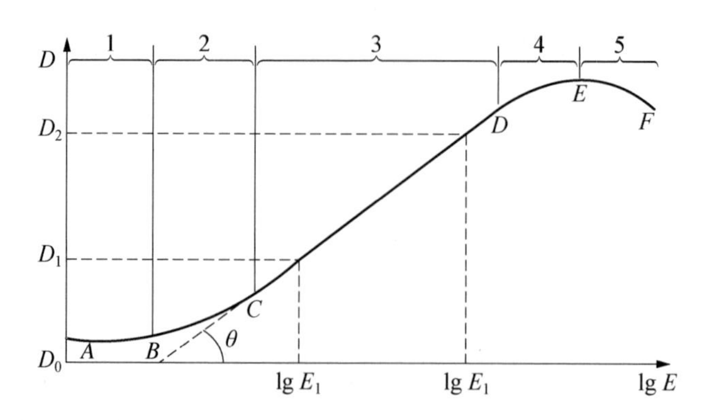

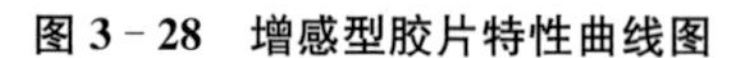
1—迟钝区;2—曝光不足区;3—曝光正常区;4—曝光过度区;5—反转区(负感区)。

图 3-28　增感型胶片特性曲线图

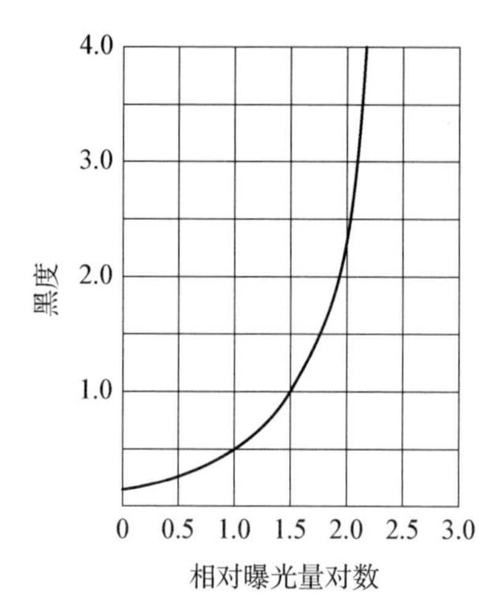

图 3-29　非增感型胶片特性曲线

CD 区:该区间内 X 射线曝光量对数 $\lg E$ 与胶片黑度 D 基本成正比,这个区间称为曝光正常区,也是射线检测时所利用的区段。

DE 区:当曝光量超过 D 点时,随着射线曝光量的增加,射线胶片的黑度逐渐增加,但黑度增加变缓,故这个区间称为曝光过度区。

EF 区:当曝光量超过 E 点时,随着射线曝光量的增加,射线胶片的黑度逐渐降低,这个区间称为负感区或者反转区。

从增感型射线胶片特性曲线可以看出,想要得到质量合格的射线底片,应尽可能使射线底片黑度处在正常曝光区。

② 非增感型胶片特性曲线。如图 3-29 所示,非增感型胶片特性曲线成“J”形。非增感型胶片的特性曲线也有曝光迟钝区、曝光不足区和曝光正常区,无明显的负感

区，曝光过度区在黑度非常高的区段，超过一般观片灯的观察范围，所以在特性曲线上不再显示出来。

(2) 射线胶片特性参数。

射线胶片特性参数包括感光度(S)、灰雾度(D_0)、梯度(G)、宽容度(L)等，这些参数都可以由射线胶片特性曲线进行定量表示。

① 感光度(S)。感光度是胶片感光速度高低的标志，也叫感光灵敏度。一般将射线底片达到规定黑度值时所需的曝光量的倒数，称为感光度，用 S 表示。

$$S=\frac{1}{E} \tag{3-17}$$

式中，S 为感光度；E 为曝光量。由式(3-17)可知，感光度和曝光量成反比关系。在一定的黑度下，曝光量越大，感光度越小，感光速度慢；反之，曝光量越小，感光度越大，感光速度快。

在射线检测中，常把黑度为2.0时所用曝光量的倒数称为胶片的感光度。影响射线胶片感光度因素有很多，主要包括射线胶片感光乳化层中卤化银含量、银颗粒度、明胶成分、增感剂、射线能量、暗室处理条件等。通常，射线能量为50 MeV左右时，感光度最大，但感光度大的胶片底片清晰度会较差。

② 灰雾度(D_0)。射线胶片灰雾度是指未曝光的射线胶片经显影、定影后得到的底片黑度。射线胶片的灰雾度会对射线检测造成一定影响，灰雾度过大会损害影像对比度和清晰度，降低灵敏度，因此，要选择灰雾度较小的射线胶片进行检测。通常灰雾度小于0.30时，对射线底片的影像影响不大。

射线胶片的灰雾度与胶片本身、冲洗技术条件、保存时间和保管条件等因素有关。在射线检测前，可以通过黑度计对射线胶片灰雾度进行测量。

③ 梯度(G)。对不同曝光量在底片上显示不同黑度差的能力称为射线胶片梯度，可以用胶片特性曲线中某点切线的斜率来表示，符号为 G。如图3-30所示，1-B 线段的斜率为梯度 G，A-B 线段的斜率为平均梯度 $\overline{G}$。胶片梯度也叫胶片反差系数，用 γ 表示。

$$G=\tan\alpha'=\frac{D_1}{\lg E_1-\lg E_1'} \tag{3-18}$$

式中，D_1 为 B 点的黑度；E_1 为 B 点对应的曝光量；E_1' 为 B 点切线与横轴交点处的曝光量。

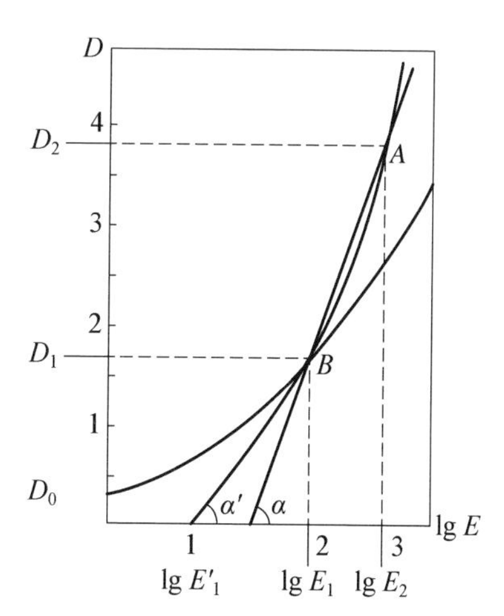

图3-30　梯度 G 和平均梯度 $\overline{G}$ 示意图

由于胶片特性曲线中任何一点的 G 不相同，为了更好描述胶片梯度，常用平均梯度 $\overline{G}$ 或平均反差系数 $\overline{\gamma}$，它是指曲线中两点之间的斜率。在射线胶片特性曲线正常曝光区，射线底片的黑度 D 与曝光量 $\lg E$ 成近似线性关系，因此，正常曝光区的平均梯度 $\overline{G}$ 为

$$\overline{G}=\overline{\gamma}=\tan\alpha=\frac{D_2-D_1}{\lg E_2-\lg E_1}=\frac{\Delta D}{\Delta \lg E} \tag{3-19}$$

由式(3-19)可以得到，当曝光量一定时，射线胶片的平均梯度越大，底片上同一缺陷的黑度差就越大，缺陷影像就越明显，在观察时越容易被识别。

在射线检测中，当 $D=2.0$ 时，$\overline{G}$ 达到最大值。当 $D<2.0$ 时，平均梯度 $\overline{G}$ 随着 D 增加而增大；当 $D>2.0$ 时，平均梯度 $\overline{G}$ 随着 D 增加而减小。因此，射线胶片 $D=2.0$ 时，射线检测的效果最佳。

④ 宽容度 (L)。射线胶片的宽容度 L 是指胶片特性曲线上正常曝光区(有效黑度范围) 对应的曝光量范围。一般取胶片特性曲线上接近直线部分的起点和终点在横坐标上对应曝光量的对数值之差进行计算后以线性值(即取反对数值) 表示，即

$$L=10^{\lg E_2-\lg E_1}=E_2/E_1 \tag{3-20}$$

显然，射线胶片的宽容度越大，梯度越小，允许透照的工件厚度差就越大。

(3) 射线胶片特性的影响因素。

影响射线胶片特性的主要因素：①射线的波长，因为不同感光材料对不同波长的敏感性不同，如射线胶片对红光的敏感很低；②胶片乳剂中的感光材料的颗粒大小对感光度、宽容度、梯度等有比较大的影响；③胶片的存放条件及存放时间长短；④胶片的暗室处理条件，等等。

5) 胶片处理技术

射线检测胶片处理一般主要需要三个工序过程：①射线照相中胶片的曝光过程；②胶片的暗室处理过程；③底片的评定过程。本部分只对胶片的暗室处理过程作简单介绍。

所谓胶片的暗室处理，就是将射线曝光过带有潜影的胶片通过化学处理变为带有可见影像底片的处理过程。胶片暗室处理的好坏直接影响射线照相底片的质量以及底片的保存。同一种胶片，同一种拍摄方法拍摄同一个工件，如果显影、定影配方或冲洗操作条件不同，它们所表现的成像状态也是不一样的，底片的主要质量指标如黑度、对比度、颗粒度等都受暗室处理的影响。胶片的暗室处理过程主要包括显影、停显、定影、水洗和干燥五个过程。

(1) 显影。

显影就是把胶片乳剂中已曝光形成的溴化银微晶体还原为金属银。显影对胶片

的感光性能有直接影响，即使是同一种胶片，显影液的配方、显影温度以及显影时间等不同，得到底片的反差和黑度也不相同。

① 显影原理。显影的基本原理可用以下化学反应过程来体现：

$$AgBr + 显影剂 \longrightarrow Ag + 显影剂氧化产物 + Br^-$$

即显影剂在反应中起到还原剂的作用，能够把银离子（Ag^+）还原成黑色的金属银（Ag），而自身被氧化。

② 显影液的成分及作用。显影液主要含有显影剂、保护剂、促进剂和抑制剂（防灰雾剂）。除以上四种主要成分外，也可在显影液中加入一些其他附加物质。

显影剂　显影剂又称还原剂，是显影液中的主要成分，其主要作用是将已感光的卤化银还原为金属银。常见的显影剂有米吐尔、菲尼酮和对苯二酚。

米吐尔（metol），学名 N-甲基-对氨基苯酚硫酸盐，分子式为 $2(C_7H_9NO) \cdot H_2SO_4$，是一种白色或灰色针状结晶或粉末，在空气中容易氧化变色，易溶于水，熔点260℃。作为射线照相显影剂，米吐尔的特点是显影活性大，能得到颗粒细、层次丰富的影像，适用于高速、低反差负性材料的显影，是一种软性显影剂。

菲尼酮（phenitone）是一种杂环化合物，与米吐尔一样，也是一种软性显影剂。菲尼酮较米吐尔显影快，具有用量少、保存期长、活性强、反差大、无污染、显影时间稳定、抗溴离子能力大等优点。菲尼酮属于中等活性显影剂，显影能力较弱，且易发生灰雾；但与对苯二酚合用会有显影超加和性，增强感光性，这是由于第一阶段菲尼酮氧化产物在对苯二酚和亚硫酸钠存在时能重新转变为菲尼酮的缘故，属高因子显影剂，可获较高感光度。

对苯二酚（hydroquinone）是一种白色或黄色晶体，易溶于水和亚硫酸溶液。对苯二酚显影特点是显影速度慢、出影时间长，但一旦出影，则影像密度急增，影像反差较大，对比度高。对苯二酚显影后影像具有很高的反差，故称其为硬性显影剂。对苯二酚显影剂对环境要求极高，在10℃以下时几乎无显影能力，而温度过高则易引起灰雾，一般控制温度在18～20℃；对苯二酚还对显影液的酸碱性有很高要求，在pH为9～11范围内的碱性溶液中才有较好的显影能力；此外，它对溴化钾也很敏感，如显影液中溴化钾过量，则会大大抑制对苯二酚的显影作用。

保护剂　无论哪种显影剂均具有很强的还原能力，为保护显影剂不与进入显影液的氧气发生反应，需要保护剂使显影剂不被氧化。常用的保护剂是亚硫酸钠，亚硫酸钠比显影剂具有更强的与氧化合的能力，因而能够优先与氧化合，从而减少显影剂的氧化。一般显影液配方中的亚硫酸钠成分是根据无水亚硫酸钠（$NaSO_3$，分子量为126.12）确定的，如果使用结晶亚硫酸钠（$NaSO_3 \cdot 7H_2O$，分子量为252.14）则应换算为无水亚硫酸钠的重量。

促进剂　一般由强碱弱酸性盐制成，主要作用：一是使显影液呈碱性，提高显影剂活性，从而增强显影剂的显影能力和速度；二是中和卤化银还原后产生的氢离子，防止局部氢离子聚集影响显影效果。

抑制剂　显影液对已感光和未感光的溴化银颗粒区别能力差，未感光的溴化银被还原后会形成灰雾，影响底片评定。为降低底片灰雾度，需要加入溴化钾等抑制剂。在显影液中加入溴化钾后，离解出的溴离子会吸附在溴化银颗粒周围，从而抑制显影作用，但这种抑制程度有所不同，如其对未感光的颗粒抑制作用很大，而对已感光的溴化银颗粒阻滞作用很小，从而使显影灰雾降低。抑制剂在抑制灰雾的同时也抑制了显影速度，有利于显影作用均匀。此外，抑制剂对影像层次和反差也起着调节和控制作用。

③ 显影的影响因素。胶片显影是一种化学反应，胶片的显影效果(黑度、颗粒度、灰雾度等)与显影配方、显影时间、显影温度、显影操作及药液浓度等因素有关。正确的显影应把这些影响因素控制在满足胶片感光特征所规定的条件范围内，这样才可以达到最佳显影效果。

显影时间的影响　显影时间与显影剂配方有关，应严格按照说明书中推荐的时间来操作。对于手工处理的，显影时间宜控制在 4～6 min。显影时间过长，黑度、对比度也随之增加，同时影像颗粒度和灰雾度也增大；显影时间过短，则因为显影不充分导致黑度和对比度不足。

显影温度的影响　显影温度也与显影剂配方有关，应参照显影剂说明书中推荐的温度。手工处理的温度控制在 18～20℃最合适。温度高显影速度快，影像对比度增加；影像颗粒度或灰雾度增加，胶片明胶和药膜膨胀，造成药膜变形、划伤甚至脱落；温度低显影能力减弱，影像对比度降低。

显影时搅动、翻动的影响　为使药液与胶片充分接触，在显影过程中需要不断搅拌药液，使显影速度加快，显影作用均匀，提高了影像对比度。

显影液活性的影响　由于长期使用，显影液中药剂成分浓度逐渐减少、氧化物增加、pH 降低、卤化物离子增加，导致显影作用减弱、活性降低、显影速度变慢、对比度减小、灰雾度增大，即发生显影液的老化。为了保证显影效果和延长显影液使用寿命，常在活性减弱的时候加入比原显影液 pH 高、显影剂和亚硫酸盐浓度也更高的补充液。

④ 手工显影操作要点。为了保证胶片均匀显影，显影之前把胶片完全浸入清水中，胶片取出后应迅速全部浸入显影液，在最初显影的 2 min 时间内，为防止胶片之间粘贴或显影不均匀，在显影液中使胶片不断在两个相互垂直的方向上移动或翻动：使用显影盆(或盘)显影的，移动或翻动方向为两个垂直方向；使用显影槽显影的，移动或翻动方向为竖直方向和水平方向。

(2) 停显。

停显是射线检测暗室处理中的辅助措施，其主要作用是清洗胶片，去除附着其上的显影剂。

达到显影时间，从显影液中取出胶片后，显影作用并不立即停止，胶片表面挂附的和乳剂层中残留的显影液还在继续显影，若此时将胶片直接放入定影液，容易产生不均匀的条纹和两色性雾翳。若胶片上残留的碱性显影液意外带进酸性定影液，会污染定影液，使定影液 pH 升高，从而大大缩短定影液寿命。因此，显影之后必须进行停显处理，然后再进行定影。

停显操作介于显影、定影之间，采用的停显液是含酸性的溶液(通常为 2%～3%的醋酸溶液)，停显液同胶片从显影液中带来的碱性物质起中和作用，降低其 pH，以停止显影。

(3) 定影。

定影是将停显后的感光材料放入定影液中，经过一定的化学处理，使经显影所形成的影像固定下来的过程。停止显影的感光材料，其中含有大量的在显影中未发生反应的卤化银，这部分卤化银见光后仍能被感光而变黑，影响显影后的影像。故未定影的胶片仍然是不能见光的，必须经过定影将在显影中未发生反应的卤化银除去，才能使经显影所形成的影像彻底地固定下来。

① 定影的原理。定影液中的硫代硫酸钠($Na_2S_2O_3$)溶解卤化银时生成多种络合物。硫代硫酸钠定影作用原理如下：

$$AgX + Na_2S_2O_3 = NaX + NaAgS_2O_3 \text{(低溶性)}$$
$$3NaAgS_2O_3 + Na_2S_2O_3 = Na_5Ag_3(S_2O_3)_4 \text{(可溶性)}$$
$$\text{或 } NaAgS_2O_3 + Na_2S_2O_3 = Na_3Ag(S_2O_3)_2 \text{(可溶性)}$$

第一步反应生成的 $NaAgS_2O_3$ 不溶于水，当硫代硫酸钠继续与其发生反应，生成 $Na_5Ag_3(S_2O_3)_4$ 或 $Na_3Ag(S_2O_3)_2$ 这两种络盐易溶于水，如此就完成了定影液溶解卤化银的过程，达到定影的目的。

② 定影液的成分及作用。定影液主要由定影剂、保护剂、坚膜剂、酸性剂四种组分组成。

定影剂 定影剂的主要作用是与卤化银发生化学反应，硫代硫酸根离子可与银离子反应生成多种形式的络合物并溶于水中，从而将卤化银从乳剂层中除去而溶解在定影液中。常用的定影剂有硫代硫酸钠和硫代硫酸铵，其中硫代硫酸铵可以实现快速定影。

保护剂 在定影过程中产生的硫代硫酸根不稳定，会分解为亚硫酸根和析出胶态硫，后者会催化加速硫代硫酸根分解。添加保护剂(亚硫酸钠)可以阻止硫代硫酸根的分解反应，起到保护作用。

坚膜剂 胶片经显影和定影后，乳剂膨胀变得松软，容易受损伤和脱落，坚膜剂的作用是使乳剂硬化变牢固，降低胶片在冲洗加工过程中的吸水膨胀程度，以避免机械损伤。坚膜剂还可以降低胶片的吸水性，使胶片更容易干燥。常用的坚膜剂有钾明矾或铬矾，一般多采用钾明矾[$KAl(SO_4)_2 \cdot 12H_2O$]作为定影液的坚膜剂。

酸性剂 酸性剂的作用是中和停显阶段未除净的显影液（碱性物质），迅速抑制显影，使定影液维持一定的酸度。定影液中的酸性剂通常为醋酸和硼酸。

③ 定影的影响因素。定影处理的好坏影响底片的质量和保存，胶片定影处理过程中应注意定影时间、定影温度、定影操作、搅动与翻动情况及定影液的老化等。

定影时间 从胶片放入定影液直至通透的这段时间称为通透时间，定影时间为通透时间的2倍，一般情况下，采用硫代硫酸钠配方的定影液，其定影时间一般为8～15 min。定影速度除了与定影配方有关外，还与卤化银的成分、颗粒的大小及乳剂层的厚度有关，一般情况下，粗粒乳化剂比细粒乳化剂的定影速度慢，乳剂层越厚，扩散越慢，定影时间越长。

定影温度 定影温度升高，定影速度加快，但速度过高会导致胶片明胶和乳剂膜过度膨胀，造成划伤或药膜脱落，因此定影温度一般控制在18～24℃。

定影时的搅动与翻动 为使药液与胶片充分接触，使定影均匀，定影时间缩短，在定影过程中也应不断搅动与翻动。

定影液的老化 随着定影液使用次数的增加，定影液中定影剂不断减少，而银的络化物和卤化物则不断增加，定影速度会越来越慢，所需时间会越来越长，此即定影液老化现象。当定影时间增加到新液的2倍时，应及时更换新的定影液。

④ 定影的操作要点。为了避免定影后的底片出现网状花纹，要保持定影液的温度与显影液的温度差不多；在定影过程中，片夹之间应保持适当距离，防止胶片相互粘贴，并按时晃动，使定影均匀；在胶片未充分通透之前，不应打开白灯或见光，否则会在底片上形成二色性灰雾。

（4）水洗。

胶片定影完成后，其表面和乳剂膜内仍吸附有大量的硫代硫酸钠以及银盐络合物，硫代硫酸钠会缓慢地与空气中的水分和二氧化碳作用，产生硫和硫化氢，最后与金属银作用生成硫化银，银盐络合物会分解产生硫化银。硫化银会使射线底片变黄，使影像质量下降，为使射线底片具有稳定的质量，能够长期保存，必须进行充分的水洗。胶片水洗一般在流动的清水下冲洗20～30 min。若无流动水时，可在静水中冲洗，注意冲洗时间不能太长，防止底片乳胶脱落。冲洗的水温宜控制在20℃左右。

（5）干燥。

胶片水洗后，需要通过干燥将表面和乳剂层中的水分去除干净。底片干燥的方法有自然干燥和热风干燥，自然干燥就是将底片挂起让自然风干，干燥时间较长；热风干燥温度一般不高于40℃，需要专门的干燥机，干燥时间较短。

底片干燥的时候必须保证环境温度不能太高，否则会在底片上产生斑点，影响射线底片的评定。

（6）胶片自动处理。

胶片的自动处理就是采用专用自动洗片机对胶片进行自动显影、停显、定影、水洗到干燥等一系列全过程的自动处理。与传统手工处理胶片相比，胶片自动处理的主要优点就是处理工艺严格规范，质量稳定可靠，并且速度快、效率高、劳动强度低，特别适合大批量工件的射线照相检测。

6）射线胶片分类

传统的胶片分类主要参照胶片的感光特性，即胶片粒度和感光度，且仅仅针对胶片本身，未考虑增感屏、暗室处理条件等综合因素的影响。根据《无损检测 工业射线照相底片 第1部分：工业射线照相胶片系统的分类》（GB/T19348.1—2014）标准中关于胶片的分类，主要从梯度 G、颗粒度或噪声 σ_D、梯度/颗粒度比或梯度噪声比 G/σ_D 三个指标综合考虑将胶片分为6类，即C1、C2、C3、C4、C5和C6类，其中C1为最高类别，C6为最低类别。胶片系统的主要特性指标见表3-5。

表3-5　胶片系统的主要特性指标

胶片系统类别	梯度最小值（G_{min}）		颗粒度最大值（σ_D）$_{max}$	（梯度/颗粒度）最小值$(G/\sigma_D)_{min}$
	$D=2.0$	$D=4.0$	$D=2.0$	$D=2.0$
C1	4.5	7.5	0.018	300
C2	4.3	7.4	0.020	230
C3	4.1	6.8	0.023	180
C4	4.1	6.8	0.028	150
C5	3.8	6.4	0.032	120
C6	3.5	5.0	0.039	100

注：表中的黑度 D 均指不包括灰雾度的净黑度。

7）射线胶片使用与保管

胶片的选用应根据射线照相技术要求及射线的限值、工件厚度、材料种类等条件综合考虑：①可按像质要求选用，较高射线照相质量则选用类别较高的胶片；②在满足像质要求的条件下，选用类别较低的胶片则可缩短曝光时间，提高效率；③对薄工件、等效系数较低工件或者射线线质较硬时，选用类别较高的胶片；④环境湿度高的地方选用耐潮性好的胶片，环境干燥的地方选用抗静电感光性能较好的胶片等。

射线胶片在使用与保管中必须注意以下内容:①射线胶片应保存在阴凉,干燥的地方,温度最好控制在10～20℃,湿度宜控制在60%左右;②射线胶片不得接触腐蚀性气体;③射线胶片应远离射线源,最好能放置在铅盒里,应尽可能立放,防止堆压;④使用胶片时不能将胶片折叠或损伤表面,避免存在原始缺陷(会影响评定),启封后胶片尽快用完,对暂不使用的胶片,需放回铅盒中保存;⑤在暗室红色安全灯下操作时,应尽可能远离安全灯,并尽可能缩短操作时间,避免增加射线胶片的灰雾度;⑥裁切胶片时应和包装纸一起裁切,且不应多张胶片叠裁;⑦拿取胶片时应用手指夹持胶片边缘,避免直接接触胶片表面,以免冲洗后的底片上留下手指影像等。

3.2.3 辅助器材

在射线检测中,除了射线源、胶片外,还需要一些辅助器材,如增感屏、像质计、黑度计、观片灯、暗袋、标记、背铅板等。

1) 增感屏

与可见光相比,X射线的波长较短,穿透能力较强,X射线的感光能力较差。一般来说,只有2%左右的X射线能使射线胶片感光,而98%左右的X射线都穿透射线胶片,因此,X射线感光速度较慢,需要曝光的时间较长,检测效率较低。在射线检测中,为了解决这一困难,提高感光速度和检测效率,往往在胶片的两侧贴放一种能增强感光能力的器材,即增感屏。

增感屏的增感效果用增感系数K表示,K也称增感因子。增感系数是指获得相同黑度射线底片,不用增感屏与使用增感屏的曝光时间或曝光量之比。

$$K=\frac{E_1}{E_2}=\frac{t_1}{t_2} \tag{3-21}$$

式中,E_1为有增感屏的曝光量;E_2为无增感屏的曝光量;t_1为有增感屏的曝光时间;t_2为无增感屏的曝光时间。

(1) 增感屏的分类。

常见的增感屏可分为金属增感屏、荧光增感屏和金属荧光增感屏(复合增感屏)三种。

① 金属增感屏。金属增感屏由金属箔和片基组成,金属箔常用铅(Pb)、钨(W)、钽(Ta)、钼(Mo)、铜(Cu)、铁(Fe)等材料制作,常用的金属增感屏是用铅合金(含5%左右的锑和锡)制作的铅箔增感屏。在射线检测中,金属增感屏有增感和吸收两个作用。

a. 增感作用。金属增感屏与射线作用产生二次射线和二次电子,这些二次射线和二次电子能量低,易被胶片吸收而使胶片感光,从而增加了胶片的感光量,起到增感作用，这也是金属增感屏的增感原理。金属增感屏的结构及增感作用示意图如图 3 - 31 所示。

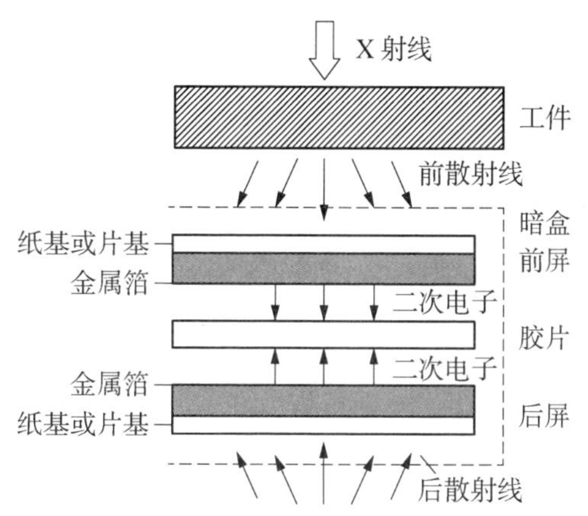

图 3 - 31　金属增感屏的结构及增感作用示意图

b. 吸收作用。金属增感屏可以过滤低能射线（吸收波长较长的散射线），减少灰雾度，提高底片影像的对比度。

金属增感屏的增感系数比荧光增感屏小，增感系数与金属的原子序数、增感屏金属厚度和射线能量有关。管电压较高时，增感系数随屏金属材料的原子序数的增大而增大。对于铅箔增感屏（增感屏金属为铅），随着铅箔厚度增大，增感系数降低，散射线吸收效果好。因此，对于存在较多散射线的 γ 射线检测时，常选择厚度较大，原子序数较大的铅质金属增感屏。对于电网设备检测常用的铅箔增感屏，一般前屏薄、后屏厚，因为前屏以增感为主，后屏则吸收散射线为主。目前为了操作方便，将前、后屏的厚度设计成一样，另外在暗盒外背面增加一块 1～2 mm 厚的铅板来屏蔽散射线。

在实际射线检测时，常用增感系数 2～5 的金属增感屏来提高感光质量。虽然金属增感屏的增感效率低，但是使用金属增感屏的影像清晰度很高，因此常用于比较重要的工件射线检测。

② 荧光增感屏。荧光增感屏是利用某些物质在射线照射下能产生荧光（波长较长的可见光），使胶片吸收荧光产生增感效果。荧光增感屏的结构和增感作用示意图如图 3 - 32 所示。

根据所用的荧光物质，荧光增感屏可分为钨酸钙增感屏和稀土增感屏。钨酸钙增感屏在射线激发下发出可见的蓝紫色光线，具有发光效率稳定、照片斑点少等优点，但同时也具有增感效率低、发光效率低等缺点。稀土增感屏对 X 射线吸收率高、发光效率高和增感作用强，具有降低射线辐射剂量的优势和胶片斑点（噪声）多的缺点。

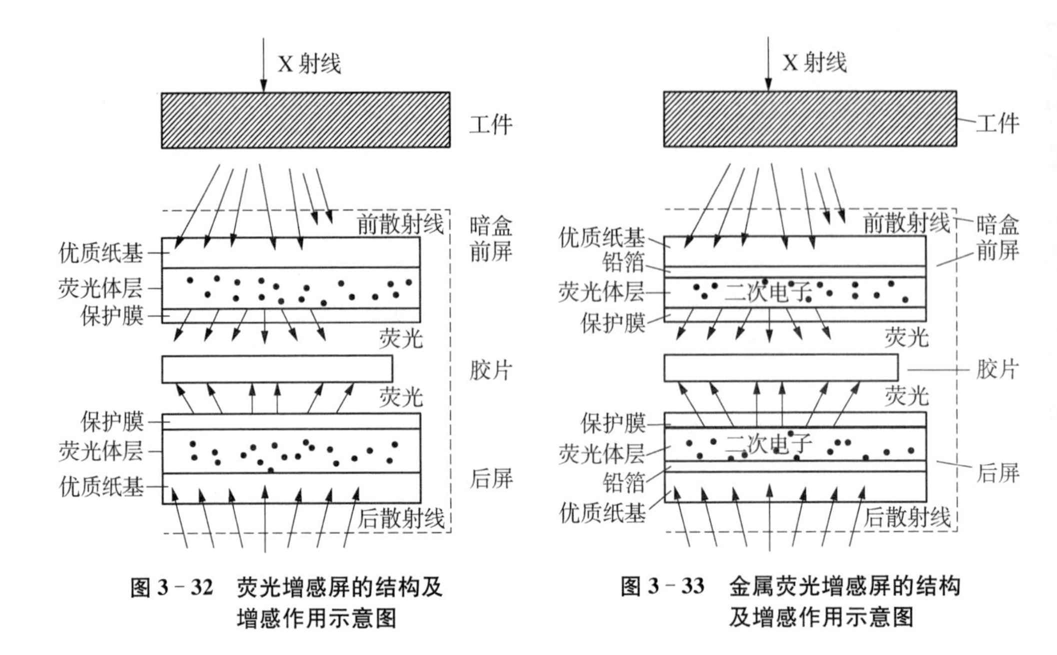

图 3-32　荧光增感屏的结构及增感作用示意图

图 3-33　金属荧光增感屏的结构及增感作用示意图

荧光增感屏增感系数与荧光体的性能、厚度、环境温度、射线能量、曝光条件等有关。由于荧光的扩散和散乱传播，同时荧光增感屏又不能吸收散射线，可能导致底片影像模糊，清晰度差、灵敏度低、缺陷分辨率差，使得细小裂纹易漏检。因此，在射线检测中，为避免危险性缺陷漏检，一般不允许使用荧光增感屏，只有在透照比较厚、检测要求不高的工件时，才使用荧光增感屏。

③ 金属荧光增感屏。金属荧光增感屏是金属屏和荧光屏的复合增感屏，通常是在金属增感屏的金属箔上再涂上一层荧光物质。这种增感屏不仅具有金属增感屏的散射线吸收效果，也具备荧光增感屏的高增感系数。其增感系数介于金属增感屏和荧光增感屏之间，成像质量也介于金属增感屏和荧光增感屏之间，一般用于厚度较大，检测要求一般的工件射线检测。金属荧光增感屏的结构及增感作用如图 3-33 所示。

(2) 增感屏的使用。

三种增感屏具有不同特点，适用于不同的检测要求。对于一般要求和较高要求的射线照相检测技术采用金属增感屏；在特殊场景中，只有满足质量要求的情况下才能使用荧光增感屏或金属荧光增感屏。在检测前，应按照检射线照相检测标准和要求正确选用增感屏的类型、厚度与规格，同时，在使用增感屏过程中还应注意以下一些事项。

① 放置增感屏时，胶片夹在两增感屏之间，增感物质朝向胶片，并且使增感屏的金属箔和增感物质侧与胶片贴合，其间不能有其他东西，避免降低感光效果。

② 使用增感屏前，应检查表面是否存在油污或划伤。这是因为增感屏上油污会

吸收二次射线,并在底片上存下伪影。金属增感屏上划伤会产生类似裂纹的伪缺陷,荧光增感屏上划伤会减少荧光物质,导致底片存在伪影。

③ 增感屏的表面必须平整,不能存在折叠。因为增感屏不平整,与胶片贴合程度不紧密,会造成底片黑度不一致。

④ 使用完毕后,取出增感屏时应小心,轻拿,避免其与胶片摩擦而产生荧光或静电,造成伪影像,从而影响检测质量。

2）像质计

像质计,又称为影像质量指示器、透度计。由于实际射线检测时,无法预测被检测工件中存在缺陷的类型及尺寸,也无法直接从射线底片的缺陷影像来判定检测灵敏度,因此会在像质计上人为加工一些不同类型和尺寸大小的缺陷,检测时将像质计和被检测工件一起透照,根据射线底片上显示的像质计的影像来检查和定量评价射线底片影像质量。像质计通常用来评估射线照相检测的灵敏度(射线照相灵敏度),并可评定透照技术、胶片暗室处理情况、缺陷检验能力等。

像质计常采用与被检工件材质相同或对射线吸收性能相似的材料制作,人为加工的缺陷包括槽、孔、金属丝等,其尺寸与被检工件厚度有一定的关系。由于实际缺陷的位置、大小、性质、方向和像质计上人工缺陷存在差异,因此,像质计判定的检测灵敏度并非实际检测所能发现的最小缺陷。一般来说,像质计显示灵敏度越高,射线检测的灵敏度就越高,底片影像的质量水平也越高,因此像质计灵敏度也能间接地定性反映出射线照相对最小自然缺陷的检出能力。一般在实际检测时提及的射线检测灵敏度就是指像质计灵敏度。

目前,各个国家射线检测标准要求的像质计都不同,使用最广泛的像质计包括金属丝型像质计、孔型像质计、槽型像质计,我国射线检测主要使用的是金属丝像质计,如图 3－34 所示。

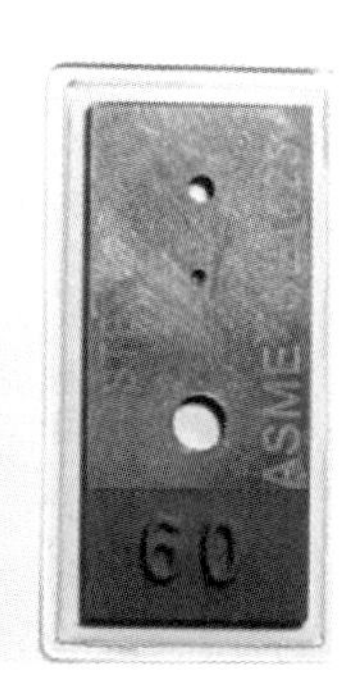

图 3－34　像质计

① 金属丝型像质计。金属丝型像质计是由长度、材质相同,直径不同的金属丝

平行等距排放在很小的塑料薄膜里制作而成，上端标识一些字母和数字来表示材质和线径，如图 3-34 所示。通常使用的金属丝型像质计的线直径采用等比数列，公比为 $10^{\frac{1}{10}}$，约为 1.25。金属丝牌号为 1～16，编号越小，金属丝的直径越小。

根据《无损检测 射线照相像质计 原则与标识》(GB/T19803—2005)，我国使用的金属丝像质计线号和线径见表 3-6，分为Ⅰ型、Ⅱ型和Ⅲ型，每种由 7 根金属丝组成，Ⅰ型像质计线号为 1～7，Ⅱ型像质计线号为 6～12，Ⅲ型像质计线号为 10～16。金属丝像质计代号一般由金属丝材质和金属丝线号组成，如 FE10/16 代表金属丝Ⅲ型像质计，其金属丝的材质是铁(Fe)，金属丝线号为 10～16。

表 3-6　金属丝像质计型号和线径

Ⅰ型(1～7)	线号 z	1	2	3	4	5	6	7
	线径 d	3.2	2.5	2.0	1.6	1.25	1.0	0.8
Ⅱ型(6～12)	线号 z	6	7	8	9	10	11	12
	线径 d	1.0	0.8	0.63	0.5	0.4	0.32	0.25
Ⅲ型(10～16)	线号 z	10	11	12	13	14	15	16
	线径 d	0.4	0.32	0.25	0.20	0.16	0.125	0.10

金属丝像质计中金属丝的材料有很多种，包括 Fe、Cu、Al 等，选用的时候尽量选择与被检测工件材质相同的金属丝。像质计的材料代号、材料和不同材料的像质计适用的工件材料范围可按表 3-7 的规定执行，像质计材料的吸收系数应尽可能地接近或等同于被检材料的吸收系数，任何情况下都不能高于被检材料的吸收系数。

表 3-7　常见金属丝像质计材料及适用范围

像质计材料代号	铁(Fe)	镍(Ni)	钛(Ti)	铝(Al)	铜(Cu)
像质计材料	碳钢或奥氏体不锈钢	镍-铬合金	工业纯钛	工业纯铝	3# 纯铜
适用工件材料范围	碳钢、低合金钢、不锈钢等黑色金属	镍及镍合金	钛及钛合金	铝及铝合金	铜及铜合金、锌、锡及锡合金

利用金属丝型像质计得到的射线透照灵敏度有相对灵敏度和绝对灵敏度两种表示方法。

相对灵敏度是指在射线照相底片上可辨认的金属丝最小直径与被检工件的透照厚度比值的百分比，用字母 K 表示，其计算公式为

$$K = d/T \times 100\%$$

式中，d 为射线照相底片上可辨认到的最细线的直径(mm)；T 为被检工件的穿透厚度(mm)。K 越小，说明灵敏度越高。

绝对灵敏度，也称像质指数，直接以射线照相底片的影像中可以辨认出来的最细线的编号来表征。

② 孔型像质计。孔型像质计分为阶梯孔型像质计和平板孔型像质计两类。

阶梯孔型像质计是用与被检工件材质相同或相近材料的阶梯试块上加工出直径等于阶梯厚度的孔制成。阶梯孔型像质计的相对灵敏度，是指在射线照相底片上可识别的最小孔所在的阶梯厚度与被检工件的透照厚度比值的百分比，用字母 S_h 表示，其计算公式为

$$S_h = \frac{h}{T} \times 100\%$$

式中，h 为射线照相底片上可识别到的最小孔所在阶梯的厚度(mm)；T 为被检工件的穿透厚度(mm)。

平板孔型像质计是通过在均匀厚度的平板上钻一定尺寸的小孔制成，平板孔型像质计的灵敏度级别用“厚度-孔径”表示，如 4 - 2t，表示所使用的像质计板厚 t 应是透照厚度的 4%，至少应能识别像质计上直径为像质计板厚 t 两倍的孔。实际检测中设立 5 个灵敏度级别：1 - 1t、1 - 2t、2 - 1t、2 - 2t、2 - 4t。

③ 槽型像质计。槽型像质计是通过在与被透照工件相同材质的矩形块上加工出宽度和深度各不相同的矩形槽制成，可分为宽槽和狭槽。宽槽型像质计主要用于评价管道焊缝单面焊根部未焊透和根部咬边的尺寸；狭槽型像质计主要用于评价射线照相检出裂纹的灵敏度，一般相对灵敏度控制在 1%范围内。

3) 黑度计

黑度计又称光学密度计，是用来测量射线底片黑度的设备，如图 3 - 35 所示。目前使用最多、误差最小的黑度计是数字显示黑度计，早期使用模拟电路、指针显示的光电直读式黑度计已基本淘汰。

图 3 - 35　黑度计

数字显示黑度计的工作原理:将收到的模拟光信号转换为数字电信号,进行数据处理后直接在数码显示器上显示出底片黑度值。

数字显示黑度计操作过程比较简单,一般操作流程如下。

① 打开黑度计,光阑处不放底片,按下测量臂观察黑度读数,若不为零则按下"校零"按钮或"ZERO"键进行校零;

② 完成校零后即可进行黑度的正式测量:将底片放在光阑处,按下测量臂,即可读出底片黑度。

4) 观片灯

观片灯是用于底片评定即识别底片缺陷影像的基本设备,其主要性能应符合相关标准和规定,最大亮度应能满足评片要求。

如图 3-36 所示为江苏迪业检测科技有限公司生产的 NY-01 型 LED 工业射线胶片评片灯,是针对《承压设备无损检测》(NB/T 47013—2015)和《工业射线照相底片观片灯》(GB/T 19802—2005)标准研制的最新产品,集成了无损检测标准中的缺陷定量、评级、定位等多种功能。

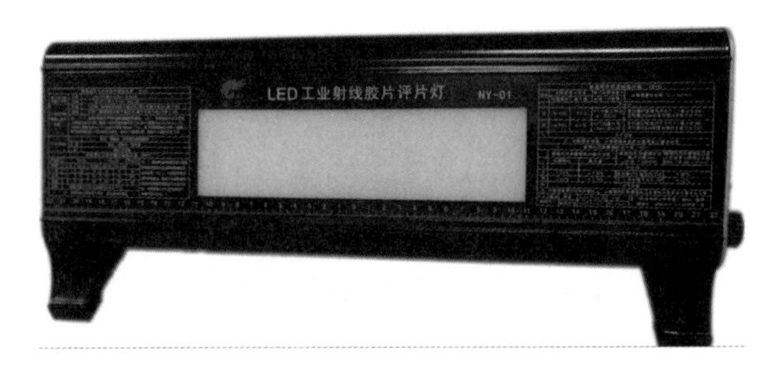

图 3-36 江苏迪业 NY-01 型 LED 观片灯

5) 暗袋

胶片不能接触任何光线,因此,需要在暗室条件下提前把胶片和增感屏装入暗袋并密封,然后把装好的暗袋拿到检测现场进行射线照相检测,完成曝光后再把暗袋拿回暗室拆封取出胶片,对胶片进行暗室处理。

暗袋主要采用黑色塑料膜或合成革制作,其尺寸与胶片、增感屏相匹配,能够完全贴合胶片和增感屏。

暗袋背面还应贴上铅质的"B"标记作为监测背散射线的附件。

6) 标记

标记包括识别标记和定位标记。标记一般由适当尺寸的铅(或其他适宜的重金属)制数字、拼音字母和符号等构成。底片标记应能清晰显示且不至于对底片的评定带来影响,标记的材料和厚度应根据被检工件的厚度来选择,能够保证标记影像不模糊。

① 识别标记。识别标记主要用来解决胶片对应工件信息难以记录的问题(见图3-37)。识别标记不仅可以记录底片对应的工件编号、焊缝编号、部位编号等信息,还可记录拍片日期、焊工代号、返修等信息。使用时,将铅字标记按顺序排好,用胶带紧贴于暗袋边沿。

图3-37 识别标记

② 定位标记。定位标记一般包括中心标记、搭接标记、检测区标记等。

中心标记:指示透照区段的中心位置和分段编号的方向,一般用十字箭头"↑→"表示。

搭接标记:是连续检测时的透照分段标记,用符号"↑"表示或其他能显示搭接情况的方法(如数字等)表示。

检测区标记:采取的方式能够清晰标识检测区范围即可。

7) 背铅板

背铅板由大小尺寸与胶片暗袋相当的铅板制成,检测时,将背铅板贴在暗袋后面,可有效屏蔽后方散射线。

8) 其他照相辅助器材

其他常见的照相辅助器材如下。

磁钢:用于被检工件为铁磁性材料时候固定胶片暗袋。

中心指示器:用于指示射线方向,使射线束中心对准透照中心。

评片尺:上面有射线相关验收标准及尺寸,便于在观片灯上进行底片评定。

个人剂量仪、剂量探测仪、剂量报警器:用于计量、探测、警示射线辐射的仪器设备。

3.2.4 检测设备及器材的运维管理

为保证检测结果的准确性和数值的溯源,应对检测设备及器材进行定期的检定或校准,加强检测设备及器材的日常运维管理,主要内容包括但不限于:

① 射线检测设备，一般至少每年检定一次，检定内容包括焦点测试、曝光曲线校验、最大透照厚度测定、整机绝缘电阻测试、电流表及电压表校验等。射线设备更换重要部件(X射线机的射线管、高压发生器等)或经较大修理后应及时对曝光曲线进行校验或重新制作。

② 黑度计(光学密度计)，首次使用前应进行核查，之后至少每6个月进行一次核查，核查方法严格按照相关标准要求进行，每次核查后应填写核查记录。在工作开始时或连续工作超过8h后应在拟测量黑度范围内选择至少两点进行检查。

③ 标准密度片，作为校准黑度计黑度的标准器材，应至少有8个一定间隔的黑度基准，且覆盖0.3～4.5黑度范围，应至少每2年校准一次。必须特别注意标准密度片的保存和使用条件。

④ 辐射剂量类仪器，定期由有资质的单位进行标定检验。

3.3 射线照相检测通用工艺

依据NB/T47013.2—2015标准，射线照相检测通用工艺是根据检测对象、检测要求及相关检测标准要求进行制定的，不同被检工件的检测工艺差异较大，必须针对具体的工件参数及质量控制要求进行制定。在电网行业中，射线照相检测技术除了用于对接焊缝质量状态的评定外，也常用于非焊缝类设备的质量检测及评价，比如用于检查输电线路耐张线夹内部结构及压接情况等，但总的来说，其检测工艺基本上大同小异，因此，本节还是主要以电网常用的对接焊缝X射线照相检测通用工艺来介绍。

依据NB/T47013.2—2015，射线照相检测通用工艺内容主要包括检测前准备、透照工艺参数的制定、透照布置、实施曝光、胶片的暗室处理、评片、记录与报告等。

1) 检测前准备

射线检测前，应熟悉被检工件的材质、规格、结构及检测缺陷的类型、取向等基本信息，焊接接头表面应经目视检测并合格。表面的不规则状态在底片上的影像不得掩盖或干扰缺陷影像，否则应对表面作适当修整。

射线检测应在焊接接头制造完工后进行，对有延迟裂纹倾向的材料，至少应在焊接完成24h后进行。

检测区宽度一般应满足以下规定：①对于对接焊缝，检测区包括焊缝金属及相对于焊缝边缘至少为5mm的相邻母材区域；②对于管座角焊缝，检测区包括焊缝金属及相对于焊缝边缘至少为5mm的安放式接管相邻母材区域或插入式主管(或筒体、封头、平板等)相邻母材区域。

对于被检工件现场的射线安全防护，根据《电离辐射防护与辐射源安全基本标准》(GB 18871—2002)、《工业X射线探伤放射防护要求》(GBZ 117—2015)和《工业γ

射线探伤放射防护标准》(GBZ 132—2008)等标准的相关要求，提前划定好管理区和控制区，设置警告标志，夜间应设红灯；检测作业时，应围绕控制区边界测定辐射水平；检测工作人员应佩带个人剂量计，并携带剂量报警仪；如有登高，则必须佩戴安全带，挂在牢固处，所带物品可靠放置，避免坠落。

2）透照工艺参数的制定

透照工艺参数制定的内容，主要有曝光参数的确定、胶片种类的选择、增感屏的选择三大部分。

（1）曝光参数的确定。

曝光参数主要内容包括射线能量、焦距、曝光量、曝光曲线等。

① 射线能量。射线能量选择的基本原则：在保证穿透力的前提下，选择能量较低的射线。具体选择时，应考虑以下几点。

a. 对于较薄工件的检测，最常用的射线源就是X射线机。X射线机的管电压可以根据实际需求调节，既不能过大，也不能过小。管电压过大，会导致射线照相对比度降低；管电压过小，则无法穿透工件。应在保证穿透能力的情况下选择较小的管电压。如图3－38所示为不同材料、不同透照厚度允许采用的最高X射线管电压。

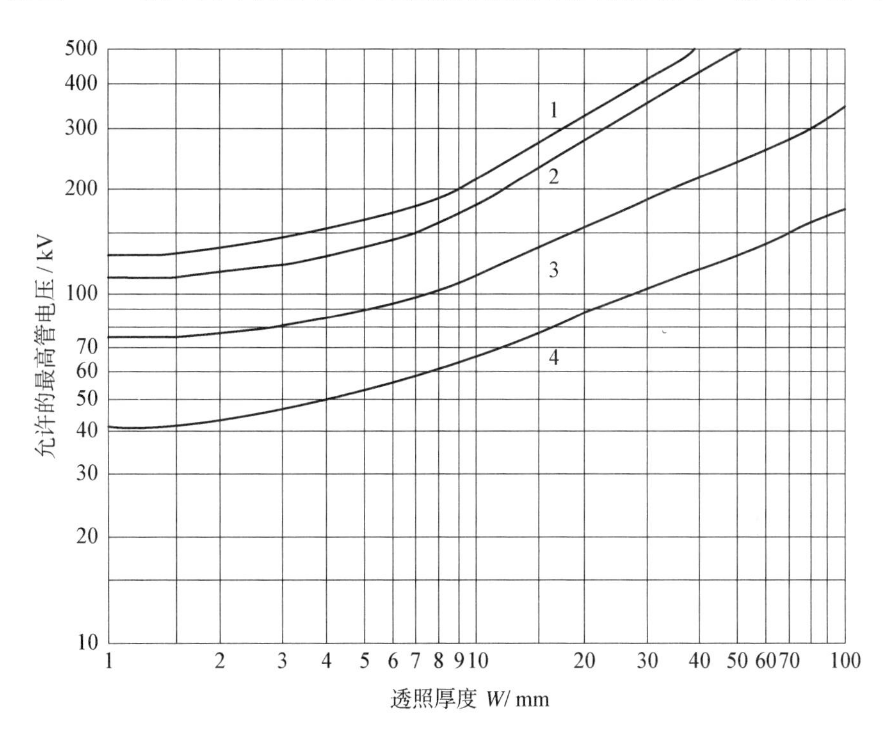

1—铜及铜合金，镍及镍合金；2—钢；3—钛及钛合金；4—铝及铝合金。

图3－38　不同透照厚度允许的最高X射线管电压

b. 对于截面厚度变化大的工件，在保证灵敏度要求的前提下，允许采用超过图 3-35 中规定的 X 射线管电压。但对于钢、铜及铜合金材料，管电压增量不应超过 50 kV；对钛及钛合金材料，管电压增量不应超过 40 kV；对铝及铝合金材料，管电压增量不应超过 30 kV。

c. γ 射线源和高能 X 射线适用的透照厚度范围如表 3-8 所示。

表 3-8　γ 射线源和高能 X 射线适用的透照厚度范围(钢、铜、镍合金等)

射线源	透照厚度 W / mm	
	中高灵敏度法	低灵敏度法
^{170}Tm	≤5	≤5
^{169}Yb	≥1～15	≥2～12
^{75}Se	≥10～40	≥14～40
^{192}Ir	≥20～100	≥20～90
^{60}Co	≥40～200	≥60～150
X 射线(1 MeV～4 MeV)	≥30～200	≥50～180
X 射线(>4 MeV～12 MeV)	≥50	≥80
X 射线(>12 MeV)	≥80	≥100

注：表格内容参考自《承压设备无损检测　第 2 部分：射线检测》(NB/T 47013.2—2015)中 5.6.5 条表 4。

② 焦距。射线检测中，几何不清晰度是影响射线检测质量的重要因素，为保证底片质量，应尽可能减小几何不清晰度。而焦距直接影响着几何不清晰度，为保证检测质量，检测时射线源至工件表面的距离 f 应满足如下要求：

A 级射线检测技术，$f \geqslant 7.5db^{2/3}$；AB 级射线检测技术：$f \geqslant 10db^{2/3}$；B 级射线检测技术，$f \geqslant 15db^{2/3}$。其中，d 为有效焦点尺寸(mm)；b 为工件表面至胶片的距离。

在实际射线检测中，焦距的最小值通常由诺莫图直接查阅获得。不同等级的射线检测技术确定焦点至工件表面距离的诺莫图如图 3-39、图 3-40 所示。

诺莫图的使用方法：在有效焦点尺寸 d 线和工件表面至胶片的距离 b 线上分别找到焦点尺寸和工件表面至胶片的距离对应的点，然后用直线连接这两点，该直线与射线源至工件表面的距离 f 线之间的交点即为射线源至工件表面的距离 f 的最小值，而焦距的最小值 $F_{min} = f + b$。

曝光期间，胶片应紧贴工件，除非有特殊规定或透照布置能使被检区域得到更好的透照影像。管座角焊缝源在内透照时，胶片应尽可能地靠近被检工件焊缝。

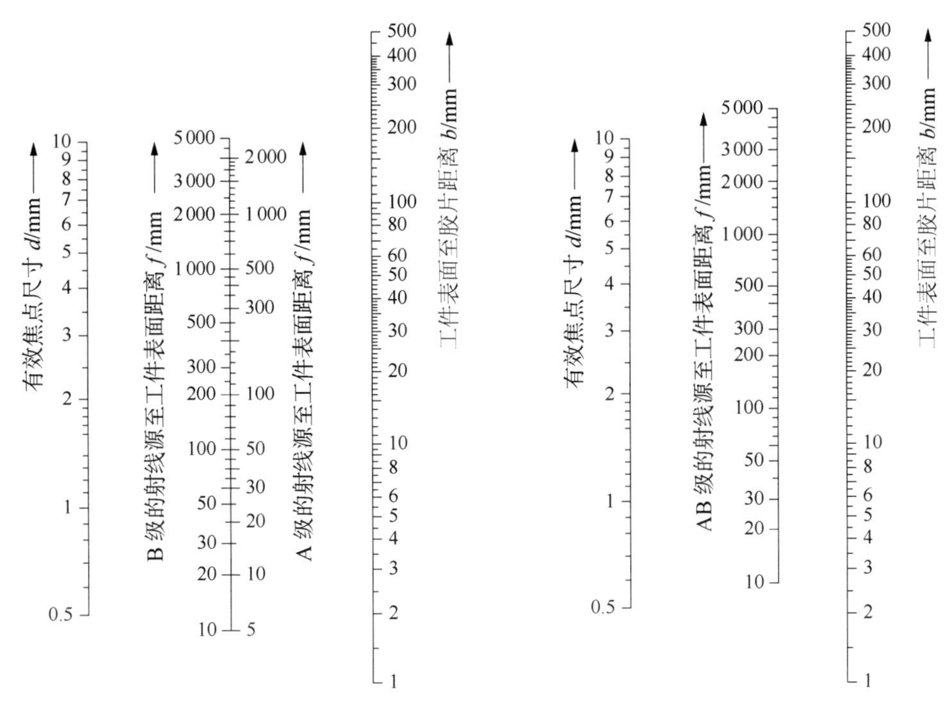

图 3-39　A 级和 B 级射线检测技术确定焦点至工件表面距离的诺莫图

图 3-40　AB 级射线检测技术确定焦点至工件表面距离的诺莫图

③ 曝光量。曝光量是照射到胶片上的射线照射剂量。对于 X 射线照相检测，曝光量是 X 射线管的管电流 i 与曝光时间 t 的乘积，即 $E=it$，单位为 mA · min；对于 γ 射线照相检测，曝光量为 γ 源的活度 A 与曝光时间 t 的乘积，即 $E=At$。曝光量遵循平方反比定律和互易定律。

平方反比定律　平方反比定律是指对于同一射线源的辐射场中某一点的射线强度与该点至射线源距离的平方成反比，即：$I_1/I_2=F_2^2/F_1^2$。其中，I_1 为第一种焦距 F_1 条件下的射线强度；I_2 为第二种焦距 F_2 条件下的射线强度。

互易定律　互易定律是光化学反应的基本定律之一。该定律指出，决定化学反应产物质量的条件只与曝光量相关，即取决于照度和时间的乘积，与这两个因素的单独作用无关，该定律给出了时间和照度的互易关系，所以称为互易定律。如果所得结果与这一定律结论有偏离，则称为互易定律失效。

对于射线照相检测，根据互易定律，一定范围内，射线强度与照射时间存在互易性，即强度增加则曝光时间就缩短，或强度降低则曝光时间延长。只要射线强度与曝光时间乘积不变，曝光量就不变，对于同一种胶片、同样的暗室处理条件，得到底片黑度也一样，即射线强度 I 与透照时间 t 可以互易而最终达到的透照效果一样，即曝光量 $E=I_1t_1=I_2t_2=$常数。

例如，管电压和焦距不变，曝光量为 15 mA·min，则管电流 5 mA+曝光时间 3 min 与管电流 3 mA+曝光时间 5 min 在同样暗室处理条件下所得到的底片黑度是一样的。

曝光因子 曝光量可以利用曝光因子（M）来表示，其反映了曝光量、X 射线机管电流或放射性同位素的活度与焦距三者之间的关系，即：

X 射线的曝光因子 $M=$管电流×时间 / 距离$^2=$ mA·min/mm^2

γ 射线的曝光因子 $M=$源强度×时间 / 距离$^2=$ ci×min/mm^2

因此，对于同一射线机或 γ 源，如果曝光因子不变，则曝光量也不变，所得底片黑度相同。

如果管电流设为 i（对于 γ 射线则为源强度 A），曝光时间为 t，焦距为 F，若保持底片黑度不变，则

X 射线照相的曝光因子 $M=it/F=i_1t_1/F_1^2=i_2t_2/F_2^2=\cdots=i_nt_n/F_n^2$

γ 射线照相的曝光因子 $M=At/F=A_1t_1/F_1^2=A_2t_2/F_2^2=\cdots=A_nt_n/F_n^2$

曝光因子清楚地表达了射线强度、曝光时间和焦距之间的关系，三个参量中一个或两个发生改变，可以通过对另外的参数进行修正来确保曝光量。

根据相关标准的要求和规定，在实际射线检测中，还可以直接根据以下要点来选取曝光量。

a. X 射线照相时，当焦距为 700 mm 时，曝光量的推荐值为：A 级和 AB 级射线检测技术不小于 15 mA·min；B 级射线检测技术不小于 20 mA·min。当焦距改变时可按平方反比定律对曝光量的推荐值进行换算。

b. 采用 γ 射线源透照时，总的曝光时间应不小于输送源往返所需时间的 10 倍。

c. 采用 ^{60}Co γ 射线源透照时，曝光时间不应超过 12 h；采用 ^{192}Ir 射线源透照时，曝光时间不应超过 8 h，且不得采用多个射线源捆绑方式进行透照。

④ 曝光曲线。通过试验的方法，将给定的 X 射线机在一定工艺条件（包括胶片类型、增感方式、显影条件、焦距、底片黑度等）下，得到的透照规范数据绘制成一组曲线来确定工艺参数，绘制出来的这组曲线即曝光曲线。曝光曲线有多种，较常用的是 $E-T$ 曲线，即曝光量和管电压随材料厚度变化的曲线，纵坐标为曝光量，横坐标为透照厚度，曲线为管电压或胶片种类，如图 3-41 所示。

根据曝光曲线图，可以确定透照的曝光参数、材料的半值层厚度近似值、计算底片的黑度范围以及曝光量的修正等，此部分主要介绍实际射线检测工作中最常用的曝光参数的确定、半值层厚度近似值的计算及曝光量的修正等。

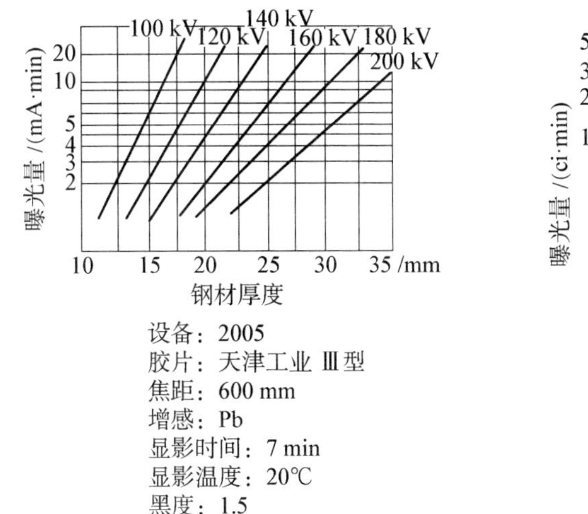

(a)

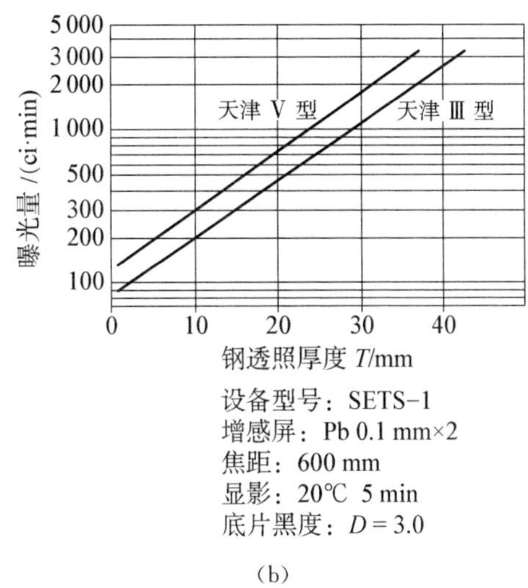

(b)

图 3-41　射线曝光曲线图

(a)X 射线曝光曲线图；(b)^{75}Seγ 射线曝光曲线图

a. 确定透照曝光参数。例如，已知检测标准和被检工件透照厚度(或者说已知透照工艺里面的曝光量和焦距)，通过曝光曲线，可以查出需要透照该工件的管电压数；同样，如果检测标准、被检工件的透照厚度或者透照工艺规定的透照管电压和焦距是已知的，通过曝光曲线也能直接查出曝光量。

b. 确定材料的半值层厚度近似值。半值层厚度即射线透过该厚度后射线强度变成原来的 1/2 的厚度值。查阅半值层厚度近似值的具体操作：在曝光曲线上明确该管电压下透照厚度所对应的曝光量，然后找到该曝光量一半的点，通过该点作与横坐标平行的直线并且与已知管电压曲线有一相交点，该相交点对应横坐标上的厚度值与已知厚度的差就是该透照电压下的半值层厚度近似值。

c. 曝光量的修正。已知曝光曲线是在给定的 X 射线机在一定工艺条件(包括胶片类型、增感方式、显影条件、焦距、底片黑度等)下才绘制出来的，但实际工作中，会经常面对胶片、增感方式、显影条件、焦距、黑度等参数中的一个或多个参数与曝光曲线制作时不同的情况，因此，必须进行曝光量修正。多种参数变化的修正常用公式如下。

多种条件同时改变的修正：胶片由 A 胶片变为 B 胶片，同时黑度从 D_0 变为 D_1，焦距从 F_0 变为 F_1，所有参数改变之前的曝光量为 $E_0(A, D_0, F_0)$，该三个参数变化后的曝光量为 $E_1(B, D_1, F_1)$，则：

$$E_1(B, D_1, F_1) = \left(\frac{H_B}{H_A} \cdot \frac{H_{D_1}}{H_{D_0}} \cdot \frac{F_1}{F_0}\right) \cdot E_0(A, D_0, F_0)$$

式中，H_A 为A胶片特性曲线上查得对应 D_0 的曝光量；H_B 为B胶片特性曲线上查得对应 D_0 的曝光量；H_{D_0}、H_{D_1} 为胶片特性曲线上查得对应于 D_0、D_1 的曝光量。利用该式可以计算曝光量的修正值，得到最终的曝光量，如果被检工件或试样再度发生改变，则利用等效系数 φ_m 换算等效厚度即可。

根据电网设备现场射线检测的实际情况，在此主要介绍最常见的焦距变化和材料变化时的修正。

焦距变化时的修正：利用曝光因子为常数来进行修正，X 射线照相的曝光因子、γ 射线照相的曝光因子计算公式详见本书 84 页，曝光因子部分内容。

例　用某 X 射线机透照电网在制钢管铁塔对接焊缝，原工艺参数中透照管电压为 200 kV、管电流 5 mA、曝光时间 4 min、焦距 600 mm，由于工艺参数中的焦距发生变化，变为 900 mm，但管电压不变，如果仍需保持底片黑度不变，则管电流和透照时间如何选择。

解　已知 $i_1 = 5$ mA，$t_1 = 4$ min，$F_1 = 600$ mm，$F_2 = 900$ mm，求 i_2 和 t_2。

由于是同一 X 射线机，因此其曝光因子为常数，即

$$M = it/F = i_1 t_1 / F_1^2 = i_2 t_2 / F_2^2$$

由此可得

$$i_2 t_2 = i_1 t_1 F_2^2 / F_1^2 = 5 \times 4 \times 900^2 / 600^2 = 45 (\text{mA} \cdot \text{min})$$

因此，在管电压不变的情况下，如果要保持原底片黑度不变，其曝光量为 45 mA · min，也就是说可以选择曝光时间 9 min、管电流 5 mA。

材料变化时的修正：射线机的曝光曲线基本都是参照钢制材料绘制的，而电网设备主要以铝制材料为主，因此必须利用射线透照等效厚度系数来对曝光量进行修正。等效是指在一定条件下（比如射线能量）的射线穿透两种不同材料后的射线强度相同，从而使得底片的黑度相同，达到透照效果一样的现象，此时两种透照材料的厚度比值就称为厚度等效系数，用 φ_m 表示：

$$\varphi_m = \frac{t_2}{t_1} = \frac{\mu_1}{\mu_2}$$

式中，t_1、t_2 为两种不同材料的透照厚度；μ_1、μ_2 为两种不同材料的射线衰减系数。

φ_m 表示第一种材料的厚度等效系数，即单位厚度的第一种材料相当于多少厚度的第二种材料，第二种材料一般是钢，也称基准材料。电网设备中常见材料（以钢为基准材料）的射线照相厚度等效系数见表 3-9。

表 3-9 电网设备中常见材料的射线照相厚度等效系数(φ_m)

材料	X 射线						γ 射线	
	100 kV	150 kV	220 kV	400 kV	1 MeV	2 MeV	^{192}Ir	^{60}Co
钢、铁	1.0	1.0	1.0	1.0	1.0	1.0	1.0	1.0
铝	0.08	0.12	0.18	—	—	—	0.35	0.35
铝合金	0.10	0.14	0.18	—	—	—	0.35	0.35
铜	1.5	1.6	1.4	1.4	1.1	1.1	1.1	1.1
黄铜	—	1.4	1.3	1.3	1.2	1.1	1.1	1.0

例 某供电公司用某品牌的 X 射线机检测 110 kV GIS 筒体对接焊缝内部质量，该 GIS 筒体材质为 5083 铝合金，壁厚为 12 mm，检测用管电压为 100 kV，该 X 射线机的曝光曲线是根据钢制材质制作的，如何利用该射线机的曝光曲线来选择 GIS 筒体焊缝的曝光量。

解 从表 3-9 查出管电压 100 kV 的铝合金等效系数 $\varphi_m = 0.10$，即铝合金的等效厚度为 $0.1 \times 12\,mm = 1.2\,mm$，即，在 100 kV 时壁厚为 12 mm 的 GIS 筒体对接焊缝相当于 1.2 mm 的钢，根据该等效厚度在钢的曝光曲线上查出对应的曝光量即为该 GIS 筒体对接焊缝在管电压为 100 kV 下的曝光量，底片黑度为曝光曲线对应的黑度。

对每台在用的射线设备均应做出经常检测材料的曝光曲线，依据曝光曲线确定曝光参数。采用 γ 射线源时，可采用曝光尺等方式计算曝光时间。

一般情况下，出厂前 X 射线机厂家在机器上都配备好了曝光曲线，但在实际射线检测中，X 射线机有可能出现更换重要部件或修理的情况，需要重新制作曝光曲线。此外，根据相关标准的规定要求，曝光曲线每年至少校验一次。

(2) 胶片种类的选择。

胶片种类一般根据射线检测技术等级及射线种类来选择。

对于 A 级和 AB 级射线检测技术采用 C5 类或更高类别的胶片；B 级射线检测技术应采用 C4 类或更高类别的胶片。

X 射线机进行射线照相时，应采用 C5 类或更高类别胶片；γ 射线或高能 X 射线进行射线检测时，以及对标准抗拉强度下限值 $R_m \geqslant 540\,MPa$ 高强度材料进行射线检测时，应采用 C4 类或更高类别的胶片。

(3) 增感屏的选择。

射线检测一般应使用金属增感屏或不用增感屏。增感屏应完全干净、抛光和无纹道。使用增感屏时，胶片和增感屏之间应接触良好。增感屏的选用应符合表 3-10

中的规定。

表 3－10　增感屏材质和使用范围

射线源	材料	前屏	后屏	中屏
		厚度/mm	厚度/mm	厚度/mm
X射线(≤100 kV)	铅	不用或≤0.03	≤0.03	—
X射线(＞100～150 kV)	铅	0.02～0.10	0.02～0.15	2×0.02～2×0.10
X射线(＞150～250 kV)	铅	0.02～0.15	0.02～0.15	2×0.02～2×0.10
X射线(＞250～500 kV)	铅	0.02～0.20	0.02～0.20	2×0.02～2×0.10
^{170}Tm	铅	不用或≤0.03	不用或≤0.03	—
^{169}Yb	铅	0.02～0.15	0.02～0.15	2×0.02～2×0.10
^{75}Se	铅	A级:0.02～0.2	A级:0.02～0.20	2×0.10
		AB级、B级:0.10～0.20	AB级、B级:0.10～0.20	2×0.10
^{192}Ir	铅	A级:0.02～0.2	A级:0.02～0.20	2×0.10
		AB级、B级:0.10～0.20	AB级、B级:0.10～0.20	2×0.10
^{60}Co	钢或铜	0.25～0.70	0.25～0.70	0.25
	铅(A级、AB级)	0.50～2.0	0.50～2.0	2×0.10
X射线(1～4 MeV)	钢或铜	0.25～0.70	0.25～0.70	0.25
	铅(A级、AB级)	0.50～2.0	0.50～2.0	2×0.10或不用
X射线(4～12 MeV)	铜、钢或钽	≤1.0	铜、钢:≤1.0	0.25
			钽:≤0.5	0.25
	铅(A级、AB级)	0.50～1.0	0.50～1.0	2×0.10或不用

注:表格内容参考《承压设备无损检测　第2部分:射线检测》中4.2.6.2条表1。

3）透照布置

(1) 透照方式。

射线检测的透照方式比较多,应根据工件的形状、尺寸、缺陷特点及现场条件来选择确定。不同的分类方法其透照方式不一样,比如,根据射线源在工件里面还是在外面,可将透照方式分为源在内和源在外透照方式;根据射线透过管子、筒体、容器等环形工件壁厚的数值,分为单壁透照和双壁透照;根据源在工件的位置分为中心透照和偏心透照;根据透照焊缝是垂直方式还是倾斜方式,可分为垂直透照和倾斜透照;根据底片上环缝的影像是整体焊缝还是部分焊缝,可分为单影和双影透照等等。在实际检测中,往往会根据需要进行不同的透照组合,组合后其透照方式的分类如图 3－42 所示,图 3－43 给出了常用几种典型透照方式透照布置示意图。

通常,在可以实施的情况下应优先选用单壁透照方式,在单壁透照不能实施时才允许采用双壁透照方式。

安放式和插入式管座角焊缝应优先选择源在外透照方式;插入式管座角焊缝源在内透照时,应优先选择射线源放置在支管轴线上的透照布置。

透照时射线束的中心垂直指向透照区中心,并尽量与被检工件的表面法线重合,需要时也可选取有利于发现缺陷的方向透照。

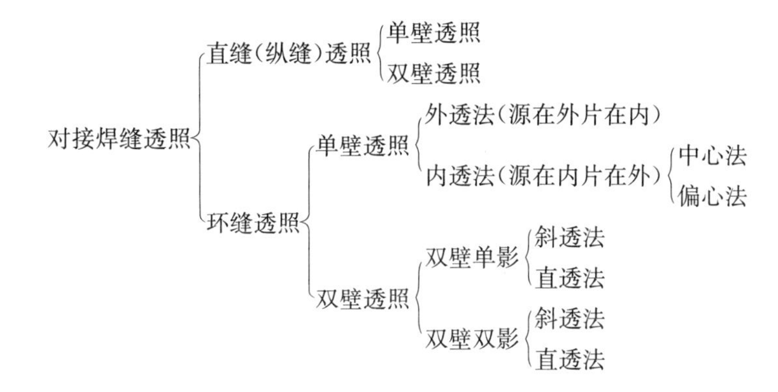

图 3－42　常用对接焊缝各种透照方式的分类

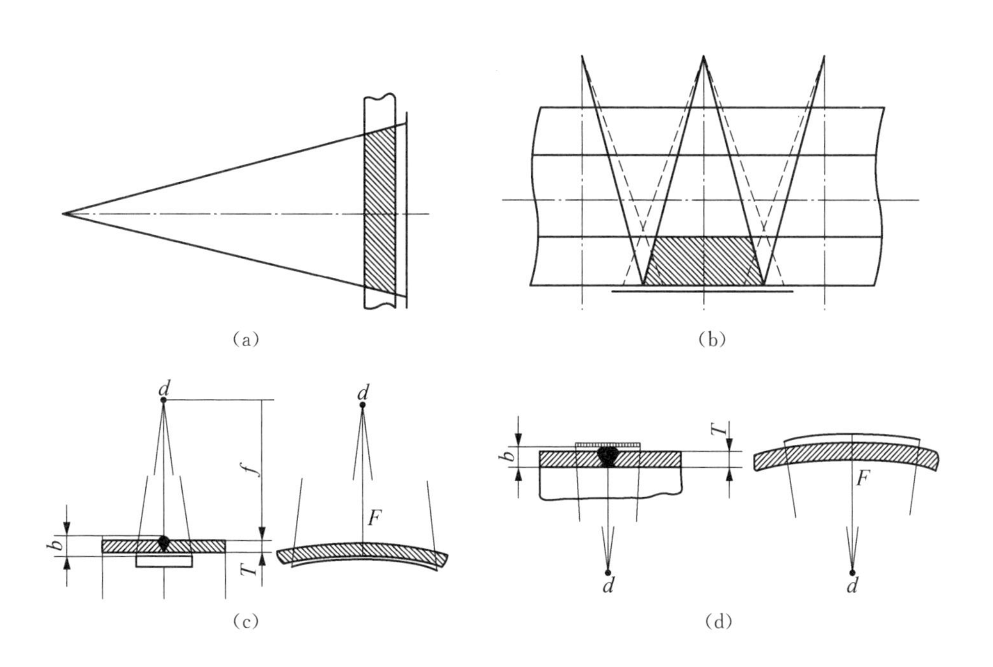

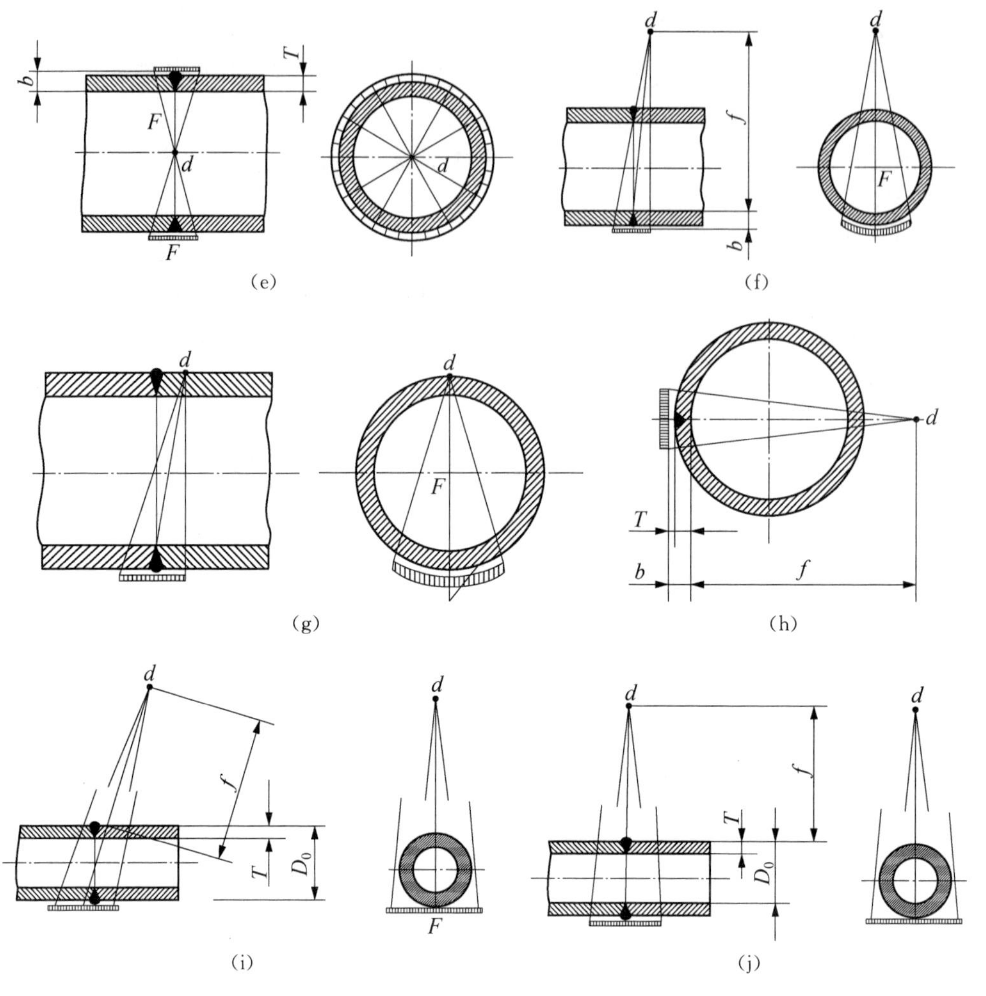

b— 工件至胶片距离；d— 射线源的有效焦点尺寸；f— 射线源至工件表面的距离；T— 工件厚度；D_0— 工件外径；F— 沿射线中心来测定的射线源与工件受检部位射线源测表面的距离。

图 3-43　不同透照方式的透照布置示意图

(a)纵(纵)缝单壁透照；(b)纵(纵)缝双壁透照；(c)纵、环焊缝源在外单壁透照；(d)纵、环焊缝源在内单壁透照；(e)环焊缝源在中心周向透照；(f)环焊缝源在外双壁单影透照；(g)环焊缝源在外双壁单影透照(源在工件表面)；(h)纵焊缝源在外双壁单影透照；(i)小径管环焊缝倾斜透照；(j)小径管环焊缝垂直透照

(2) 有效透照区。

有效透照区是指一次透照的有效透照范围，也称一次透照区或一次透照长度。确定有效透照区一般有两种方法。

① 利用焦距与有效透照区之间的关系，即：$D=f\times 2\tan\frac{\theta}{2}$(mm)。其中，$D$ 为辐射场直径(mm)；f 为焦距(mm)；θ 为 X 射线机的射束角。

一般X射线机射束角为40°，$D=0.72f$，但在实际射线检测中，为了保证底片影像黑度的均匀，常取焦距至少为辐射场直径2～3倍以上，其中2倍为一般规范要求，3倍为最高规范要求。

② 透照厚度比，是指有效透照范围内最大透照厚度与最小透照厚度之比。一次透照长度应以透照厚度比K进行控制，允许的透照厚度比K值见表3-11。

表3-11　允许的透照厚度比K

检测等级	A级，AB级	B级
纵向焊缝	$K\leqslant 1.03$	$K\leqslant 1.01$
环向焊缝	$K\leqslant 1.1$	$K\leqslant 1.06$
对100 mm＜D_0≤400 mm的环向焊缝（含曲率相同的曲面焊缝），A级、AB级允许采用$K\leqslant 1.2$		

不同级别的射线检测技术和不同类型焊接接头的K值不同，一次透照长度应参照《承压设备无损检测　第2部分：射线检测》（NB/T 47013.2—2015）中相关规定执行。

（3）像质计的摆放。

① 像质计放置原则。不管何种类型的像质计，摆放位置一般都是放在射线透照区内显示灵敏度较低的部位，比如离胶片远的工件表面、透照厚度较大的部位。具体来说：线型像质计一般应放置在工件源侧表面焊接接头的一端（在被检区长度的1/4左右位置），金属丝应横跨焊缝，细丝置于外侧，如图3-44所示。阶梯孔型像质计一般应放置在被检区中心部位的焊接接头热影响区以外，在上述条件不可能实现的情况下，至少应放置于熔敷金属区域以外。平板孔型像质计摆放在离被检焊缝边缘5 mm以上的母材表面，且像质计下应放置一定厚度的垫片，垫片厚度约等于被检焊缝总余高，垫片的尺寸应超过像质计尺寸，使得至少有3条像质指示器轮廓线可在照片上看清楚。

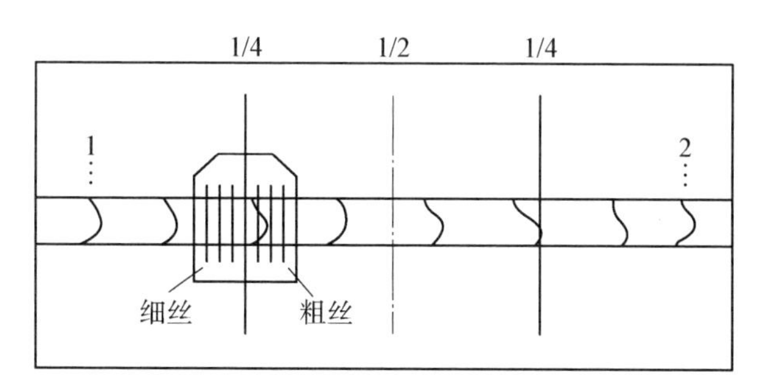

图3-44　像质计放置示意图

当一张胶片上同时透照多条焊接接头时,像质计应放置在透照区最边缘的焊缝处。对于不等厚或不同种类材料之间的对接焊缝,如果焊接接头的几何形状允许,厚度不同或材料类型不同的部位应分别采用与被检材料厚度或类型相匹配的像质计,且分别放置在焊接接头相对应的部位。

除上述规定外,像质计放置还应满足以下规定:

单壁透照规定像质计放置在源侧。双壁单影透照规定像质计放置在胶片侧。双壁双影透照像质计可放置在源侧,也可放置在胶片侧。

单壁透照中,若像质计无法放置在源侧,允许放置在胶片侧。

单壁透照中像质计放置在胶片侧时应进行对比试验。对比试验方法是在射线源侧和胶片侧各放置一个像质计,用与工件相同的条件透照,测定得到像质计放置在源侧和胶片侧的灵敏度差异,以此修正像质计灵敏度的规定,以保证实际透照的底片灵敏度符合要求。

当像质计放置在胶片侧时,应在像质计上适当位置放置铅字"F"作为标记,F 标记的影像应与像质计的标记同时出现在底片上,且应在检测报告中注明。

② 像质计数量。原则上每张底片上都应有像质计的影像。当一次曝光完成多张胶片照相时,使用的像质计数量允许减少但应符合以下要求:

环形焊接接头采用源置于中心周向曝光时,至少在圆周上等间隔地放置 3 个像质计。

球罐焊接接头采用源置于球心的全景曝光时,在上极和下极焊缝的每张底片上都应放置像质计,且在每带的纵缝和环缝上等间隔至少放置 3 个像质计。

一次曝光连续排列的多张胶片时,至少第一张、中间一张和最后一张胶片处各放置一个像质计。

(4) 标记的摆放。

所有标记摆放位置在距焊缝边缘至少 5 mm 以外的部位。标记的影像不应重叠,在有效评定范围内,禁止有干扰的影像存在。

识别标记,可以放置在射线源侧,也可放在胶片侧。

定位标记,原则上应放在射线源侧。当由于结构原因需要放在胶片侧时,在检测记录和报告中应标注实际的评定范围。

标记的摆放位置如图 3-45 所示。

(5) 胶片的放置。

把在暗室装好胶片的暗袋紧贴被检工件透照位置的背面放置,为了防止背散射对影像的影响,有时候会在暗袋背后放一薄铅板作为背衬。暗室装胶片的时候,胶片双面应均匀紧贴增感屏(一般常用的是铅箔增感屏),不留空隙,一起装入暗袋。

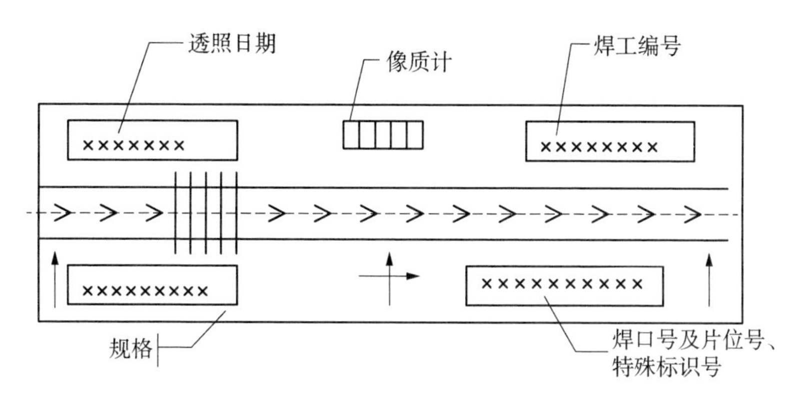

图3-45 标记摆放布置图

(6) 散射线的控制。

射线穿过物质的过程中与物质相互作用会产生吸收和散射,其中,在射线能量较高范围内的散射主要由康普顿效应造成,在射线能量很低(小于 50 keV)范围内的散射主要由汤姆逊效应产生。散射线的存在不仅降低了底片影像对比度和清晰度,还会产生边蚀散射现象①,使边界较厚处产生阴影,影像边界模糊,从而使得边界处较小的缺陷容易漏检。

产生散射线的物体叫散射源,在射线照相检测过程中,常见的散射源有被检工件、暗盒、地面、墙壁等。因此,针对现场检测过程中有可能出现的散射源,常采用金属增感屏、铅板、滤光板、准直器等适当措施,来屏蔽散射线和无用射线,限制照射场范围。

① 使用金属增感屏。金属增感屏除了具有增感作用外,还能吸收低能散射线。

② 使用背防护铅板。在暗盒后面加设一块一定厚度的铅垫板作背散射防护,屏蔽背散射线。对于初次制定的检测工艺,以及在使用中检测条件、环境发生改变时,应进行背散射防护检查,方法如下:在暗盒背面贴上"B"铅字标志(铅字高度 13 mm、厚度 1.6 mm),按检测工艺的规定进行透照和暗室处理,如果在底片上出现黑度低于周围背景黑度的"B"字影像,则说明背散射防护不够,应增大背散射防护铅板的厚度,若底片上不出现"B"字影像或出现黑度高于周围背景黑度的"B"字影像,则说明背散射防护符合要求。

在背散射轻微或后增感屏完全能够屏蔽背散射线的情况下,可以不使用背散射防护铅板。

① 边蚀散射是指被检工件周围的射线向工件背后的胶片散射,或在变截面处由较薄部位的射线向较厚部位处散射,造成较厚部位在底片上对应的低黑度区的周边被侵蚀、低黑度区域面积缩小,即边蚀现象。

③ 滤光板。在X射线机辐射窗口加滤光板来过滤掉低能射线，使透过射线的波长均匀，有效能力提高，减少边蚀线散射。常用的滤光板有黄铜薄板、铅板等，板厚一般不超过透照厚度的20%。

④ 准直器和铅光阑。加在X射线机辐射窗口，可以减少照射场范围，从而在一定程度上减少散射线。

除了上述屏蔽射线方法外，常用方法还包括用铅板在射线源侧遮挡胶片附近不需要透照的部分，以减少散射来源和到达胶片上的散射线。

4）实施曝光

按照前文确定的透照工艺参数对被检工件进行曝光，并严格按照射线检测设备的操作规程操作。

5）胶片的暗室处理

把经过曝光的胶片在暗室中按照规定的规范与程序进行暗室处理，暗室处理相关内容参考本章3.2.2节“5)胶片处理技术”的部分进行。可采用自动冲洗或手工冲洗方式处理，推荐采用自动冲洗方式处理。经过暗室处理后得到可供观察评定的射线照相底片。

注意：不管是手动冲洗胶片还是自动冲洗胶片，最好都要在曝光后的8 h内完成，最长不得超过24 h。

6）评片

评片是根据射线照相检测相关标准，对经过暗室处理的被检工件底片上有无缺陷进行级别评定的过程。总的来说，评片的基本要求可以概括为环境、人员、设备以及底片质量四个方面，具体内容如下。

(1) 评片环境要求。评片室应整洁、安静，温度适宜，光线应暗且柔和。

(2) 人员要求。评片至少应由取得Ⅱ级射线资格等级的人员操作。在进入评片室前应经历一定的暗适应时间[①]，从室外进入评片室一般为5～10 min，从室内进入评片室应不少于30 s。

(3) 设备要求。经过暗室处理并已干燥的底片放在观片灯上进行评定；评定范围内的黑度$D \leqslant 2.5$时，透过底片评定范围内的亮度应≥30 cd/m^2，当底片评定范围内的黑度$D > 2.5$时，透过底片评定范围内的亮度应≥10 cd/m^2。

(4) 底片质量要求。底片质量要求包括黑度、像质计灵敏度、标记等其他相关内容。

评定范围一般为焊缝本身及焊缝两侧5 mm宽的区域，评定范围内的黑度应满足：单胶片透照技术，A级$1.5 \leqslant D \leqslant 4.5$，AB级$2.0 \leqslant D \leqslant 4.5$，B级$2.3 \leqslant D \leqslant$

① 暗适应时间，是指人进入暗室后，眼睛适应暗室光照环境所需要的时间。

4.5；双胶片透照技术 $2.7 \leqslant D \leqslant 4.5$。

底片上像质计总的来说要做到显示清晰、完整，型号、规格、摆放位置要正确。对于线型像质计，底片上能够识别的最细金属线的编号即为像质计灵敏度值，如底片黑度均匀部位（一般是临近焊缝的母材金属区）能够清晰地看到长度不小于10mm的连续金属线影像时，则认为该金属线是可识别的。对于专用等径线型像质计，至少应能识别两根金属线。对于阶梯孔型像质计，底片上能够识别的最小孔的编号即为像质计灵敏度值，当同一阶梯上含有两个孔时，则两个孔都应在底片上可识别。

底片上定位标记和识别标记影像应显示完整、位置正确。

底片评定范围内不应存在影响影像观察的灰雾，也不应存在干扰影像识别的水迹、划痕、显影条纹、静电斑纹、压痕等伪缺陷影像以及增感屏缺陷带来的各种伪影像等。

在采用双胶片叠加观察评定时，如果其中一张底片存在轻微伪缺陷或划伤，在能够识别和不妨碍底片评定的情况下，则也可以接受该底片。

7）记录与报告

完成底片的评定后，应根据底片上存在缺陷的性质、数量、位置、形状、大小等，做好原始记录，按照相关检测标准进行评级、得出结论，最后根据报告的编写流程编写、签发报告。

3.4　射线照相检测技术在电网设备检测中的应用

3.4.1　输电线路耐张线夹压接质量射线照相检测

射线照相检测不仅可以检测被检工件内部气孔、夹渣、裂纹等缺陷，还可以用来检测被检工件内部结构的细节是否完整。

压接耐张线夹是输电线路的重要组成部分，其压接质量直接影响到线路的连接稳定性和可靠性，对电力系统的安全运行有重大意义。根据国家电网公司开展输变电设备金属监督相关检测要求，对三跨线路的耐张线夹压接质量均要进行X射线检测，主要是检测耐张线夹压接界面是否存在变形、压接不到位等缺陷，并对压接质量不符合要求的耐张线夹进行更换处理，并予以复测，合格后方可继续使用。

2019年10月29日至11月19日，国网某公司对其所属的220千伏某线路8基跨越高速塔杆塔96个耐张线夹压接质量进行X射线检测。耐张线夹材质为铝合金，结构如图3-46所示。依据NB/T 47013.2—2015和《输电线路金具压接质量X射线检测技术导则》(Q/GDW 11793—2017)，采用X射线照相检测技术对耐张线夹压接质量进行检测、评定。

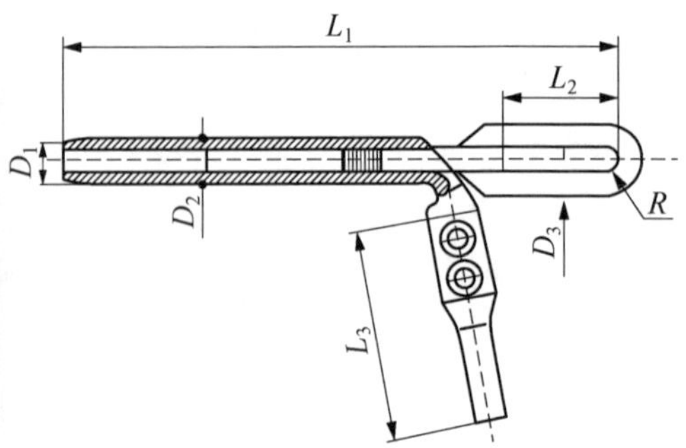

图 3-46 输电线路耐张线夹结构图

仪器设备:俄罗斯史克龙斯 MRCH250 型 X 射线机,胶片采用 AGFA 型号的 C7 类胶片。

(1) 检测前准备。

在检测工作开始前,应先进行以下检查工作:

① 登塔作业人员核对线路名称、杆塔号、色标。

② 作业人员检查登塔工具(双控安全带、安全绳,220 kV 及以上或多回路用绝缘鞋或屏蔽服等)。

③ 作业人员对主要工器具、材料进行检查合格后方可开始工作。

④ 作业人员对施工现场及环境进行勘察,是否具备检测条件、与所办理工作票的杆塔号、线路等级是否一致,符合以上条件后方可继续进行操作。

⑤ 设立射线现场透照的控制区和管理区,并利用现场安全警戒标记绳标定,清理现场无关人员。

(2) 检测设备及胶片选择。

耐张线夹厚度小于 25 mm,材质为铝合金,选择俄罗斯史克龙斯 MRCH250 型 X 射线机,胶片采用 AGFA 型号的 C7 类胶片。

(3) 像质计选择。

耐张线夹中心材质为钢,外部材质为铝,钢和铝对 X 射线吸收能力差别较大,无法根据工件规格选择合适的像质计,且耐张线夹压接质量检测目的是为了发现压接缺陷,如变形、凹槽漏压、欠压等结构性缺陷,因此,耐张线夹射线照相检测不需要像质计。

(4) 曝光参数的设置。

根据 X 射线机曝光曲线选择合适的管电压、焦距及曝光时间。

俄罗斯史克龙斯 MRCH250 型 X 射线机对铝合金材料的曝光曲线如图 3-47 所

示，该曝光曲线的制作条件：黑度 $D=3.0$，管电流 5 mA，透照焦距 700 mm，AGFA 型号的 C7 类胶片，显影时间 5 min，显影温度 20℃。

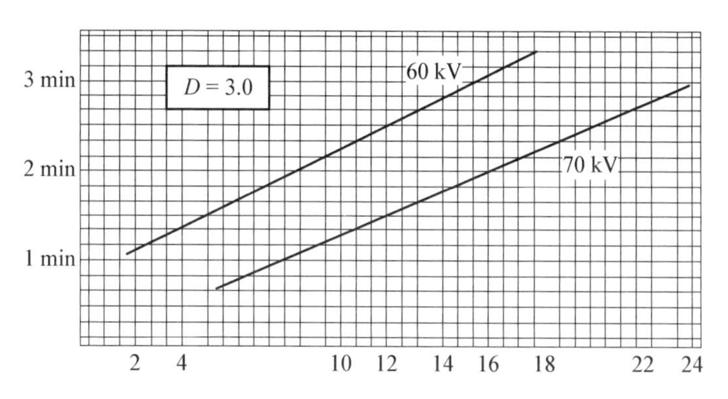

图 3－47　铝合金曝光曲线图

耐张线夹压接后的厚度约为 22 mm，从曝光曲线可以看出，可以选择管电压为 70 kV、曝光时间为 2.8 min 以及透照焦距为 700 mm 的曝光参数。实际检测时，考虑到钢芯对 X 射线的吸收远大于铝合金材料，故管电压最终选择 130 kV，其余透照参数不变。

（5）透照布置。

输电线路耐张线夹检测的透照方式采用单壁透照，胶片置于耐张线夹上部并贴紧线夹放置，放置时用胶带将其固定在线夹上方。将 X 射线机用钢丝绳悬吊于耐张线夹下方，射线窗口朝上并对准耐张线夹需要检测的部位。具体布置如图 3－48 所示。

图 3－48　输电线路耐张线夹射线照相检测布置图

(6) 实施曝光。

曝光前，人员撤离到安全地带，并清点人数，并设定透照时间 2.8 min 和透照电压 130 kV 后，开始射线透照，待预备灯亮后接通高压电源开关。

透照完毕后，断开电源。

(7) 胶片暗室处理。

暗室应选择遮光性能良好、水源充足的房间布置，显影、定影药液应与制作曝光曲线时使用的保持一致，显影时间 5 min，定影时间 10 min，显影温度保持在 20℃。胶片处理时，应经常搅动，保证处理均匀。

(8) 底片评定。

检测获得的胶片质量应满足如下要求：

① 标记应齐全、清晰、完整，且不应遮挡重点部位；

② 同一压接金具检测得到的一张或多张底片，应能反映该压接金具所有被检部位的结构信息；

③ 影像黑度、对比度应适当，被检测部位影像清晰，各不同材质或部件之间界限清晰；

④ 影像上应无干扰缺陷识别或测量的其他构件影像、伪像。

按照 Q/GDW 11793—2017 标准要求对压接缺陷进行评价。耐张线夹压接缺陷分为 3 个级别，分别为一般缺陷、严重缺陷和危级缺陷，危级缺陷为最高风险级别。

(9) 检测结果。

经过对底片的评定，发现一个耐张线夹钢锚的两处凹槽压接不到位，属于危级缺陷，如图 3-49 所示；一个耐张线夹钢锚第一处凹槽压接不到位，属于一般缺陷，如图 3-50 所示；其余 94 个耐张线夹压接质量符合要求。

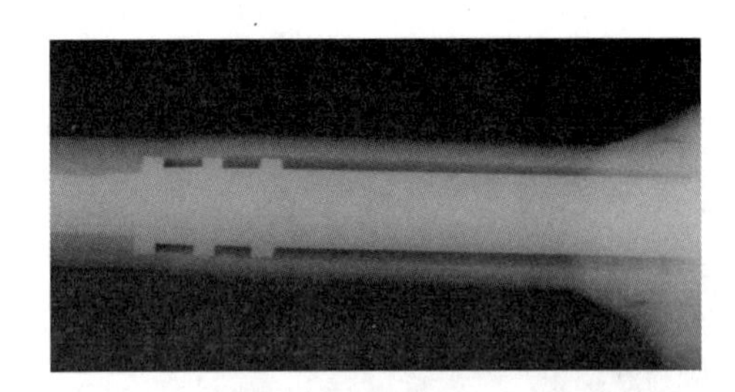

图 3-49　耐张线夹钢锚的两处凹槽压接不到位

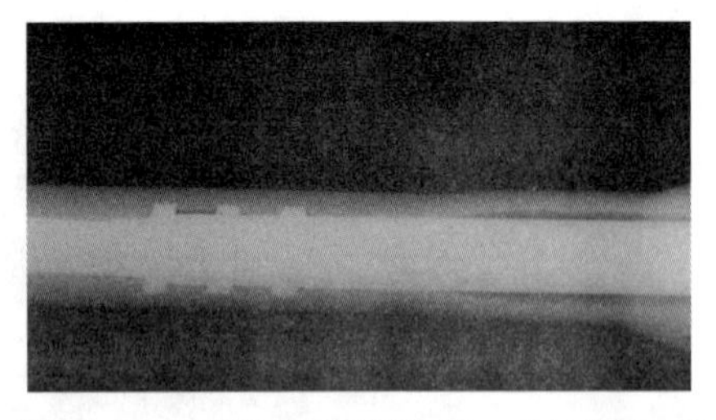

图 3-50　耐张线夹钢锚第一处凹槽压接不到位

3.4.2　输电线路杆塔纵焊缝质量射线照相检测

输电线路杆塔是支撑架空输电线路导线和地线的基础设备，由多个筒节搭接而成，筒节之间用螺栓固定连接，单个筒节通过钢板卷制后焊接制成，其外表采用镀锌处理。

杆塔筒节焊缝的焊接质量对杆塔的运行有较大影响，故《输变电钢管结构制造技术条件》(DL/T 646—2012)中8.3.1焊缝质量等级c)条规定“钢管的纵向焊缝应完全熔透”。

2020年5月21日至5月29日，对国网某供电公司新建线路配出工程001#～035#杆纵焊缝进行射线照相检测抽检，该钢管杆壳体为钢板卷制而成，规格Φ1 000 mm×12 mm，材质为碳钢，如图3-51所示。检测依据NB/T 47013.2—2015、DL/T 646—2012，采用射线照相检测技术对钢管杆纵向焊缝进行检测。

图3-51　输电线路杆塔

仪器设备：俄罗斯史克龙斯MRCH250型X射线机，胶片采用AGFA型号的C7类胶片。

(1) 检测前准备。

检测工作开始前，应进行以下检查工作：

① 核对线路名称、杆塔号。

② 作业人员对主要工器具、材料进行检查合格后方可开始工作。

③ 作业人员对施工现场及环境进行勘察，确定是否具备检测条件、与所办理工作票的杆塔号、线路等级是否一致，符合以上条件后方可继续进行操作。

④ 设立射线现场透照的控制区和管理区，并利用现场安全警戒标记绳标定、清理现场无关人员。

(2) 检测设备及胶片选择。

钢管杆壁厚为12 mm，材质为碳钢，钢管杆射线检测的射线源选择俄罗斯史克龙斯MRCH250型X射线机，胶片采用AGFA型号的C7类胶片。

(3) 像质计选择。

钢管杆采用双壁单影透照，像质计置于胶片侧，像质计丝号应根据表3-12中对应的透照厚度范围来选择。

表3-12　线型像质计

应识别丝号丝径/mm	透照厚度范围/mm
13	>10～15
12	>15～22
11	>22～38
10	>38～48

钢管杆壁厚为 12 mm，双壁单影透照时透照厚度为 24 mm，应识别 11 号丝。同时钢管杆材质为碳钢，故选择 Fe10～16 号像质计。

(4) 检测参数设置。

根据 X 射线机曝光曲线选择合适的管电压、焦距及曝光时间。

俄罗斯史克龙斯 MRCH250 型 X 射线机对钢制材料的曝光曲线如图 3 - 52 所示，该曝光曲线的制作条件：黑度 $D=2.0$，透照焦距 700 mm，AGFA 型号的 C7 类胶片，显影时间 5 min，显影温度 20℃。

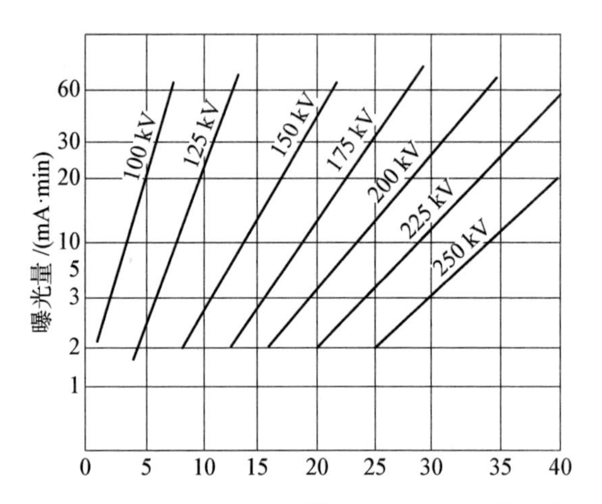

图 3 - 52　MRCH250 型 X 射线机对钢制材料的曝光曲线图

钢管杆壁厚 12 mm，焊缝余高为 2 mm，故单壁透照时 X 射线穿透厚度为 $12(\text{mm})\times 2+2(\text{mm})=26\text{ mm}$，根据曝光曲线在透照焦距为 700 mm 时应选择管电压 200 kV，曝光量 15 mA · min。

对于在用钢管杆纵焊缝的射线照相检测，由于钢管杆内部无法布置胶片和 X 射线机，故实际透照焦距为钢管外径 1 000 mm＋射线机焦点到机头窗口距离(一般为 150 mm)，即：1 000 mm＋150 mm＝1 150 mm，透照电压不变，同一射线机，底片黑度不变，所以其曝光因子也不变，根据曝光因子公式：$E_1/F_1^2=E_2/F_2^2=\cdots=E_n/F_n^2$。其中，$E_1$ 为第一种焦距 F_1 条件下的曝光量；E_2 为第二种焦距 F_2 条件下的曝光量。因此，实际的曝光量计算公式为

$$E_2/15=1\,150^2/700^2$$

所以，实际曝光量 $E_2=15\times 1\,150^2/700^2=40.5$ mA · min。

检测透照焦距选择 1 150 mm，管电压 200 kV，管电流 5 mA，则透照时间 8.1 min。

(5) 透照布置。

对于在用钢管杆纵焊缝检测，由于内部无法布置胶片和 X 射线机，因此应采用双

壁单影透照方式，像质计置于胶片侧，并在像质计上适当位置放置铅字“F”作为标记。透照时，胶片紧贴焊缝布置，像质计放置在胶片与焊缝中间。X 射线机放置于杆塔对侧，紧贴杆塔，窗口对准透照部位。透照布置如图 3-53 所示。

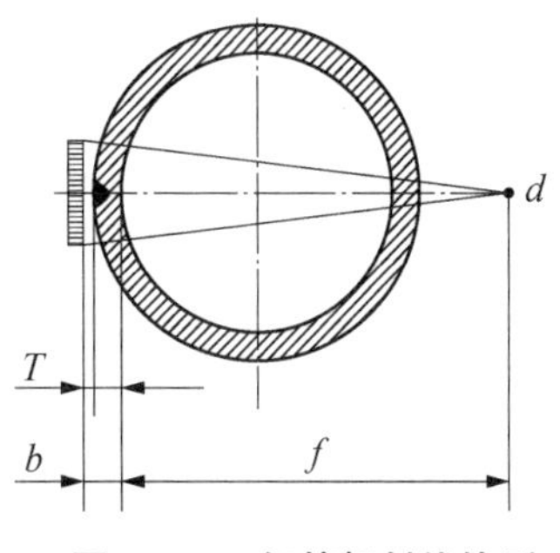

图 3-53　钢管杆射线检测布置图

(6) 实施曝光。

曝光前，人员撤离到安全地带，并清点人数，并设定透照时间 8.1 min 和透照电压 200 kV 后，开始射线透照，待预备灯亮后接通高压电源开关。

透照完毕后，断开电源。

(7) 胶片暗室处理。

暗室应选择遮光性能良好、水源充足的房间布置，显影、定影药液应与制作曝光曲线时使用的保持一致，显影时间 5 min，定影时间 10 min，显影温度保持为 20℃。胶片处理时，应经常搅动，保证处理均匀。

(8) 底片评定。

检测获得的胶片质量应满足如下要求：①标记应齐全、清晰、完整，且不应遮挡重点部位；②图像黑度、对比度应适当，被检测部位影像清晰；③图像上应无干扰缺陷识别或测量的其他构件影像、伪像。

评定依据：按照 DL/T 646—2012 中 8.3.1 焊缝质量等级 c)条规定“钢管的纵向焊缝应完全熔透”进行评定。

评价分级：钢管杆纵向焊缝射线检测应重点关注焊缝根部情况，当焊缝存在未熔透时应评为不允许，其他缺陷应注明缺陷类型、缺陷位置和缺陷大小。

(9) 检测结果。

经过评定，发现 35 级杆塔纵焊缝均存在未焊透缺陷，不符合 DL/T 646—2012 中 8.3.1 焊缝质量等级 c)条规定“钢管的纵向焊缝应完全熔透”的要求，因此，判定不合格。缺陷情况如图 3-54 所示。

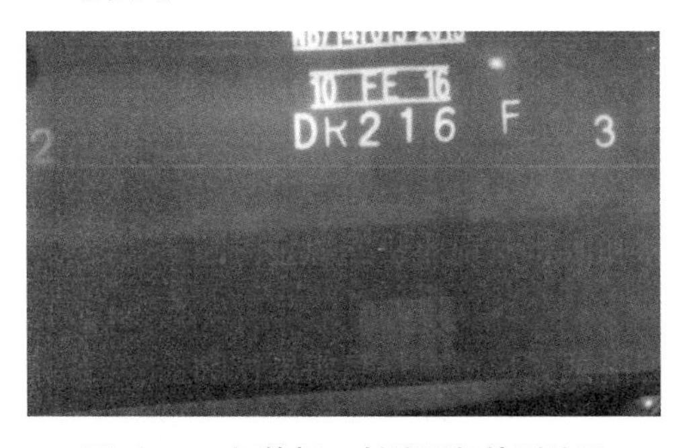

图 3-54　钢管杆 X 射线照相检测结果

3.4.3 GIS 断路器壳体焊缝质量射线照相检测

GIS 断路器壳体材质是铝合金，与低碳钢相比，该材料具有密度小、电阻率小、线膨胀系数大和导热系数大等特点，具有良好的低温塑韧性和耐腐蚀性。铝及其合金的化学活泼性很强，表面极易形成氧化膜，大多数氧化膜相对难熔(熔点高出金属基体较多，如 Al_2O_3 的熔点高达 2 050℃，MgO 熔点约为 2 500℃)，再加上铝及其合金导热性强，焊接时容易造成不熔合现象。同时由于氧化膜的密度同铝的密度极为接近，容易在焊缝中形成夹杂物。同时，氧化膜尤其是 MgO 存在的不很致密的氧化膜可以吸收较多的水分带入熔池导致焊缝中形成气孔。此外，铝及其合金线膨胀系数大、导热性强等特点，容易使焊接时产生翘曲变形。总体来说，铝及其合金在熔化焊时产生的缺陷主要有气孔、焊接热裂纹、未焊透、未熔合、夹杂等，在长期带负荷运行下，缺陷的发展很容易造成 GIS 壳体漏气、放电等事故的发生，对电力系统的安全运行有着十分重大影响。因此，国家电网公司最近几年开展并加强了电网设备金属专项技术监督工作，明确指出要对新建变电工程每个厂家每种型号的 GIS 壳体进行超声波检测。本次案例就是在国网某供电公司某变电站 110 kV GIS 进线间隔断路器壳体环焊缝超声波检测时，发现整圈环焊缝都存在未焊透缺陷情况下，用射线照相检测技术对其进行现场验证、检测情况。

2016 年 11 月 2 日，对国网某供电公司某变电站 110 kV GIS 进线 2#间隔的六氟化硫断路器筒体环焊缝内部质量进行 X 射线照相检测。GIS 壳体材质为 5083 铝合金，规格为 Φ508 m×8 mm，结构如图 3-55 所示。依据《铝制焊接容器》(JB/T 4734—2002)、NB/T 47013.2—2015，采用 X 射线照相检测技术对 GIS 断路器壳体焊缝内部质量进行检测、评定。

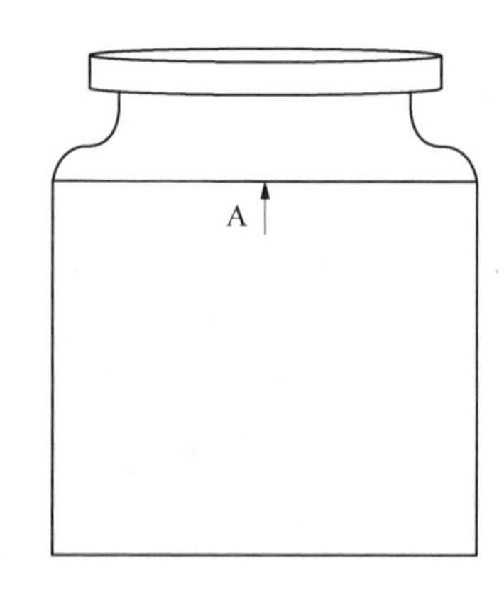

图 3-55 GIS 断路器结构图

仪器设备：俄罗斯史克龙斯 MRCH250 型 X 射线机，胶片采用 AGFA 型号的 C7 类胶片。

（1）检测前准备。

检测工作开始前，应先进行以下检查工作：

① 作业人员对主要工器具、材料进行检查合格后方可开始工作。

② 设立射线现场透照的控制区和管理区，并利用现场安全警戒标记绳标定，清理现场无关人员。

（2）检测设备及胶片选择。

俄罗斯史克龙斯 MRCH250 型 X 射线机，胶片采用 AGFA 型号的 C7 类胶片。

（3）曝光参数的设置。

根据 X 射线机曝光曲线选择合适的管电压、焦距及曝光时间。

俄罗斯史克龙斯 MRCH250 型 X 射线机对铝合金材料的曝光曲线如图 3-47 所示，该曝光曲线的制作条件：黑度 $D=3.0$，管电流 5mA，透照焦距 700 mm，AGFA 型号的 C7 类胶片，显影时间 5 min，显影温度 20℃。

GIS 断路器壳体环焊缝透照厚度约为 18 mm，从曝光曲线可以看出，可以选择管电压为 70 kV、曝光时间为 2.2 min 以及透照焦距为 700 mm 的曝光参数。但实际检测时管电压最终选择 80 kV，曝光时间 3 min，其余透照参数不变。

（4）透照布置。

GIS 断路器壳体环焊缝检测的透照方式采用双壁单影透照，像质计置于胶片侧。透照时，胶片紧贴焊缝布置，像质计放置在胶片与焊缝中间。X 射线机窗口对准透照部位。

（5）实施曝光。

曝光前，人员撤离到安全地带，并清点人数，设定透照时间 3 min 和透照电压 80 kV 后，开始射线透照，待预备灯亮后接通高压电源开关。

透照完毕后，断开电源。

（6）胶片暗室处理。

暗室应选择遮光性能良好、水源充足的房间布置，显影、定影药液应与制作曝光曲线时使用的保持一致，显影时间 5 min，定影时间 10 min，显影温度保持在 20℃。胶片处理时，应经常搅动，保证处理均匀。

（7）底片评定。

检测获得的胶片质量应满足如下要求：①标记应齐全、清晰、完整，且不应遮挡重点部位；②图像黑度、对比度应适当，被检测部位影像清晰；③图像上应无干扰缺陷识别或测量的其他构件影像、伪像。

按照 NB/T 47013.2—2015 标准要求对 GIS 断路器壳体环焊缝内部缺陷进行

评价。

(8) 检测结果。

经过对底片的评定,该GIS断路器壳体环焊缝整圈存在未焊透,不合格,同时也验证了超声波现场检测结果。GIS断路器壳体环焊缝未焊透射线照相检测结果如图3-56所示。

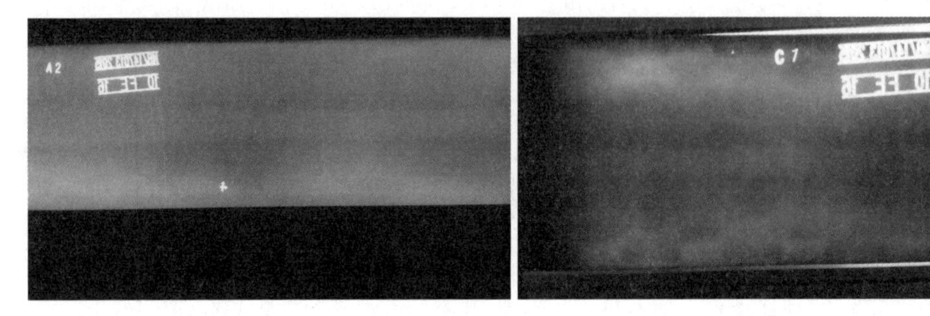

图3-56 GIS断路器壳体环焊缝未焊透缺陷检测图像

第 4 章　射线数字成像检测技术

本书第 1 章从获得的图像角度将射线检测技术分为常规射线检测技术和数字射线检测技术。常规射线检测技术主要是指采用胶片完成的射线照相检测技术;数字射线检测技术是可获得数字化图像的射线检测技术。射线照相检测技术所用设备比较简单,所得图像空间分辨率高,但存在检测周期长、暗室处理比较复杂、暗室处理后的废液不利于环境保护、底片保管困难、底片难以共享等缺点。随着电子技术和计算机技术的发展,数字成像检测技术因为其检测速度快、探测效率高、分辨率好,并且不需要胶片和暗室处理设备等特点,得到了长足的发展。

对比射线照相检测技术,射线数字成像检测技术还有以下优点:①图像显示质量比较高,动态范围远远大于射线照相检测技术,且可以对数字图像进行各种处理比如灰度变换,从而提高图像的灵敏度、对比度、清晰度等;②降低了射线的照射剂量,射线照相检测的量子检测效率只有 30%不到,而射线数字成像检测的量子检测效率可达到 60%以上,因此,只要射线数字成像检测得到的图像的信噪比满足要求,照射剂量就可以用最低量,对比度再通过灰度变换进行调节;③数字成像系统还具有很大的宽容度,对于厚度变化范围大的工件或设备,可以实现一次透照成像,解决了射线照相两次透照的问题;④获得的是数字图像,检测时间快,降低了废片率,便于存储和后期检查,大大提高了检测效率;⑤可实现网络化操作,比如远程操作、远程评片、多人同时评片、底片共享等;⑥可利用计算机程序对所检测图像中存在的缺陷进行精确测量,其精度可达到 0.1 mm,还能对检测结果进行计算机辅助评定。

对比其他无损检测技术如超声检测、磁粉检测、渗透检测、涡流检测等,射线数字成像检测技术的能力范围主要包括:①焊接接头中的裂纹、未焊透、未熔合、气孔、夹渣以及铸件中缩孔、气孔、疏松、夹杂等缺陷检出;②确定缺陷平面投影的位置、大小及缺陷性质;③射线检测穿透厚度主要由射线能量确定;④可实现静止和连续成像;⑤一次透照厚度宽容度大于射线照相检测;⑥图像分辨率由探测器的像素大小和射线机焦点尺寸决定。与此同时,射线数字成像检测技术也存在一定的局限性,主要表现为:①缺陷自身高度难确定;②较难检测出厚锻件、管材、棒材及 T 型焊接接头、角焊缝中的缺陷;③焊缝中的细小裂纹及未熔合难以检出;④数字探测器性能受检测环境的温度和湿度影响。

本章主要介绍计算机射线成像(CR)检测技术、图像增强器实时成像检测技术、线阵列扫描成像(LDA)检测技术、数字平板探测器成像(DR)检测技术等射线数字成像检测技术的基本原理、检测设备与器材、通用检测工艺以及常见的典型案例等。

4.1 计算机射线成像检测技术

4.1.1 计算机射线成像检测基础理论

1) 检测原理

计算机射线成像(CR)检测技术出现于 20 世纪 80 年代,是一种间接射线检测技术,其采用可重复使用的储存荧光成像板(IP 板)代替胶片完成照相,通过 CR 扫描器扫描成像板获取数字图像,并应用图像处理软件对数字图像进行分析评估。

CR 检测原理如图 4-1 所示:曝光时,射线束穿过工件后以不同的强度照射在 IP 板上,IP 板中感光物质受 X 射线激发失去电子,失去的电子被卤化物中的空穴捕获,形成潜影;曝光后,将 IP 板插入 CR 扫描仪内,通过激光光源发射的红色激光束对生成潜影的 IP 板进行扫描,卤化物在激光激发下释放被捕获的电子,电子与失去电子的感光物质相结合,同时辐射出荧光。辐射出的荧光被光电倍增管接收,经 A/D 转换得到数字信号,在完成整个 IP 板的扫描后,潜影将全部转化为数字信号,并最终得到数字图像。

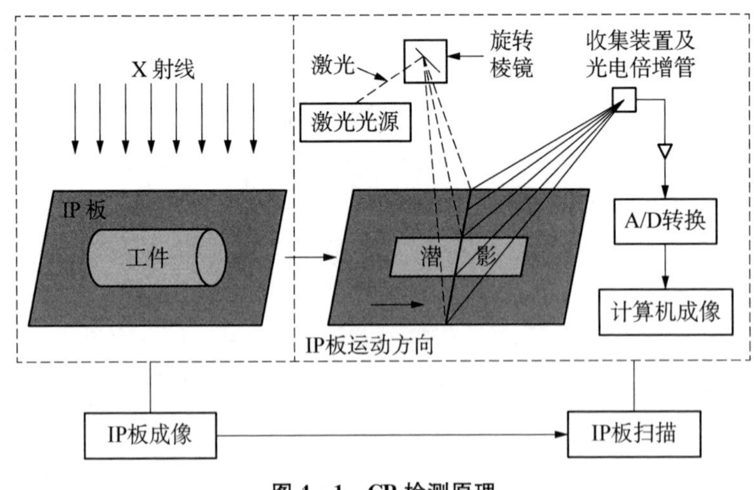

图 4-1 CR 检测原理

2）检测特点

与传统的射线照相检测技术相比，CR 技术的曝光时间很短(仅为 D7 型胶片所用时间的 10%～30%)，成像所需要的射线剂量低(减少 10%～60%，甚至更多)，动态范围非常大(比射线胶片大 1 000 多倍)，而且成像板理论上可以无限期地重复使用。同时，CR 技术消除了耗时相对很长的显影、定影和烘干等工艺处理过程，因而显著提高了检测速度，也因此彻底告别了胶片储存室、暗室、洗片液等，有效保护了环境，也极大减小了检测成本。此外，CR 技术还能实现专家远程诊断，借助软件功能可提高检测缺陷的能力，实现数字化图像存储、最小化丢失图像的风险，以及快速查阅图像资料等功能。

与直接式 DR 技术相比，CR 技术不受射线能量的限制，在任何曝光电压下均能保证较高的性价比，需要时可以很方便地使用铅箔增感屏减少散射和改善对比度，而且不存在类似数字平板探测器很难解决的死像素问题。CR 成像板柔软、可弯曲，很容易获得周向数字图像，便于管状工件的在役检测，其成像板的寿命只取决于物理磨损，大大超过数字平板探测器。此外，与 DR 相比，CR 技术应用的初始投资相对也很小。

计算机射线成像检测技术有自己的优点，也有其局限性，见表 4－1。

表 4－1　计算机射线成像(CR)检测技术优点及局限性

优　点	局限性
① 检测图片宽容度大，曝光条件易选择，对曝光不足或过度可通过影像处理补救	① CR 成像的空间分辨率稍低于胶片的空间分辨率
② CR 技术产生的数字图像可存储、传输、提取，且观察方便	② 透照完成后不能直接获得图像，必须将 CR 屏放入读取器中才能得到图像
③ 成像板与胶片一样，有不同的规格，可分割和弯曲，成像板可重复使用几千次，其寿命取决于机械磨损程度，虽然单价昂贵，但实际比胶片便宜	③ CR 成像板对使用条件有一定的要求，不能在潮湿环境和极端温度条件下使用

4.1.2　计算机射线成像检测系统

计算机射线成像(CR)检测系统由射线源、成像板(IP 板)、激光扫描器(IP 成像板图像读出器)、图像显示与处理单元及检测工装五大部分组成。

1）射线源

计算机射线成像(CR)检测系统采用的射线源与常规胶片射线检测一样，包括各种低能和高能 X 射线源，以及 γ 射线源的 ^{60}Co、^{192}Ir、^{75}Se、^{170}Tm、^{169}Yb 等。射线源的结构、种类及特性等相关知识在前述章节已经介绍，这里就不再赘述。

2) 成像板(IP 成像板)

(1) IP 成像板结构。

IP 成像板是 CR 检测系统的核心部件，是一种储存荧光成像板。它采用特殊荧光物质制作辐射探测器，IP 板基本结构如图 4-2 所示，主要由保护层、荧光层、支持层、背衬层构成。

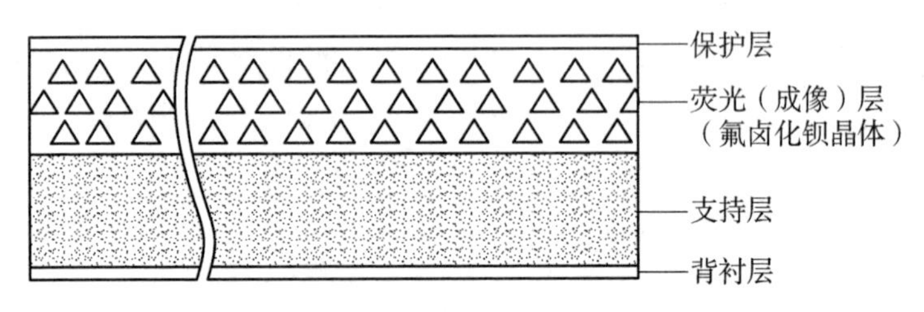

图 4-2　IP 板基本结构

保护层由很薄的聚酯树脂类纤维制成。聚酯树脂类纤维具有耐磨、透光率高、不受外界温度和湿度变化影响的优点，可以保护荧光层在使用过程中不受损伤。

荧光层主要组成物质为光激发光(photo-stimulated luminescence，PSL)物质和多聚体。PSL 物质即光激发光物质，可将第一次被激发的信息存贮记录下来，当其再次受到激发时则释放出与初次激发所接受的信息相适应的荧光，此现象称光激发光(PSL)现象。为保证光激发光(PSL)物质在 IP 成像板中分布均匀，提高荧光层的强度、柔韧性及稳定性，通常采用硝化纤维素、聚酯树脂、丙烯及聚氯酸酯等作为多聚体混入荧光层。荧光层是 IP 成像板的核心，光激发光(PSL)物质的类别、颗粒尺寸与荧光层的厚度决定了 IP 成像板的基本性能。

支持层是 IP 成像板的骨架，它有两个主要作用：一是作为光激发光(PSL)物质的载体；二是支撑 IP 成像板，保护荧光层不受外力损伤。支持层采用聚酯树脂制成，具有较好的强度和韧性。

背保护层与保护层一样，主要防止 IP 成像板在使用中受到损伤。

IP 成像板与胶片一样，是一种柔性板，可在一定角度内弯曲，能贴紧环形工件进行透照，与普通 X 射线胶片相比，IP 成像板可重复使用，每个 IP 成像板在不受外力破坏的情况下可使用 3 000～10 000 次(与使用条件有关)。IP 成像板可根据需要裁剪合适的尺寸，工业用 IP 成像板规格尺寸和胶片保持一致。

(2) IP 成像板成像原理。

IP 成像板的成像基于荧光层内光激发光(PSL)物质的光激发光(PSL)现象。因掺杂二价铕离子(Eu^{2+})的卤化钡结晶体是已知的 PSL 物质中光激发光作用最强的，因此常选择其作为 IP 成像板的光激发光材料。

当射线穿过工件射入 IP 成像板，X 射线光子被荧光层内的 PSL 物质吸收，电子受到激发跃迁到更高的能级上并被卤化物（如氟化钡）的空穴所捕捉呈半稳态，二价铕离子（Eu^{2+}）由于电子的缺失变成了 Eu^{3+}，形成潜在影像（光激发光中心），保留了潜在的图像信息，完成了 X 射线信息的采集和存储。当用激光束逐行扫描（二次激发）已有潜影的 IP 成像板时，半稳态的电子在激光作用下返回它的初始能级，并转换成荧光释放出能量，其产生的荧光强度与第一次激发时 X 射线强度成正比。荧光图像经由读取装置完成光电转换和 A/D 转换，再经计算机图像处理后，形成数字图像，如图 4－3 所示。

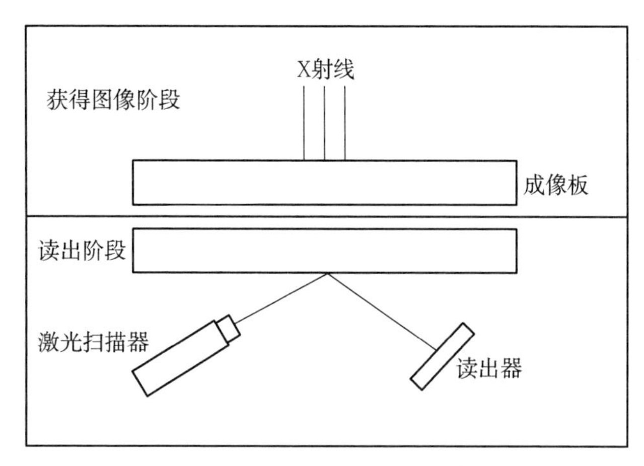

图 4－3　IP 板成像和读取示意图

在 IP 成像板上储存的潜在射线图像经激光束扫描读出后，经过一定强度的光照射，可擦除 IP 成像板上的潜在射线图像，之后该 IP 成像板可再次用于记录射线图像。除 X 射线外，IP 成像板对自然界的其他辐射，如紫外线、电磁波、α 射线、β 射线、γ 射线等也较敏感，因此 IP 成像板和普通 X 射线胶片一样，需要放在暗盒（袋）内使用。IP 成像板会积聚放射性物质照射，从而在读取图像时会出现一些小黑点，干扰正常图像形成。因此，IP 成像板长期存放后，应采用激发光照射后再使用。

（3）IP 成像板的特性参数。

IP 成像板的主要特性参数包括动态范围、谱特性、时间响应特性、衰退特性等。

① 动态范围。动态范围定义为探测器可探测的最大信号和最小信号之比。由于数字射线检测的探测器一般都工作在线性响应范围，所以实际上，动态范围常指探测器处于线性响应下可探测的最大信号与最小信号的比值（有时也简单地指线性响应范围）。

IP 成像板具有很宽的动态范围，一般可以达到 10 000：1 以上，其输出的荧光信号在相当大的射线照射剂量变化范围内，都显示为线性响应的特点。这使得 CR 技术的数字射线检测图像具有较大的厚度宽裕度。如图 4-4 所示为 IP 成像板相对曝光量与荧光发射量之间的关系。

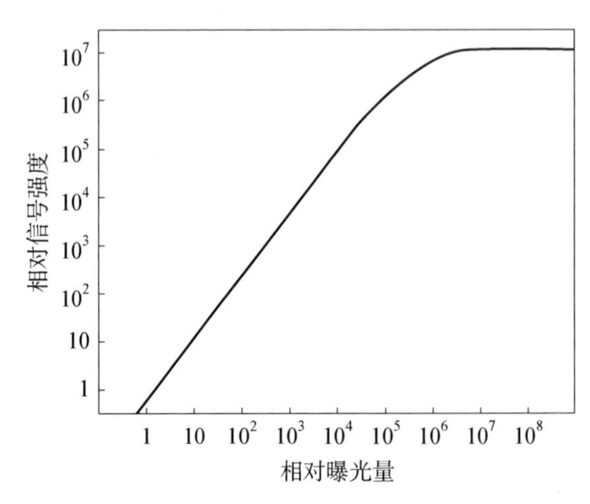

图 4-4　IP 成像板相对曝光量与荧光发射量之间的关系

② 谱特性。IP 成像板的谱特性可以分为吸收谱特性、发射谱特性和激发谱特性。

吸收谱特性给出的是采用不同能量射线照射时，IP 成像板吸收射线的情况。发射谱特性给出的是在射线照射时，IP 成像板吸收射线发射荧光的谱分布。激发谱特性给出的是 IP 成像板采用不同波长激光激发时，IP 板发射荧光的相对值。X 射线在初次照射 IP 成像板时，在 37 keV 处有一个锯齿状的不连续的吸收光谱；IP 成像板受到二次激发光照射时，发光中心的 Eu^{2+} 可发出波长峰值为 390～400 nm 的紫色光，称为发射谱。扫描读出图像时，光电倍增管的响应谱特性应与发射谱特性相匹配。成像板二次读出光线以 600 nm 左右的红色光最佳，它可以有效地产生光激发光（PSL），称为激发光谱。激光扫描器的激光波长应依据激发光谱确定。图 4-5 所示为 IP 成像板激发谱和发射谱谱线强度图。

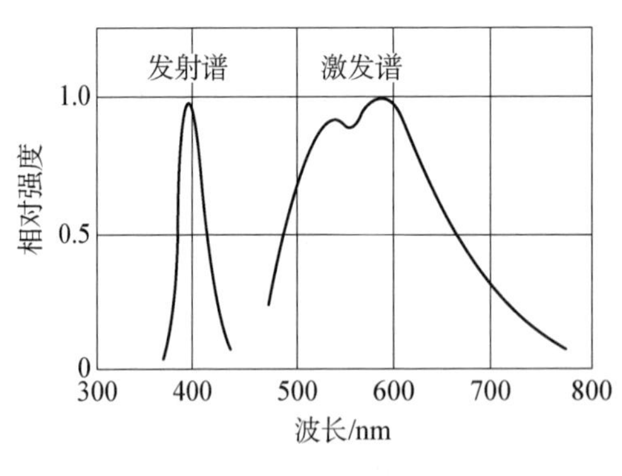

图 4-5　IP 成像板激发谱和发射谱谱线强度图

③ 时间响应特性。IP 成像板的时间响应特性描述的是 IP 成像板受到 X 射线或激光激发时，产生的发射荧光强度随时间衰减的关系，激发后经约 0.8 μs 的时间，发射强度即降到初始强度的 1/e(37%)。可见，激光激发停止后该扫描点的荧光存在逐

渐消失的过程。在设置扫描读出参数时,需要考虑由此可能产生的相邻扫描点间信息的干扰。

④ 衰退特性。IP 成像板的衰退特性描述的是 IP 成像板受到 X 射线照射后,以准稳态储存的 X 射线能量(形成的潜在射线检测图像)随储存时间增加而减弱的情况。IP 成像板的光激发光物质存储的信息会随时间逐渐消退,使第二次激发时光激发光效应减弱,其主要原因是一部分被卤化物的空穴所捕捉的电子在读取信号前逃逸。IP 成像板的光激发光效应消退与时间和温度有关,一般情况下,IP 成像板中存储的信息过 8 小时后,其荧光体的光激发光量减少约 25%。

3) 激光扫描器(IP 成像板图像读出器)

在 IP 成像板上储存的潜在射线图像,需要采用激光扫描仪(IP 成像板图像读出器)扫描读出。

图像读出的基本过程:扫描时扫描仪驱动部分驱动 IP 成像板移动,扫描仪中采用波长为 630 nm 的激光束扫描照射 IP 成像板,在激光激发下 IP 成像板发射波长为 390 nm 左右的荧光;产生的荧光经过光导收集送入光电倍增管,转换成模拟电信号,再经 A/D 转换形成数字图像文件,图 4-6 所示为 IP 成像板扫描读出图像的基本过程。完成图像读出后,经过光照射,可擦除 IP 板上的潜在射线图像,使得 IP 板可再次利用。

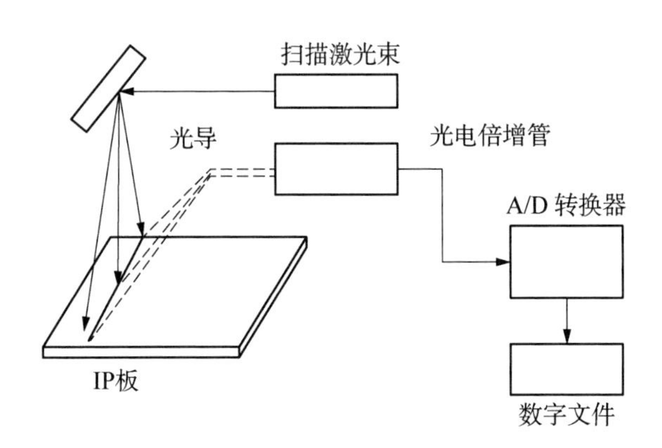

图 4-6　IP 成像板扫描读出图像过程

4) 图像显示与处理单元

图像显示与处理单元主要包括图像处理工作站、显示器、图像存储等。

图像处理工作站,一般是置于计算机中的图像处理软件,软件内预设图像处理的各种模式,可实现图像的最优化处理和显示,并可进行图像数据的存储和传输,在图像处理工作站上还可以进行图像的查询、显示与处理(放大、窗宽窗位调节、图像旋转、边缘增强、添加注释、距离测量和统计等),最后将处理后的图像输出。

显示器用于显示经图像处理工作站处理后的图像。

图像存储系统用于存储经图像处理工作站处理后的图像数据，一般有磁盘阵列、磁带库等。

5）检测工装

根据被检工件的结构及特点需要设计相匹配的检测工装，来满足计算机射线成像(CR)检测的需求。检测工装需具备一定的承载能力，具有平移、转动、速度连续可调等功能，保证运转精度和稳定性，并与探测器的数据采集同步。

锐珂工业研制的 HPX－PRO 型便携式 CR 系统，如图 4－7 所示，集成了激光扫描器(IP 成像板图像读出器)、图像显示与处理单元等多种功能，其扫描和擦除一次完成的工作模式有利于迅速得到高质量的影像，工作效率高且便于携带，具备快速影像分析和自定义报告功能，非常适合变电站及其他极端条件下(如电厂管道)的现场 CR 检测工作。

图 4－7 锐珂 HPX－PRO 型便携式 CR 系统示意图

4.1.3 计算机射线成像检测通用工艺

计算机射线成像(CR)检测与常规射线胶片照相法的基本原理一样，透照布置、透照参数等选择和操作基本相同，只是用 IP 成像板代替射线胶片进行曝光，用激光扫描读出器和计算机处理代替胶片暗室处理。

1）检测流程

计算机射线成像检测过程主要分为透照、激发、读取、转化、处理和擦除六个步骤。

(1) 透照。

将射线源与 IP 成像板分别放置在被检工件两侧并保证 IP 成像板能完全接收穿透被检工件的射线，启动射线源装置，X 射线穿透被检工件与暗盒(袋)中 IP 成像板上的荧光物质发生电离作用，将对应部位的电子激发到高能带上，形成潜影。

（2）激发。

将形成潜影的 IP 成像板用激光束进行扫描，IP 成像板在激光的激发下，高能带上的电子将返回到它们的初始能级，并以可见光形式释放出存储能量。

（3）读取。

激光束进行扫描后发出的荧光入射到 CR 扫描仪内部抛物面的反射镜或反射层上发生全反射，被集光器收集后送入光电倍增管，并将其转换成电信号。

（4）转化。

将产生的电信号经 A/D 转换成数字信号，完成图像信息的读取和数字化。

（5）处理。

数字信号送入计算机的图像处理工作站，经过放大、窗宽窗位调节、图像旋转、边缘增强、添加注释、距离测量和统计等操作后，在显示器屏幕上形成检测图像。

（6）擦除。

有潜影的 IP 成像板，在图像扫描读出器读出影像后，IP 成像板内部仍有影像残留，这些残留影像会直接影响检测结果，因此必须对有潜影的 IP 成像板进行擦除。一般情况下，可施加强光照射来消除残留影像信息。

2）检测系统选择

计算机射线成像检测属于间接数字化射线检测技术，选择检测系统时，需考虑射线源、检测工装、探测器、图像扫描读出器、图像处理工作站等设备的整体性能。

计算机射线成像检测系统整体性能包括使用性能、主要技术性能和其他方面。关于使用性能，应根据被检工件与检测工作特点选择，主要是射线能量范围、IP 成像板尺寸与结构、IP 成像板重量和寿命等。主要技术性能包括基本空间分辨率（像素尺寸）、信噪比、A/D 转换位数（量化位数）、帧速等，它们共同决定了所构成的检测系统能够实现的缺陷检出能力。其他方面主要包括探测器坏像素、环境及温度等情况。

计算机射线成像检测系统主要性能指标包括两方面：一是系统空间分辨率，二是系统归一化信噪比。

（1）系统空间分辨率。

对于 CR 技术，检测图形的空间分辨率主要受到两方面因素的影响。一是 IP 成像系统本身的固有不清晰度；二是 IP 成像板读出时采用的激光扫描点尺寸。

① 固有不清晰度的影响。空间分辨率表示的是检测系统分辨几何细节的能力。对于某个探测器，在不同检测条件下，可实现的空间分辨率可能不同，因此引入基本空间分辨率的概念来表征探测器的空间分辨率。

基本空间分辨率定义为在特定检测技术条件（特定射线能量、几何不清晰度可忽略等）下，采用双丝像质计测定的检测图像不清晰度 U 的 1/2，认为该值是系统的有效

像素尺寸 P_e。基本空间分辨率用符号 SR_b 表示：

$$SR_b = \frac{1}{2}U \tag{4-1}$$

$$SR_b = P_e \tag{4-2}$$

因测定条件要求几何不清晰度可忽略，可认为检测不清晰度 U 与探测器固有不清晰度 U_D 近似，则

$$SR_b \approx \frac{1}{2}U_D \tag{4-3}$$

即

$$U_D \approx 2SR_b \tag{4-4}$$

基本空间分辨率表示探测器在非放大透照布置下可分辨的最小细节，是在特定检测技术条件下测定的检测图像不清晰度，因此一般不等于实际检验情况时的图像空间分辨率，但可近似认为是检测系统的固有不清晰度，其更大的意义是不同系统基本性能的比较。

IP 成像板的性能，即荧光物质的类型、荧光物质晶体颗粒尺寸、荧光层厚度，构成了 IP 成像板空间分辨率的基础，其限定了系统可到达的最高空间分辨率，也决定了 IP 成像板的固有不清晰度（记为 U_{IP}）。对于某类型的荧光物质，荧光物质的晶体颗粒尺寸（可类比为有效像素尺寸）越大，成像板厚度就越大，IP 成像板的固有不清晰度就越大，空间分辨率就越低。

② 激光扫描点尺寸的影响。如果在扫描读出系统的数字化过程，满足采样定理，CR 系统的检测图像不清晰度 U_{im} 满足关系式：

$$U_{im} = \frac{1}{M}\sqrt{[d(M-1)]^2 + (2SR_b)^2} \tag{4-5}$$

式中，U_{im} 为检测系统应达到的图像不清晰度；M 为放大倍数；d 为射线源的焦点尺寸。

对于计算机射线成像（CR）检测系统，必须基于成像系统考虑其像素尺寸，IP 成像板固有不清晰度应满足检测图像的不清晰度要求，即：

$$U_{IP} \leqslant U_{im} \tag{4-6}$$

式中，U_{IP} 为 IP 成像板固有不清晰度。

为保证不损失 IP 成像板探测、转换过程得到图像的信息，即不损害成像的清晰度，IP 成像板扫描读出时激光点的尺寸必须满足采样定理的要求。设采样间隔为 P_s（即两个激光点中心的间隔，也就是激光扫描点尺寸），P_s 应满足：

$$P_s \leqslant \frac{1}{4}U_{im} \tag{4-7}$$

注意：对于某种性能的 IP 成像板，即使用更好的 IP 成像板读出器，设置更好的读出参数，获得的数字射线检测图像的空间分辨率也不可能超过由 IP 成像板性能决定的空间分辨率。实际检测时必须选用性能适当的 IP 成像板读出器，设置适当的扫描读出参数，才不会损失由 IP 成像板性能决定的空间分辨率。因此必须从 IP 成像板系统考虑空间分辨率的含义。

在实际射线检测中，选择系统空间分辨率还得考虑其他因素，在满足检测图像空间分辨率要求下，应选择像素尺寸大的检测系统，以便获得更高的信噪比和灵敏度。

（2）系统归一化信噪比。

信噪比表征的是探测器检测过程对输入信号的响应特性。检测信号是探测器对输入信号的响应，噪声是探测器对输入信号响应的波动变化，透射射线信号形成检测图像过程中，在探测器（系统）中将经过不同的能量转换阶段，图像噪声的产生与射线图像形成过程及传输通道有关，即与射线源、散射线、光电转换单元、图像传输单元和图像显示单元有关。记检测信号平均值为 S，检测信号的统计标准差为 σ，则信噪比 SNR 为

$$SNR = \frac{S}{\sigma} \tag{4-8}$$

探测器获得的检测图像信噪比取决于探测器的结构特性，也与采用的射线检测技术相关。对于同样结构特性的探测器，在采用相同射线检测技术时，获得的检测图像信噪比还与探测器单元尺寸（像素尺寸）相关。因此，为比较不同探测器的信噪比，必须在同样的探测单元尺寸（像素尺寸）下进行。为此引入归一化信噪比概念。

归一化信噪比记为 SNR_N，是将探测器给出的信噪比值转换为基本空间分辨率为 88.6 μm 下的信噪比。即

$$SNR_N = \frac{88.6}{SR_b}SNR \tag{4-9}$$

IP 成像板检测系统的归一化信噪比与曝光量（照射剂量）密切相关，但不同 IP 成像板归一化信噪比对曝光量的响应并不相同，图 4-8 所示为 A、B 两个不同 IP 成像板的归一化信噪比与曝光量平方根的一般关系。IP 成像板检测系统的归一化信噪比和曝光量平方根间的关系与分立辐射探测器（DDA）基本相同。但与分立辐射探测器（DDA）相比，IP 成像板检测系统线性范围较小，饱和值较低，这是因为 IP 成像板检测系统的结构噪声对信噪比的限制。IP 成像板的性能不同，其结构噪声不同，可获得的信噪比也不同。

IP成像板检测系统的归一化信噪比与图像灰度间存在对应关系，即图像达到一定灰度时将达到对应的归一化信噪比，这种对应关系与射线种类无关，能量为50 kV到数兆伏的X射线、γ射线也不例外。

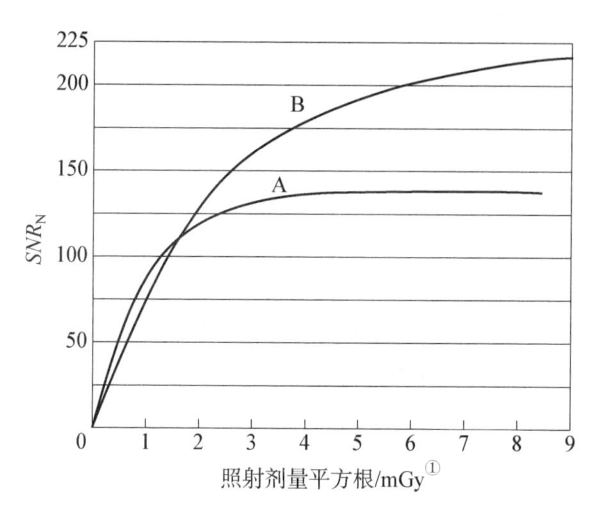

图4-8　归一化信噪比与曝光量平方根关系图

关于IP成像板系统的归一化信噪比，需要指出信噪比与剂量的关系还受到扫描读出过程的影响。扫描读出器的性能（如激光点的尺寸、激光束的强度、激光束的稳定性）、设置的扫描参数（如扫描点尺寸、扫描速度）不同，也会影响信噪比。图4-9所示为扫描激光束强度和扫描点停留时间与扫描读出深度（读出程度）的关系。

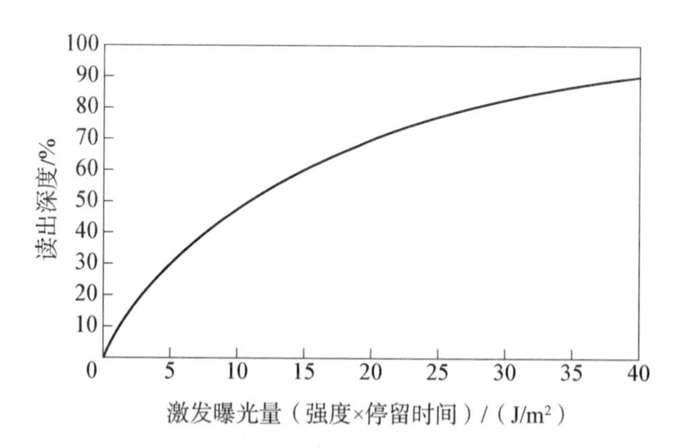

图4-9　扫描激光束强度和扫描点停留时间与扫描读出深度的关系

① Gy，吸收剂量单位，$1\ \mathrm{Gy}=1\ \mathrm{J/kg}=1\ \mathrm{m^2\cdot s^{-2}}$

实际射线检测中，可以根据计算机射线成像检测系统的归一化信噪比-剂量平方根关系曲线来选择照射剂量。在规范检测技术条件下，计算机射线成像检测系统应具有较高的饱和归一化信噪比值，即在达到饱和值之前应达到较高的归一化信噪比，则在适当曝光量下就可达到检测图像要求的归一化信噪比。在相关标准中，规定成像检测系统的归一化信噪比-照射剂量平方根关系曲线在达到饱和值之前的归一化信噪比应不小于 120。

另外，还应考虑检测图像的对比度灵敏度，根据 ASTM E2736 标准(*Standard guide for digital detector array radiography*，数字探测器阵列射线照相标准指南)推荐：为达到 1%厚度灵敏度，检测图像的信噪比应不小于 250；为达到 2%厚度灵敏度，检测图像的信噪比应不小于 130。

根据被检工件材质、透照厚度和管电压选择 IP 成像板和金属屏。表 4 - 2 和表 4 - 3 分别是常用金属材料计算机射线成像检测时前金属屏材料和厚度的选择要求，金属屏的性能应符合相关标准的要求。

表 4 - 2　前金属屏的材料和厚度要求(钢、铜、镍及其合金)

射线能量	前金属屏类型、厚度
管电压≤50 kV	无
50 kV≤管电压≤250 kV	≤0.1 mmPb
250 kV≤管电压≤450 kV	≤0.3 mmPb

注：铅屏可完全或部分由 Fe 或 Cu 屏代替，厚度为铅屏的 3 倍。

表 4 - 3　前金属屏的材料和厚度要求(铝、钛及其合金)

射线能量	前金属屏类型、厚度
管电压≤150 kV	≤0.03 mmPb
150 kV≤管电压≤450 kV	≤0.2 mmPb

注：可在被检工件与 IP 暗盒之间使用 0.1 mm 铅质滤光板，暗盒内使用 0.1 mm 铅金属屏，替代 0.2 mm 铅金属屏。

当使用金属屏时，IP 成像板涂层面和前屏之间应当接触良好；IP 成像板背面可使用铅屏屏蔽散射线，当被检工件较薄时，使用钢或铜屏能取得更好的效果。

若要检查背散射情况，应将铅字母 B(高度至少为 10 mm，厚度最小为 1.5 mm)放置在每一个暗盒背面。如果在最终形成的数字图像上有较淡 B 字符号图像记录，则说明背散射较严重；如果 B 字符号图像记录影像不可见，则说明背散射防护良好。

3) 透照技术

计算机射线成像检测透照技术主要包括透照布置(透照方式、透照方向、一次透照长度)、透照参数(射线能量、焦距、曝光量、曝光时间)、散射线防护等。CR 成像检测透照技术与传统射线照相相比,曝光时间很短(仅为 D7 型胶片的 10%~30%,成像所需要的剂量低(减少 10%~60%),动态范围大(比胶片大 1 000 多倍)。透照技术是获得所要求质量的检测图像的基础技术环节,主要目的是获得更高的物体对比度信号和更高的空间分辨率,从而使检测图像获得更高对比度和更小不清晰度。

透照布置控制的基本原则:透照方式应选择有利于缺陷检出的方式布置,透照方向应选取中心射线束垂直指向一次透照区的中心,当希望检测的主要缺陷具有特定延伸方向时,应选取该方向作为透照方向。一次透照长度控制应根据标准要求的技术级别规定的透照厚度比来确定。透照布置中要注意一次透照区内的检测图像信噪比需满足有关标准规定。

对于透照参数选择,主要考虑在具有足够穿透能力下选用较低的射线能量以获取较高的对比度。焦距的选择应满足几何不清晰度和一次透照区的要求,焦距必须大于按技术级别确定的可使用射线源到成像板的最小距离。曝光量的选择主要是保证检测图像的信噪比达到检测图像的要求,一般依据测定 IP 成像板系统的归一化信噪比与曝光量平方根关系曲线确定。

透照技术设计时应采用适当的散射线屏蔽措施。由于 IP 成像板的荧光层对射线照射铅产生的特征辐射敏感,因此当透照电压较高时,不能在 IP 成像板暗袋后直接用铅板防护背景散射,一般是在 IP 板暗袋与防护背散射铅板间插放 0.5 mm 厚的铜或钢薄片。为减少曝光量,可以使用前铅增感屏,但不应使用后铅增感屏。

4) 放大倍数的选择

对于计算机射线成像检测技术,按照检测图像不清晰度的基本关系式,当射线源焦点尺寸小于探测器固有不清晰度时,可以采用放大透照方式,这时存在最佳放大倍数。

透照的放大倍数 M 的关系式为

$$M=\frac{F}{f} \tag{4-10}$$

式中,F 为射线源与 IP 成像板表面之间的距离;f 为射线源与源侧工件表面之间的距离。

最佳放大倍数是指在检测图像获得最高空间分辨率时 CR 成像检测系统采用的放大倍数。

欧洲标准 EN 13068(*Non-destructive testing—radioscopic testing*,无损检测——射线实时成像检测)中图像不清晰度的关系式为

$$U_{\mathrm{im}}=\frac{1}{M}\sqrt{[d(M-1)]^2+(U_{\mathrm{D}})^2} \tag{4-11}$$

此时最佳放大倍数 M_0 可表示为

$$M_0 = 1 + \left(\frac{U_D}{d}\right)^2 \tag{4-12}$$

式中，d 为射线源焦点尺寸。

美国标准 ASTM E2736(*Standard guide for digital detector array radiology*)中图像不清晰度的关系式为

$$U_{im} = \frac{1}{M}\sqrt[3]{[d(M-1)]^3 + U_D^3} \tag{4-13}$$

此时最佳放大倍数 M_0 可表示为

$$M_0 = 1 + \left(\frac{U_D}{d}\right)^{3/2} \tag{4-14}$$

CR 成像检测系统中固有不清晰度 U_D 与基本空间分辨率 SR_b 的关系为

$$U_D = 2SR_b \tag{4-15}$$

故上述最佳放大倍数也可表示为

$$M_0 = 1 + \left(\frac{2SR_b}{d}\right)^2 \tag{4-16}$$

或

$$M_0 = 1 + \left(\frac{2SR_b}{d}\right)^{3/2} \tag{4-17}$$

实际检测中，美国标准 ASTM E2736 与欧洲标准 EN 13068 计算出的最佳放大倍数 M_0 差别不大。

由最佳放大倍数的表达式可知，最佳放大倍数由 IP 成像板系统空间分辨率(固有不清晰度)和射线源尺寸决定。只有采用焦点尺寸较小的射线源，才能选用较大的放大倍数。如果射线源焦点尺寸较大，则只能采用放大倍数近似为 1 的透照布置。空间分辨率提高，将直接改善检测图像对细节图像的显示能力，故在最佳放大倍数时缺陷在检测图像上的显示更清晰。

5) 检测

CR 成像检测与常规射线胶片照相法在布置、操作上基本相同，只是用 IP 成像板代替了射线胶片曝光，用激光扫描读出器和计算机处理代替胶片的暗室处理。

(1) 检测前准备。

与其他射线数字成像检测技术一样，CR 成像检测需进行检测前准备，收集被检工件结构、规格、材质等信息，按相关法规、标准和设计技术文件的要求选择检测时机，确认现场检测条件符合要求，设置射线现场透视控制区和管理区，并利用现场安全警戒标记绳标定、清理现场无关人员。

对有延迟裂纹倾向的材料，至少应在焊接完成 24 h 后进行检测。

(2) 检测技术等级。

按被检工件要求及《承压设备无损检测 第 14 部分：X 射线计算机辅助成像检测》(NB/T47013.14—2016)验收要求，选择检测技术等级，A 级：低灵敏度技术；AB 级：中灵敏度技术；B 级：高灵敏度技术。

电力系统设备计算机射线成像(CR)检测中，一般推荐采用 AB 级检测技术。

(3) 现场布置及训机。

根据现场检测条件及被检工件结构确定现场布置。在一般情况下，应优先选用单壁透照方式。当单壁透照不能有效实施时，才允许采用双壁透照方式。典型透照方式与胶片射线检测布置相同。在完成透照布置后，应按照射线机的操作说明进行训机。

(4) 透照参数的选择。

① 射线能量。为提高检测对比度，应尽量选用较低的管电压。X 射线穿透不同材料和不同厚度时，其允许使用的最高管电压应符合 3.3 节图 3-38 中的规定。对于不等厚度工件，在保证图像质量符合本部分内容的要求下，管电压可适当高于图 3-38 所规定的限定值。

② 透照最小距离。选用的射线源至工件表面的距离 f 应满足以下要求：

A 级检测技术，$f \geqslant 7.5d \times b^{2/3}$；AB级检测技术，$f \geqslant 10d \times b^{2/3}$；B级检测技术，$f \geqslant 15d \times b^{2/3}$。其中，$d$ 为有效焦点尺寸；b 为工件表面至 IP 成像板距离，单位均为 mm。

透照过程中，散射线的屏蔽、像质计的使用及放置、标记的使用及放置，与胶片射线照相检测中的规定相同。

6) 图像处理

① IP 成像板数据读出。将经 X 射线曝光后保留有潜影的 IP 成像板放入图像扫描读出器进行扫描，并进行模数转换成数字信号存入计算机内。

② 图像显示和图像处理。将扫描生成的图像进行放大、窗宽窗位调节、图像旋转、边缘增强、添加注释、距离测量和统计等操作，最终在显示器屏幕上形成检测图像。

③ 图像保存。将 CR 检测系统输出的原始图像与处理后的图像一起保存。

7) 质量评定

按相关技术标准对检测结果进行评定。

8) 记录和报告

详细记录检测过程的有关信息和数据，形成检测记录，并根据检测记录及检测结果出具检测报告。CR 检测记录及检测报告格式见表 4-4 及表 4-5。

表 4-4　CR 检测记录

记录编号：

项目名称			
检测人员		检测日期	
仪器型号		仪器编号	
焊缝编号		焊缝位置	
透照电压		透照时间	
管电流		焦距(mm)	
图像文件名		图像格式	
执行标准			
检测图像(粘贴检测获得的图像)：			
记录/日期		审核/日期	

表 4-5　CR 检测报告

项目名称			
报告编号		记录编号	
检测人员		检测日期	
仪器型号		仪器编号	
焊缝编号		焊缝位置	
透照电压		透照时间	
管电流		焦距(mm)	
图像文件名		图像格式	
执行标准			
检测图像(粘贴检测获得的图像)：			
检测结论			
编写/日期		审批/日期	

4.1.4 计算机射线成像检测技术在电网设备检测中的应用

1）调相机润滑油系统及冷却水系统管道对接焊缝计算机射线成像检测

某公司±800 kV 特高压某换流站调相机工程的润滑油系统、冷却水系统管道焊缝，其坡口为 V 型，采用氩弧焊打底，手工电弧焊焊接，材质 304 不锈钢，管道规格分别为 Φ140 mm × 6 mm、Φ110 mm × 5 mm、Φ57 mm × 3 mm、Φ23 mm × 4 mm。为了保证调相机设备的安全可靠运行，对润滑油系统管道、冷却水系统管道焊缝进行抽检。调相机润滑油管道如图 4 - 10 所示，冷却水系统管道如图 4 - 11 所示。

图 4 - 10　调相机润滑油系统管道

图 4 - 11　调相机冷却水系统管道

根据国网公司《2020 年电网设备电气性能、金属及土建专项技术监督工作方案》要求，电科院金属材料专业团队于 2020 年 11 月 25 日对该换流站的调相机润滑油系统管道和冷却水系统管道的对接焊缝进行计算机射线成像检测，检测标准依据《承压设备无损检测 第 14 部分：X 射线计算机辅助成像检测》（NB/T 47013.14—2016），检测技术等级为 AB 级。

（1）检测设备。

射线源：MPT - 250 型射线机。

IP 成像板：CR50P 型 IP 成像板，其灰阶范围为 16 bit。

扫描仪：CR50P 型扫描仪，激光焦点为 30 μm，空间分辨率 40 lp/ mm。

（2）检测参数。

根据曝光曲线及现场实际情况，制定检测参数，如表 4 - 6 所示。

（3）像质计及双丝像质计的选择。

规格为 Φ140 mm×6 mm、Φ110 mm×5 mm 的管道焊缝采用双壁单影透照。规格为 Φ57 mm×3 mm、Φ23 mm×4 mm 采用双壁双影倾斜透照。像质计置于源侧，像质计可识别丝号应符合表 4 - 7 中内容要求；双丝像质计置于 IP 成像板侧，可识别线对应符合表 4 - 8 中内容要求。

表 4-6　不同厚度不锈钢管道的工艺参数

管道规格	电压/kV	曝光量/(mA·min)	焦距/mm
ϕ140×6 mm	200	5×2	600
ϕ110×5 mm	195	5×2	600
ϕ23×4 mm	190	5×1.5	600
ϕ57×3 mm	180	5×1.5	600

注:检测设备,X 射线数字成像(CR)检测系统(MPT-250 射线机、CR50P 扫描仪)

表 4-7　管道焊缝像质计应识别丝号

应识别丝号	透照厚度范围/mm
W16	>2.0~3.5
W15	>3.5~5.0
W14	>5.0~7.0

注:表格内容参考自《承压设备无损检测 第 14 部分:X 射线计算机辅助成像检测》中 5.16.1 条表 5。

表 4-8　管道焊缝双丝像质计应识别线对号

应识别线对	透照厚度范围/mm
D11	>1.5~2.0
D10	>2.0~5.0
D9	>5.0~10

注:表格内容参考自《承压设备无损检测 第 14 部分:X 射线计算机辅助成像检测》中 5.16.1 条表 8。

(4) 透照布置。

采用双壁双影透照方式,其透照布置如图 4-12 所示。

检测中,X 射线机与 IP 成像板置于被检焊缝两侧,像质计置于源侧,双丝像质计置于 IP 板侧。现场透照布置如图 4-13 所示。

(5) 检测。

按透照方式摆放好 X 射线机和 IP 成像板;设置管电压、透照时间等透照参数;打开射线机高压开关,IP 成像板开始成像;用扫描仪扫描 IP 成像板,生成检测图像;图片处理,确认图像符合标准要求后保存图片;进入下一幅成像程序。

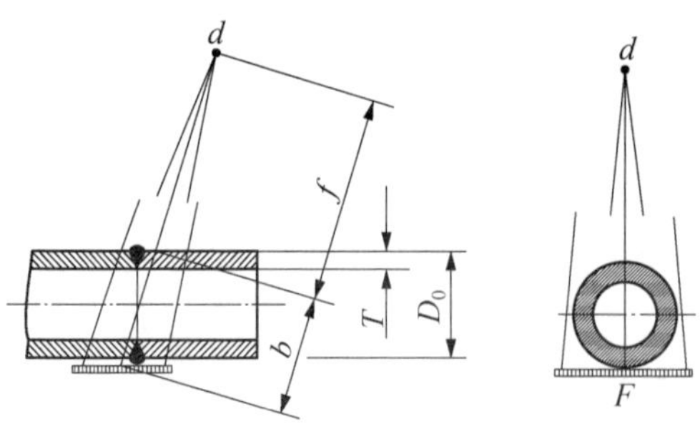

b— 工件至胶片距离；d— 射线源的有效焦点尺寸；f— 射线源至工件表面的距离；F— 沿射线中心来测定的射线源与工件受检部位射线源测表面的距离；D_0— 工件外径；T— 工件厚度。

图 4－12　双壁双影透照布置

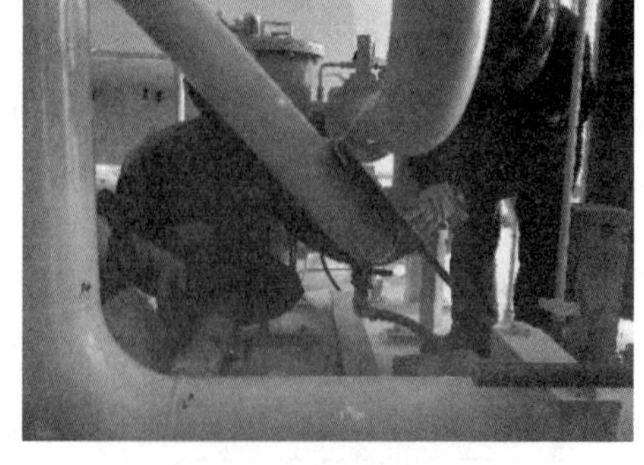

图 4－13　现场透照布置图

（6）图像处理及图片处理。

用图像处理软件打开检测图片，通过缩放、灰度变换、对比度变换等图像处理功能对图像进行优化。

（7）检测结果。

通过对调相机管道焊缝的 CR 射线检测，发现润滑油系统焊缝和冷却水系统焊缝存在整圈未焊透及未熔合等缺陷，其检测缺陷如图 4－14 所示。

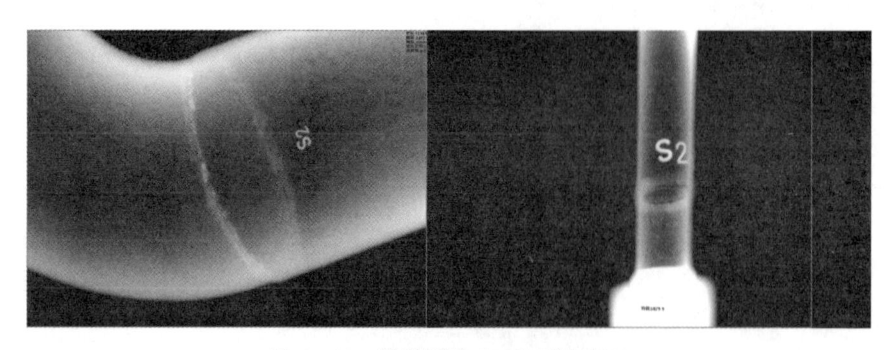

图 4－14　管道焊缝 CR 检测缺陷图

根据按照 NB/T 47013.14—2016 标准中“第 6 条：检测结果评定和质量分级”中相关规定，该调相机润滑油系统及冷却水系统不锈钢管道对接焊缝质量不合格。

2）瓷柱式断路器计算机射线成像检测

某电力公司 330 kV 变电站的瓷柱式断路器，其绝缘拉杆与连板连接销卡簧发生脱落，在检修中，为诊断该变电站同类型另外两台断路器的 6 个绝缘拉杆卡簧是否发生脱落，在停电不解体的情况下，利用 CR 检测技术进行了现场检测。检测标准执行

NB/T 47013.14—2016。图 4-15 所示为故障断路器内部结构，图 4-16 所示为断路器结构示意图。

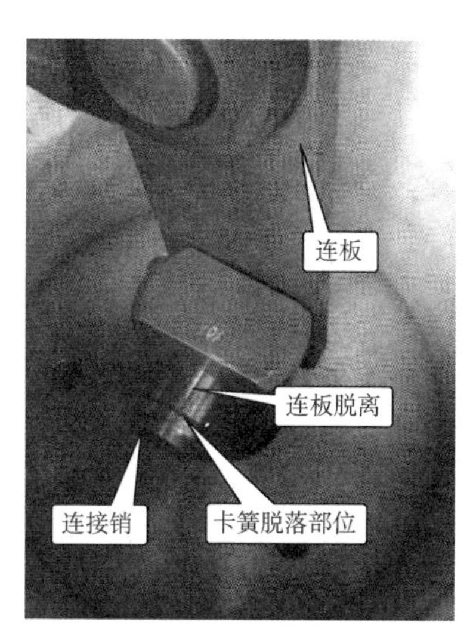

图 4-15　故障断路器内部结构照片

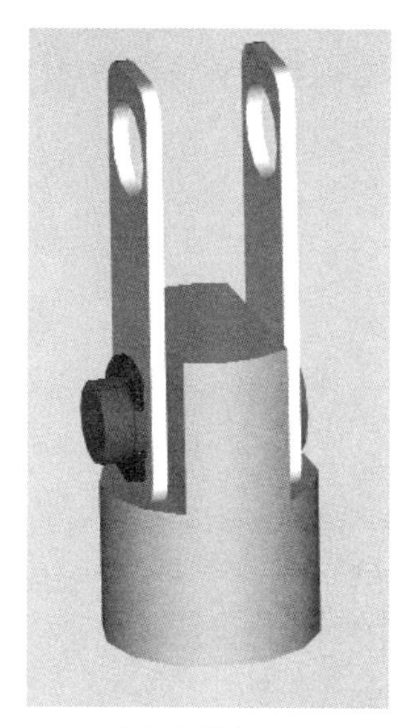

图 4-16　正常断路器内部连接示意图

（1）检测设备。

射线源：MPT-250 型射线机。

IP 成像板：CR50P 型 IP 成像板，其灰阶范围为 16 bit。

扫描仪：CR50P 型扫描仪，激光焦点为 30 μm，空间分辨率 40 lp/mm。

（2）检测参数。

管电压 210 kV，透照时间 2 min，透照焦距 800 mm。

（3）像质计及双丝像质计的选择。

瓷柱式断路器绝缘拉杆卡簧 CR 检测的主要目的是检测卡簧脱落等结构性缺陷，所以，无需像质计。

（4）透照布置。

X 射线机和 IP 成像板分别放在被检部位两侧，射线机窗口对准 IP 成像板，IP 成像板应紧贴被检部位，并垂直于卡簧放置，以确保透照方向与卡簧平行。此角度透照可在影像上有效区分卡簧的结构，如果采用其他角度透照拍摄，卡簧影像会和连板等其他物体的影像相重合，导致无法在图像上有效判断卡簧的状态。如图 4-17 所示为现场透照布置图。

图 4-17　瓷柱式断路器检测中 X 射线机及 IP 成像板摆放位置

(5) 检测。

按透照方式摆放好 X 射线机和 IP 成像板；设置管电压、透照时间等透照参数；打开 X 射线机，启动高压，产生 X 射线，IP 成像板开始成像；用扫描仪扫描 IP 成像板，生成检测图像；图片处理，确认图像符合标准要求后保存图片；进入下一幅成像程序。

(6) 图像处理及图片处理。

用图像处理软件打开检测图片，通过缩放、灰度变换、对比度变换等图像处理功能对图像进行优化。

(7) 检测结果。

经过对同类型的其他瓷柱式断路器进行计算机射线成像检测，得到了清晰的连板与连接销处影像，如图 4-18 所示，两侧连板、连接销、卡簧均清晰可见。经过对图像的局部放大观察，如图 4-19 所示，卡簧均安装正常，未发现脱落现象，避免了盲目解体检查，节约了大量的人力、物力和财力，检测效果十分明显。

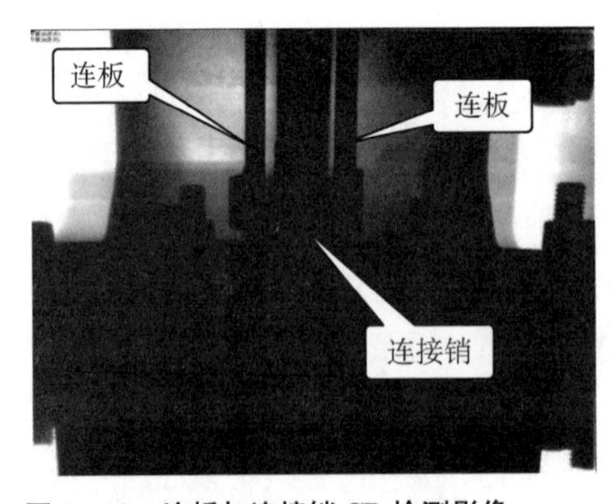

图 4-18　连板与连接销 CR 检测影像

图 4-19　CR 检测影像局部放大图

3）GIS设备吸附剂罩材质不停电计算机射线成像检测

某公司生产的电压等级为110 kV、330 kV的GIS设备内部吸附剂罩大量采用塑料制品，替代以往的金属吸附剂罩，产品运行一年多后多个省份相继出现了塑料吸附剂罩脱落引发的事故。针对此问题，利用CR检测技术，在不停电的情况下，对某公司多座变电站的部分吸附剂罩进行了检测，准确判断出GIS设备内部吸附剂罩的材质，排除了电网设备安全隐患。吸附剂罩如图4-20所示。

塑料吸附剂罩

金属吸附剂罩

图4-20　GIS设备内部吸附剂罩

（1）检测设备。

射线源：MPT-250型射线机。

IP成像板：CR50P型IP成像板，其灰阶范围为16 bit。

扫描仪：CR50P型扫描仪，激光焦点为30 μm，空间分辨率40 lp/mm。

（2）检测参数。

不同电压等级、不同设备吸附剂罩的CR检测工艺参数见表4-9。

表4-9　检测不同部位吸附剂罩的工艺参数

检测部位	电压/kV	曝光/(mA·min)	焦距/mm
110 kV母线	140	3×3.5	900
330 kV母线	170	3×3.5	900
110 kV隔离开关	190	3×3.5	800
330 kV隔离开关	270	3×3.5	800

（3）像质计及双丝像质计的选择。

GIS设备内部吸附剂罩CR检测的主要目的是检测吸附剂罩的材质(判断是塑料

吸附剂罩还是金属吸附剂罩)，所以，无需像质计。

(4) 透照布置。

现场 CR 检测透照布置如图 4-21 所示。

图 4-21 GIS 隔离开关吸附剂罩 X 射线机及成像板摆放位置

(5) 检测结果。

由于塑料和金属对 X 射线吸收衰减不同，因此，通过对吸附剂罩 X 射线影像结构的观察就可区分其材质是金属还是塑料材质。图 4-22、图 4-23 分别为母线和隔离开关的塑料吸附剂罩 CR 检测结果图，图 4-24、图 4-25 所示分别为母线和隔离开关的金属吸附剂罩 CR 检测结果图。

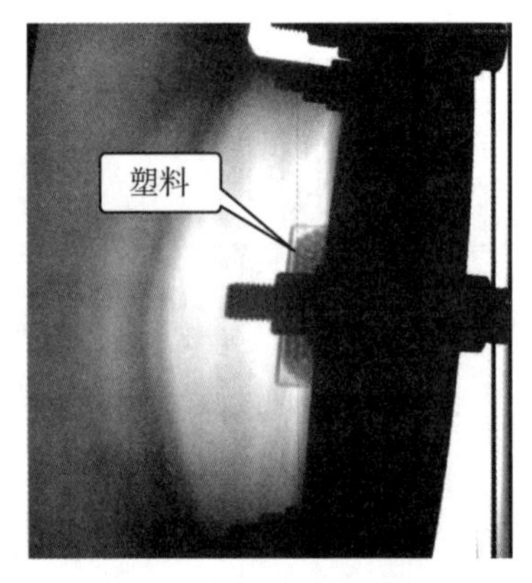

图 4-22 母线塑料吸附剂罩 CR 检测图

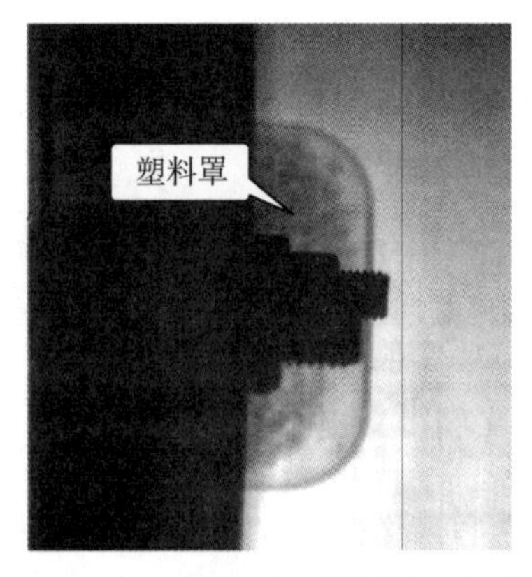

图 4-23 隔离开关塑料吸附剂罩 CR 检测图

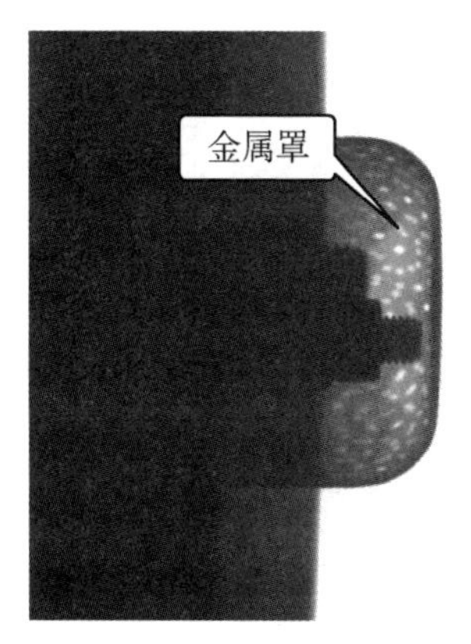

图 4－24　母线金属吸附剂罩 CR 检测图

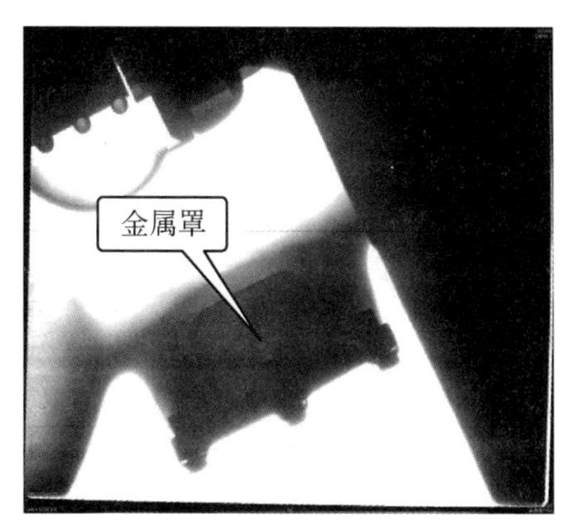

图 4－25　隔离开关金属吸附剂罩 CR 检测图

4.2　图像增强器实时成像检测技术

4.2.1　图像增强器实时成像检测基础理论

1）检测原理

图像增强器实时成像检测技术采用图像增强器中特殊荧光物质制成的荧光屏（接收屏）作为透过被检物体后射线强度的记录介质。这种荧光屏能在 X 射线的致电离辐射作用下发出可见光谱范围内的荧光，发光强度正比于入射的 X 射线强度，根据射线辐射强度的不同，能在荧光屏上形成亮度不同的荧光图像，从而能将穿过被透照物体的带有物体内部形状及缺陷信息（表现为因衰减导致强度变化）的 X 射线转变为肉眼可见的透视轮廓图像，再经由图像增强器内的光电图像变换系统摄取该图像并转换为电子信号形式传输到有 X 射线防护的场所，经计算机处理后，在显示器的屏幕上重新显示射线透照的黑白图像，供检测人员进行即时观察和判读评定。

X 射线实时成像检测与传统的射线照相检测在图像特征上的区别：传统的射线照相检测在底片上得到的是负像（透过射线强度大的部位在胶片上感光强，得到黑度大的影像），而 X 射线实时成像检测在荧光屏上产生的是正像（透过射线强度大的部位在荧光屏上激发可见光亮度大），比如金属焊缝中的气孔、夹渣、未焊透、未熔合等缺陷的密度小于金属基体的密度，故其中的透射射线被吸收程度小于金属基体对射线的吸收，在传统的射线照相底片上呈现黑度大于金属基体的影像，而在 X 射线实时成像检测时得到的却是灰度小于金属基体的图像，如图 4－26 所示。

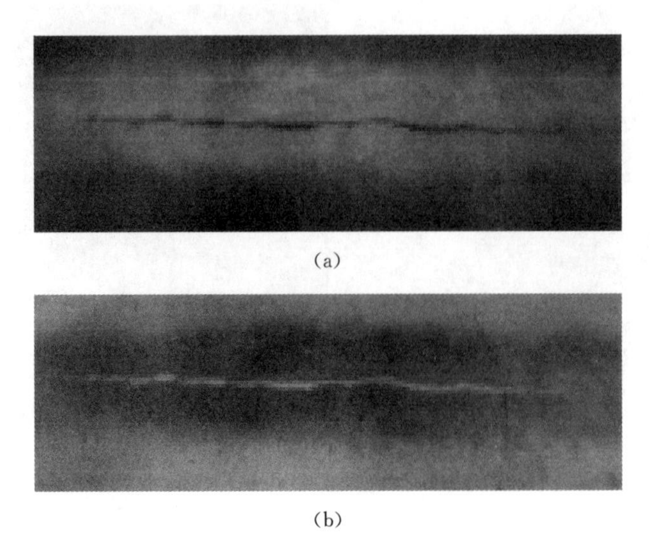

(a)

(b)

图 4－26　正像与负像

(a)焊缝裂纹在射线照相底片上的影像(负像)；(b)焊缝裂纹在实时成像屏幕上的影像(正像)

由于计算机技术的引入，X 射线实时成像检测系统的软件还设置了图像黑白反转功能，可以将 X 射线实时成像检测得到的正像反转为负像以适应传统射线照相检测人员观察图像的习惯。

早期的 X 射线实时成像称为电视射线照相法，亦即所谓 X 射线工业电视，它的光电图像变换系统采用电视摄像管摄取荧光屏的图像，或者采用对 X 射线敏感的电视摄像管直接接收透照后辐射强度变化的 X 射线，然后将射线再转换为视频信号馈送到电视显示器上显示供检验人员直接观察，如图 4－27 所示，这是现代数字 X 射线实时成像检测技术的基础。

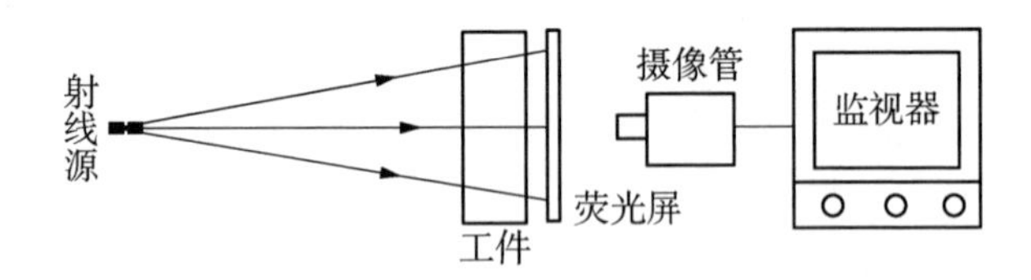

图 4－27　早期 X 射线实时检测系统(X 射线工业电视)的基本结构图

20 世纪 70 年代开始使用图像增强器作为 X 射线实时成像检测系统的射线接收转换装置，其工作原理如下：X 射线实时成像检测技术是将透射被检工件后的 X 射线投射到图像增强器，图像增强器内有利用特殊荧光物质制成的荧光屏，荧光物质在 X 射线的致电离辐射作用下发出可见光谱范围内的荧光，其发光强度正比于入射的 X 射线强度，根据射线辐射强度的不同，能在荧光屏上形成亮度不同的荧光图像。因此，荧光屏在穿透材料后因衰减导致辐射强度变化的 X 射线激发下形成可见的模拟图像，再经过图像增强器内的电荷耦合器件（charge coupled device，CCD）或互补性氧化金属半导体（complementary metal-oxide semiconductor，CMOS）摄像装置将图像转变成模拟电子信号馈送给计算机经数模转换成数字电子信号，再经图像处理系统进行图像处理，最终在显示器上显示被透照工件的射线透视图像（见图 4－28）。

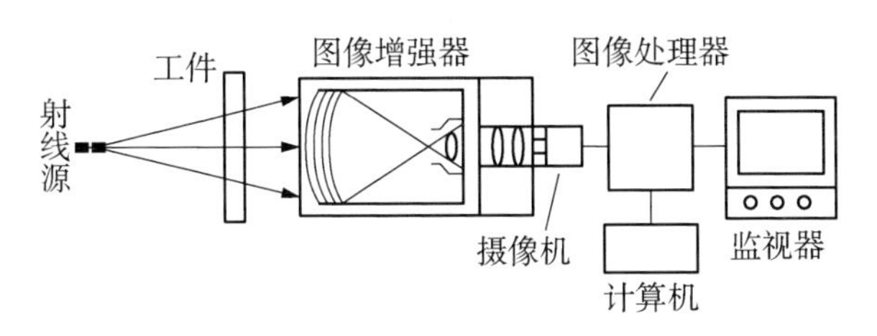

图 4－28　采用图像增强器和数字图像处理技术的 X 射线实时检测系统基本结构原理图

这种从射线→可见光的过程是由对 X 射线敏感的特殊荧光物质或者闪烁晶体以很薄的涂层形式分布在合适衬底上制成的荧光屏（带有透明的保护层）来实现的，为了保障图像分辨率，荧光物质涂层都很薄，涂层重量在 50 mg/cm^2～100 mg/cm^2 之间。一定能量的 X 射线输入产生的光量称为荧光屏的亮度，单位曝光量激发的光子数称为荧光屏的转换率。

常用的荧光物质有硫化锌镉、硫氧化钆、溴氧化镧、溴氧化铑、硫化锌、钨酸钙等。

闪烁晶体本身是光学透明、均匀的单晶体，被 X 射线激励时发出可见光。每捕获一个射线光子就迅速发生一个光脉冲，其亮度正比于射线光子的能量。常用的闪烁晶体有碘化钠、碘化铯、锗酸铋、钨酸镉以及三硫化二锑、碲化锌镉、硒化镉、氧化铅、硫化镉、硅等。闪烁晶体屏的厚度一般要比荧光屏厚得多（如碘化铯屏的厚度通常为 0.5～6.5 mm），其优点是具有较好的分辨率且对比度也得到明显提高。

这种把肉眼不可见的射线转换为可见光的过程中，荧光和闪烁的物理现象的表现是相同的。荧光是指射线激发停止后其发光持续时间远小于微秒级（10^{-8} s）的发光过程，而闪烁则是指单个高能粒子在晶体上激发的瞬时闪光脉冲，尤其在较高管电压情况下，闪烁晶体比荧光物质对射线有更高的吸收能力和转换效率，具有更高的分辨率和对比度。

不同的转换物质有不同的转换过程，从而构成不同性能的 X 射线实时成像检测系统（见表 4－10）。

表 4-10　不同的转换物质在 X 射线实时成像检测系统中的不同性能表现

系统性能	普通荧光屏	X 射线闪烁晶体	X 射线图像增强器	半导体检测器阵列	X 射线光导摄像管
分辨率(lp/mm)	4.5	10	4～5	20	20
对比度灵敏度/(%)	2	1	2	10	5
X 射线相对灵敏度	低	中	高	中	低
适用能量	25～300 kV	25～10 MeV	5～10 MeV	20～150 kV	20～250 kV
最佳能量/kV	120	200	100	100	75
对 X 射线敏感性	低	中	高	中	低
使用寿命	约 10 年	无期限	约 3 年	无期限	约 5 年
可靠性	优	良	优	良	良
最大观察区域/mm	无实际限制	直径 229	直径 305	25.4×25.4	9.53×12.7
相对费用	低	高	中	中	低
特点	非常简单	高质图像	实用	新型	限于小且薄的被检物

早期的 X 射线实时成像检测系统采用电视摄像管摄取荧光屏上的图像，得到的信号是模拟信号，不能直接被计算机采集，因此不能进行图像数字化处理，检测图像噪声大、质量差。对比传统 X 射线照相检测，X 射线实时成像检测系统的检测灵敏度要低得多，实际缺陷的检出率与传统 X 射线照相检测也有较大差距，因此影响了其推广应用。

图像增强器实时成像检测系统采用了具有光电放大、电子聚焦等功能的图像增强器。X 射线穿过被透照工件后首先投射在图像增强器的前屏（输入屏）上，前屏承受 X 射线激发，以同样的分布和比例发射电子，构成电子图像，这些电子经过加速、聚焦，汇集在图像增强器的后屏（输出屏）上，形成高亮度（比通常的荧光屏亮度高出上万倍）的可见光图像，从而完成由肉眼不可见的 X 射线到可见光的转变。再经光学系统和可见光摄像机（CCD）摄取，以模拟电子信号经电缆馈送给计算机转换成数字信号并进行图像处理，最终在显示器上显示 X 射线透射工件后得到的数字图像供检测人员观察评定。

图像增强器的转换效率高、噪声低，且具有较高的分辨率，使得图像增强器实时成像检测系统的射线透照检测灵敏度已经与传统的 X 射线照相灵敏度相当。

2）检测特点

图像增强器实时成像检测技术是在传统 X 射线工业电视成像基础上，利用现代微电子和计算机技术以及图像处理技术，对射线透射图像进行处理分析。部分检测系统甚至已经能够利用专门的软件实现真正的全自动检测，包括取代由操作人员的眼睛进行的观察评定（即全自动的图像判读），从而大大提高了检测灵敏度，具有检测效率高、成本低、资料保存方便、调用简单等特点。

（1）图像增强器实时成像检测技术的优点。

① 自动化程度高，检测效率高。传统的 X 射线胶片照相法全部采用人工操作，检测工序多、检测周期长、劳动强度大、工作量大，一般需要数小时才能得到检测结果。图像增强器实时成像检测法的全部成像时间仅为 2～3 s 就能立即得到检测结果（为实时图像，因此称为 X 射线实时成像检测），而且 X 射线实时成像检测不单是用于被透照物体处于静态的状况，也可以进行动态检测，即跟随被透照物体位置变化的同时在荧光屏上产生相应的瞬时射线透照细节的图像，即时观察移动中物体的实时图像，被透照工件可相对射线源被遥控或实现自动翻转、移动、转动等，实现多方向的投射检查，在最佳透视方向观察缺陷，提高对缺陷，特别是裂纹类缺陷的检出率。该技术大大缩短了检测时间，并可以利用计算机专用软件辅助进行图像评定，从而减少了评片工作量，显著提高了检测效率，特别适用于大批量产品的在线检测。

② 检测成本低。传统的 X 射线胶片照相法需要消耗大量的胶片及药液，消耗材料费用大，检测成本高，并且会对环境造成药液污染。此外，胶片保管与底片的存档保管也牵涉场地空间和保管条件等要求，由此带来成本问题。图像增强器实时成像检测系统设备的一次性投资虽然较大，但是由于不再需要消耗大量的胶片、冲洗药品，并且检测速度快、大大节约了人力成本和后期成本。

③ 检测质量高，可靠性增强。由于胶片的制造、运输、保管以及射线照相检测实际操作过程中的多种不确定因素，例如检测人员的实际操作技术水平高低与现场经验的发挥，暗室处理时容易出现的划伤、水渍、污染、静电等伪缺陷等，使得 X 射线胶片照相法往往有较高的废片率。X 射线照相一旦完成，影像质量就不能再做改善，检测图像质量达不到要求时需要重拍，带来复拍工作量、胶片消耗、工作效率与进度等负担。图像增强器实时成像检测可避免上述问题，使图像不存在伪缺陷以及废片等弊病，还能通过计算机软件对数字化图像进行处理、识别及评定，因此检测质量高，增强了检测的可靠性。

④ 易于保管和档案检索。射线照相底片及检测报告等档案资料的保存不但占用很大空间，且保管条件要求较高（防潮、防火、防高温等），底片本身也有保存时限，检索起来麻烦。图像增强器实时成像检测法则可以利用硬盘、移动储存介质以及刻录光盘等进行电子文档与图像的储存，保存空间小，保存期长（可达 10 年以上），在计算机上查找也十分简单易行。此外，数字化图像可以实现局域网、互联网传输，能够建立异地检测技术交流的通道。

⑤ 对操作人员无辐射危害。传统的X射线照相法需要的曝光剂量相对较大,对X射线的屏蔽防护要求很高。图像增强器实时成像检测系统通常采用自动化检测和遥控操作,系统设备的屏蔽防护良好,对操作人员基本无辐射危害。

(2) 图像增强器实时成像检测技术的局限性。

该检测技术的局限性:①被透照工件需要置于射线源和射线接收器(检测器)之间,故被透照工件两侧都必须能够接近;②受到射线接收器荧光屏面积所限,有效射线束孔径一般限制在几厘米之内,一次可观察被透照工件(区域)的尺寸有限;③一次成像适合的被透照工件厚度变化为4%左右,不过可以在设备上方便地随时调整管电压和管电流来观察不同厚度位置的图像;④观察显示屏显示的图像需要光线较暗的环境,需要操作人员的视觉适应,图像质量受荧光屏的图像亮度以及颗粒尺寸造成的不清晰度与对比度、窗孔的衰减反光等影响;⑤通常仅限于粗略地指示缺陷,对细裂纹的检出率和分辨率尚低于使用胶片成像的射线照相检测;⑥在动态成像时,要特别注意射线源、被透照工件和图像增强器相互位置的排列,对图像数据处理要求高,图像数据结果处理装置价格昂贵。

4.2.2 图像增强器实时成像检测系统

图像增强器实时成像检测系统主要由射线源(X射线机系统)、射线接收转换装置(图像增强器系统)、图像处理系统(计算机、图像采集板卡、系统软件等)、显示器、检测机械工装、PLC电气控制系统、现场监视系统七大部分组成。而射线源、射线接收转换装置、图像处理系统是图像增强器实时成像检测系统的关键部件,直接决定了系统图像质量的相对灵敏度和空间分辨率,也决定了系统的综合性能。

1) 射线源

图像增强器实时成像检测系统采用的射线源其能量范围:数千伏至32 MeV。因射线实时检测系统通常要求高的剂量率,故主要应用X射线,如能量可达到420 kV的常规X射线发生器,若需要1 MeV以上的能量时则可使用范德格拉夫(Van de Graeff)发生器和线性加速器,利用大射线流输出的高能量源可以实时检测较厚的材料。

射线实时成像检测的γ射线源:从84 keV(铥-170)到1.25 MeV(钴-60)不同能量级的γ源。

射线实时成像检测考虑的射线源因素与射线照相检测基本相同,主要包括射线能量、有效焦点的几何尺寸、工作周期、波形、半衰期以及辐射输出等。

射线实时检测系统射线源的选择取决于被检材料及其质量、厚度以及检测时所需要费用。在420 kV以下能量范围内,常规X射线发生器有一定的能量调节范围,可用于较宽范围的材料检测,例如50 kV的X射线发生器可降到数kV,160 kV的X射线发生器可降到20 kV,420 kV的X射线发生器可降到大约85 kV等。表4-11给出了用于检测常用材料(铝和钢)所使用射线源的能量参考值。

表 4－11　用于检测铝和钢的低能放射源能量参考值

放射源	铝/mm	钢/mm
40 kV	5.1～12.8	—
70 kV	12～30	3～7.5
100 kV	20～50	6.25～15.6
200 kV	33.5～83.8	8.2～20
300 kV	—	15～45
420 kV	—	18～45
^{170}Th	—	3
^{192}Ir	—	26

注:表中给定能量下可穿透材料的最小厚度是该材料的两个半值层厚度,最大为 5 个半值层厚度。对于其他材料厚度使用的能量可根据等效系数换算得到,数值与实时成像系统的图像处理有关。

以高能量射线检测较厚材料时,由于高能量辐射产生的图像对比度一般较低,所以被检测材料的最小厚度不应小于该材料的三个半值层厚度,最大厚度可达到该材料的十个半值层厚度。表 4－12 给出了用于检测固体发动机燃料和钢所使用高能量射线源的能量参考值。

表 4－12　用于检测固体发动机燃料和钢的高能射线源参考值

放射源	钢/mm	固体发动机燃料/mm
1.0 MeV	46.0～107.1	198.0～462.0
2.0 MeV	57.0～133.0	267.0～620.0
4.0 MeV	76.0～178.0	358.0～836.0
10.0 MeV	99.0～231.0*	495.0～1 156.0
15.0 MeV	99.0～231.0*	553.0～1 290.0
^{137}Cs	51.0	
^{60}Co	57.0	

注:* 在 10～15 MeV 能量范围内,钢的半值层没有明显差别。

X 射线机系统包括高压发生器、X 射线发生器(俗称 X 射线管头,通常采用小焦点、全波整流或恒电位的 X 射线机)、电动光阑(用于控制 X 射线束大小,并带有过滤板)、效率良好的循环油-水冷却系统(也有采用循环油-风冷却系统,风冷部分有空调机致冷和强力风扇致冷两种方式)等,其功能是产生稳定的 X 射线并且能够以连续状态(连续数小时、十几小时甚至二十多小时)工作。

采用小焦点 X 射线机的原因:实时成像得到的检测图像是放大的图像(增加了几何不清晰度),采用小焦点有利于获得清晰的图像。

采用全波整流或恒电位 X 射线机的原因:胶片照相是累积成像,而实时成像是瞬时成像,如果射线能量在辐射过程中有波动,将会导致显示的图像闪烁不稳定,不便于观察,同时图像评定人员的眼睛也会非常疲劳,故 X 射线实时成像检测系统不采用普通射线照相中应用的变频 X 射线机,而是采用全波整流或恒电位 X 射线机可以保障射线能量在辐射过程中保持稳定(纹波系数[①]越小越好)。

2) 射线接收转换装置

根据前文,射线实时成像检测系统的射线接收转换装置是图像增强器。X 射线激发形成可见的模拟图像经过图像增强器内的电荷耦合器件(charge coupled device, CCD)或互补性金属氧化物半导体(complementary metal oxide semiconductor, CMOS)摄像装置将图像转变成模拟电子信号馈送给计算机,经数模转换成数字电子信号再经图像处理系统进行图像处理,然后在显示器上显示被透照工件的射线透视图像。本部分主要介绍图像增强器及摄像装置(CCD 或 CMOS)相关内容。

(1) 图像增强器。

所谓图像增强是指通过改变影像的对比度或清晰度(或两者同时改变),或者降低噪声等来提高图像质量的任何方法。

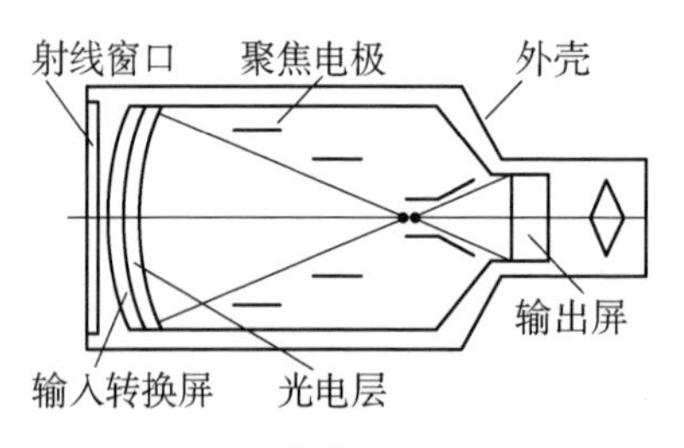

图 4-29 图像增强器结构示意图

图像增强器由外壳(金属壳中的密封真空玻璃壳体,内有高压电源)、射线接收窗口、输入屏(前屏)、聚焦电极和输出屏(后屏)以及高解析度摄像装置组成,如图 4-29 所示。

图像增强器的射线接收窗口通常由薄钛板制作以保证设备具有适当的机械强度和较少的射线吸收。

输入屏包括输入转换屏和光电层,不同于简单的荧光屏,目前输入转换屏常用碘化铯晶体制作,屏厚约 0.254 mm,光电层则利用光导材料(三硫化二锑、碲化锌镉、硒化镉、氧化铅、硫化镉、硅和硒等)制作。

为了能够吸收更多的 X 射线,输入转换屏往往采用柱状晶体结构的设计,柱轴沿

① 纹波系数,是指脉动电流的峰值与谷值之差的一半与电流平均值之比。纹波系数越小,电流越平稳,射线能量越稳定。

射线束方向排列。输入转换屏吸收入射的X射线，将其能量转换为可见光发射，该可见光处于蓝光和紫外光谱范围，能与光电层的光谱灵敏度匹配；光电层将可见光能量转换为电子发射，通过加有25～30 kV高压的聚焦电极将其聚集成束并加速，投射到输出屏（常用非常致密的粒状硫化锌ZnS制成）；输出屏将电子能量转换为光发射（非常亮的可见光图像），大大提高了输出光强，其典型的亮度可比在输入屏上的图像亮度高10 000倍甚至更高，大面积对比度可达到12∶1，从而可以得到大大增强的图像亮度、动态范围以及分辨率。简言之，图像增强器内实现的转换过程为：射线→可见光→电子→可见光。

输出屏上的可见光图像通过高解析度摄像装置（CCD或CMOS）摄取转换为模拟电子信号，经电缆馈送进入计算机（图像处理工作站），经模拟/数字转换（A/D转换）成数字电子信号后，就可以利用计算机图像处理软件进行各种图像增强处理，改善图像质量，最终在监视器显示检测图像。

经过图像增强器以及图像处理后，显示器上显示的图像的灰度、亮度和对比度都得到了极大的提高。

现代图像增强器的特点：①输入屏采用超薄金属屏做保护面，采用高分辨率的碘化物涂层及光电层，共较传统的玻璃屏大大减少了X射线的散射与折射。②输入屏采用厚碘化物膜，X射线的吸收率由传统玻璃屏的50%提高到70%，量子噪声明显减小，显著提高了输出屏的辉度（初始图像亮度）。③输出屏采用超微粒子的高密度荧光体（如硫化锌），能够形成细腻的输出屏幕图像，显著降低了输出屏表面产生的结构噪声。④具有射线剂量过载保护装置，使图像增强管的寿命大大延长，并且一般无需维护。

衡量图像增强器的主要技术特性指标有对比灵敏度、空间分辨率R_F、调制传递函数MTF等。

① 对比灵敏度。对比灵敏度可决定沿射线透射方向可检出的最小厚度变化，一般用与被透照物体材料相同或相似的像质计评定（金属丝型像质计或孔型像质计），这与射线照相技术中灵敏度的衡量方法是类似的。

② 空间分辨率R_F。空间分辨率可决定与射线透射方向相垂直的平面内可检出的最小裂纹开口尺寸，通常采用占空比1∶1的分辨率测试卡置于图像增强器输入屏上进行直接曝光测试（射线源与图像增强器之间不放置被透照物），测试得到的结果就是系统分辨率，也称为图像分辨率。

③ 调制传递函数（MTF）。具有不同灰度级别的像素是检测图像的信息载体，像素的多少及其灰度分布的组合反映出检测图像的信息，检测图像的质量（或信息）通过系统本身的传递特性反映出来。因此，将调制传递函数（调制度与图像分辨率的关系）作为评价系统质量或图像质量（信息）的依据。

调制度反映被透照物体成像对比度的再现能力，表示相邻两细节间距的可识别性与对比度的关系，其定义：图像中最大灰度与最小灰度之差与最大灰度与最小灰度之和的比值，即

$$\mathrm{MTF}=(g_1-g_2)/(g_1+g_2)$$

式中，g_1 为最大灰度，g_2 为最小灰度。显然 $0\leqslant \mathrm{MTF}\leqslant 1$。

MTF 与图像分辨率的关系：$\mathrm{MTF}\propto (1/R_\mathrm{F})$。图像分辨率越低，MTF 越大，图像分辨率越高，MTF 则越小。当图像分辨率高到一定程度时，MTF 趋近于零(图像分辨率的线条间距小到几乎分辨不清)，表示图像分辨率达到最高。

图像增强器实时成像检测系统由多个子系统组合而成，为提高整个系统的分辨率，系统设备的配置上应尽可能选用高 MTF 的子系统，且各子系统的 MTF 应尽可能互相匹配，如果有一个子系统的 MTF 较低，则会影响整个系统的分辨率。因此，在设计图像增强器实时成像检测系统设备时应尽可能减少子系统的数量(尽可能选用集成器件)。

图像增强器的缺点是应用范围受其庞大防护体积和视域的限制，且输入屏边沿的图像会出现扭曲失真，与输入屏中心图像相比，其几何畸变甚至可达到 25%左右，亮度下降甚至可达 20%左右；只有输入屏中心位置的图像才能保证较好的对比度、空间分辨率与清晰度，在进行 X 射线实时成像检测时应注意这方面的差异。此外，图像增强器对外界磁场敏感，外界磁场的存在会影响图像增强器内部电子轨迹并引起图像模糊和变形。

(2) 摄像装置(CCD 或 CMOS)。

图像增强器是光电器件，将不可见的射线潜在影像转换为可见的模拟图像，经 CCD 摄像机摄取转换为模拟电子信号，输入计算机，经 A/D 转换为数字信号，通过数字图像处理得到数字化图像。

CCD 是由一种金属—氧化物—半导体结构的特殊半导体制成的表面光电器件，可实现光电转换功能，具有灵敏度高、抗强光、畸变小、体积小、寿命长、抗震动等优点，是一种理想的摄像器件。

CCD 基本结构由一个类似马赛克的网格、聚光镜片以及垫在最底下的电子线路矩阵组成，它是用于感应光线的电路装置，上面紧密排列有很多高感光度的 MOS 电容器(光敏元件)，将光线转换成电子信号。其工作原理类似于人眼睛的视网膜：一颗颗微小的感光粒子紧密铺满在光学镜头后方，被摄物体的可见光连续动态图像投射到 CCD 表面时，透过光学镜头聚焦到感光层，CCD 能够根据光的能量强弱积累相应比例的电荷(将画面信号按光照的强度转换成相应数值的电子信号)，所有光敏元件产生的信号组合在一起将形成对应接收到的可见光图像的电荷图像(构成了一幅完

整的画面)。

CCD产生的电信号通常是符合电视标准的视频信号,可以在电视屏幕上复原成物体的可见光图像,也可以将信号输入计算机,经滤波、放大处理后,再经过"模拟/数字转换电路"(A/D变换器)转换成数字电子信号,进行图像增强、识别、存储等处理后传送到显示器,在显示器屏幕上便可以看到与原始图像相同的视频图像,或者将图像输入存储介质保存。

CCD摄像机拍摄的画面可以理解为由很多个很小的点组成,每个点(光敏元件)称为一个像素(一个光敏元件对应一个像素),像素数就是CCD上光敏元件的数量,单位面积内的像素数越大,意味着单位面积内的光敏元件越多,画面就越清晰。

除了广泛使用的CCD元件以外,还有一种常用光敏元件是CMOS(互补金属氧化硅半导体)。CMOS和CCD一样同为可记录光线变化的半导体。CMOS的制造技术和一般计算机芯片没什么差别,也是由许多集成的记忆芯片构成(称为活性像元探头技术),主要是利用硅和锗这两种元素所做成的半导体,使其在CMOS上共存着带有N(带负电)级和P(带正电)级的半导体,它们互补效应所产生的电流即可被处理芯片记录和解读成图像。

CCD和CMOS两种光敏元件的区别如下。

CCD的优势在于成像质量好,但制造工艺复杂、成本较高,且像素越高,价格越贵。在相同分辨率下,CMOS价格比CCD便宜,但是CMOS器件产生的图像质量相比CCD来说要差一些。

CMOS的优点:一是电源消耗量比CCD低,CCD能提供优异的影像品质,但是为了使电荷传输顺畅,噪声降低,需要有高电位差改善传输效果,付出的代价是需要较高的电源消耗量。CMOS将每一个像素产生的电荷转换成电压时,在读取前便将其放大,仅利用3.3 V的电源即可驱动,因此其电源消耗量比CCD低。二是CMOS与周边电路的整合性高,可把所有的电子控制和放大电路布置在每一个像元内,并将模数转换器(A/D转换器,简称ADC)与信号处理器整合在一起,使得设备体积大幅缩小,例如CMOS摄像装置只需一组电源,而CCD摄像装置却需要三或四组电源。因CCD的ADC与信号处理器的制造程序与CMOS的不同,要缩小CCD摄像装置套件的体积是很困难的。

CMOS的缺点是图像上很容易出现杂点,这主要是因为早期的设计使CMOS在处理快速变化的影像时,因电流变化过于频繁而产生过热现象所致。目前CMOS摄像装置首要解决的问题就是降低噪声,未来CMOS摄像装置是否可以完全取代CCD摄像装置要看今后的技术发展。

影响光敏元件成像的因素主要有两个:一是光敏元件的组合面积,二是光敏元件的色彩深度。

光敏元件**组合面积**越大，可成图像越大，相同条件下能记录的图像细节更多，各像素间的干扰也小，成像质量越好。

光敏元件的**色彩深度**也称为色彩位，就是用多少位的二进制数字来记录三种原色(红黄蓝)，例如24位、30位、36位、48位等。例如对于24位(24 bit)的器件而言，每一种原色用一个8位的二进制数字来表示，光敏元件能记录的光亮度值最多有 $2^8=256$ 级，最多能记录的色彩是256×256×256约1 677万种。对于36位(36 bit)的器件而言，每一种原色用一个12位的二进制数字来表示，光敏元件能记录的光亮度值最多有 $2^{12}=4\,096$ 级，最多能记录的色彩是4 096×4 096×4 096约68.7亿种。色彩位数越高，色彩深度就越大，记录的色彩越逼真于原始色彩。

3) 图像处理系统

图像增强器实时检测系统中的图像处理系统(即计算机系统)首先利用图像采集板卡将图像增强器采集的模拟电子信号进行A/D转换(模/数转换)，把模拟信号(图像黑度值)转换为数字电子信号，从而可以应用数字图像处理技术(图像处理软件)对所得到的射线透射图像进行一系列的处理。例如通过降噪处理显著提高图像的信噪比，可以使图像的亮度、分辨率、动态范围有较大的提高，使所提供的数字信号更适宜于电子成像、进行图像增强处理和储存，使得图像的质量大大提高。图像处理系统的功能是进行数字信号的处理以及重构数字化图像，从而在显示器屏幕上显示出射线透视的结果。数字化图像能够提供有关被透照工件内的缺陷性质、大小、位置及密度变化等信息，还可以运用计算机的专用软件程序对透视图像进行辅助评定，从而达到检测的目的，检测图像可以按照一定的图像格式储存在计算机硬盘、移动硬盘、U盘内或刻录到光盘上而长期保存。

所谓模拟/数字转换器件(A/D转换器)是将模拟量(analog)转变为数字量(digital)的半导体器件。在图像增强器中，CCD获取的只是对应于荧光屏图像明暗的模拟电子信号，即图像由暗到亮的变化可以用从低到高的不同电平来表示，它们是连续变化的，即所谓模拟量。A/D转换工作是将模拟量数字化，例如将0～1 V的线性电压变化表示为0～9的10个等级，其方法是：0～0.1 V的所有电压都变换为数字0，0.1～0.2 V的所有电压都变换为数字1，……，0.9～1.0 V的所有电压都变换为数字9。实际上，利用数字的排列组合，A/D转换能够表示的范围远远大于10，如通常使用的A/D转换位数：8位(8 bit)即 $2^8=256$、10位(10 bit)即 $2^{10}=1\,024$、12位(12 bit)即 $2^{12}=4\,096$ 等。目前最高可达到16位(16 bit)即 $2^{16}=65\,536$。A/D转换位数越高，说明划分的范围越细小，越逼近真实的原始模拟量。

部分图像增强器实时成像检测系统的检测灵敏度已经达到传统X射线照相检测技术的灵敏度水平，并且具备进一步发展为缺陷自动识别技术的可能性。

此外，图像处理系统还包括计算机操作系统软件与实时成像检测系统控制软件等，同时集成了包括 X 射线机控制器的面板在内的所有控制面板和操作面板（可实现对实时成像检测系统的整机控制，包括管电压、管电流、机械动作控制、电源控制等）。

4）显示器

图像增强器实时成像检测系统的最终检测图像是通过显示器显示的。图像增强器实时成像检测系统上一般都有两个显示器，一个是计算机系统的显示器，一个是显示实时成像原始图像的显示器（多采用阴极射线显像管），后者主要是单色（黑白）CRT 显示器。图像增强器实时成像检测系统对显示器的一般要求如下。

① 根据图像制式的规定，图像采集速度至少能够达到 25 帧/秒（PAL 制）或 30 帧/秒（NTSC 制），即为实时成像。

② 图像增强器实时成像检测系统使用的显示器要求具备足够的屏幕尺寸、颜色、亮度、对比度和分辨率，以满足规范规定的最小图像质量和指示灵敏度水平。显示器的点距要求不大于 0.26 mm，显示器应为逐行扫描，刷新频率一般要求在 60 Hz 以上，刷新频率越高，观察时眼睛感觉越舒服而不容易疲劳。

③ 用于动态观察和静态观察的显示器在余辉参数上有区别，余辉时间长有利于增加静态图像的分辨率，但是长余辉时间在动态图像中却会引起拖影而损失分辨率，必须根据用途（动态或静态）来选择适当的显示器。

5）检测机械工装

检测机械工装的功能是装夹被检工件，在透视过程中可以按照既定的动作程序或者手动控制来适应不同透照方向的需要。

6）PLC 电气控制系统

PLC 电气控制系统用于实现对整个实时成像检测系统的电源、电路、电力驱动机械装置的控制。

7）现场监视系统

现场监视系统用于监视 X 射线透视室内现场情况以确保安全。

4.2.3　图像增强器实时成像检测通用工艺

1）图像增强器实时成像检测系统的性能与评价方法

图像增强器实时成像检测系统性能的核心内容是对比灵敏度、空间分辨率与系统分辨率。相关标准可参见《无损检测仪器　工业 X 射线图像增强器成像系统》（JB/T 5453—2011）。

（1）影响图像分辨率的主要因素。

影响图像分辨率的主要因素有图像增强器的类型、荧光屏晶粒尺寸大小、CCD 摄像装置的像素大小、X 射线管有效焦点尺寸、系统分辨率、成像几何放大倍数、焦距等。

在实时成像系统中，有些图像转换装置在输入光亮度（射线能量）超过允许值时，图像将达到饱和，导致生成空间分辨能力降低和灰度再现变差的模糊图像，该现象称为图像浮散。检测时不希望出现该类情况，对于不同的图像增强器，都有其不同的允许承受的 X 射线管电压，在图像增强器选型时应给予注意。

图像增强器实时成像检测系统显示器上两个可辨认图像之间的最小距离称为分辨能力（简称图像分辨率或分辨率），表征成像系统显示的图像能识别图像相邻区域细节的清晰程度（显示图像细节的能力，即显示影像中细小线条人眼能分辨清楚的程度），图像分辨率限定了所能显示的与射线束垂直平面内缺陷的最小尺寸，是反映 X 射线实时成像检测图像质量的重要性能指标。空间（立体）分辨率是在成像系统上能够观察到的最小单元尺寸，主要受到图像增强器内荧光屏晶粒尺寸的限制。

图像分辨率用人眼能辨别分清楚的两线条的分离程度表示：两线条能分开表示图像清晰，两线条重叠表示图像不清晰，两根线条之间的最小宽度叫作图像清晰度（即分辨率），单位以毫米（mm）计，亦即利用两线条的间距大小来表示图像清晰度，单位宽度范围内的分辨率称为分辨率。

在射线胶片照相检测中，构成照相底片影像的基本单元是银团颗粒。单个感光颗粒显影产生的黑色银团颗粒不大于 0.01 mm，甚至更小，远低于人眼可见的界限，因此底片影像的清晰度很高，评判图像质量中往往不需要直接测量影像不清晰度，而主要考虑几何不清晰度。在图像增强器实时成像检测中，构成影像的基本单元是像素，像素的大小用点距表示。在一定宽度范围内排列像素越多则表示点距越小，图像就越清晰。显示器的点距通常为 0.28 mm、0.25 mm、0.21 mm、0.16 mm，甚至更小，但是像素尺寸仍然远大于胶片银团颗粒尺寸，图像清晰程度会受到像素的较大影响。

图像增强器实时成像检测系统中通常使用线对的概念来衡量系统的空间分辨率。线对由两条线条组成，一个线对由等宽度的一条黑线和一条白线组成。

线对的图像是由一对或多对等宽度、高对比度的线和间隔组成，用来确定能获得良好清晰成像的线和间隔的最大密度，通常采用每毫米或每厘米可得到分离图像的线对数来表示，符号为 lp，单位为线对/毫米（lp/mm）或线对/厘米（lp/cm）。

线对试验利用专用的分辨率测试卡（又称线对测试卡）进行测定，得到的线对数越大，表明图像分辨率越高，显示图像越清晰。分辨率测试卡的结构如图 4－30～图 4－34 所示。

图 4-30　直线式分辨率测试卡(等差数列),卡上数字代表线对数(lp/cm)

图 4-31　图像增强器实时成像检测系统配置的分辨率测试卡

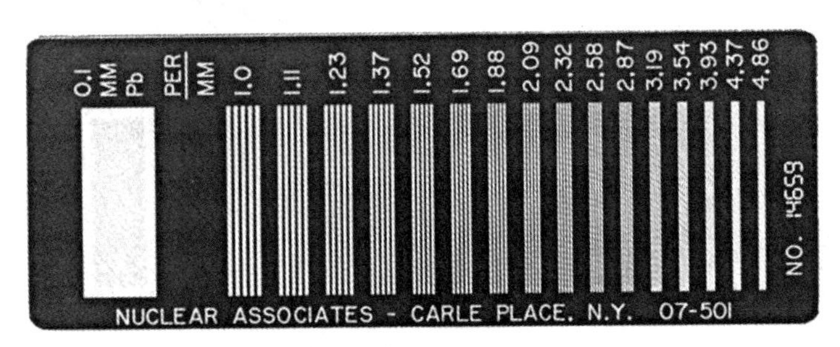

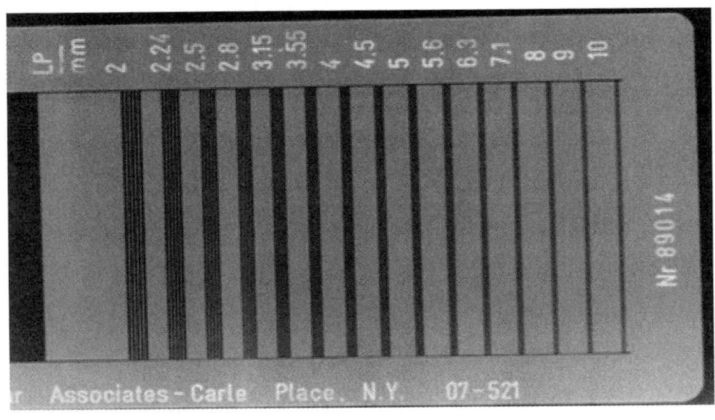

图 4-32　国外常用直线式分辨率测试卡(等比数列)实物图,卡上数字代表线对数(lp/mm)

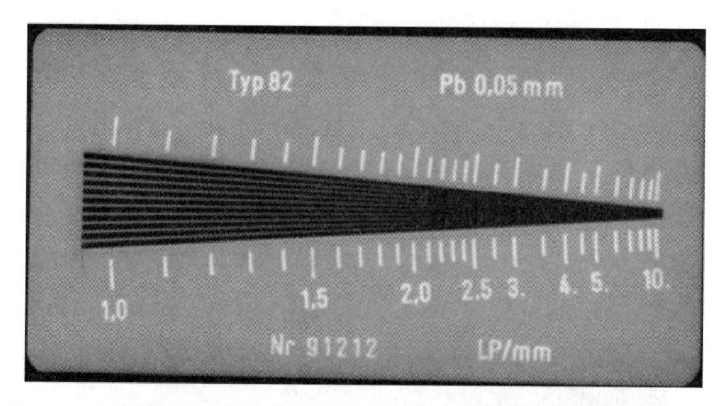

图 4-33　国外扇形分辨率测试卡(方便使用,可直接读出线对数值)

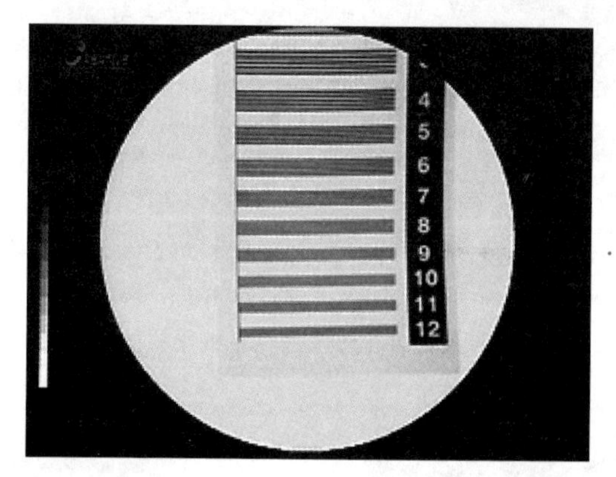

图 4-34　显示器屏幕上观察到的分辨率测试卡和阶梯型像质计的图像

分辨率测试卡:在一定宽度内,均匀地排列着若干条宽度相等、均匀厚度为 0.035～0.1 mm 的栅条(栅条宽度最大允许误差为±10%),栅条用高密度材料(铅、铅钨合金、铅锑合金或与铅当量相当的材料)制成,栅条形式有平行排列和非平行排列两种结构,密封在低密度材料(通常采用塑料薄板为基板,厚度不大于 1.5 mm;另一面为透明的塑料薄膜)中,栅条长度至少为宽度的 10 倍(通常不应小于 15 mm),栅条的间距等于栅条的宽度(占空为比 1∶1)。一条栅条和与它相邻的一个间距构成一个线对。每毫米宽度内排列的线对数称为毫米线对数,用 lp/mm 表示,或者每厘米宽度内排列的线对数称为厘米线对数,用 lp/cm 表示。线对数 $\mathrm{lp}=\frac{1}{2}a$,式中 a 为栅条宽度,反之亦然,即栅条的宽度 $a=1/2\,\mathrm{lp}$。

用高密度材料做栅条,主要是考虑到高密度材料能吸收较多的 X 射线,与相邻间距的空间在图像中能形成较大的对比度。栅条厚度一般很薄,主要是为了减少材料厚度对上下几何不清晰度造成的差异;栅条做成直边形,不做成圆角形,也是为了减少边缘区域对几何不清晰度的影响,使之能更真实地反映图像的分辨率。平行排列和非平行排列栅条具有相同的测试结果。

分辨率测试卡可用来测试系统的分辨率和固有不清晰度、图像分辨率(image definition)和不清晰度，以及调试检测工艺中的最佳放大倍数。

和射线胶片照相检测一样，图像质量高，表明图像具有高清晰度，采用图像不清晰度来量化计算图像清晰度。图像不清晰度是指影像轮廓边缘灰度过渡区(图像边界半影)的宽度尺寸 (U)。图像不清晰度与几何不清晰度(U_m)、系统固有不清晰度 (U_i) 有关，由于在X射线实时成像检测中，工件往往是在移动过程中进行观测的，因此还应该考虑运动不清晰度 (U_m) 的影响。根据成像原理，它们之间的关系不是简单算术和的关系，而是平方和或立方和的关系。当被检测工件和图像增强器相对固定时，运动不清晰度(U_m) 为0，这时它们的关系式为 $U^3=U_g^3+U_i^3$。

系统固有不清晰度 (U_i) 由组成检测系统的设备所决定。特别地，荧光屏的固有不清晰度取决于荧光物质的性质、颗粒、荧光屏的厚度、荧光屏的结构，并且也与射线能量有关。图像增强器实时成像检测系统主要由X射线机、图像增强器、PC计算机、图像采集卡、检测工装、系统软件等组成，系统确定之后，系统固有不清晰度随之确定。

图像清晰度与分辨率(单位宽度范围内的分辨率)在量值上的换算关系为“互为倒数的二分之一”，即

$$H=(1/X)(1/2)$$

式中，H 为图像清晰度，亦即分辨率测试卡的栅条宽度(mm)；X 为图像分辨率(观察到栅条刚好分离时的线对数，lp/mm)。如果用观察到栅条刚好重合时的线对数按“互为倒数的二分之一”计算，得到的则是图像不清晰度值。

例4-1　已测得某图像增强器的图像分辨率为1.8 lp/mm，求图像清晰度。

解　清晰度$=(1/1.8)\times(1/2)=1/3.6=0.28$ mm，即图像上能分清楚的最小间隔尺寸为0.28 mm。

例4-2　在分辨率测试卡图像上能分清楚的最小间隔尺寸为0.15 mm，求图像分辨率。

解　$(1/0.15)\times(1/2)=1/0.3=3.3$ lp/mm。

例4-3　在显示器上观察到分辨率测试卡上刚好分离的一组线对数为2.0 lp/ mm，求图像清晰度。

解　图像清晰度$=(1/2)\times(1/2.0)=0.25$ mm。

例4-4　图像增强器实时成像检测技术标准要求图像不清晰度不能超过0.20 mm，则在显示器上观察到分辨率测试卡上刚好重合的一组线对数至少应为多少?

解　$(1/2)\times(1/2.0)=2.5$ lp/mm。

系统分辨率的测试方法：图像增强器实时成像检测系统成像时的几何放大倍数

等于或接近于1时测得的图像分辨率定义为系统分辨率，作为图像增强器实时成像检测系统设备的分辨率指标，它排除了工艺因素对图像质量的影响，纯粹反映图像增强器实时成像检测设备本身的图像分辨能力。当几何放大倍数大于1时，如果X射线源采用小焦点，则实际显示图像的分辨率一般都会高于系统分辨率；如果X射线源的焦点尺寸较大，则实际显示图像的分辨率可能会由于几何不清晰度的影响反而低于系统分辨率。

测试前，首先用透明黏胶带将分辨率测试卡紧贴固定在图像增强器输入屏表面中心区域，线对栅条与水平位置垂直(或平行，或成45°夹角)，X射线机与图像增强器之间不放置任何物件，关好X射线防护门，按如下工艺条件进行透照，并在显示屏上成像。

① X射线管的焦点至图像增强器输入屏表面的距离不小于500 mm，在X射线管窗口前放置0.3 mm厚的黄铜滤波板。

② 选择合适的管电压和管电流，保证图像具有合适的亮度和对比度。通常选择管电压不大于40 kV(如果X射线机的最低管电压只能达到50 kV，则条件①中所述的距离应调整为700 mm，目的是防止图像增强器过载损坏)；管电流不大于2.0 mA。如X射线机具有双焦点则选择小焦点，此时X射线管前可以不设置附加过滤结构。

③ 同一个图像增强器的屏幕大小可以选择的话，应选择小屏幕(如6英寸)影像观察。图像增强器的屏幕尺寸越大，系统分辨率越低，例如在6英寸屏幕时能得到分辨率1.7 lp/mm，则在9英寸屏幕时可能得到分辨率1.4 lp/mm，而在12英寸屏幕时则可能得到分辨率只有1.1 lp/mm。因此在测试图像增强器的系统分辨率时，一般是以能测试到的最高系统分辨率表示的。

④ 开启检测系统，在显示屏上观察分辨率测试卡的影像，当观察到栅条刚好分离的一组线对时，则该组线对所对应的分辨率即为系统分辨率(图像分辨率)。

注意：分辨率在垂直或水平方向是有差异的，因此在用分辨率测试卡测定分辨率时，应使分辨率测试卡栅条垂直于图像增强器输入屏水平位置和垂直位置做两次测试，取两次结果的平均值作为系统分辨率才是适当的。

目前图像增强器实时成像检测系统分辨率一般要求达到≥3.0 lp/mm(或者空间分辨率要求小于0.2 mm)，并且每三个月校验一次系统分辨率。

(2) 检测图像的放大。

检测图像的放大，有必然性，同时也有其必要性。

① 必然性。在射线胶片照相检测工艺中，胶片紧贴在被透照工件背面，所拍摄底片影像大小与工件检测部位的大小几乎是一致的，在工艺上主要考虑几何不清晰度U_g对图像质量的影响，因此通常考虑选择小焦点、大焦距的射线源。

在图像增强器实时成像检测中，图像增强器是金属壳体器具，其输入屏不可能与被透照工件表面紧贴，工件只能置于X射线源(焦点)至图像增强器之间的某一位置。

根据几何投影的原理,成像平面上得到的必然是放大的图像,放大的程度取决于X射线源(焦点)至被透照工件表面的距离和被透照工件表面至成像平面(图像增强器输入屏)的距离,如图4-35所示。

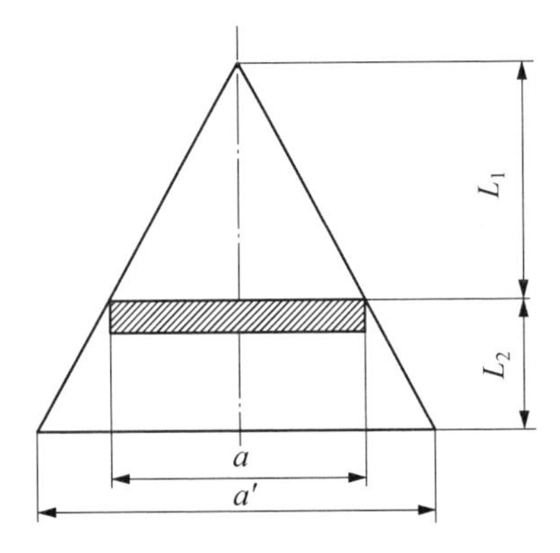

图4-35 检测图像的放大原理

当X射线源焦点尺寸很小时,根据相似三角形定理,图像放大倍数M为

$$M=a'/a=(L_1+L_2)/L_1=1+(L_2/L_1)$$

式中,M为图像放大倍数;L_1为X射线源至工件表面的距离;L_2为工件表面至成像平面的距离(见图4-35)。

在图像放大的情况下,必然导致几何不清晰度的放大,即

$$U_g=d\cdot L_2/L_1=d\times(M-1)$$

式中,d为X射线源的焦点尺寸(mm)。

② 必要性。在射线胶片照相检测中,胶片的乳剂颗粒非常细微(相对于图像增强器输入屏和显示器的像素而言),它对射线照相底片质量的改善具有先天性的有利条件,通过控制射线源尺寸和透照距离,能够获得较高质量的底片。

在图像增强器实时成像检测中,由于图像的载体,即图像增强器输入屏荧光物质的颗粒度和显示器的像素较大(相对于胶片的乳剂颗粒而言),使得图像的清晰度受到较大的影响。利用X射线投影放大图像技术,可以弥补这一先天不足,有利于提高X射线实时成像的图像质量。增大放大倍数的主要是为了提高图像分辨率。被透照工件的图像放大后,工件中的细小缺陷图像也随之放大,因而变得容易识别,同时由于图像放大,图像分辨率得到提高,图像不清晰度随之下降,有利于提高检出影像细节的尺寸从而改善图像质量,其图像改善的效果可由下式表达:

$$U_0=U/M$$

式中,U_0为图像放大后的不清晰度;U为图像的总不清晰度;M为图像放大倍数。

确定检测图像放大的最佳放大倍数

在图像增强器实时成像检测中采用了放大透照布置,虽然图像放大会导致几何不清晰度的增大,从而导致整个射线透照图像不清晰度的增大,但是在放大图像的情况下,缺陷图像的尺寸也增大,有利于对细小缺陷的识别。由于受几何不清晰度和系统不清晰度的综合影响,图像放大倍数并不是越大越好。因此,确定检测图像放大的最佳放大倍数的原则是使工件射线透照的总不清晰度为最小值。

根据图像增强器实时成像检测系统的固有不清晰度 U_i（在显示屏上观察分辨率测试卡的图像，观察到栅条刚好重合的一组线对，根据该组线对数换算得到的图像不清晰度即为系统固有不清晰度）与 X 射线机焦点尺寸 d 之间的关系，得到图像检测的最佳放大倍数 M_{opt} 为

$$M_{opt}=1+(U_i/d)^{3/2}$$

在确定检测工艺时，应取工艺放大倍数 $M \approx M_{opt}$。

在最佳放大倍数条件下，可检出的最小缺陷尺寸为

$$X_{min}=U_i/M_{opt}^{2/3}$$

最佳放大倍数和可检出最小缺陷尺寸公式对于图像增强器实时成像检测工艺具有指导作用。在 X 射线实时成像检测系统设备确定之后，系统固有不清晰度和射线管的焦点尺寸是已知条件，由此可以计算出最佳放大倍数。

例如，用分辨率测试卡测出某图像增强器实时成像检测系统的固有不清晰度为 0.28 mm，已知 X 射线管的焦点尺寸为 0.4 mm，可计算出最佳放大倍数为 1.6，在制定检测工艺时，令检测放大倍数等于最佳放大倍数，根据检测工件的透照厚度，选择焦距和透照参数及其他因素（如散射线的屏蔽），则检测工艺很快就可以确定下来。

在确定几何不清晰度和最佳放大倍数时，X 射线源的焦点尺寸是很重要的参数，焦点尺寸减小可以使放大倍数增加，有利于改善图像质量。此外，减小焦点尺寸有利于检出更小尺寸的缺陷，有利提高 X 射线实时成像检测的可靠性。但焦点尺寸减小意味着减小 X 射线强度（为保护 X 射线管），使检测图像的亮度和对比度下降，不利于图像的观察。

不同 X 射线源焦点尺寸可选用的放大倍数参考值如下：

X 射线源焦点尺寸≥1 mm 时，可用放大倍数=1；

X 射线源焦点尺寸为 0.4～1 mm，可用放大倍数～2；

X 射线源焦点尺寸为 0.1～0.4 mm，可用放大倍数～6；

X 射线源焦点尺寸为 10 μm，可用放大倍数～100。

另外一种推荐参考值如下：

X 射线机管电压≤160 kV 且焦点尺寸≤0.4×0.4 mm 时，推荐放大倍数 2～4；

X 射线机管电压≤225 kV 且焦点尺寸≤0.6×0.6 mm 时，推荐放大倍数 2。

以必须满足的几何不清晰度要求为基础，最大放大倍数受焦点尺寸大小的限制，焦点尺寸越小，可得到的放大倍数越大。在图像增强器实时成像检测系统中，一般放大倍数可达到 3～4 倍（不应超过 5 倍），使用常规焦点尺寸的 X 射线源时，1.2～1.5 的放大倍数已能较好地兼顾放大图像的对比度和分辨率。在采用特殊微焦点 X 射线

机的情况下有可能达到 10～20 倍的有效放大系数。另外也要注意，随着 $(L_1+L_2)/L_1$ 的比值增大，即工件与图像增强器的距离加大，其导致的图像几何不清晰度也将增大。

(3) 图像的几何畸变。

图像增强器生成的图像在边缘部分会有几何畸变，此外，在显示器上显示的放大图像往往需要标定对应的被透照检测工件的实际长度以及缺陷尺寸，故在图像增强器实时成像检测技术中采用标准几何测试体来进行测量。如图 4-36 所示，标准几何测试体用厚度为 2 mm 黄铜板制作，在其上加工深度为 0.5 mm 的沟槽，每个正方形的边长均为 10 mm。

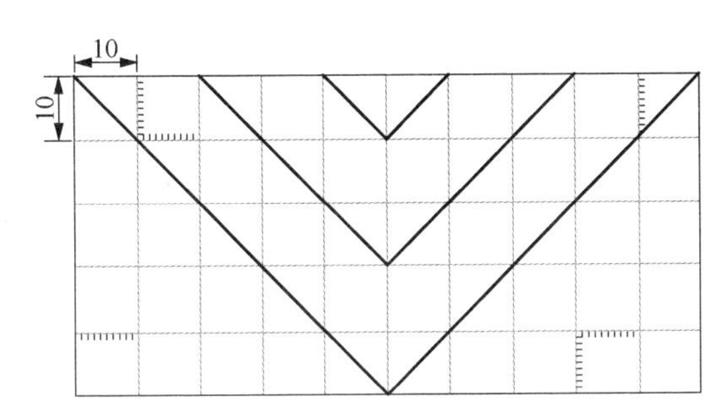

图 4-36　标准几何测试体(单位:mm)

将标准几何测试体安放在靠近图像增强器一侧被透照工件的表面上，与工件同时成像。在显示屏上观察几何测试体影像，利用图像增强器实时成像检测系统软件中的图像评定程序测量几何测试体图像的各个直线沟槽是否弯曲和变形，并由此计算畸变率：

$$畸变率 = (畸变测量值 / 实际值) \times 100\%$$

利用图像增强器实时成像检测系统软件中的图像评定程序测量几何测试体图像的尺寸量值，从而可以标定图像测量尺寸的量值。

2) 图像增强器实时成像检测图像质量的影响因素

实时成像检测是一种过程目视检测，缺陷的平面投影位置、尺寸和缺陷性质主要由检测人员根据显示器上显示的图像与产品检验验收标准进行实时对比来确定，从而作出缺陷是否超标的判断。检测结果很大程度上取决于检测人员的观察判断，这与检测人员的知识、经验、视力甚至身体素质有很大的关系，因此对检测人员的专业培训是非常必要的。

图像增强器实时成像检测的工艺因素主要包括工艺流程、X 射线管电压(与穿透力相关)、X 射线管电流(与图像对比度相关)、成像距离与图像放大倍数、散射线屏蔽与低能射线的吸收(与图像降噪相关)、图像帧叠加频次(与图像稳定相关)、图像对比度与图像灰度等级的关系等。

(1) 图像放大倍数。

在进行图像增强器实时成像检测时,正确选取放大倍数,亦即正确确定射线源、被透照工件、图像增强器三者的相对位置,对于获得良好的射线透射图像质量很重要。例如,工件不应放在紧靠图像增强器前屏的位置,而是应当与图像增强器有一个适当的距离,以获得较合适放大倍数,进而得到最佳的影像质量。

(2) 扫描速度。

在动态检验中,除了按规定选取扫描面、扫描方位、移动范围等外,必须注意正确选取扫描速度,即工件相对于射线源的移动速度,它直接影响图像的噪声即动态不清晰度。采用的扫描速度与射线能量相关,如射线源的强度高,图像增强器在单位时间内接收到的成像量子数量多,获得图像的噪声较低,此时扫描速度可以选择稍快一些。

(3) 机械装置。

在动态检验中,应注意机械驱动装置的定位精度、运动精度,并在连续检验中关注累积的定位偏差并予以适当修正。

(4) 图像灰度。

与射线照相检测方法中的底片黑度概念相对应,图像增强器实时成像技术中引入了图像灰度的概念。

在图像增强器实时成像检测中一般使用单色显示器,显示的图像是黑白图像,黑白之间为灰色,从绝对黑到绝对白之间分为很多等级的灰度,实际上也就是很多等级的像素亮度(图像中某一像素点的明暗程度)。表征图像灰度值大小的单位简称"级"。图像灰度等级是一种对黑白图像明暗程度的定量描述,每个像素的亮度(灰度)可以数字化为不同的级别,需要用不同位数的二进制来表示。例如图像的每个像素以 8 位二进制(8 bit,bit 为二进制中的最小单位)表示时,即为 $2^8=256$,则表示图像亮度(灰度)可分为 256 个级别,又如采用 16 位二进制(16 bit)时,则有 $2^{16}=65\,536$,即表示亮度(灰度)可分为 65 536 个级别。像素的多少和亮度(灰度)级别的数目,直接影响图像的清晰度和对比度。

图像灰度范围由模/数转换器(A/D 转换采集卡)的位数来决定。一般来说,A/D 转换器的位数越高,灰度等级越高。例如当 A/D 转换器为 8 bit 时,表示假设图像中绝对白时为 0 级,绝对黑时为 255 级,则图像的黑白范围分为 256 级(灰度等级为 256),当 A/D 转换器为 10 bit 时,灰度等级则为 1 024。

不过,在图像增强器实时成像检测系统中,由于人眼分辨率的限制(正常人的眼睛能够分辨的最低调制度为 5%,通常以 MTF 为 8%时对应的分辨率作为图像的极限分辨率，简单说来就是通常人眼只能识别 64 级左右的灰度)，对于检测图像而言，256 级灰度已经足够表达图像黑白变化的层次了。因此，在图像增强器实时成像检测系统中通常要求灰度等级不小于 8 bit(2^8)即 256 级。当然，借助计算机能够测出 256 级甚至更高级别的灰度，从而为计算机自动评定图像创造了条件。

实际检测时，图像太白或太黑都不利于人眼的观察，应将图像有效灰度级控制在一定范围内，该范围称为动态范围(图像像素的最低灰度值与最高灰度值的分布范围)，图像的动态范围反映图像相邻区域的黑度变化范围。动态范围越宽，图像对比度越高。在图像增强器实时成像检测中，例如 8 位灰度中将有效灰度范围控制在 80%之内，则图像灰度上限、下限分别为 26 灰度级和 230 灰度级，其动态范围则为 204 灰度级。图像增强器实时成像检测系统通常要求图像动态范围大于 256∶1。

在射线胶片照相检测工艺中，胶片的曝光实质是一定能量的光子在较长曝光时间(以分钟计)内连续积累的过程，底片黑度可以通过调节曝光量和显影技术来控制。然而图像增强器实时成像的图像采集时，时间是实时(微分)过程，采集一幅图像的时间很短(1/10～1/25 s)，曝光时间不再是主要考虑因素，图像采集主要考虑射线强度(mA)，因此，在图像增强器实时成像检测中通常考虑动态范围而不考虑宽容度。

随着图像采集卡和图像增强器功能与性能的不断提高，其赋予图像灰度位数(bit)也在增大，目前能够达到 10 bit($2^{10}=1\,024$)、12 bit($2^{12}=4\,096$)、16 bit($2^{16}=65\,536$)。如果将有效灰度控制在 80%之内，则图像的动态范围分别为 819、3 276、52 428 灰度级。图像动态范围越大，则图像表现明暗层次更加分明和细腻，细小缺陷更易识别，检测灵敏度就越高。

图像(灰度)动态范围的提高，主要来自图像采集卡和图像增强器功能与性能的提高，当然其价格会增加，但性价比会大幅提高。

① 图像增强器实时成像检测系统图像质量提升办法。图像增强器实时成像检测系统图像质量的主要衡量指标是空间分辨率(简称分辨率、分辨率，利用分辨率测试卡评定)和对比度灵敏度(检测灵敏度，即指沿射线束方向能发现缺陷的最小尺寸，利用像质计评定)，这是图像增强器实时成像检测系统主要的综合性能指标。

检测灵敏度的评定方法：与射线照相检测方法一样，将与被透照工件材料相同或相似的像质计(丝型像质计或孔型像质计)紧贴放置在被透照工件靠近射线源一侧的检测部位表面上，与工件同时透照检测，在显示器上直接观察像质计的图像。对于丝型像质计而言，检测灵敏度分为绝对灵敏度和相对灵敏度，绝对灵敏度用能清楚观察到的金属丝最小直径或该金属丝的编号来表示(像质计指数)，相对灵敏度则用该金属丝的直径占透照厚度的百分比来表示。具体材料、产品的 X 射线检测灵敏度由相关标准作出规定。

图像增强器实时成像检测的图像对比度和图像清晰度概念与射线照相检测相

同，都是影响图像质量的要素。对于一定的X射线发生器产生的X射线而言，X射线照相的曝光条件主要包括管电压、管电流、曝光时间和焦距，而在图像增强器实时成像检测中则主要是管电压和管电流。管电压、管电流与图像对比度(图像中相邻区域的黑度差)和图像清晰度(图像中不同黑度区域间分界线的宽度)的关系如下。

管电压高，光电子的能量强，波长短，吸收系数减小，透过有缺陷部位与无缺陷部位的射线强度差值减小，导致图像的对比度减小，从而降低检测灵敏度。管电压一定而增大管电流则可提高图像对比度。因此，X射线能量的选择应根据被透照工件的厚度，在保证穿透工件的前提下，尽量采用较低的管电压和较大的管电流，以获得较好的图像对比度，有利于提高检测灵敏度。图像增强器实时成像检测系统在检测过程中可以随时调节管电压和管电流大小，调整需要观察部位图像的对比度，这在射线照相检测时是无法做到的。

图像增强器实时成像系统在工作过程中不可避免地伴随有一些随机的噪声(在处理过程中系统设备自行产生的信号)出现，会干扰图像质量。噪声信号是随机的，与输入(或输出)检测信号无关。最大输入(或输出)检测信号与噪声信号之比称为信噪比(SNR)，通常用分贝(dB)数表示，提高信噪比对提高图像质量有利，一般要求图像增强器实时成像系统的图像信噪比应不低于65 dB。

提高信噪比的主要方法:提高图像动态范围，即提高图像像素的灰度值;利用图像处理软件降低噪声信号(即降噪)，包括有帧平均叠加、邻域处理等方法。

图像增强器实时成像检测系统中，影响图像清晰度的因素要比采用胶片的X射线照相多，因此图像增强器实时成像检测系统的图像虽然可以达到较高的对比度，但是往往不能达到较好的清晰度，从而限制了检测灵敏度的提高。

与射线照相检测时观察底片影像一样，也有最小可见度(识别界限对比度)的限制，即人眼在射线图像上能够辨认某一尺寸缺陷的最小黑度差，当射线图像对比度ΔD大于识别界限对比度ΔD_{min}时，缺陷就能识别，反之则不能识别。最小可见对比度ΔD_{min}与图像大小和黑度分布，显示器的分辨率，灰度等级，观察屏幕时的环境条件(屏幕亮度和环境亮度)以及人为差异等因素有关。

此外，X射线机的有效焦点大小和焦距大小，以及散射线的屏蔽遮挡等也都与图像对比度有关。

在射线透照过程中，散射X射线进入到成像系统和光学系统中的散射光能产生背景噪声，不仅将所包含的无用辐射能量的信息引入到成像系统，而且还降低了系统的灵敏度和分辨率，因此，对X射线束精密的滤波和平行准直，控制背散射和在光学系统中合理使用吸光材料等都是非常重要的。例如在X射线管的射线窗口前使用铅光阑限制辐射至被检区域的X射线束大小，或者加设适当的滤波板(如薄铜片)消除低能量的散射线，在被检区域周围设置屏蔽物(如铅板)防止背面散射和物体外部的散射等。

综上，提高图像质量的主要途径：在管电压不变的条件下适当增加管电流、提高图像动态范围、降噪、减少散射线的影响（如采用光栅限束、遮挡等方法）和过滤硬射线（采用密度较大的金属箔作滤板，例如铜箔）等。

② 图像处理。在图像增强器实时成像检测中广泛应用了计算机数字图像处理技术，主要由图像采集、图像处理、图像显示与记录三部分组成。

数字化图像处理技术对摄取的原始图像进行数字化和编码处理，把图像从连续信号转换为离散数字，按一定规则存贮在计算机内，利用数字处理技术，将图像对比度和清晰度进行增强、恢复与重建，根据图像质量的性质，有选择地加强图像的某些信息和抑制某些信息，以改善图像，获得良好的图像质量。

应用图像处理软件的基本原则是不得改变原始图像数据，在图像增强器实时成像检测中应用的数字图像处理方法有图像叠加（降噪）、灰度增强（灰阶处理，亮度/对比度增强）、边界锐化（图像锐化、边缘增强）、图像反转（黑白反转）、伪彩色处理等。

图像叠加（降噪）　图像在采集时不可避免地伴有随机噪声，影响图像质量，对于静止状态采集的检测图像，消除噪声的有效方法是连续帧叠加。由于图像的原始数据是不随时间变化的，而噪声是随机的，因此只要叠加的帧数足够多，就可以将时间噪声完全过滤掉。连续帧叠加是图像采集过程中常用的图像处理方法。包括多帧平均法，积分处理或降噪（提高信噪比）。

灰度增强（灰阶处理，亮度/对比度增强）　增强处理是利用灰度变换技术，利用人眼能辨别的范围选择某种规律改善图像中的灰度变化来改善图像质量，以达到最佳的视觉效果，有利于观察不同的组织结构。例如对比度增强，是逐点修改图像每一像素的灰度，扩大图像的灰度范围，从而提高图像的对比度。例如以某一数字信号为0（即中心），使一定灰阶范围内的被透照材料的组织结构以其对 X 线吸收率的差别得到最佳显示，同时可对这些数字信号进行增强处理，提高影像对比度，有利于显示被透照材料的组织结构（这种方法称为“窗位处理”）。又如数字减影处理可以在数字 X 射线图像的情况下，由当前的 X 射线图像减去先前的 X 射线图像，产生即时减影图像以增强间隔性改变的区域，能显著改善提高判断的精确度，据资料介绍，用即时减影处理改善后，其检测灵敏度可从 84%提高到 97%，而且在判读时间上平均减少 19.3%。

边界锐化（图像锐化、边缘增强）　锐化是采用滤波、微分等处理方法突出图像的轮廓，使图像更加清晰，易于识别。锐化的实质是一种高通滤波技术。图像的锐化可通过模板运算的方式来实现。模板（也叫算子）实质是一个具有确定元素个数的二维数组，模板中每一个元素被赋予某一数值，模板运算就是将模板的每个元素的数值与图像每一像素邻域内的相应像素的灰度值相乘，取其加权平均值作为像素处理后的值。模板运算具有效果明显、算法简单的特点，选择合适的模板就能实现边缘锐化、边界检测、抽取特征、平滑滤波等目的。

图像反转(黑白反转) 目前,从事图像增强器实时成像检测的人员大多是原来从事射线照相检测的人员转过来的,习惯了观察底片(负像),而实时成像得到的是正像,为了适应检测人员的观察习惯,对X射线图像的色调进行反转,使得显示的图像与一般X射线底片的图像相似。

伪彩色处理 人眼可识别区分的灰度级仅有20多级,但是能区分的色度可达数千种,由于彩色颜色的种类比灰度级别大得多,如果将黑白图像的灰度值按一定的函数关系映射为对应的彩色输出,就可以大大提高人眼对图像内容的分辨能力,这就是伪彩色处理。

此外,图像处理技术还包括图像冻结、图像放大(使细小缺陷易观察、分辨,降低误判和漏检率)、图像几何尺寸标定和测量以及缺陷定位、利用计算机对缺陷的边界进行跟踪,从而计算出缺陷的周长、长径、短径和面积等特征参数的处理功能。

作为完整的计算机图像处理软件应具有图像采集、图像处理、图像分析、图像测量、图像储存(包括对图像数据进行压缩,减少数据的冗余度,节省存储空间)、图像通信(通过互联网或局域网传送,或者通过数据线传送到其他电脑)、图像转录、图像打印、辅助评定、打印报告、检测数据库管理(满足检索查询方便、灵活的需要)等功能。

数字图像的数据量十分庞大,为了有效地进行数据储存,需要对图像数据进行压缩。图像压缩编码可分为无失真编码和有失真编码,无失真编码可以完全恢复原图,有失真编码则允许复原出的图像与原图像有一定的失真,图像增强器实时成像系统只能采用无失真的编码方式。

为了便于日后的核查和检索,X射线图像增强器实时成像系统的图像数据必须以图像文件的形式储存在计算机硬盘、光盘、移动硬盘或U盘等大容量存储介质中,并保存在防磁、防潮、防尘、防挤压的环境下。计算机图像存储的文件格式较多,不同文件格式的主要差异在于识别信息的种类和数量,以及图像数据的压缩和存储的方式。目前在计算机中最流行的图像格式有五种,即PCX、BMP、GIF、TIFF和JPEG,其中TIFF文件格式更具有保真度高的优点,故在X射线图像增强器实时成像系统中常使用这种图像存储格式。

4.2.4 图像增强器实时成像检测技术在不同工程中的应用

1) 气瓶对接环焊缝的X射线图像增强器实时成像检测

采用基于图像增强器的X射线实时成像系统检测母材厚度为1.5～20 mm的钢及有色金属材料制成的气瓶对接环焊缝,检测依据为《气瓶对接焊缝X射线数字成像检测》(GB/T 17925—2011)。气瓶环焊缝X射线图像增强器实时成像检测如图4-37所示。

(a)

(b)

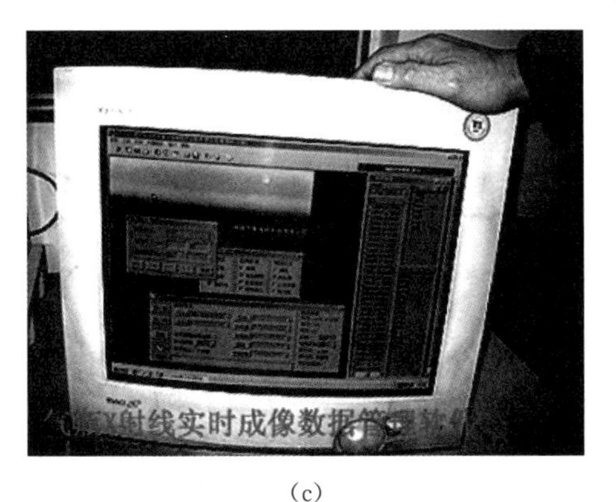

(c)

图 4-37　气瓶环焊缝 X 射线图像增强器实时成像检测

(a)曝光室内装置;(b)操作与监视台;(c)气瓶 X 射线实时成像数据管理软件

(1) 硬件的要求。

应选用恒电位并尽可能选择具有小焦点的 X 射线机,其额定管电压、管电流应能适应被透照工件厚度的需要。X 射线机窗口前方应有铅光阑,孔径大小应能使 X 射线束控制在有用的范围内。

图像增强器的选择应考虑适当的成像面积大小和耐受 X 射线照射的管电压范围。

配备有 1.6～4.0 lp/mm 的分辨率测试卡。X 射线图像增强器实时成像系统分辨率应满足图像有效评定区域内的分辨率,为 2.0～2.5 lp/mm,系统分辨率应定期测试。

依据采用的图像增强器选择适合的图像采集板卡,A/D 转换器的位数不低于 8 bit。

图像处理单元应包含能获取被检测物体数字图像的功能和处理图像以获得高清晰度图像的功能。获取的数字图像灰度等级不低于 8 bit。

应尽量选择高分辨率、高亮度、高对比度的显示器(≥600 线,屏幕白光亮度 50～150 cd/m^2,黑色部分亮度<5 cd/m^2)。

机械工装应至少具备一个自由度，应能满足几何参数的要求并应具有较高的运转(运动)精度。对于100%检测的焊缝，其运转(运动)累计正偏差为0～15 mm，不得为负偏差。机械工装的运动应与数据采集同步，由系统软件程序控制。

(2) 软件的要求。

系统软件具有图像采集、图像处理、图像评定、图像存储、文件输出、检测报告打印等功能。系统软件应能存储原始未经处理的图像，图像信息不可更改，图像格式根据程序设置。

对原始图像可选用以下方法进行处理，以优化图像质量，增强图像缺陷显示：连续帧叠加平均降噪或积分降噪；降低散射、对比度增强；边界锐化；区域平滑及其他。

系统软件还应具有缺陷标记、尺寸测量、尺寸标定功能，应能根据判读结果按规定生成检测报告，建立图像数据库，具备图像管理和查询功能。

(3) 工作环境的要求。

操作室应做好射线屏蔽防护，室内光线应小于0.5 cd/m^2 为宜，应避免直射光照射到显示器屏幕，避免屏幕反射光干扰，方便观察显示器图像。人眼至显示器屏幕的观察距离一般取3～5倍屏幕高度为宜。例如，在14英寸(356 mm)显示器情况下，适合的观察距离至少应达到853 mm(33.6英寸)以上，太近则容易导致眼睛疲劳。显示器背面的光线应不超过8 cd/m^2，以防止逆光影响观察。

在显示器上观察焊缝图像时，如果让显示器的水平扫描线横过焊缝(即与焊道垂直)，将使常见的微小缺陷如纵向焊接裂纹、边缘裂纹和未焊透等以一定数量的扫描线显示出来，从而提高缺陷检出机会，一定程度增强缺陷检测能力(但是对于微细的横向裂纹未必合适)。此外还要注意若显示器亮度太大，或者仅将感兴趣的区域局部显示在屏幕上时，邻近焊缝的较亮区域会使观察者眼孔收缩，反而降低了可见焊缝区内黑度微小变化的灵敏度，因此需要调整显示器亮度来帮助观察，还可以通过调整人眼与屏幕的相对角度来帮助观察。

(4) 工艺流程。

① 测定X射线图像增强器实时成像检测系统的分辨率。

② 选择合适的X射线能量，透照不同厚度材料时允许使用的最高X射线管电压应按相应的产品技术标准规定来选择。

③ 图像放大倍数的确定。计算图像检测的最佳放大倍数。经过试验，实际检测图像的放大倍数应等于或接近最佳放大倍数。

由于被检测的气瓶不可能紧贴图像增强器输入屏的表面，如图4-38所示，根据X射线机、气瓶和图像增强器输入屏三者之间的相互位置，获得的检测图像是放大的，放大倍数 M 为

$$M = L/L_1 = 1 + (L_2/L_1)$$

式中，L 为X射线管有效焦点至图像增强器输入屏表面的距离(mm)；L_1 为X射线管有效焦点至被检钢瓶环焊缝表面的距离(mm)；L_2 为被检钢瓶环焊缝表面至图像增强器输入屏表面的距离(mm)。

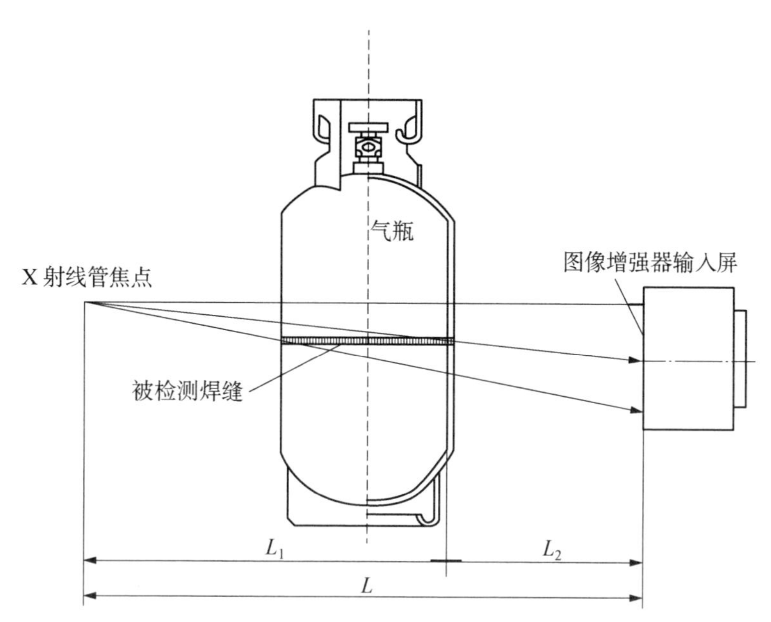

图4-38　X射线源、气瓶、图像增强器输入屏相互位置图(双壁单影透照方式)

④ 图像不清晰度的确定，图像放大后的不清晰度 U 为

$$U = U_0/M$$

式中，U_0 为图像放大前的不清晰度。在一定的检测条件下，图像放大前的不清晰度 U_0 为

$$U_0 = (U_i^3 + U_g^3)^{1/3}$$

式中，U_i 为X射线实时成像检测系统的固有不清晰度(用分辨率测试卡测定)；U_g 为几何不清晰度(按产品验收规定)。几何不清晰度 U_g 与放大倍数 M 间的关系为 $U_g = d \cdot L_2/L_1 = d \times (M-1)$，其中，$d$ 为X射线源的焦点尺寸(mm)。

图像检测的最佳放大倍数 $M_{opt} = 1 + (U_i/d)^{3/2}$。在一定的条件下，图像可检测出的最小缺陷尺寸 $d_{min} = U_i/M^{2/3}$。

透照方式可分为纵缝透照法、环缝外透法、环缝内透法、双壁单影法和双壁双影法五种。

如图 4－38 所示，气瓶放置在固定的转盘上做圆周运动，射线束中心与被检焊缝平面倾斜 15°～25°。

采用双壁双影法透照方式时，焊缝在屏幕上呈椭圆形图像显示，前后焊缝影像间距以 3～10 mm 乘以放大倍数为宜。一般将椭圆图像分为两个评定区，靠近图像增强器输入侧的焊缝区段为主评定区；靠近射线源测焊缝区段为次评定区。每道焊缝应进行旋转一周的 100％检测，当发现缺陷时，应将其置于主评区内进行观察，在必要时应使用图像处理器进行图像处理。

采用双壁单影法透照方式时，若图像放大倍数 $M \leqslant 2$，宜以靠近图像增强器输入屏一侧焊缝为检测焊缝，当图像放大倍数 $M > 2$ 时，宜以靠近射线源一侧的焊缝为检测焊缝。不论何种布置方式，气瓶表面与图像增强器输入屏表面之间应保持一定距离，以保护输入屏不被损坏。

透照时射线束中心一般应垂直指向透照区中心，需要时可选用有利于发现缺陷的方向透照(例如倾斜适当角度)。

采用与被检气瓶材料相同或相近的丝型像质计确定检测灵敏度。对气瓶进行静止透照检测，像质计放在靠近射线源一侧的气瓶焊缝表面上，金属丝应横跨焊缝并与焊缝方向垂直。当射线源一侧无法放置像质计时，也可放在靠近图像增强器输入屏一侧的焊缝表面上，但像质计指数应提高一级，或者通过对比试验(以具有同一缺陷的同一工件，用靠近射线源侧和靠近图像增强器输入屏侧分别放置丝型像质计进行透照，观察两种情况下能清楚辨别长度不小于 10 mm 的最小金属丝直径影像对应的像质计指数)，使实际像质计指数达到验收标准规定的要求。

在图像的焊缝位置上直接观察识别像质计的影像，如在焊缝位置上能清楚地看到相应产品验收规定的像质计金属丝影像，则认为像质计是可以识别的，亦即图像质量能够满足规定的要求，进而可开始连续检测。

(5) 工艺评定与结果处理。

原始图像(初始采集而未做处理的图像)、处理和评定后的图像均应存储在预先建立的图像数据库内，方便图像的管理和查询。图像中除了缺陷判读标记外，还应按用户要求包含标示性信息，如工件编号、图像名称、透照厚度、透照工艺参数和时间等有效信息，能连同图像一并显示出来且不可修改。缺陷判读标记及标示性信息也均具备不可更改性。

(6) 操作注意事项。

① 必须严格遵从 X 射线图像增强器实时成像检测系统的操作程序，使用过程中应注意检查 X 射线机的冷却系统是否正常工作。

② 在操作中放置、移动被检工件或机械装夹时，应防止震动或撞击图像增强器，特别是避免损伤图像增强器暴露在外的前屏，应配备防尘罩，在不使用时将图像增强

器遮蔽起来以达到防尘保护，且不得随意拆卸打开图像增强器部分，必须由专业人员进行相关操作。

③ 图像评定前应进行图像灰度分辨能力的适应训练，要求在 36 个方块灰度图（一种排序任意组合的不同灰度的方块）中能分辨出 4 个连续的灰度块。

2）铸件的 X 射线图像增强器实时成像检测

铸件的 X 射线图像增强器实时成像检测工艺及其对硬件、软件和工作环境的要求以及安全操作注意事项大致与焊缝的 X 射线图像增强器实时成像检测工艺相似，但由于不同品种类型的铸件涉及探测方向（探测面）、形状等的复杂性，铸件的 X 射线图像增强器实时成像检测有其特殊性，主要体现在检测工装上。

（1）铸件的 X 射线图像增强器实时成像检测工艺流程包括测定 X 射线图像增强器实时成像检测系统的分辨率、X 射线管电压与管电流的选择、图像放大倍数的确定（包括图像不清晰度的确定和图像检测最佳放大倍数的确定）以及采用像质计（丝型或孔型像质计）确定检测灵敏度。

对铸件进行静止透照检测时，像质计宜放在靠近射线源一侧的铸件表面上，在铸件图像上直接观察识别像质计的影像，例如采用丝型像质计时能清楚地看到相应产品验收规定的像质计金属丝影像，则认为像质计是可以识别的，亦即图像质量能够满足规定的要求，然后才可以进行铸件缺陷等级评定。

（2）工艺评定与结果处理。

铸件的 X 射线图像增强器实时成像检测中，经处理和评定后的图像均应存储在预先建立的图像数据库内，以便于图像的管理和查询。图像中除了缺陷判读标记外，还应按用户要求包含标示性信息，如工件编号、透照厚度、透照工艺参数等。缺陷判读标记及标示性信息均具备不可更改性。

例如，铝合金压铸件（典型的如汽车轮毂和汽车发动机零件）的工业 X 射线图像增强器实时成像检测，首先要考虑铝合金铸件的特点，铝合金铸件内部缺陷多表现为气孔、缩孔、收缩、外来物、夹杂物、熔析等。与钢制压力容器相比，铝合金压铸件缺陷的危害性相对较低，因此检测技术、图像质量要求相对较低，只要能检出铝合金铸件内部超标准缺陷并将它进行隔离即可，不合格的铸件可以重熔再铸，不必像锅炉压力容器那样需要在较长时间内保存检测图像档案。但是铝合金压铸件通常形状结构相对较复杂，要求各个部位都能检测到，因此需要具有多自由度的夹持、运动工装，采取机械转动实现多方向的全面扫查式检验。

又比如一些小铸件需要具备一次夹持多件进行巡回扫描以提高工作效率的工装，有些铸件的形状决定了其厚薄界面相差较大，故需要在夹持工装上设置补偿厚度等。图 4-39 示出了一些可利用 X 射线图像增强器实时成像检测的汽车用铸造零件实物图。

汽车发动机铝合金压铸件毛坯

汽车发动机铝合金压铸件毛坯

汽车发动机铝合金压铸件毛坯

汽车铝合金压铸轮毂毛坯

图 4-39　一些汽车用铸造零件

3）常见 X 射线图像增强器实时成像检测缺陷

其他常见设备 X 射线图像增强器实时成像检测缺陷影像如图 4-40～图 4-44 所示。

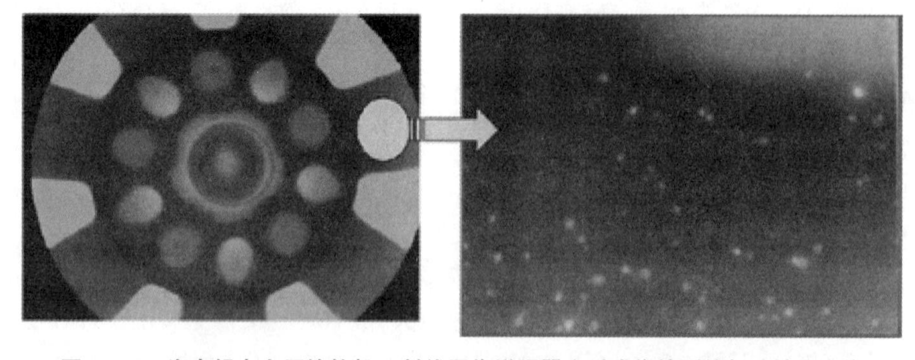

图 4-40　汽车铝合金压铸轮毂 X 射线图像增强器实时成像检测的气孔缺陷影像

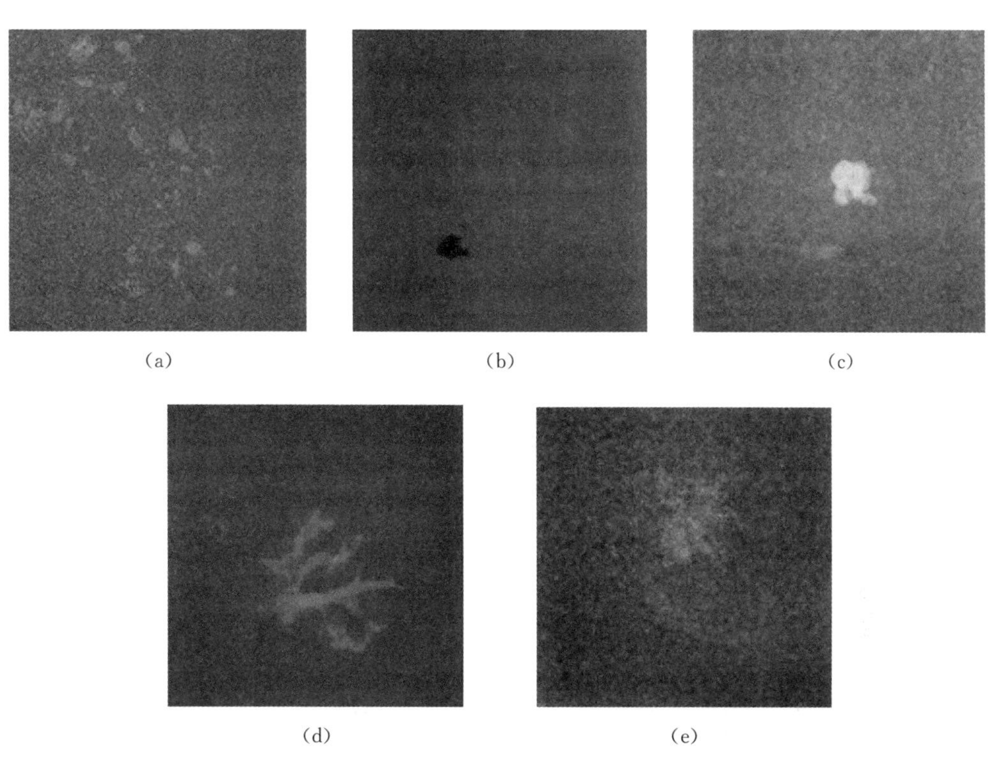

图 4-41　铝合金铸件 X 射线图像增强器实时成像检测缺陷影像

(a)低密度夹杂;(b)高密度夹杂;(c)气孔;(d)缩孔;(e)海绵状疏松

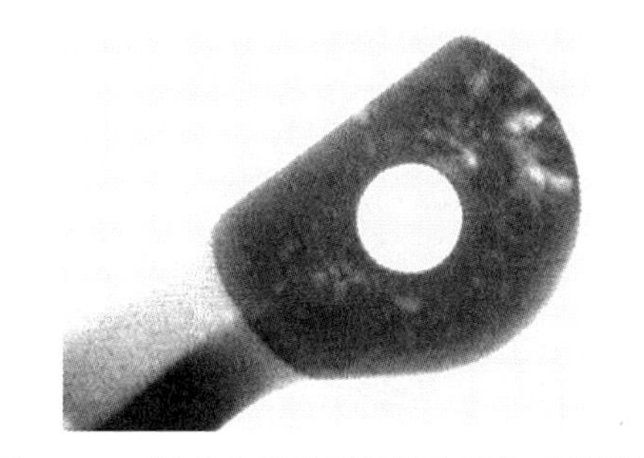

图 4-42　铝合金压铸零件的气孔与疏松影像

图 4-43　铝合金压铸零件的褶皱影像

图 4-44　铝合金压铸汽车轮毂轮辐部位的气孔与低密度夹杂影像

4.3 线阵列扫描成像检测技术

4.3.1 线阵列扫描成像检测基础理论

线阵列扫描成像检测技术是由线阵列图像传感器接受射线并将其转化为数字信号的一种射线成像检测技术。线阵列扫描成像检测技术是采用分立数字探测器(digital detector array,DDA)直接数字化射线检测技术的一种,与面阵检测系统最大的区别在于成像板型式和机械装置。X射线线阵扫描成像系统及工作原理分别如图4-45、图4-46所示。

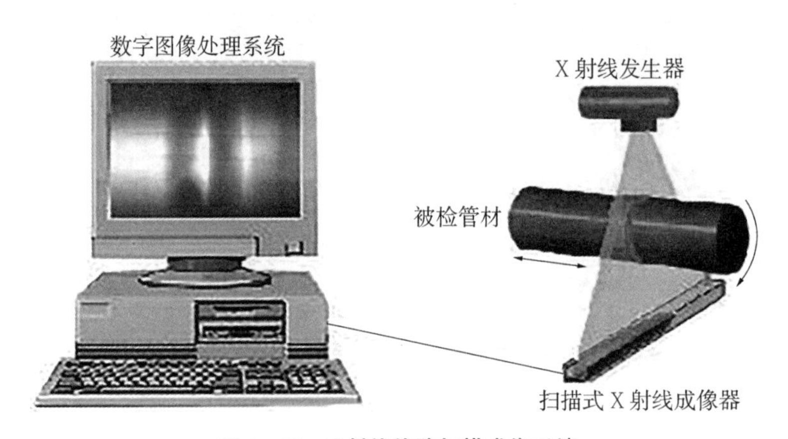

图4-45 X射线线阵扫描成像系统

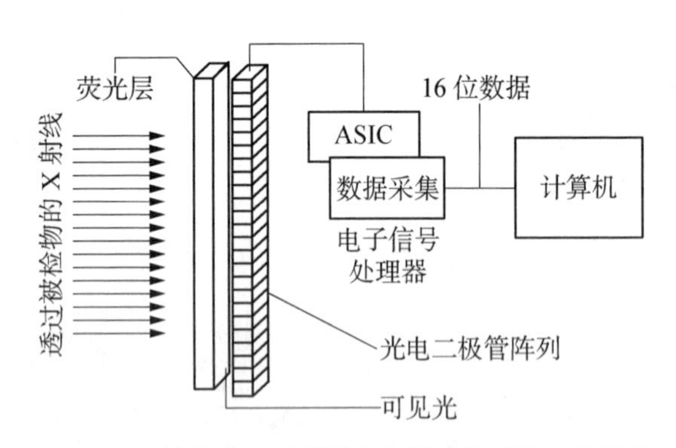

图4-46 数字式X射线线阵扫描成像系统工作原理

由X射线机发出圆锥扇形X射线束,经水平狭缝准直后形成平面扇形X射线束,穿过被检工件,被线扫描成像器(LDA探测器)接收;在其内部,荧光屏接收穿过被测物体的X射线的能量，发出可见光，光电二极管受到可见光的照射，产生电信号，经集成电路的处理变成16位的数字信号传递给计算机，最终显示在图像显示器上。由于每次扫描LDA探测器生成的图像仅仅是很窄的一条线（即每次采集的仅是图像的一行或一列数据），为了获得完整的图像，就必须使被检工件与成像器之间作相对匀速运动，同时反复多次进行扫描，计算机将连续扫描获得的线形图像进行重新组合，从而完成整个成像检测过程。全部扫描结束后，计算机对每次得到的数据进行计算，重建出所需的图像，并进行分析。

线阵列扫描成像的特点是被检工件在射线源与线阵列探测器之间做相对运动才能成像，机械装置的相对运动速度对成像质量的影响非常关键，因此，机械装置的要求必须是能很好地固定被检工件，运动要精准、连续、平稳，并且运动速度与线阵列探测器的曝光时间要同步，否则最终合成的图像会产生严重的几何变形。

4.3.2　线阵列扫描成像检测系统

线阵列扫描成像检测系统主要由射线源、线阵列（LDA）探测器、机械工装系统、电气控制系统、软件系统、图像显示与处理系统和现场监视系统组成。

1）射线源

用于线阵探测器实时成像检测技术的射线源同其他射线检测技术所用射线源本质上无区别，大多采用X射线机。但由于线阵探测器阵元呈线性排列，通常会使用准直器（缝）限制X射线照射场形状，抑制散射线，提高成像质量。准直器采用射线吸收系数高的重金属材料制成，一般采用钨合金制作，分为前准直器和后准直器。准直器形成的狭缝由大量的钨合金叶片均匀分布构成，准直器对钨叶片本身的厚度、平整度及表面粗糙度要求极高。线阵探测器用准直器实物和准直器原理如图4-47所示。

(a)

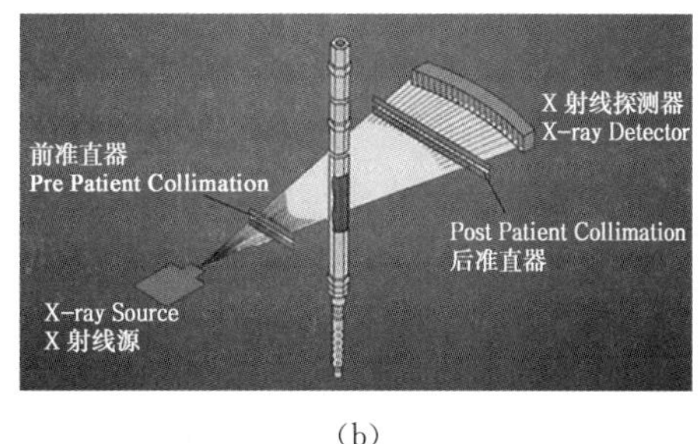

(b)

图4-47　射线准直器

(a)准直器实物图；(b)准直器原理

前准直器位于射线机的X射线管前方，即X射线管侧准直器，用于屏蔽不必要的射线，产生扇形 X 射线射束。前准直器是 X 射线经过的第一个部件，主要是用来对 X 射线进行层厚选择，通过控制 X 射线束在长轴平行方向上的宽度从而控制扫描层厚度。只有通过带有狭缝的钨准直器后才可以得到薄片形光束。

后准直器指的是位于线阵探测器侧的钨合金准直器。后准直器的狭缝分别对准每一个探测器，使探测器只接收垂直入射探测器的射线，尽量减少来自其他方向的散射线的干扰。

2）线阵列探测器

(1) 线阵列探测器的组成。

线阵列(LDA)探测器是利用 X 射线闪烁晶体材料，直接与光敏二极管相接触制作而成的射线阵列探测器，主要由闪烁体、光敏二极管阵列、数据采集系统、控制单元等组成。

① 闪烁体。线阵探测器所使用的闪烁体的主要作用是将 X 射线转换为可见光，因为一般的光敏二极管在 30 kV 以上的 X 射线照射下无法达到要求的吸收率，导致检测无法实现。常用的闪烁体是由掺有 Tl(铊)的 CsI(碘化铯)和 $CdWO_4$(钨酸镉)组成，其中铊作为激活剂。新型闪烁体材料包括钆陶瓷闪烁体，如 Gd_2O_2S(GOS)和 $Y_2O_3Gd_2O_3$(YGO_3)等。

闪烁体有吸收率、余辉、光输出这三个特性指标。吸收率，由闪烁体材料的原子序数和密度决定；余辉表示停止照射后仍滞留在闪烁体中余光的百分比；光输出，包括波长、发射光子的数量及均匀性，闪烁体发出的光波中只有波长在 500 nm 以上的光波才能被光敏二极管接受并转换成电信号。

② 光敏二极管阵列。光敏二极管阵列由大量的二极管排列组合而成，可以有多种不同的排列方式，除了普通的直线形外，还有 L 形、U 形或拱形等，以适应不同的工件形状，最新型的线阵列成像器已经能够制成曲面形状(如 C 形)来适应周向曝光的 X 射线管辐照，从而获得曲面形状工件的全景展开图形。可以根据被检物体的长度和形状来选择与之相适应长度和形状的线阵成像器。探测器扫描时将射线束严格准直后以扇形平面形状出束，X 射线被严格限制在很窄的缝隙中，从而可以有效地抑制散射线造成的干扰，本底噪声几乎为零，探测灵敏度高，使得原本被本底噪声淹没的微弱的 X 射线也能被检测出来，能够分辨出普通面成像不能看到的更细微的密度差别，密度分辨率更高，能够获取高质量的数字图像，但是对扫描系统的机械装置也有更严格的要求。

③ 数据采集系统。数据采集系统包括探测器前端和放大转换电路。探测器前端部分为预放大电路，用来收集和放大光敏二极管输出的弱电流(小于几百微安)，以提高信噪比。放大转换电路的主要作用是使信号放大和实现模数(A/D)转换。预放大后的信号仍比较小，通过增益调节放大器进一步放大信号后才能满足模数转换的

要求。探测器前端与放大转换电路集成在同一单元，这样由 LDA 扫描器中输出的就是数字信号，从而避免在输出过程中引入噪声。

④ 控制单元。控制单元包括控制电路、数字信号处理电路及图像采集接口电路，其主要作用是根据计算机接收数据的内容来控制探测器，接收数据的内容包括校准请求、图像采集、积分时间控制、动态校正、标定等逻辑功能。

（2）线阵列探测器的主要技术参数。

线阵列探测器的主要技术参数包括空间分辨率、动态范围、动态校准、扫描速度及其他与射线源相关的设计等内容。

① 空间分辨率。其主要由像素尺寸和排列决定，像素间距越小，空间分辨率越高。实际用光敏二极管制造的 LDA 的像素尺寸通常在 80～250 μm，典型的像素尺寸为 83 μm×83 μm，随着技术的发展，探测器像素尺寸可以达到 28 μm×28 μm 级别，甚至更小，比平板探测器的像素尺寸更小，因此具有极高的空间分辨率。

② 动态范围。是指成像器可识别的由 X 射线转换成数字图像的灰度等级。一般情况下，动态范围的理论值是成像器 A/D 转换器的位数（一般是 12 bit，4 096 级），实际使用过程中由于转换器件（光敏二极管）的非线性特性使得动态范围低于理论值。

③ 动态校准。动态校准影响着光敏二极管阵列的工作性能。校准可以在模拟部分进行，也可以在数字部分进行，或者在模拟、数字部分同时进行。校准包括补偿和放大，可分别针对每一个像素进行，像素之间补偿偏差由光敏二极管的溢出电流和放大补偿水准确定。放大变化由闪烁体材质不均匀引起。另外，由于光敏二极管的转换不一致性及非线性特性，要对此进行动态校准。温度变化引起的光敏二极管转换偏差，根据预设的补偿模式校准。

④ 扫描速度。目前，由于计算机及电子技术水平的发展，即使扫描线非常长的 LDA，系统信号处理速度也非常快，因此，影响扫描速度的主要因素是 X 射线光通量的大小。

⑤ 与射线源相关的设计。不同射线源的 LDA 设计不同。确保闪烁体与 X 射线能量相匹配，当使用 X 射线能量较高时应保证闪烁体能承受高能量光子的轰击；其次，由于 X 射线会增加电子线路的噪声，因此 X 射线的屏蔽和准直非常重要。

（3）线阵列探测器的特点。

X 射线线阵列探测器可承受 20～450 kV 能量的 X 射线直接照射，具有在强磁场中稳定工作的能力，无老化现象。线扫描的动态范围与系统的探测灵敏度和密度分辨率有关，线扫描具有独特的大动态范围（可达到 12 bit 甚至 16 bit），当显示器质量很高时可以观察到 120 倍以上的动态对比图像，比传统的 X 射线胶片照相检测的效果更好。当透照较厚工件或较大厚度差工件时，在射线能量（管电压）不变的条件下，采用大的射线强度(管电流)进行透照可获得不同层次范围的缺陷,从而一次性实现透照厚度变化大的工件探测及其成像检测,可以清晰地在一次拍片中同时再现密度悬殊的组织。

相对于平板探测器,线阵列探测器结构更简单,成本相对较低,且由于线阵感光单元的数目可以做到很多,在同等测量精度的前提下,其测量范围更大。同时线阵探测器实时传输光电变换信号和自扫描速度快、频率响应高,能够实现动态测量,并能在低照度下工作,所以线阵探测器广泛地应用在产品尺寸测量和分类、非接触尺寸测量等许多领域。

线阵列探测器同样存在一些不足:像素尺寸不可能做得太小,其相邻间隔(点距)一般大于 0.1 mm,从而影响图像分辨率;相比于平板探测器,线阵探测器图像获取时间长,测量效率低;由于扫描运动及相应的位置反馈环节的存在,增加了整个系统的复杂性和制作成本;图像精度可能受扫描运动精度影响而降低,最终影响测量精度。

3) 机械工装系统

由于线阵探测器每次采集的仅是图像的一行或一列数据,只能通过逐行扫描的方式实现被检工件的图像采集,为了完成整个工件的检测,必须有一整套机械工装系统。机械工装系统主要由平动装置(成像盒,内装成像器)、转动机构(运输被检工件)、倾斜机构(射线机角度变化,从而调整透照角度及焦距)及防护铅房等组成。

4) 电气控制系统

电气控制系统由可编程序控制器(PLC)、计算机系统、伺服电机等构成数控设备。

5) 软件系统

软件系统包括成像系统软件和图像浏览软件。成像系统软件具备检测工艺参数设置、机械控制或通信、图像采集、显示及存储、图像测量、图像处理、查询等多种功能。

6) 图像显示与处理系统

图像显示与处理系统是整个检测系统的控制中心,完成数字图像的扫描采集、动态降噪、实时显示、动态存储、机械装置自动控制等工作。

7) 现场监视系统

现场监视系统用于监视现场检测的工作状态。

4.3.3 线阵列扫描成像检测通用工艺

线阵列扫描成像检测通用工艺主要包括检测前的准备、成像检测工艺参数的制定、透照布置、实施曝光(成像操作)、数字图像质量评定、数字图像处理与存储、检测结果评定与评级、检测记录和报告。

（1）检测前的准备。

检测时机应满足相关法规、标准和设计技术文件的要求，同时还应满足合同双方商定的其他技术要求。除非另有规定，数字射线成像检测应在焊接完成后进行，对有延迟裂纹倾向的材料，至少应在焊接完成 24 h 后进行。

检测区宽度应满足相关法规、标准和设计技术文件的要求，同时还应满足合同双方商定的其他技术要求。检测区包括焊缝金属及相对于焊缝边缘至少 5 mm 的相邻母材区域。对于电渣焊对接焊缝，其检测区宽度由双方商定或通过实际测量热影响区来确定。

在射线成像检测前，接焊缝的表面应经目视检测合格。检测对象表面的不规则状态在数字图像上的影像不得掩盖或干扰缺陷影像，否则应对表面作适当修整。

（2）成像检测工艺参数的制定。

成像检测工艺参数的制定包括射线能量、射线源至被检工件表面最小距离、曝光量等制定。

① 射线能量。在保证穿透力的前提下，宜选择较低的管电压。采用较高管电压时，应保证适当的曝光量，不同材料、不同透照厚度允许采用的最高 X 射线管电压和常规胶片射线检测技术相同，可参照第 3 章的图 3－38 来选择。对于不等厚工件在保证图像质量的前提下，管电压可以适当提高。

② 射线源至被检工件表面最小距离。依据《承压设备无损检测 第 11 部分：X 射线数字成像检测》（NB/T 47013.11－2015）：所选用的射线源至被检工件表面的距离 f 应满足如下要求：AB 级射线检测技术，$f \geqslant 10db^{2/3}$；B 级射线检测技术，$f \geqslant 15db^{2/3}$。其中，d 为有效焦点尺寸（mm）；b 为工件表面至探测器的距离（mm）。

采用射线源在被检工件中心透照方式周向曝光时，只要得到的数字图像质量符合标准要求，可以减小 f 值，但减小值不应超过规定值的 50%。采用射线源在被检工件内偏心透照方式周向曝光时，只要得到的数字图像质量符合标准要求，可以减小 f 值，但减小值不应超过规定值的 20%。

对于图像放大倍数 M 的计算，可根据公式：$M=\dfrac{F}{f}$，其中，F 为 X 射线机至探测器的距离；f 为 X 射线机至被检工件表面的距离。图像最佳放大倍数 M_{o} 可依据本章 4.1.3 节中式（4－14）确定。

③ 曝光量。可通过增加曝光量提高信噪比、提高图像质量。在满足图像质量、检测速度和检测效率要求前提下，可选择较低的曝光量。

在实际检测时，应按照检测速度、检测设备和检测质量的要求，通过协调影响曝光量的参数来选择合适的曝光量。对于线阵列探测器，可通过合理选择曝光时间和管电流来控制曝光量。

曝光量应保证数字图像的归一化信噪比达到标准规定。

(3) 透照布置。

透照布置主要内容包括透照方式、透照方向、像质计的布置、标记的摆放等。

① 透照方式。应根据被检工件特点和技术条件的要求选择适宜的透照方式,保证被检工件的运动速度与图像采集帧频相匹配,同时保证 X 射线主射束垂直(或对准)透照被检工件并到达探测器的有效成像区域。

② 透照方向。透照时射线束中心一般应垂直指向透照区中心,需要时也可选择有利于发现缺陷的方向透照。

③ 像质计布置。包括线型像质计和双线型像质计的布置。

线型像质计

单壁单影或双壁双影透照时,线型像质计放置在 X 射线机侧;双壁单影透照时,线型像质计放置在探测器侧。当线型像质计放置在探测器侧时,应在适当位置放置铅字“F”作为标记,“F”标记的图像应与像质计的标记同时出现在图像上,且应在检测报告中注明。

线型像质计的金属丝材料应与被检工件的材料相同或相近,在满足图像灵敏度要求的前提下,低密度线型像质计可用于高密度材料的检测,如铝制像质计可用于钢制材料的检测。

线型像质计一般放置在焊接接头的一端(在被检区长度的约 1/4 位置),金属线应横跨焊缝,细线置于外侧,当一张图像上同时透照同规格同类型多条焊接接头时,线型像质计应放置在透照区最边缘的焊缝处。

原则上每张数字图像上都应有像质计的影像。在透照参数和被检工件不变的情况下(如一条焊缝的连续成像),可以只在第一幅图像检测过程中放置线型像质计。

数字图像上能被识别的最细线的编号即为对比灵敏度值。当数字图像灰度均匀部位(一般是邻近焊缝的母材金属区)能够清晰看到长度不小于 10 mm 的连续金属线影像时,则认为该线是可识别的。专用线型像质计至少应能识别两根金属线。

双线型像质计

双线型像质计应放置在探测器侧,且应放置在被检测区长度的 1/4 左右位置的母材上,金属丝与图像(或探测器)的行或列成较小的夹角(如 2°～5°),且细丝置于外侧。

原则上每张图像上都应有双线型像质计的影像。在透照参数和被检工件不变的情况下(如一条焊缝的连续成像),可只在第一幅图像检测过程中放置双线型像质计,细丝置于外侧。

④ 标记的摆放。透照部位的标记由识别标记和定位标记组成。标记一般由适当尺寸的铅制数字、拼音字母和符号等构成。数字图像标记应能清晰显示且不至于

对数字图像的评定带来影响,标记的材料和厚度应根据被检工件的厚度来选择,使其保证标记影像不模糊。

识别标记内容一般包括产品编号、焊缝编号、部位编号和透照日期。返修后的透照还应有返修标记,扩大检测比例的透照应有扩大检测标记。识别标记可由计算机写入。

定位标记一般包括中心标记、搭接标记、检测区标记等。

⑤ 散射线屏蔽。宜采用滤波板、准直器(光阑)、铅箔、铅板等适当措施,以减少散射线和无用射线,限制照射场范围。

(4) 实施曝光(即扫描成像操作)。

在成像软件中选择扫描模式,开始扫描,扫描结束后保存图像。

(5) 图像处理、图像质量及评定。

① 图像处理。在观察和评定时允许使用缩放、灰度变换、对比度变换等数字图像处理手段。各种数字图像处理手段使用应适度,且有利于数字图像质量的优化和观察评定。

当采用数字图像处理提高像质计金属线影像识别度时,应保证所有评定区域均采用相同的处理手段。为保证缺陷几何尺寸测量的准确性,应采用已知尺寸的试件对图像尺寸测量进行标定,当系统及透照参数改变时,应重新进行标定。

② 图像质量及评定。在图像质量满足规定要求后,方可进行被检工件质量的等级评定。图像质量应同时保证图像灵敏度和图像分辨率的要求,图像有效评定区域内不应存在干扰图像识别的伪像。

图像评定应在光线柔和的环境中进行,显示器屏幕应清洁、无明显的光线反射。图像灰度范围和归一化信噪比应满足相关检测标准要求。

成像结果的评定和质量分级按照相关标准的要求执行。

(6) 图像保存与存储。

图像应存储在硬盘等数字存储介质中,并在只读光盘中存档,检测图像备份应不少于两份,相应的原始记录和检测报告也应同期保存。根据标准 NB/T 47013.11—2015 中 8.1.3 条要求图像保存时间不少于 8 年,在有效保存期内,图像数据不得丢失和更改。

(7) 检测记录与报告。

根据操作的实际情况详细记录检测过程的有关信息和数据,根据相关技术标准要求出具检测报告。

4.3.4　线阵列扫描成像检测技术在不同工程中的应用

线阵探测器在特定场合相对面阵探测器有着巨大优势,如在行李安检机中的应用。若安检机采用面阵探测器，为了实现不同尺寸行李的 X 光透视检查，需将面阵探测器做得比较大，不仅成本高而且存在边角失真、维护困难等问题。若采用线阵探测器配合准直缝的使用形式，不仅可以降低射线辐射伤害，还能改善图像质量，便于对金属器件等小件物品进行检查。

本节以线阵列扫描成像检测技术在不同工程中的应用为例简述该检测技术的优势。

1）锂离子电池检测

电化学储能应用于电力系统源、网、荷各环节，为维持电力系统安全稳定做出重要贡献。相比抽水蓄能，电化学储能受地理条件影响较小，建设周期短，灵活性更强。根据需求不同，电化学储能技术在电源侧、电网侧和用户侧得到广泛应用。在整个电化学储能系统中，电池模组的成本占比最高，约 60%。电芯质量（能量密度、循环次数、温度适应性及安全性等）直接影响整个储能系统的运行与效率，因此也是决定储能系统投资回报率的关键要素。

采用数字射线成像检测锂离子电池线圈绕卷的对齐程度、入壳深度、滚槽尺寸等数据及极耳的焊接缺陷等，对于保障电池安全具有重要意义。

（1）检测设备。

微焦点射线机：管电压 110 kV，管电流 0.45 mA，焦点 15 μm。

探测器：某品牌 TDI 相机，像素为 4 608×110，像素尺寸为 48 μm×48 μm，模数转换为 12 位。

（2）扫描速度：2.88～23.04 m/min。

（3）检测结果。

对于锂离子电池等长径比较大的圆柱状被检样品，采用面阵探测器检测时，虽然将电池中心置于面阵探测器中心，但由于 X 射线束呈圆锥形，电池两端图像会存在一定程度失真，不能有效发现电池端部的壳体匹配错位问题，也无法对滚槽尺寸进行精确测量，如图 4-48(a)、(c)所示。为将重点关注部位置于 X 射线束中心，对于长径比较大的样品，需要不断重新调整被检样品位置。

采用线阵探测器则可以有效避免上述问题，通过线扫描方法无失真地捕获图像，无需重新定位被检样品，并且可以对长样品进行连续检查[见图 4-48(b)、(d)]。

2）轮胎检测

轮胎的质量直接关系到车内乘用人的生命安全，对轮胎制造质量进行射线数字成像检测，及时发现胎体、带束层、帘线分布和排列、接头、帘布反包和胎圈等结构缺陷具有重要的意义。

轮胎的圆形结构决定了采用线阵探测器回旋运动比采用平板探测器具有更高的灵敏度和检出率，如图 4-49 所示。

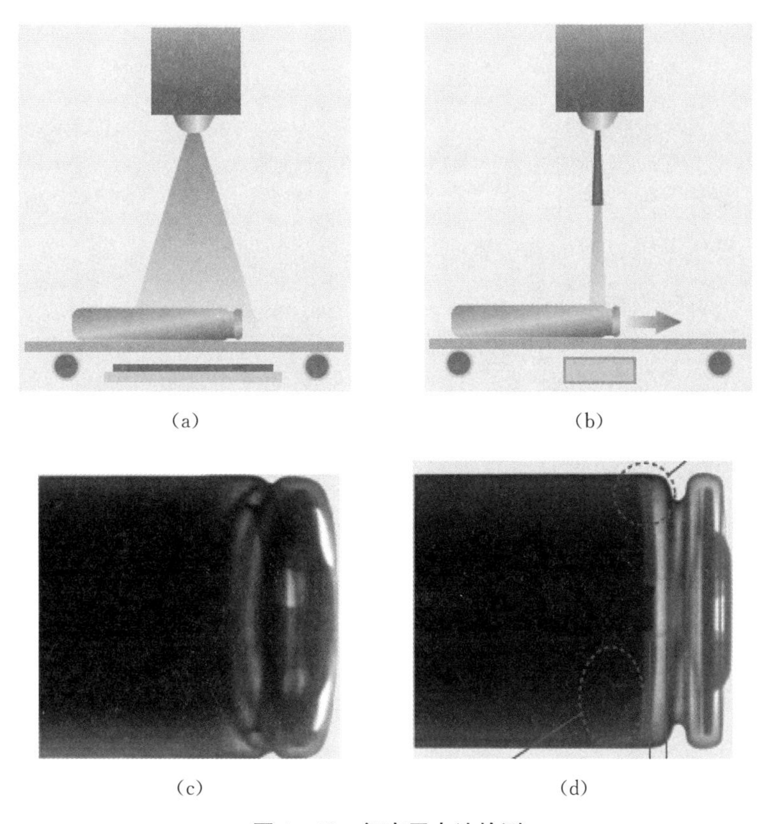

图 4-48　锂离子电池检测

(a)面阵探测器;(b)线阵探测器;(c)面阵探测器检测图像;(d)线阵探测器检测图像

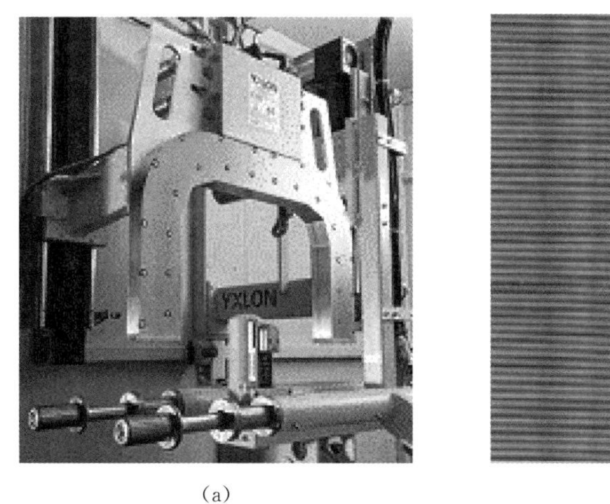

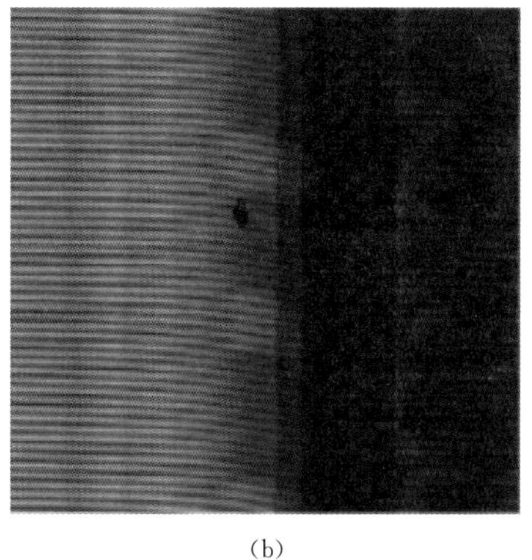

(a)　　　　(b)

图 4-49　用于轮胎检测的线阵探测器

(a)检测示意图;(b)检测图像

(1) 检测设备。

某品牌的X射线检测系统,包括100 kV射线机;2 469像素线阵探测器,像素间距500 μm,16位模数转换;自动缺陷识别软件。

(2) 检测标准:《汽车轮胎无损检验方法 X射线法》(GB/T 23664—2009)。

(3) 检测工艺。

由轮胎输送系统将轮胎输送到测量工位,轮胎匀速通过装置,测量轮胎胎圈直径(胎趾处)、外直径、断面宽度等参数。

轮胎参数测量完毕,将轮胎送至测试工位(铅房内),X射线管、线阵探测器驱动装置根据测试的参数对轮胎进行定位,同时轮胎驱动系统驱动轮胎匀速旋转,对子午线轮胎胎冠、胎体、胎圈等部位进行检测。

检测结束后,X射线管驱动装置和线阵探测器驱动装置复位,轮胎停止旋转,完成检测。

(4) 检测结果。

轮胎X射线检测结果如图4-49(b)所示,胎体上存在杂物缺陷。

4.4 数字平板探测器成像检测技术

数字平板探测器成像(DR)检测技术使用的分立数字探测器(DDA)为面阵列探测器,可将透过的X射线电离辐射的模拟信号转换成一个离散阵列,然后将离散阵列进行数字化处理并转移到计算机中,形成与X射线输入能量相对应的数字化图像。这些装置的转换速度快、范围广,从多分钟每幅图像到每秒钟多幅图像,甚至可超过实时X射线成像帧数。

数字平板探测器成像(DR)检测技术与普通胶片射线检测技术或计算机射线成像(CR)检测技术的检测过程不同,在相隔两次照射期间,不必更换胶片或IP成像板,仅仅需要几秒钟的数据采集就可以观察到数字图像,其检测速度和效率远高于普通胶片射线检测技术或计算机射线成像(CR)检测技术。除不能进行探测器分割和弯曲外,数字平板探测器成像(DR)检测技术与普通胶片射线检测或计算机射线成像检测具有几乎相同的适应性和应用范围。数字平板探测器成像(DR)检测技术形成的数字图像质量比图像增强器射线实时成像系统好,不仅成像区均匀,没有边缘几何变形,而且空间分辨率和灵敏度要高很多,其图像质量已接近或达到普通胶片射线照相检测水平。

4.4.1 数字平板探测器成像检测基础理论

1) 检测原理

数字平板探测器成像检测技术检测原理:X射线透过被检测工件后衰减并由射

线接收/转换装置接收并转换成模拟信号或数字信号，利用半导体传感技术、计算机图像处理技术和信息处理技术，将检测图像直接显示在显示器屏幕上，应用计算机程序进行评定，然后将图像数据保存到储存介质中。

曝光时，射线束穿过工件以不同的强度照射到探测器上，射线撞击闪烁体层，闪烁体吸收射线，并激发原子和分子，这些激发态的原子和分子在退激过程中产生可见光；光电二极管将收集到的可见光通过光电效应转换成光电流，该电流积分后形成存储电荷；这些电荷随后被对应薄膜晶体管(thin film transistor，TFT)阵列中的存储电容所收集，电容中存储的电荷量正比于入射射线强度；读出电路按照一定规律将 TFT 存储电容中的电荷扫描读出，在增益放大和 A/D 转换后将电荷转化为数字信号，最终得到 DR 图像。

2) 检测特点

DR 检测采用直接成像方式，只需购置平板探测器和专用计算机即可，且平板探测器平均使用寿命可达 10 年。从一次性投入成本上看，胶片照相最低，DR 设备最贵。

工效方面：数字射线无需暗室处理，所以效率高于胶片法照相，其中 CR 技术的 IP 成像板为柔性材质，可弯曲围绕在管道焊缝上，能适应管道的各种直径，而 DR 技术因受技术水平、平板探测器尺寸以及无法变形等限制，需要多次不同角度曝光次数，导致检测时间延长。除此之外，DR 检测还受电池电量、拍片数量的限制，导致工效降低。

成像质量方面：影响数字射线成像质量的因素主要有空间分辨率、信噪比和动态范围。就成像空间分辨率而言，细节分辨能力上胶片高于 CR 和 DR，就单次拍摄成像效率看，DR 优于 CR 和胶片照相。对比 DR、CR 和胶片照相的灵敏度，目前仍然是胶片照相灵敏度最高，其次为 CR，对于复杂工件 CR 技术检测灵敏度可达 C7 胶片水平，平板探测器的相对灵敏度最低，这是由于胶片、IP 成像板和平板探测器制作工艺差异造成的。

劳动时间和劳动强度方面：在实际检测过程中，CR 检测与胶片照相法几乎具有相同的检测工艺，且不需暗室处理，检测结果数字化，所以劳动时间低于胶片照相。DR 技术虽然成像较快，其检测工艺与胶片照相检测工艺差别较大，因此在实际检测中劳动时间、劳动强度较大，约为胶片法的 4 倍，特别是检测时平板探测器的固定安装，其工序相对烦琐。

缺陷检出率方面：DR 检测前需要对平板探测器进行暗场校正、增益校正和坏像素校正，可有效消除大部分噪声，提高 DR 图像的信噪比。平板探测器成像的动态范围最大，能够记录和区分更广信号范围内的信息，故 DR 缺陷的检出率高于 CR 和胶片照相法。

4.4.2 数字平板探测器成像检测系统

数字平板探测器成像(DR)检测系统包括射线源、数字平板探测器、成像软件系统、检测工装、电气控制系统、现场监视系统等。射线数字平板探测器成像检测的现场还会有采集控制系统、远端控制计算机系统等。

1) 射线源

根据被检工件规格、材质、检验场地等选择合适射线能量、焦点尺寸的射线源。数字平板探测器成像(DR)检测可选择X射线机、X射线脉冲机、γ射线机、电子加速器等射线装置。

对于X射线机,应根据被检工件透照厚度和材质选择射线能量,有效焦点尺寸不宜大于3 mm,且应与所采用的数字平板探测器相匹配。

2) 数字平板探测器

(1) 数字平板探测器的分类。

数字平板探测器是数字射线成像检测系统中最重要的核心部件,其性能直接关系到检测图像质量,主要分为电荷耦合器件探测器、直接转换式平板探测器、间接转换式平板探测器这三大类。

① 电荷耦合器件探测器。电荷耦合器件探测器(charge coupled device, CCD)的核心元件为CCD芯片。CCD芯片尺寸为2～4 cm,芯片上有上百万个相互独立的像素单元有规律地排列。当有射线光子入射到CCD芯片,芯片上会产生感应电荷,芯片上像素阵列产生的感应电荷数量与入射CCD芯片的射线光子能量成正比,通过将每个像素点对应感应电荷数量逐个读出而形成数字化检测图像,传输到计算机进行储存或处理。

CCD芯片面积小,为实现工业检测成像需求,电荷耦合器件探测器使用X射线闪烁体(硫化锌镉、碘化铯等)将X射线转换为可见光,然后通过微型镜头或光纤维直接耦合到CCD芯片上,由CCD芯片将可见光转换为电信号,并得到图像。闪烁体一般采用针状结构的碘化铯发光晶体,以提高X射线吸收效率,针状结构的碘化铯产生可见光光谱与CCD的响应光谱接近,提高了CCD的转化效率,通过技术手段减少光散射,从而提高图像的对比度和清晰度。

CCD平板成像技术应用时间比较早,经过近些年的改进和发展,其技术性能已经有很大的提高。如将CCD芯片面积提高到6 cm×6 cm,像素尺寸减小到15 nm×15 nm,从而提高图像分辨率。采用光纤维技术代替了光透镜组合镜头的耦合方式,解决了图像畸变,提高了光通量的采集效率。

跟平板探测器相比,CCD探测器的价格相对较低,图像质量也基本能满足现场检测要求。

② 直接转换式平板探测器。直接转换式平板探测器主要指非晶硒(α - Se)平板探测器，它可以在 X 射线撞击硒层时，通过硒层直接将 X 射线转换成电荷。

成像原理：当非晶硒(α - Se)层吸收到 X 射线时受激发形成电子-空穴对，电子和空穴对在外电场的作用下做反向运动产生电流，电流大小与入射的射线光子数量成正比，这些电流信号被存储在薄膜晶体管(TFT)内的极间电容里，每一个 TFT 和电容构成采集信息的最小单元形成非晶硒平板探测器的像素单元，最后读出 TFT 层存储电荷，放大并经 A/D 转换后输出到计算机中形成检测图像。所有电荷信号被读出后，扫描控制器将自动对平板内的感应介质进行恢复。

探测器结构：非晶硒平板探测器的核心结构包括三个部分，即非晶硒层、薄膜晶体管(TFT)和读出电路，如图 4 - 50 所示。实际结构中，薄膜晶体管(TFT)附于玻璃基板上，玻璃基板也作为反射层，提高光子利用率。

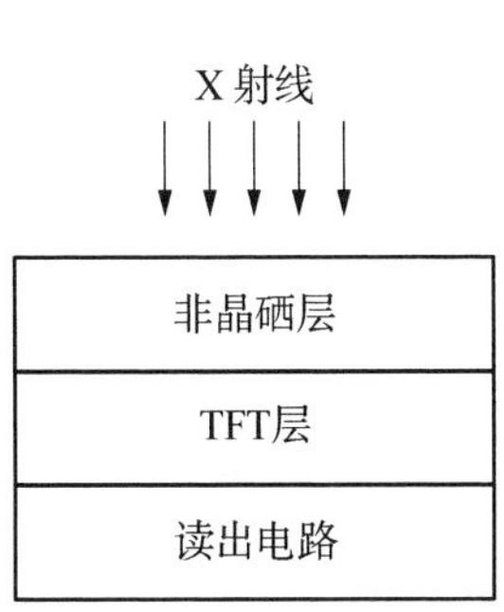

图 4 - 50　非晶硒平板探测器结构图

非晶硒平板探测器特点：非晶硒平板探测器优点是空间分辨率高，成像效果好。由于没有中间闪烁体，非晶硒材料直接将 X 射线转换为电信号，检测图像没有几何失真，图像质量高。非晶硒平板探测器缺点是对环境条件变化敏感。非晶硒平板探测器的温度要求是 10～350℃(最佳工作温度是 18～300℃)，湿度要求是 20%～75%。当环境温度低于 10℃或者温度波动剧烈时，非晶硒层可能开始从玻璃基板上分离造成探测器脱模，温度越低脱模的可能性越大。而温度过高将会使非晶硒探测器结晶，导致信息读出错误，产生伪影，严重会导致平板损坏。

③ 间接转换式平板探测器。间接转换式平板探测器与直接转换式平板探测器的区别在于间接转换式平板探测器采用了闪烁体涂层将射线信号转换为可见光信号，再由光电二极管将光信号转换为电信号。最常见的间接转换式平板探测器为非晶硅(α - Si)平板探测器。

a. 非晶硅(α - Si)平板探测器成像原理。

非晶硅探测器的结构是“闪烁体转换屏＋非晶硅二极管阵列＋TFT 阵列”，是一种以非晶硅光电二极管阵列为核心的射线探测器。在射线照射下探测器的闪烁体层将射线光子转换为可见光，而后由光电二极管阵列转换为电荷，经 TFT 薄膜晶体管开关阵列将电荷读出，并通过 ADC(模/数转换器或者模数转换器)将电信号转换为数字信号输出数字图像。由于其经历了射线-可见光-电荷图像-数字图像的成像过程，故称为间接转换式平板探测器。

非晶硅平板探测器工作过程：入射的 X 射线光子通过某种发光荧光体物质转换为可见光信息，再传送到大面积非晶硅探测器阵列，完成 X 射线的能量转换和传导过程。通过大规模集成非晶硅光电二极管(TFT)阵列将可见光信息转换成信息电荷,然后由读出电路放大,经 A/D 转换形成数字信号,传送到计算机后形成可显示的数字图像。

非晶硅平板探测器成像速度快、空间分辨率高、信噪比高,广泛应用于各种数字化 X 射线成像检测系统。

b. 非晶硅(α - Si)平板探测器结构。

非晶硅面阵探测器由闪烁体层、非晶硅光电二极管阵列、列驱动板以及图像信号读取四部分组成(见图 4 - 51)。探测器的结构包括保护层、反射层、闪烁体屏层、探测阵列层、信号处理电路层、支撑层等。

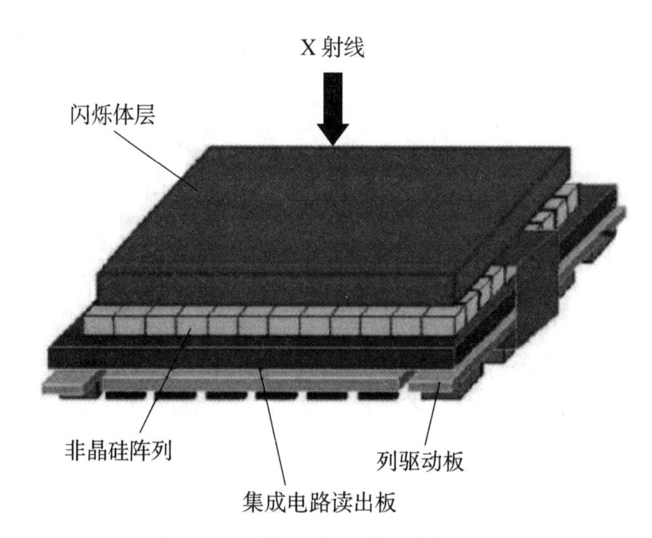

图 4 - 51　非晶硅面阵探测器结构图

保护层　由高强度材料制作表面保护层,固定和保护系统内部元器件。

反射层　在非晶硅探测器下方,主要作用是使可见光在晶体内形成全反射,减少散射,提高光能利用率。

闪烁体屏层　闪烁体层由碘化铯、硫氧化钆等光电转换功能材料组成。当闪烁体受到高能粒子或射线照射时能够发出脉冲光,该转换过程是实现数字成像的重要环节。目前,高能粒子或射线光子转换为可见光的主要方法是利用荧光物质或闪烁体屏。

探测阵列层　根据使用需求制作成不同面积的非晶硅光电二极管像素矩阵,矩阵上的每个光电二极管与 TFT 元件作为一个像素单元。探测阵列层的作用是捕获可见光并将其转换为电信号。

信号处理电路层　信号处理电路层包括放大器、多路 A/D 转换器和相应控制电路三部分。信号处理电路读出每个像素产生的电信号,并将其量化为数字信号,传送到计算机进行处理。

支撑层 主要作用是支撑和保护探测器,一般采用玻璃制作。

c. 非晶硅(α-Si)平板探测器特点。

非晶硅平板探测器优点 具有非常优秀的线性响应,良好的稳定性,较大的动态范围、较高的响应灵敏度以及相对较快的读出速度;没有图像畸变失真,受电磁环境影响小;抗辐射性能好,通过耦合不同的闪烁体材料,可以响应较宽的射线能量范围;通过对电路部分的辐射屏蔽,可以提高探测器的总体使用寿命;非常适合大面积制造,易于实现相对低成本的大面阵。

非晶硅平板探测器缺点 非晶硅平板探测器属于间接转换方式,由于闪烁体屏对光的散射,会造成分辨率的损失;闪烁体材料和厚度的选择会限制探测器的分辨率和检测效率;环境温度的变化对非晶硅平板探测器成像性能有较大的影响,在温度变化时,需要对探测器进行重新校准。

(2) 数字平板探测器的主要技术参数。

数字平板探测器是DR检测的核心器材,其性能影响DR检测效果。数字平板探测器的主要性能参数包括空间分辨率、对比度分辨率、像素尺寸、坏像素、量子探测效率①、图像灵敏度、固有不清晰度及动态范围等。

① 空间分辨率。数字平板探测器的空间分辨率是指在无被检工件的情况下,当透照几何放大倍数为1时,检测系统所能分辨的单位长度上两个相邻细节间最小距离的能力。空间分辨率是数字平板探测器的本身特性,与成像板本身像素大小有关,一般来说,平板探测器像素尺寸越小,空间分辨率越高。

② 对比度分辨率。对比度分辨率主要反映数字平板探测器获得黑白图像的明暗程度,对比度分辨率受系统A/D转换器(模/数转换器)的位数限制。A/D转换器的位数越高,对比度分辨率越高。

③ 像素尺寸。像素尺寸主要影响数字平板探测器的空间分辨率,像素尺寸越小,单位面积的像素单元越多,生成的检测图像越清晰,分辨率也越高。但像素尺寸减小,会导致像素的感光性能下降,信噪比降低,动态范围变窄。因此,像素尺寸不能无限制地减小,否则会引起检测图像质量恶化。而增加空间分辨率又会带来噪声淹没,因此数字平板探测器成像(DR)检测需要选择适当的像素尺寸,一般工业数字平板探测器成像(DR)检测中使用的数字平板探测器空间分辨率为2.5~3.6lp/mm,对

---

① 量子探测效率,是描述X射线成像装置成像性能的参数,是一个成像系统信号与噪声性能的综合效应的测量,是空间频率的函数。常表示为系统输出信噪比的平方与输入信噪比的平方的比值。该值的物理意义是成像系统的量子有效利用率,其最大值是1,即有效利用率为100%。

应探测器像素尺寸大小为 139～200 μm。

④ 坏像素。坏像素是数字平板探测器的异常单元，这些像素不能对射线强度进行合理响应。按射线响应的程度，坏像素可以分为对射线响应过于敏感的像素单元和过度迟钝的像素单元。过于敏感的像素单元其图像显示为纯白色，而过度迟钝的像素单元其图像显示为纯黑色，坏像素不会随射线剂量的改变而改变。

在数字平板探测器制造中，坏像素难免存在，但是坏像素过多，会影响检测质量和可靠性。所以必须控制坏像素的数量和分布。数字平板探测器供应商应提供坏像素表和坏像素的校准方法。目前，坏像素校正主要采用邻域选择性平均法，即坏像素的校正输出取其邻域中正常像素的平均值。除了数字平板边缘像素，每个像素周围有 8 个相邻像素，如果坏像素相邻像素单元有 5 个以上好像素，该像素可以校正。如果坏像素相邻像素单元只有少于 5 个的好像素，则该像素无法校正。坏像素的校正就是将平板上坏点测出，并保存为一个文件，计算机通过特殊算法将图像中坏点位置的灰度进行补偿修复。

⑤ 量子探测效率。数字平板探测器量子探测效率(DQE)是描述数字 X 射线成像装置成像性能关键参数，是成像检测系统信号与噪声性能的综合效应之比。它是空间频率的函数，表示系统输出信噪比的平方与输入信噪比的平方的比值，即

$$\mathrm{DQE}=\frac{SNR^2(\text{探测器输出})}{SNR^2(\text{探测器输入})}$$

由上式可知，DQE 值越大，表示量子检出率越大，所采集影像信噪比损失越小。DQE 与数字平板探测器的感光材料、结构和工艺有关，与像素大小也有一定的关系。图像噪声与每个像素单元接收的有效光子数成反比，一般像素尺寸越大，像素内包含的光子数就越多，图像噪声就越小，检测灵敏度和信噪比就越高。

⑥ 图像灵敏度。图像灵敏度是指检测系统所能发现的被检工件图像中最小细节的能力，通过标准规定的测试工具在射线图像上被记录和显示的程度，来评价形成射线图像的质量。

⑦ 固有不清晰度。数字平板探测器固有不清晰度是由照射到探测器上的射线及其激发的光子散射所产生的。射线光量子能量越高，激发出的光子动能就越大，数字平板探测器固有不清晰度也越高。

⑧ 动态范围。动态范围是衡量数字平板探测器性能的一个重要指标。在一定入射剂量范围内，数字平板探测器产生的电荷与 X 射线入射剂量呈线性变化，该入射计量范围的最小值与最大值之比，即为动态范围。

3）成像软件系统

成像软件系统是 DR 检测的核心单元，用来完成图像采集、图像处理、缺陷几何

尺寸测量、缺陷标注、图像存储、辅助评定和检测报告打印及其他辅助功能。成像软件包含主要功能:叠加降噪、改变窗宽窗位和对比度增强等基本数字图像处理;信噪比测量、缺陷标记、尺寸测量、尺寸标定;存储原始图像,观察、评定时允许进行相关处理;图像处理宜具有不小于4倍的放大功能。

4）检测工装

为满足电力设备数字平板探测器成像检测要求,应根据被检工件的外形尺寸、重量、透照厚度及方向、探测器类型,制作合适的检测工装,包括X射线机检测工装和数字平板探测器检测工装。

X射线机检测工装至少具备3个自由度,即上下(垂直)、前后(横向)、左右(纵向)方向。需将X射线机工装设计为具有可伸缩臂结构的移动式支架,而且该支架在各个方向的移动范围由机械传动的设计参数确定,X射线机头可水平倾斜一定角度,以实现双壁单影透照或倾斜透照。各个方向移动范围可采用电动方式驱动任意调节。图4-52是常见的典型X射线机检测工装。

图4-52　典型X射线机检测工装

图4-53　典型数字平板探测器工装

数字平板探测器工装同样应该具有多个自由度(上下、左右、前后、倾斜等),以配合X射线机的运动,保证被检工件处于射线束中心位置。图4-53所示为常见的典型数字平板探测器工装。

5）电气控制系统

电气控制系统由计算机系统、可编程序控制器、伺服电机等构成。由计算机控制的变频调速电动车带动轨道移动,滚轮架和台车的移动速度、位移量可通过具有控制接口的计算机设置,由于在工装运动过程中,数字平板探测器成像(DR)检测系统计算机处于相对空闲状态,所以可采用同一台计算机完成滚轮架与台车的控制,这样不仅使

图 4-54 电气控制传动系统

系统具有较高性价比，还容易实现被检工件自动或半自动检测。图 4-54 所示为典型的电气控制传动系统。

6）现场监视系统

检测室内应安装彩色摄像头，用以监控检测室内检测设备运动状态和安全状况。

根据电力行业设备的特点，以及前文讨论的 DR 系统关键技术，江苏迪业检测科技有限公司为某公司研制的管道全自动 DR 检测系统，如图 4-54 所示。该系统主要由高频 X 射线源、平板探测器、小车驱动装置、导轨以及专业数字影像采集和分析软件组成，设备采用全无线、全自动图像采集和工装控制，高频 X 射线源和平板探测器始终保持 180°的对称运动，以保证 X 射线束垂直投射到平板探测器。该系统主要应用于长输管道环焊缝和大直径容器焊缝的检测，其运行速度快，成像质量高(满足国内外各行业数字成像检测标准要求)，可以实时显示检测影像，实现现场评片，并给出综合分析检测结论及结果。

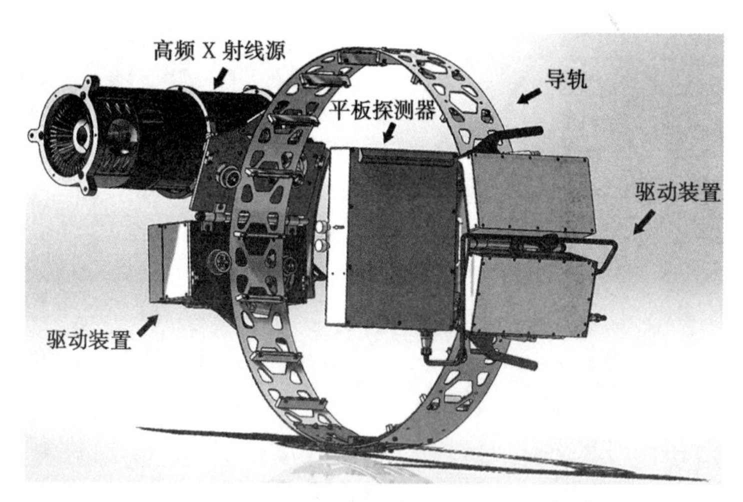

图 4-55 江苏迪业公司管道全自动 DR 检测系统

4.4.3 数字平板探测器成像检测通用工艺

1）系统选择

系统选择主要是指 X 射线机及数字平板探测器等硬件设施的选择。

(1) X 射线机。应根据被检工件的厚度、材质和焦距大小，选择 X 射线机的能量范围;焦点的选择应与所采用的探测器相匹配。

(2) 数字平板探测器。动态范围应不小于2 000∶1;A/D转换位数不小于12 bit;探测器供应商应提供探测器的坏像素表和坏像素校正方法;应按照具体的探测器系统规定的图像校正方法,对探测器进行校正。

2) 透照技术

透照布置控制的基本原则:透照方式应选择有利于缺陷检出的方式布置,透照方向应选取中心射线束垂直指向一次透照区的中心,当需要检测的主要缺陷具有特定延伸方向时,应选取该方向作为透照方向。一次透照长度控制应根据标准要求的技术级别规定的透照厚度比来确定。透照布置中应注意一次透照区内的检测图像信噪比应满足有关标准规定。

根据被检工件结构特点和技术条件来选择适宜的透照方式,一般情况下,选择单壁成像方式,当单壁成像不能实施时才允许采用双壁成像方式。

采用静态成像方式采集图像时,图像采集的重叠区域长度不应小于10 mm;当采用连续成像方式采集图像时,应保证被检部件的运动速度与图像采集帧频相匹配,同时保证X射线束中心垂直透照被检部件表面并到达探测器的有效成像区域。

对于曲面外径大于100 mm,且小于探测器有效成像尺寸的被检工件,依据NB/T 47013.11—2015,在满足AB级透照厚度比(K)为1.2,B级K为1.1的前提下,一次透照有效长度不大于被检工件内径,且AB级图像的灰度值应控制在满量程的20%～80%,B级图像的灰度值应控制在满量程的40%～80%。

3) 成像几何参数

(1) 焦距。

焦距对射线成像灵敏度影响主要表现在几何不清晰度上。几何不清晰度是指工件表面轮廓或工件中的缺陷在探测器影像上形成的半影宽度,即

$$U_g = d \times b/(F - b)$$

式中,d为焦点尺寸;F为焦点至探测器距离;b为工件表面至探测器距离;U_g为几何不清晰度。从上式可知,增大焦距F值,可使图像更清晰。选择较小的射线源焦点尺寸d可得到与增大F同样的效果。

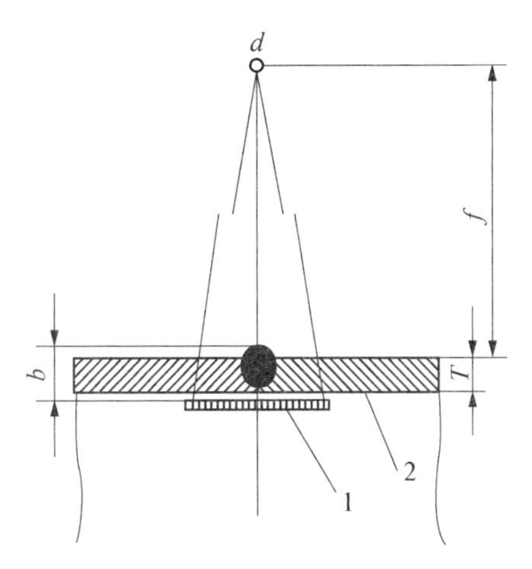

1—数字平板探测器;2—被检工件。

图4-56　成像几何透照示意图

成像几何透照示意如图4-56所示。

为保证DR检测成像的清晰度,需要限制

成像距离的最小值。射线源到工件的最小距离 f_{min} 可用诺莫图来确定，诺莫图参照本书3.3节中图3-39、图3-40。用诺莫图来确定焦距最小值的方法：在诺莫图上分别找到使用射线源的有效焦点尺寸 d 和被检工件源侧表面到探测器的距离 b 对应点，用直线连接该两点，即可以确定AB级、B级最小焦距 f_{min} 值。

（2）放大倍数。

在射线检测中，检测放大倍数的数学表达为

$$M=\frac{F}{f}$$

式中，M 为放大倍数；F 为焦点至探测器距离；f 为焦点至被检工件表面距离。对于某一被检工件，b 为定值，放大倍数 M 随着焦点至工件源侧表面距离 f 的减小而增大，数字平板探测器上被检部位的影像被放大，检测图像的放大可以提高图像细节的分辨能力，从而提高图像分辨率。

根据透照几何不清晰度公式 $U_g=d\times b/(F-b)$，随着放大倍数 M 的增大，检测图像的几何不清晰度增大，导致缺陷影响模糊；但缺陷在检测图像上的影像也会变大，有利于细小缺陷的识别，因此放大倍数应该保持在最有利于发现细小缺陷的程度。最佳放大倍数公式为

$$M_0=1+\left(\frac{U_D}{d}\right)^{3/2}$$

式中，M_0 为最佳放大倍数；d 为焦点尺寸；U_D 为探测器固有不清晰度。

工业数字平板探测器成像（DR）检测系统一般的放大倍数为3～4倍，采用微焦点可达到10倍放大倍数。

（3）图像分辨率。

系统空间分辨率是数字平板探测器本身性能，故其对某个确定的检测系统而言是一个固定的特性。

图像分辨率不仅与数字探测器阵列本身性能有关，还与被检工件厚度、透照布置、透照焦距有关。当其他条件固定时，图像分辨率随着工件厚度增加而减小。图像分辨率是一个与透照参数有关的变化的量，为达到图像质量要求，在标准中对图像分辨率做规定要求。

图像分辨率与透照几何参数之间的关系为

$$U_{im}=\frac{1}{M}\sqrt[3]{[d(M-1)]^3+U_D^3}$$

式中，U_{im} 为探测器应达到的图像分辨率，约等于分辨率的双丝丝径的2倍；U_D 为探测器固有不清晰度，约等于探测器像素大小的2倍；d 为焦点尺寸；M 为放大倍数。

对于给定的检测系统和被检工件，可结合实际检测工况，选择系统宜采用的透照几何参数。

（4）透照方向（射线束校准）。

透照时 X 射线束中心应垂直指向被检部位的透照中心，并在该点与被检区平面或曲面的切面垂直。当采用其他透照角度有利于检出某些缺陷时，也可从其他方向进行透照。当采用双壁透照法时，一般应使射线偏离焊缝轴线所在的平面进行斜透照，以免两侧焊缝影像重叠。对于其他数字射线成像方式，可经双方协商决定透照方向。

4）检测参数

（1）射线能量。

使用数字平板探测器成像（DR）检测时，为提高检测对比度，应尽量选用较低的管电压。X 射线穿透不同材料和不同厚度时，允许使用的最高管电压应符合 3.3 节中图 3－38 中的规定。对于不等厚度工件，在保证图像质量符合本部分的要求下，管电压可适当高于图 3－38 中的限定值。

对于较厚工件，当使用 X 射线机透照有困难时，可使用 γ 射线或回旋加速器进行数字成像检测。在某些特定的使用场合，只要能获得足够高的图像范围质量，也允许将穿透厚度适当放宽。

（2）曝光量。

增加曝光量可以提高信噪比、提高图像质量，但会降低检测效率。在图像信噪比和图像质量符合标准的前提下，可选择较低的曝光量来提高检测速度和检测效率。

在检测时，按照检测速度、检测设备和检测质量要求，通过协调影响曝光量的参数来选择合适的曝光量。

数字探测器阵列可通过合理选择采集帧频、图像叠加幅数和管电流来控制曝光量。

5）检测

（1）检测前准备。

与其他射线数字成像检测技术一样，需进行检测前准备，即收集被检工件结构、规格、材质等信息，按相关法规、标准和设计技术文件的要求选择检测时机，确认现场检测条件符合要求，设置射线现场透视控制区和管理区，并利用现场安全警戒标记绳标定，清理现场无关人员。

（2）检测技术等级。

按被检工件要求及 NB/T 47013.11—2015 的标准验收要求，选择检测技术等级，AB 级对应中灵敏度技术；B 级对应高灵敏度技术。电力系统设备数字平板探测器成像检测中，一般推荐采用 AB 级检测技术。

（3）现场布置。

根据现场检测条件及被检工件结构确定现场布置。在一般情况下，应优先选用单壁透照方式。当单壁透照不能有效实施时，才允许采用双壁透照方式。典型透照布置方式与胶片射线检测透照布置相同。

在透照过程中，散射线的屏蔽、像质计的使用及放置、标记的使用及放置，与胶片射线照相检测中的规定相同。

(4) 透照。

根据前期的参数设置及工作准备，开机、检测。

6) 图像质量及评定

图像质量是通过图像灵敏度和图像分辨率两个指标反映出来的，其质量按照相关标准规定要求执行。

图像质量满足相关标准要求后，按相关技术标准对检测结果进行评定。

7) 图像保存与存储

图像应存储在硬盘等数字存储介质中，并且不少于两份，保存期不少于 8 年，在有效保存期内，图像数据不得丢失和更改。图像保存介质应防潮、防尘、防积压、防划伤。

8) 记录和报告

详细记录检测过程的有关信息和数据，形成检测记录，并根据检测记录及检测结果出具检测报告。

DR 检测记录(报告)格式如表 4－13 所示。

表 4－13 DR 检测记录(报告)

<table>
<tr><td>工程名称</td><td colspan="3"></td></tr>
<tr><td>产品名称</td><td></td><td>产品编号</td><td></td></tr>
<tr><td>规格</td><td></td><td>材质</td><td></td></tr>
<tr><td>执行标准</td><td></td><td>检测时机</td><td></td></tr>
<tr><td>检验比例</td><td></td><td>检测等级</td><td></td></tr>
<tr><td>检测数量</td><td colspan="3">1</td></tr>
<tr><td rowspan="7">成像条件</td><td>射线机型号：</td><td colspan="2">探测器类型：</td></tr>
<tr><td>焦点尺寸：</td><td colspan="2">像素间距：</td></tr>
<tr><td>焦距：</td><td colspan="2">探测器规格：</td></tr>
<tr><td>管电压：</td><td colspan="2">像质计丝号：</td></tr>
<tr><td>管电流：</td><td colspan="2">双丝像质计丝号：</td></tr>
<tr><td>叠加帧数：</td><td colspan="2">放大倍数：</td></tr>
<tr><td>透照方式：</td><td colspan="2">图像存储格式：</td></tr>
</table>

（续表）

<table>
<tr><td>软件处理方式</td><td colspan="5"></td></tr>
<tr><td>焊缝编号</td><td>缺陷类型</td><td colspan="3">缺陷尺寸</td><td>评定结果</td></tr>
<tr><td></td><td></td><td colspan="3"></td><td></td></tr>
<tr><td></td><td></td><td colspan="3"></td><td></td></tr>
<tr><td colspan="2">编写(级别)</td><td></td><td>审批(级别)</td><td colspan="2"></td></tr>
</table>

4.4.4　数字平板探测器成像检测技术在电网设备检测中的应用

1）调相机冷却水管道对接焊缝数字平板探测器成像检测

调相机是指运行于电机状态，但不带机械负载，只向电力系统提供无功功率的同步电机。调相机主要用于改善电网功率因数，维持电网电压水平。

2021 年 9 月，河南某调相机站检修中对定子线圈进出水管道进行 DR 检测，定子线圈进出水管道规格为 Φ89 mm×5 mm，材质为 304 不锈钢。检测标准为 NB/T 47013.11—2015，检测技术等级 AB 级。

（1）检测前的准备。

确认被检工件的规格、材质；对检测现场及环境进行勘察，确认具备检测条件后方可继续进行；设立射线现场透视的控制区和管理区，并利用现场安全警戒标记绳标定，清理现场无关人员；开启射线剂量仪并使其处于监控状态；安装和连接面阵列探测器、射线机、计算机；检查确认各部位连接正常；X 射线机训机（按操作规程规定）；探测器校正等。

（2）检测设备、探测器及成像软件。

射线源采用 MRCH－250 型高频恒压射线机，探测器采用 1417WGB 型平板探测器，图像处理软件为 ARB 型图像处理软件。

（3）像质计及双丝像质计的选择。

像质计置于源侧，可识别丝号应符合表 4－14 中规定；双丝像质计置于探测器

表 4－14　图像灵敏度值-双壁双影、像质计置于源侧应识别丝号

应识别丝号	透照厚度范围 mm
W15	＞3.5～5
W14	＞5～7
W13	＞7～12
W12	＞12～18
W11	＞18～30

侧，可识别线对应符合表4-15中规定。调相机定子线圈进出水管道规格为Φ89 mm×5 mm，采用倾斜透照椭圆成像，属于双壁双影透照，考虑焊缝余高2 mm，透照厚度为5+5+2=12 mm，由表4-14可知像质计应识别13号丝，材质为304不锈钢，故选择Fe10～16号像质计；由表4-15可知双丝像质计应识别D8号线对。

表4-15　双丝像质计应识别线对

应识别线对	透照厚度范围 mm
D10	>3.5～5
D9	>5～10
D8	>10～25
D7	>25～55

(4) 检测参数设置。

透照厚度为12 mm，由3.3节中图3-38可以查得透照允许的最高管电压为220 kV。根据现场实际情况，确定本次检测参数：管电压200 kV，透照焦距1 000 mm，叠加帧数5帧。

(5) 透照布置。

管道规格为Φ89 mm×5 mm，直径小于100 mm，属于小径管，$T/D=0.056<0.12$，根据NB/T 47013.11—2015标准中“5.4.1.1 采用倾斜透照椭圆成像时，当$T/D\leqslant 0.12$，相隔90°透照2次”的要求，本次检测应采用倾斜透照椭圆成像，透照次数为相隔90°透照两次。透照布置如图4-57所示。

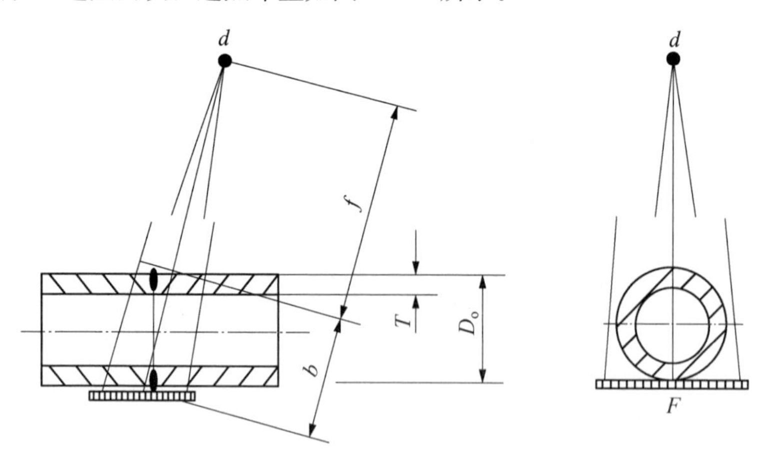

b— 管道至胶片距离；d— 射线源的有效焦点尺寸；f— 射线源至管道表面的距离；T— 管道厚度；D_0— 管道外径；F— 沿射线中心测定的射线源与管道受检部位射线源侧表面的距离。

图4-57　调相机定子线圈进出水管道检测透照布置

（6）检测。

按照设定参数及工艺操作流程开始现场检测。第一张检测完成后，旋转 90°，拍摄该焊缝的第二张检测图片。

（7）图片处理。

将拍摄图片用 ARB 型图像处理软件打开。通过自动调窗、图像裁剪、区域处理、锐化、高斯模糊、一键优化等图像处理功能对图像进行优化。

（8）检测结果。

经过评定，发现 DJ23 焊缝存在焊缝厚度低于母材，按照 NB/T 47013.11—2015 标准中"第 7 条：检测结果评定和质量分级（验收）"相关规定，需重新补焊。图 4－58 所示为 DJ23 焊口在 X 方向和 Y 方向上的 DR 检测成像图片，图 4－59 所示为 DJ23 焊缝现场所拍外观实物照片。

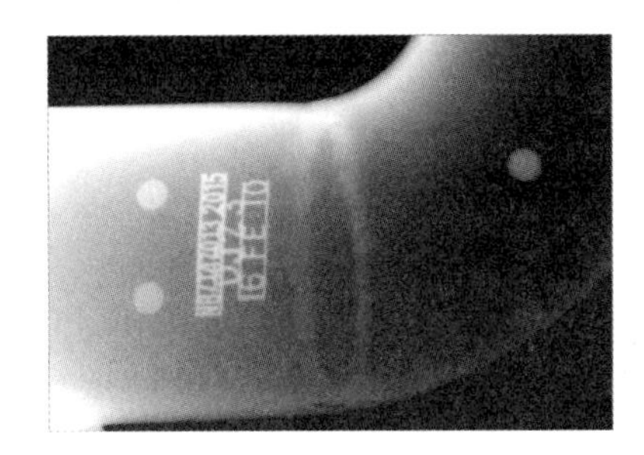

X 方向

Y 方向

图 4－58　DJ23 焊缝 DR 检测成像图片

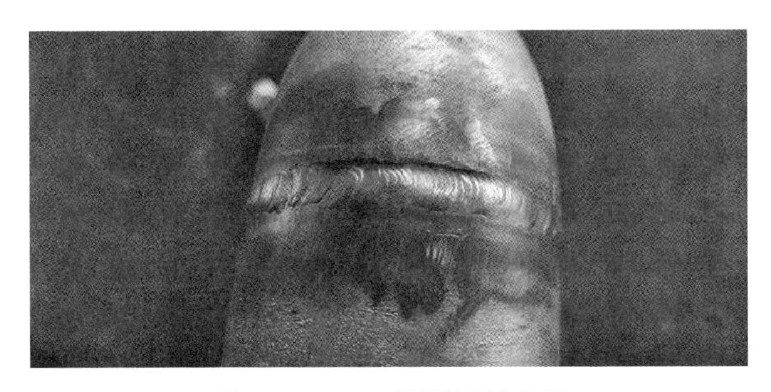

图 4－59　DJ23 焊缝外观实物图

2) GIS 组合电器内部结构数字平板探测器成像检测

随着我国电力工业建设的突飞猛进，现代电力系统正向着大电网、大机组、大容量、特高压的方向发展，为保障电力系统的稳定性、可靠性，对电力设备的安全程度也提出了更高要求。GIS 设备由于具有小型化、可靠性高、安全性好等突出优点，在全世界范围内的应用日益广泛。

GIS设备的基本元件包括断路器、隔离开关、接地开关、电压电流互感器、避雷器、套管(电缆终端)、母线等，这些部件在地质灾害、误操作或长时间的运行下，可能发生异物碎屑的移动、触头烧损、螺丝松动、结合不到位、结构变形、绝缘老化等现象。利用DR检测可以在GIS设备不解体、不停电的情况下对GIS运行过程中的缺陷进行检测。

2021年7月26日，河南某220 kV变电站220 kV侧GIS设备受到洪水灾害影响，部分线路母线脱落。基于以上情况，需对GIS重点受灾部位母线接头进行DR检测。图4-60所示为母线接头外观结构图。

(a)

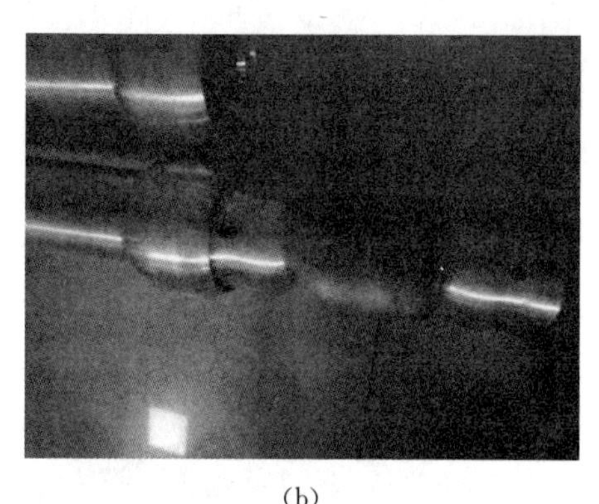
(b)

图4-60 母线接头外观结构图

(a)母线及接头；(b)母线与接头的连接

(1) 检测前的准备。

核对GIS型号、间隔、规格以及结构，确定需检测的母线接头部位；对检测现场及环境进行勘察，核查是否具备检测条件、与所办理工作票的电压等级是否一致，确定各项安排符合条件后方可继续进行；设立射线现场透视的控制区和管理区，并利用现场安全警戒标记绳标定，清理现场无关人员；开启射线剂量仪并处于监控状态；安装和连接面阵列探测器、射线机、计算机；检查确认各部位连接正常；X射线机训机(按操作规程规定)；探测器校正。

(2) 检测设备、探测器及成像软件。

射线源：选用250 kV高频恒压射线机，型号为MRCH-250，如图4-61所示。

图4-61 MRCH-250型高频恒压射线机

平板探测器：选用1417WGB型平板探测器，其属于硫氧化钆间接平板探测器，如图4－62所示。

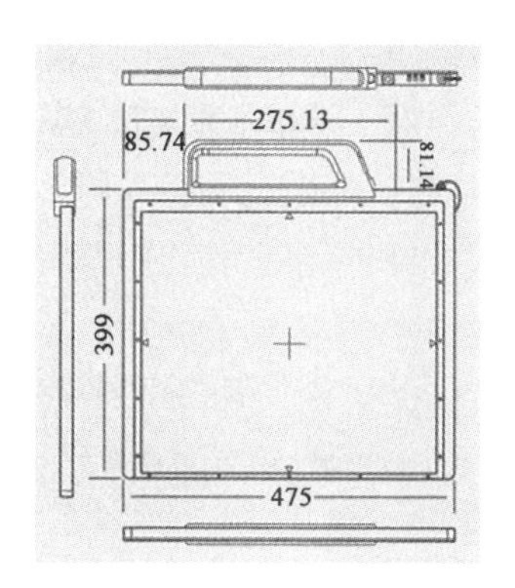

图4－62　1417WGB型平板探测器(单位：mm)

图像处理软件：ARB型图像处理软件。

(3) 像质计及双丝像质计的选择。

GIS母线接头中心部位A、B、C三相母线呈“品”字形分布，母线材质为铜，外部为GIS筒体，材质为铝。铜和铝的吸收系数差别很大，无法选择合适像质计。且检测目的是观察GIS母线接头处的插入是否到位，该类情况属于结构性缺陷，因此GIS母线接头DR检测不需要像质计。

(4) 检测参数设置。

GIS母线接头处材质为纯铜，射线吸收系数大，应选用较高的透照电压。管电压为200 kV，透照焦距为1 200 mm，叠加帧数为5帧。

(5) 透照布置。

DR检测A、B、C三相透照布置分别如图4－63、图4－64、图4－65所示。X射

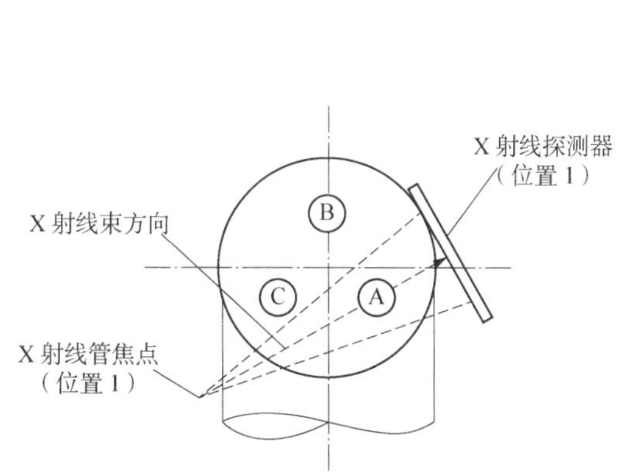

图4－63　A相母线接头透照示意图

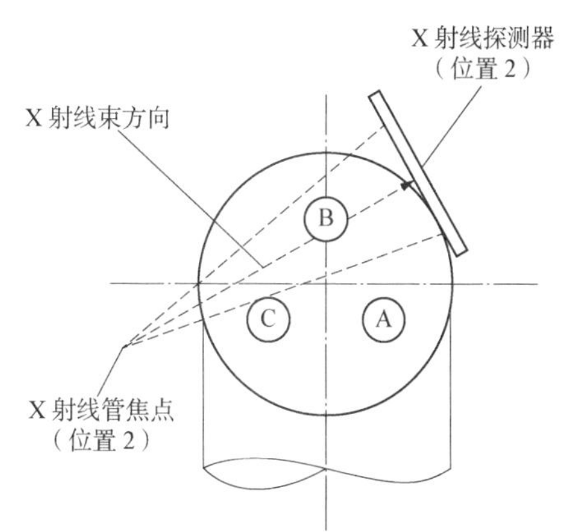

图4－64　B相母线接头透照示意图

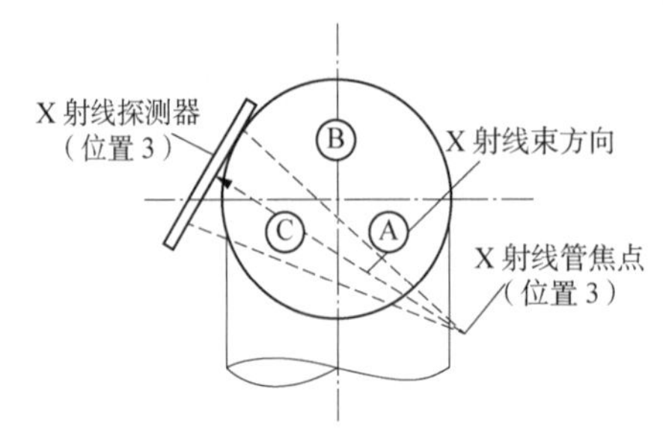

图4－65　C相母线接头透照示意图

图4－66　GIS设备现场检测布置图

线机及探测器分别放置在位置1、位置2、位置3，可分别透照A、B、C三相母线接头。探测器宜紧贴筒体外壁并尽量与X射线束方向保持垂直。当被检部位出现影像重叠影响判断时，可适当调整X射线机位置及探测器方向以满足检测要求。GIS设备现场检测布置如图4－66所示。

（6）检测。

按透照方式摆放好X射线机和成像板；设置管电压、叠加帧数等透照参数；打开射线机，DR成像板开始成像；图片处理，确认图像符合标准要求后保存图片；进入下一步成像程序。

（7）图像处理。

打开ARB型图像处理软件，通过自动调窗、图像裁剪、区域处理、锐化、高斯模糊、一键优化等图像处理功能对图像进行优化。

（8）检测结果。

GIS内部结构DR检测不同于焊接接头检测，其主要目的是观察GIS的断路器、隔离开关、接地开关、套管及母线接头等部位的结构，目前尚无相关检测和评定标准。图像评定主要工作是将GIS内部结构图片与对应的设计图纸进行对比，确认检测部位的结构偏差是否符合设计要求。

图4－67　南母B相－4西侧DR检测图像

上述GIS母线接头DR检测共检测母线接头37处，发现3处接头发生错位，其结构偏差超出设计要求，3处错位母线接头的检测图像分别如图4－67、图4－68、图4－69所示。

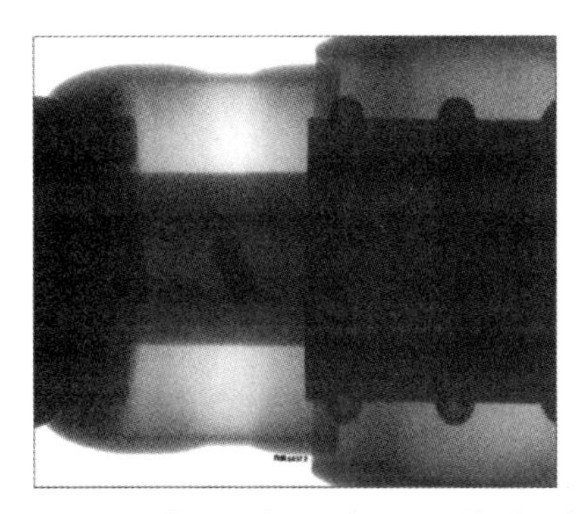

图4-68　南母B相-2东侧DR检测图像

图4-69　南母A相-2东侧DR检测图像

3）输电线路耐张线夹压接质量数字平板探测器成像无人机巡检

耐张线夹承受输电线路整个耐张段的导线张力，并承受工作电流，其压接质量直接关系到输电线路的安全。耐张线夹存在压接质量缺陷是导致局部发热、导线损伤、金具或导线断裂甚至掉线的重要原因。传统人工登高检测方式存在工作量大、效率低、射线辐射防护困难的问题。

为解决上述问题，江苏方天电力技术有限公司研制了多旋翼无人机搭载专用工装，利用其携带具有无线传输功能的平板探测器实时成像检测系统开展耐张线夹压接质量检测工作，如图4-70所示。检测标准参考Q/GDW 11793—2017执行。

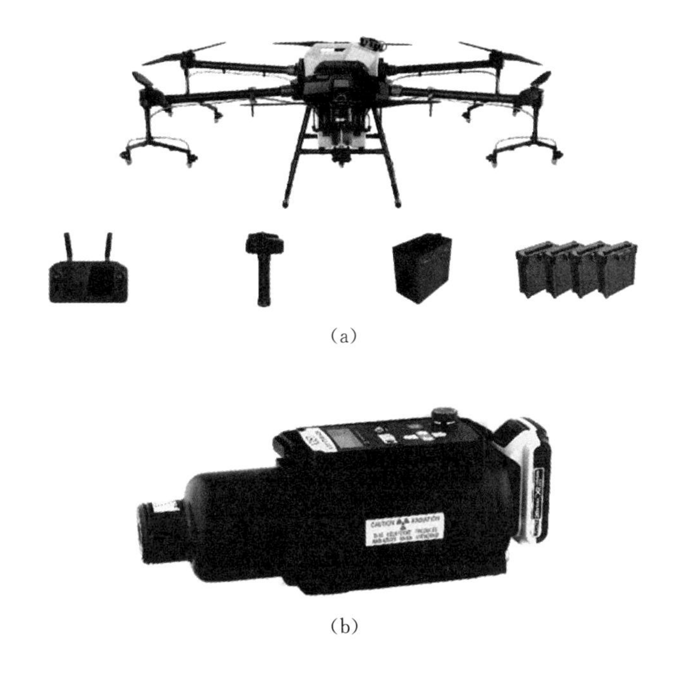

(a)

(b)

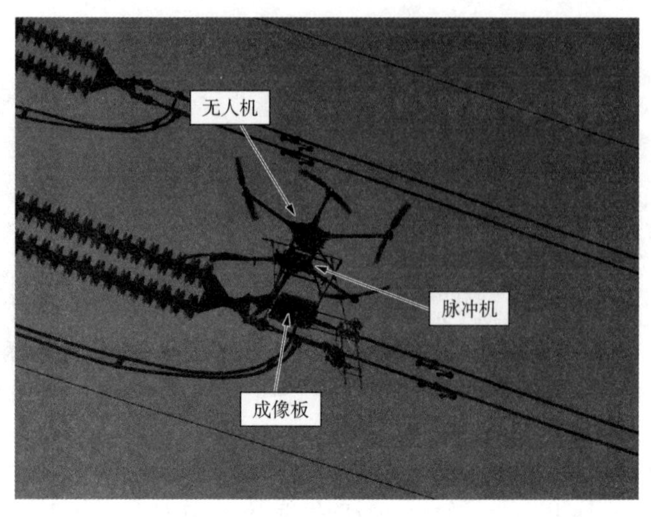

(c)

图 4-70　输电线路耐张线夹压接质量无人机巡检

(a)无人机;(b)脉冲射线机;(c)无人机现场检测

(1) 检测设备。

由于多旋翼无人机载重有限,选择轻型、便携、可无线远距离遥控操作的 DR 检测系统至关重要。无人机检测设备明细如表 4-16 所示。

表 4-16　无人机检测设备明细

序号	设备名称	厂家型号	规格参数	备注
1	无人机	拓攻 TG26	机型:六旋翼; 载重量:不低于 25 kg; 飞行时间:9 min(满载); 最大飞行速度:8 m/s。	—
2	脉冲射线机	高登 XRS_3	最大能量:270 kV; 脉冲率:15 次脉冲/秒; 重量:5.3 kg(含电池)。	无线遥控
3	DR 成像板	京东方 1417 型	类型:非晶硅辐射探测器,CsI(碘化铯)闪烁体; 成像面积:14 英寸×17 英寸; 分辨率:2 560×3 072。	无线传输
4	搭载工装	江苏方天电力技术有限公司	重量:<8 kg	—

(2) 透照参数。

检测对象为国网泰州某 220 kV 输电线路，导线类型：JL/G1A－630/45－45/7，同塔双回，双分裂；耐张线夹类型：NY－630/45；焦距：600 mm；脉冲数：15 个。

(3) 安全措施。

检测过程的安全措施如下：

① 无人机起飞作业前应确认现场自然环境，风力不大于 5 级(<10 m/s)，能见度不小于 200 m，温度 0～40℃，防止因恶劣天气引发的无人机坠机事故；

② 起降场地应选择平坦且能接收到信号的区域，应远离公路、铁路、重要建筑物、禁飞区域和人员活动密集区域；

③ 飞行操作现场设置安全围栏，严禁无关人员参观和逗留；

④ 起飞和降落时，现场所有人员应与无人机检测系统保持足够安全距离，作业人员不得站立于无人机起飞和降落航线下；

⑤ 巡检作业现场所有人员均应佩戴安全帽和穿戴个人防护用品；

⑥ 现场禁止使用可能对无人机巡检系统通信链路造成干扰的电子设备。

(4) 检测实施。

采用多旋翼无人机挂载专用工装的形式，将 DR 检测系统悬吊至耐张线夹处。待成像板挂载到位，且稳定无晃动后方可远程遥控射线机和成像板开展检测工作。

待检测结果图像回传后，立即开展图像质量评判。有遮挡、不清晰、挂载不到位情况时应及时调整无人机位置，重新进行检测。

(5) 检测结果评定。

图像质量满足要求后方可进行图像的分析和测量。分析时，可采用正像或负像的方式进行显示和观察。观察应避免在强光下进行，并确保图像清晰可见。

图 4－71 所示为该耐张线夹 DR 检测图像，检测结果评定如表 4－17 所示。

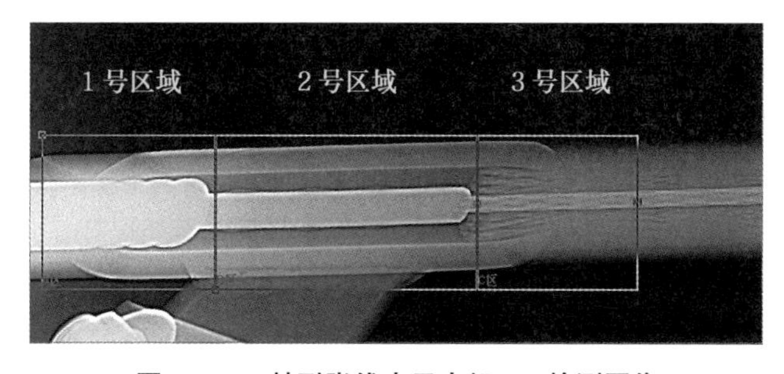

图 4－71　某耐张线夹无人机 DR 检测图像

表 4-17　检测结果评定

区域	序号	评判内容	评　判	结果
1号区域	1	是否有裂纹	无裂纹	正常状态
	2	凹槽与铝管套压接是否紧实	凹槽与铝管套漏压 2 槽	严重缺陷
	3	压接位置是否正确	压接位置正确	正常状态
	4	是否有非正常压接变形	无非正常压接变形	正常状态
2号区域	5	钢锚接续管与钢芯压接是否紧实	钢锚接续管与钢芯压接紧实	正常状态
	6	是否有飞边	有	一般缺陷
	7	弯曲度是否大于 2%	弯曲度不大于 2%	正常状态
	8	钢芯贯穿是否到位	钢芯贯穿到位	正常状态
	9	是否有裂纹	无裂纹	正常状态
	10	是否有非正常压痕	无非正常压痕	正常状态
	11	是否有遗留物	无遗留物	正常状态
3号区域	12	伸展预留尺寸是否在 5～30 mm 内	伸展预留尺小于 5 mm	一般缺陷
	13	钢芯是否有松股	钢芯无松股	正常状态
	14	铝绞线端口是否平整	铝绞线端口平整	正常状态
	15	铝绞线端口是否有松股	铝绞线端口有松股	一般缺陷
	16	是否有裂纹	无裂纹	正常状态
	17	压接位置是否正确	压接位置正确	正常状态

依据《输变电工程架空导线（800 mm^2 以下）及地线液压压接工艺规程》（DL/T 5285—2018）、《110 kV～750 kV 架空输电线路施工及验收规范》（GB 50233—2014）以及 Q/GDW 11793—2017 的要求，该耐张线夹漏压 2 槽，为严重缺陷，需要更换。

4）高压电缆阻水缓冲层烧蚀缺陷数字平板探测器成像检测

高压电缆相比于架空线具有占地少、送电可靠、不受外界环境影响、地下敷设无人身安全威胁等优点。高压电缆在我国已经使用了三十多年，最初全部使用进口产品，目前为止 66～500 kV 电力电缆基本实现国产化，每年有超过一万千米的高压电缆埋设于地下。由近十几年高压电缆本体事故案例解剖发现：高压电缆大量出现阻水缓冲层烧蚀现象，甚至引发电缆本体击穿。2001—2020 年，国网公司内高压电缆缓冲层烧蚀故障和缺陷 40 次，其中故障 31 次，线路切改时发现缓冲层烧蚀缺陷 9 次。世界范围内该同类故障多次发生。该缺陷是在电缆运行时产生，引发的故障多，危害大，是影响电网安全稳定运行的重大隐患，并长期困扰电缆行业。因此，开展对高压电缆的阻水缓冲层缺陷定期检测显得尤为重要。

现有的高压电缆在线监测手段难以有效检出此类缺陷，高压电缆阻水缓冲层缺陷以往只能通过停电切接发现，缺乏有效的无损检测手段。然而利用 DR 检测技术，可在不拆解和破坏高压电缆的情况下实现对阻水缓冲层烧蚀缺陷的检测。

(1) 高压电缆 DR 检测方案。

高压电缆端面结构如图 4-72 所示，由导体铜芯线、交联聚氯乙烯 XLPE 绝缘层、聚酯纤维非织造布阻水缓冲层、皱纹铝护套等组成，其密度如表 4-18 所示。射线检测是利用不同物体对射线的吸收率不同的特性来实现检测的。不同物体之间密度差距越大，相邻位置的明暗区别就越明显，理论上密度偏差超过 1.5%即可用射线检测区分。电缆密度变化从交联聚乙烯的 0.93 g/ cm^3 到铜的 8.89 g/ cm^3，且缓冲层缺陷密度一般为 3.50～3.90 g/ cm^3，各层物体的密度与射线吸收系数相差很大，因此理论上所有缺陷均可由 DR 检测检出。

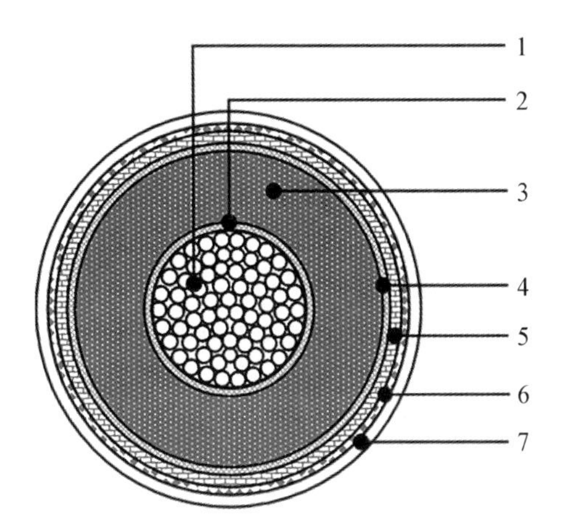

1—导体；2—导体屏蔽；3—XLPE 绝缘；4—绝缘屏蔽；5—阻水缓冲层；6—皱纹铝护套；7—外护套。

图 4-72 高压电缆端面结构示意图

表 4-18 高压电缆各层密度及缓冲层缺陷密度

高压电缆各层	密度/(g/ cm^3)
导体(铜)	8.5～8.9
导体屏蔽	1.14
XLPE 绝缘	0.93
绝缘屏蔽	1.17
阻水缓冲层	1.00～1.38
缓冲层缺陷	3.50～3.90
皱纹铝护套	2.86
外护套(黑色阻燃 PE)	1.35～1.45

值得指出的是，对于高压电缆进行射线检测，存在两方面的问题：一方面，由于

芯部导体铜密度远大于缓冲层缺陷的密度，若X射线在穿过缺陷时，又穿过铜芯，则缺陷无法检出。因此单次DR检测无法保证将电缆缺陷检出，需要结合理论分析和试验来验证第二次DR检测与初次DR检测的夹角角度，以确保两次DR检测都能检出缺陷；另一方面，焦距F、管电压U、管电流I、透照时间T对X射线数字图像质量有重要影响。为快速而准确地分析各个参数对X射线图像的影响程度，得到最优的成像条件，采用正交试验法对其进行了多组试验以得到最优DR检测参数，也就是说，采用正交试验法确定焦距F、管电压U、管电流I、透照时间T等检测参数，同时通过理论分析和试验验证确定两次DR检测的夹角角度，从而确保缺陷的检出。

试验射线机选用某公司生产的便携式X射线机，管电压调节范围10～225 kV，有效焦点尺寸为3.0 mm，平板探测器A/D转换位数为14 bit。试验装置如图4－73所示，带阻水缓冲层缺陷的电缆本体（无外护套）如图4－74所示。

图4－73　试验装置

图4－74　带阻水缓冲层缺陷的电缆本体（无外护套）

(2) 检测参数。

① 焦距F。由NB/T 47013.11—2015得知，对于AB级射线检测技术，透照时射线源至平板探测器的焦距F应至少满足：

$$F \geqslant 2b + 10 \times d_s \times b^{2/3}$$

式中，F为焦距(mm)；d_s为射线机焦点直径或当量直径(mm)；b为电缆半径(mm)。采用的电缆型号为ZC－YJLW03－Z－64/110－1×630 mm^2，电缆半径b为48 mm，焦点直径d_s＝3 mm，由上述焦距计算求得：透照焦距F要求大于495 mm。

本次透照焦距取500 mm、750 mm和1 000 mm进行对照检测。固定管电压为60 kV，管电流为0.5 mA，曝光时间为15 s。不同焦距下的DR检测结果如图4－75所示，箭头所指即为白色缺陷影像。

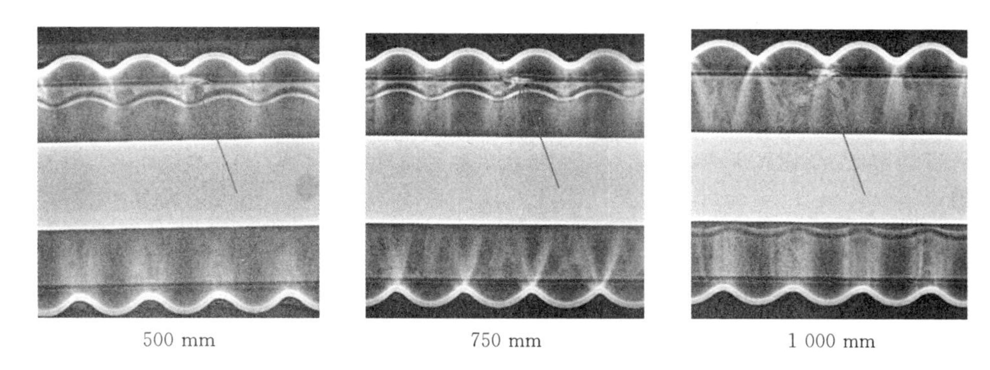

图4-75　不同焦距条件下电缆DR检测结果

由图4-75可见，三种焦距条件下均能检测出电缆缓冲层缺陷，但焦距为750 mm时的DR图像清晰度更好。

② 管电压U。射线检测的灵敏度主要取决于工件对比度和成像板的灵敏度。成像板的灵敏度由检测系统自身条件决定且不易改变，工件对比度是射线通过工件两个不同区域后射线强度的比率，主要是由材料的吸收系数、缺陷深度及管电压决定，在这三个因素中，材料吸收系数、缺陷深度都不可变，仅管电压可改变。

本次透照管电压调节范围为40～90 kV，选取50 kV、70 kV和90 kV进行对照检测。固定焦距为750 mm，管电流为0.5 mA，曝光时间为15 s。不同管电压下的DR检测结果如图4-76所示。

由图4-76可见，在70 kV管电压条件下的DR图像清晰度更好。

③ 曝光时间T。本次透照曝光时间调节范围为5～25 s，选取5 s、15 s和25 s进行对照检测。固定焦距为750 mm，管电压为70 kV，管电流为0.5 mA。不同曝光时间下的DR检测结果如图4-77所示。

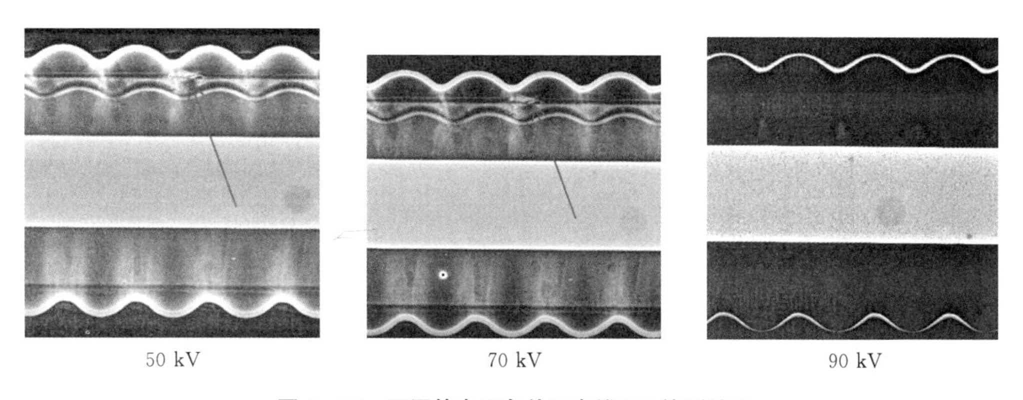

图4-76　不同管电压条件下电缆DR检测结果

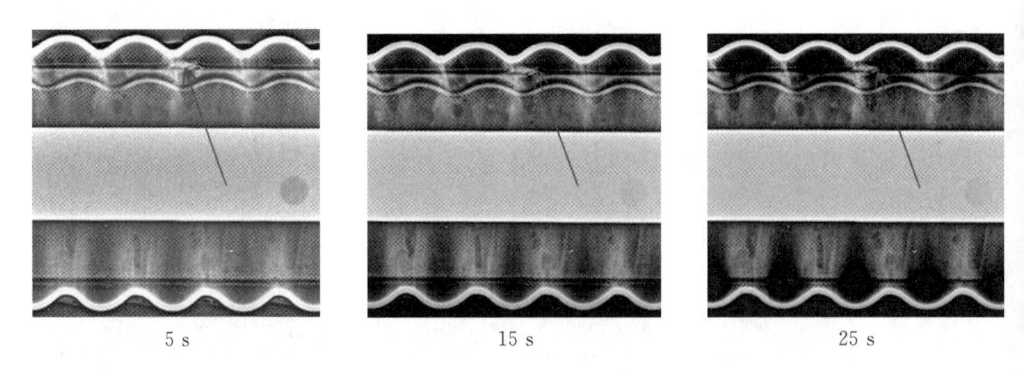

图 4-77 不同曝光时间下电缆 DR 检测结果

由图 4-77 可见，在 15 s 曝光时间下的 DR 图像清晰度更好。

④ 管电流 I。本次透照管电流调节范围为 0.5～0.9 mA，选取 0.5 mA、0.7 mA 和 0.9 mA 进行对照检测。固定焦距为 750 mm，管电压为 70 kV，曝光时间为 15 s。不同管电流下的 DR 检测结果如图 4-78 所示。

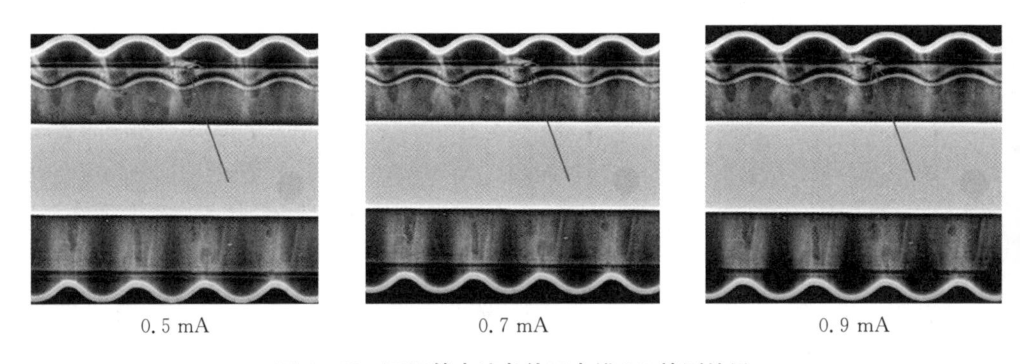

图 4-78 不同管电流条件下电缆 DR 检测结果

由图 4-78 可见，三种管电流条件下均能检测处电缆缓冲层缺陷，区别不大。

⑤ DR 检测参数选择建议。

a. 由于电缆管廊空间较大，可在检测时适当加大透照焦距，而电缆沟井等空间狭小，检测时可减少透照焦距。透照焦距选择范围为 500～1 000 mm。

b. 在保证曝光量的前提下，现场透照宜选择较低的管电压。

c. 在满足图像质量、检测速度和检测效率的前提下，现场透照宜选择较低的曝光量。

d. 对于 ZC-YJLW03-Z-64/110-1×630 mm^2 型号电缆，参考工况推荐如下的透照参数：焦距 500 mm，管电压 60 kV，曝光量为 15 s×0.5 mA；焦距 750 mm，管电压 70 kV，曝光量为 15 s×0.5 mA；焦距 1 000 mm，管电压 80 kV，曝光量为 15 s×0.5 mA。

（3）两次 DR 检测夹角。

由于检测所用管电压较低，无法穿透铜芯，因此若高压电缆阻水缓冲层缺陷部位在 X 射线穿过的铜芯区域，则缺陷无法检出，其余部位缺陷可检出，如图 4－79、图 4－80 所示。也就是说，如果只进行一次射线检测，则可能出现电缆缺陷漏检，因此，需要对电缆进行第二次射线检测，并且与初次检测呈一定夹角，以保证两次检测的范围覆盖到整个可能存在缺陷的阻水缓冲层。

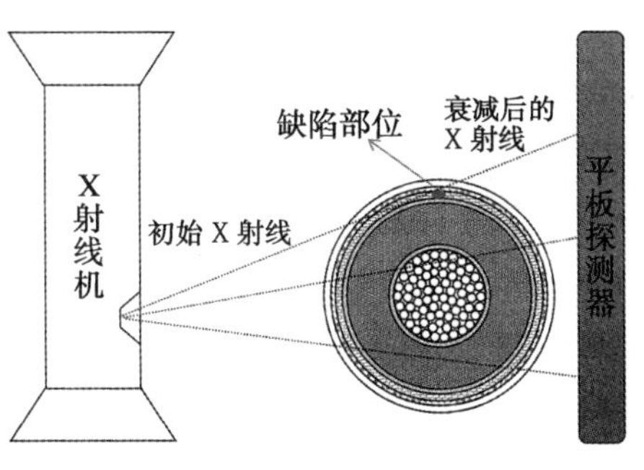

图 4－79　缺陷可检出部位

图 4－80　缺陷不可检出部位

图 4－81、图 4－82 分别为两次 DR 检测的最小夹角、最大夹角示意图。图中直线为 X 射线；小圆为电缆导体，半径为 d；大圆为阻水缓冲层，半径为 D；Af、Ab 代表单次照射无法检测区段；ag_1 代表两次射线检测最小夹角，ag_2 代表两次射线检测最大夹角。由相切易知：

$$ag_1 = 2 \times \arcsin(d/D)$$
$$ag_2 = 180° - 2 \times \arcsin(d/D)$$

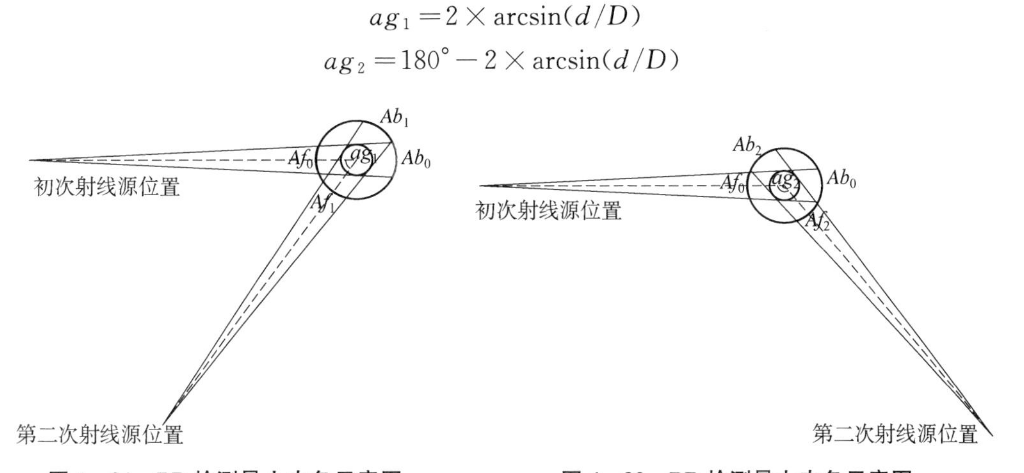

图 4－81　DR 检测最小夹角示意图

图 4－82　DR 检测最大夹角示意图

电缆铜导体半径 d 为 14.95 mm，阻水缓冲层最内层半径 D 为 33.8 mm，计算得 ag_1 为 52.5°，ag_2 为 127.5°，也就是说理论上两次射线检测的夹角在 52.5°～127.5°

就可检出缺陷。检测结果表明当初次检测缺陷角度在0°时，第二次检测与初次检测呈60°和120°夹角时都可检出缺陷，如图4－83白色缺陷影像所示。

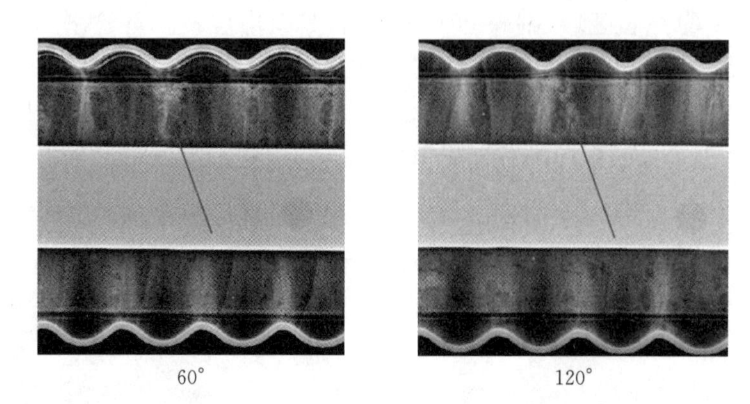

图4－83　不同检测夹角下电缆DR检测图像

5）其他典型电网设备数字平板探测器成像检测

（1）材料类-某110 kV断路器支撑绝缘子DR检测。

技术人员在对某110 kV变电站盆式绝缘子进行超高频局放测试过程中，发现存在疑似局放信号。经过局放分析，确定了局放放电部位处于ZF4－126型支撑绝缘杆附近。对上述存在局部放电异常的GIS气室进行开罐解体后，发现两根绝缘杆均出现了严重的脱胶分层现象，在脱胶较为严重的情况下，会带来绝缘件内部的大面积空穴，进而造成局部放电。

为保证设备运行，对同类型的ZF4－126型GIS支撑绝缘子开展DR检测，射线机型号ERESCO65MF4/JS0146。检测布置如图4－84所示，支撑绝缘子结构如

图4－84　某ZF4－126型GIS检测布置示意图

图 4-85 所示，相应检测参数如表 4-19 所示。

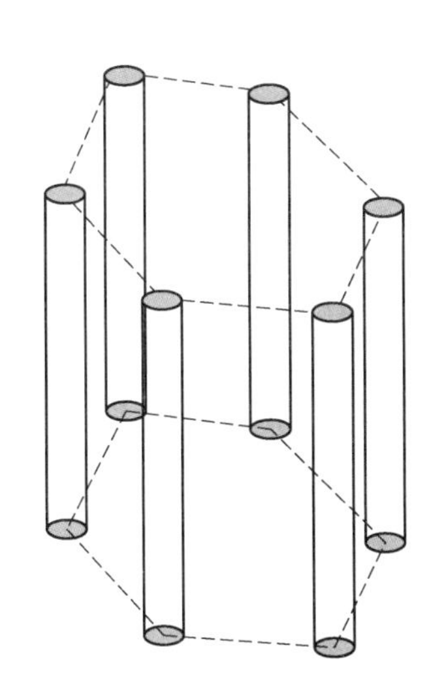

图 4-85　ZF4-126 型支撑绝缘子分布

表 4-19　某 ZF4-126 型 GIS DR 检测参数

焦距/mm	X 射线电压值/kV	X 射线电流值/mA	曝光时间/s
1 300	220	2	2

上述支撑绝缘子缺陷的典型成像结果如图 4-86 所示，通过专项排查，技术人员发现 6 个变电站 14 个间隔存在支撑绝缘子脱胶分层现象。

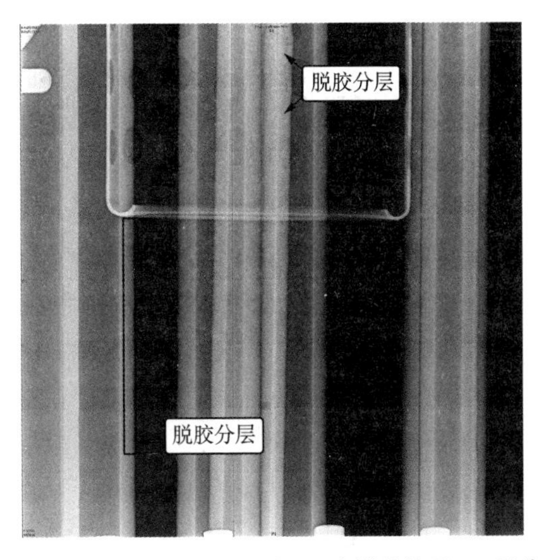

图 4-86　某 ZF4-126 型 GIS 支撑绝缘子 DR 影像

(2) 装配类设备 DR 检测。

① 某 110 kV GIS 设备内部导体 DR 检测。某 110 kV 变电站 GIS 设备波纹管处发生击穿,为查明原因,对其波纹管处导体连接位置进行 DR 检测,被检设备型号 ZF32 - 126/T2000 - 400,检测位置如图 4 - 87 所示,检测工艺参数如表 4 - 20 所示。

图 4 - 87　某 110 kV GIS 设备 X 射线检测位置

表 4 - 20　某 110 kV GIS 设备 X 射线检测 DR 检测参数

焦距/mm	X 射线电压值/kV	X 射线电流值/mA	曝光时间/s
1 050	200	2	4

成像结果如图 4 - 88 所示,GIS 内部导体与法兰连接位置,导体插入深度未超过第一个弹簧位置,存在装配上的缺陷,长期运行受震动等影响,可能引起导体脱落。

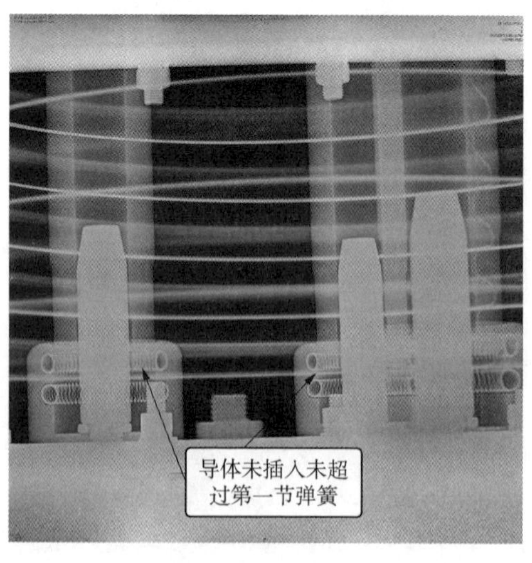

图 4 - 88　某 110 kV GIS 设备 DR 检测成像

②某 110 kV GIS 设备接地开关 DR 检测。110 kV 变电站预试定检过程中，对其 110 kV GIS 接地开关开展 DR 检测，被检设备型号为 EAP - 145W2，射线机型号为 MRCH - 300。检测示意图如图 4 - 89 所示，检测工艺参数如表 4 - 21 所示。

图 4 - 89　某 110 kV GIS 设备接地开关检测示意图

表 4 - 21　某 110 kV GIS 设备接地开关 DR 检测参数

焦距/mm	X 射线电压值/kV	X 射线电流值/mA	曝光时间/s
1 300	250	2	4

DR 检测成像结果如图 4 - 90 所示，接地开关动触头突出，经换算动静触头间距约 50 mm，大于绝缘距离 40 mm 要求，无异常。

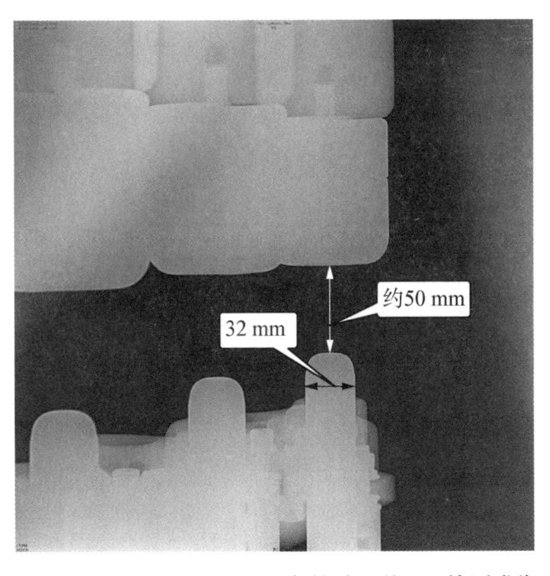

图 4 - 90　某 110 kV GIS 设备接地开关 DR 检测成像

图 4-91　某六氟化硫断路器检测示意图

(3) 异物类-某六氟化硫断路器 DR 检测。

220 kV 某变电站六氟化硫断路器发生击穿，为查明原因，对其进行 DR 检测，用于检测的射线机型号为 ERESCO65MF4/JS0146。检测布置如图 4-91 所示，检测工艺参数如表 4-22 所示。

表 4-22　某六氟化硫断路器 DR 检测参数

焦距/mm	X 射线电压值/kV	X 射线电流值/mA	曝光时间/s
900	200	2	8

成像结果如图 4-92 所示，经检测，断路器上部存在异物。

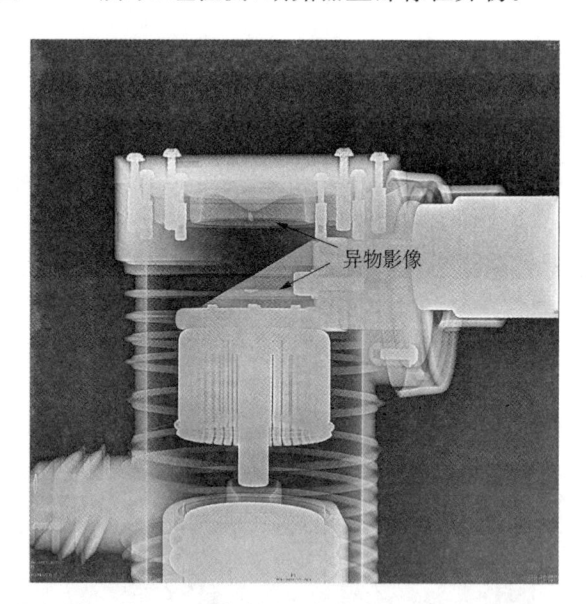

图 4-92　某 220 kV 变电站六氟化硫断路器 DR 检测成像

(4) 高空类装置 DR 检测。

① 高空绝缘子 DR 检测。相关检测参数如表 4-23 所示。

表 4-23　绝缘子 DR 检测参数

焦距/mm	管电压/kV	管电流/mA	脉冲数/个
700	270	0.25	30

高空绝缘子 DR 检测现场布置如图 4-93 所示。

图 4-93　绝缘子高空 DR 检测现场图

该绝缘子 DR 检测成像结果如图 4-94 所示，绝缘子成像清晰，可清晰分辨其芯棒和绝缘护套。

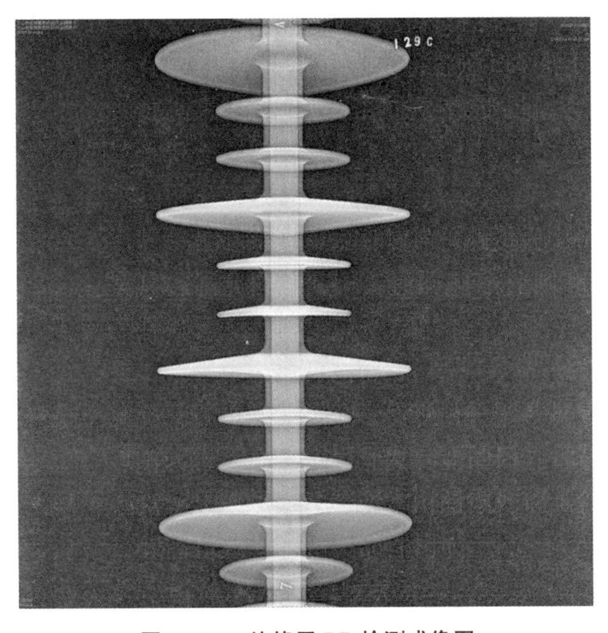

图 4-94　绝缘子 DR 检测成像图

② 高空压接导线 DR 检测。相关 DR 检测参数如表 4－24 所示。

表 4－24　架空压接导线 DR 检测参数

焦距	管电压	管电流	脉冲数
1 500 mm	270 kV	0.25 mA	99 个

该导线 DR 检测现场布置如图 4－95 所示。共检测成像结果如图 4－96 所示，可清晰观察到耐张线夹铝接续管的内部压接位置，本次高空检测结果证明了 DR 高空检测的可行性和有效性，为后续 DR 高空检测装置的研发提供了参考依据。

图 4－95　高空压接导线 DR 检测现场图

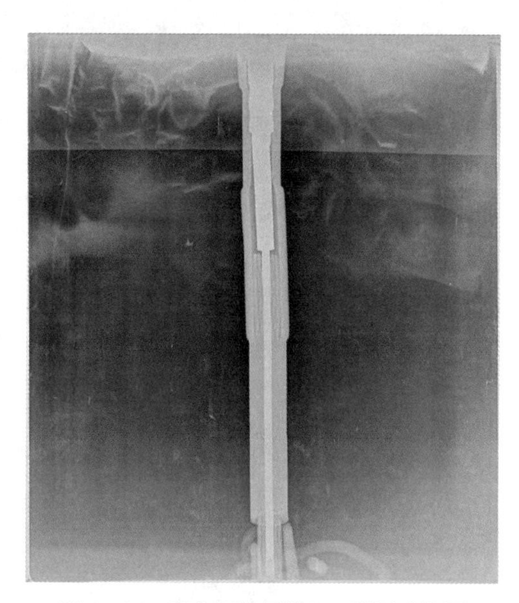

图 4－96　高空压接导线 DR 检测成像图

第 5 章　计算机层析成像检测技术

计算机层析成像(CT)检测技术,又称计算机断层成像检测技术,是通过对物体不同角度的射线透射得到的投影进行测量和计算,进而获得物体横截面信息的成像技术,涉及放射物理学、数学、计算机学、图形图像学和机械学等多个学科领域。

层析成像技术可以采用不同的能量波和粒子束,如 X 射线、γ 射线、电子射线、中子射线、质子射线、红外线、射频波和超声波等。如果应用的能量波是由检测对象内部发射的,则称为发射型 CT(emission CT),如正电子发射断层成像术(positron emission tomography, PET)和单光子发射计算机断层成像术(single photon emission computed tomography, SPECT)。如果检测数据是根据沿射线方向透过检测对象的能量波获得的,则称为透射型 CT(transmission CT)。如果检测数据是根据能量波从检测对象内部反射(或散射)获得的,则称为反射型 CT(reflection CT),如康普顿背散射断层成像。

X 射线能量高、穿透力强、便于控制,被人们广泛应用于设备内部结构的透视检测,以其为基础的检测技术也在不断发展。透射型射线 CT 是目前历史最为悠久和研究应用最为广泛的断层成像技术,本章所述 CT 成像技术即透射型 X 射线 CT(X-CT),为了书写或叙述方便,在本章及以后正文内容中,都统一以简称 CT 来代替。

5.1　计算机层析成像基础理论

5.1.1　基本原理

1) 计算机层析成像的含义

认知 CT 的过程,首先要明确两个概念。首先,CT 是一种数字成像手段,与 X 射线胶片成像技术相比,它不直接获取模拟图像,而是专门用于提供计算机数字图像;其次,CT 提供的是单个独立层面形成的图像,而不是物体整个剖面的叠加图像。“数字”和“若干个断层面组成的容积表现”是它的两个特点。

图 5-1 显示了 CT 图像与传统射线照相的区别。从图 5-1 可以看出,传统射线

照相检测时存在影像叠加,无法确定被检测物体的空间位置。CT 图像从不同的角度对物体进行检测,可以得到更精确的位置信息。传统的射线照相中,切片平面"*P*"上的信息投影成一条直线"A—A′",而 CT 图像可以获得切片平面的空间信息。CT 信息来源于从不同视角得到的大量的测量值,然后在计算机中对图像进行重建。CT 图像是由一系列离散的像素构成的,典型的 CT 图像为 1 024×1 024 或 2 048×2 048 的数据矩阵。CT 成像相当于切开被检测物体来检查它的内部特性,通过连续 CT 切片能得到物体内部的三维图像。

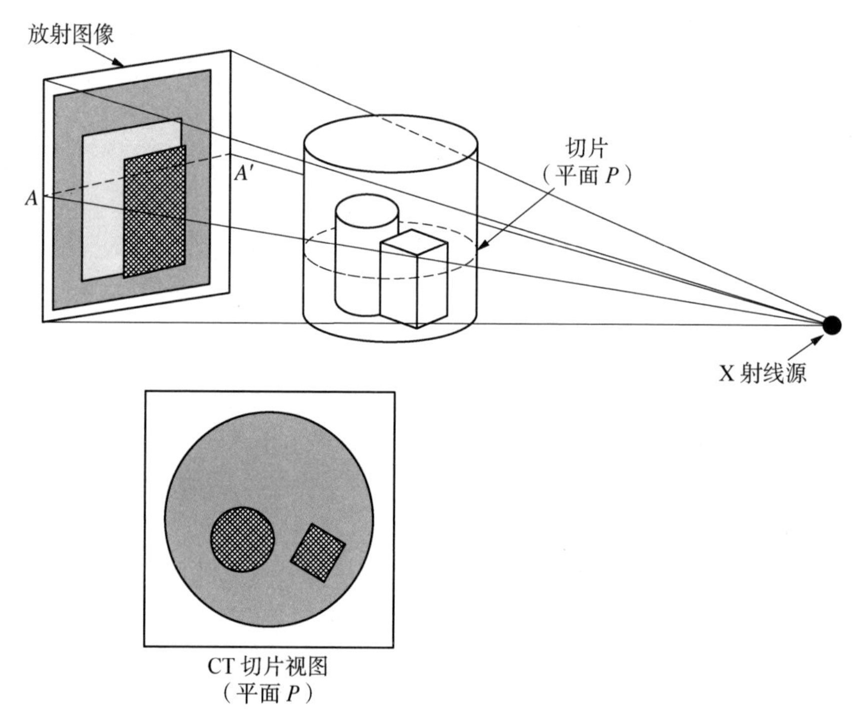

图 5-1 CT 图像与传统射线照相的比较

为了加深对 CT 的了解,不妨将物体看成是由有限数目的离散层面的体素组成的。每个扫描的目的是要确定一个横截面的组成结构。而每个层面或断面又可想象为是由离散的三维体素组成的,每个体素的值都显示在数字图像矩阵的一个像素中。通常我们用字母组合词"voxel"表示体素,用"pixel"表示像素。

原则上讲,一幅断层影像是可以从任意方向上获得的,但对于 CT 而言,大多数都是直接扫描横截面,标记为 *X*/*Y* 平面。垂直于扫描及图像平面的 *Z* 轴方向,是扫描时的旋转轴方向。该坐标系统中体素的边长由像素的大小决定,即由所选取的像素矩阵大小和视野以及层厚决定:像素较少的矩阵可能会出现类似棋盘的效果,图像较为模糊；由于层厚不同，层厚较大时垂直于扫描平面的多平面图像也可能是非常粗糙的。这些图像质量的局限性并不是其本身固有的特性，而是因CT技术的局限性造成的。

2）计算机层析成像的基本原理

CT的原理就是测量不同方向上物理量的空间分布，并从这些数据中计算出非叠加图像。具体来讲，CT图像的形成过程包括数据采集、图像重建、图像显示三个阶段。对应的我们需要弄清楚四个概念：CT测量的内容、CT数据的采集、CT图像的构建、CT图像的显示。

(1) CT测量的内容。

CT是一种射线检测方法，本质上是线性衰减系数成像，其目的是在重建中求解出各个体素的线性衰减系数 μ，其得到的图像是物体的线性衰减系数的分布图。

传统的放射影像只能记录X射线强度的相对分布，通过灰度来呈现检测结果。在CT中，最初检测并记录的内容也是X射线强度，但除了衰减之后的强度 I 之外，CT还要测定初始强度 I_0，以便计算从X射线源到探测器的每条射线的衰减值。故CT测量的是X射线在经过物体前后的强度，而强度的测量是为了得到物体对于X射线的衰减系数。

线性衰减系数描述了射线衰减的瞬时变化率。射线衰减是由于射线与被测物体的相互作用造成的。射线峰值能量低于1.02 MeV的CT系统中，主要的相互作用是光电效应和康普顿散射。光电效应主要依赖吸收介质的原子序数和密度，在低能时起主要作用，康普顿散射主要依赖于材料的电子密度，在高能时起主要作用。

线性衰减系数与材料密度的相关关系是CT图像能反映物体密度分布的物理基础。但是线性衰减系数还与射线能量有关，这种特性有时会掩盖CT图像中的密度差异，但有时也会增强具有相似密度的不同材料的对比度。

(2) CT数据的采集。

CT数据的采集，即在CT成像中如何测量一个物体。图5-2所示为CT的工作原理图。图5-2(a)中函数 $f_{\Phi_1}(x')$ 表示在某个角度下测量得到的一组投影数据，其中 x' 表示每次测量的投影位置。图5-2(b)表示从其他角度测量得到的 $f_{\Phi_i}(x')$。将投影数据数字化后储存在计算机中，并在计算机中进行处理。图像处理的下一步是对投影数据进行反投影。反投影是在投影路径的每个像素上叠加该路径下的投影值的过程。当采集到足够的投影数据时，就能对被测物体进行可靠的重建。在图5-2所示的例子中只使用四个方向的投影数据就能通过反投影初步显示出被测物体的相对尺寸和位置。

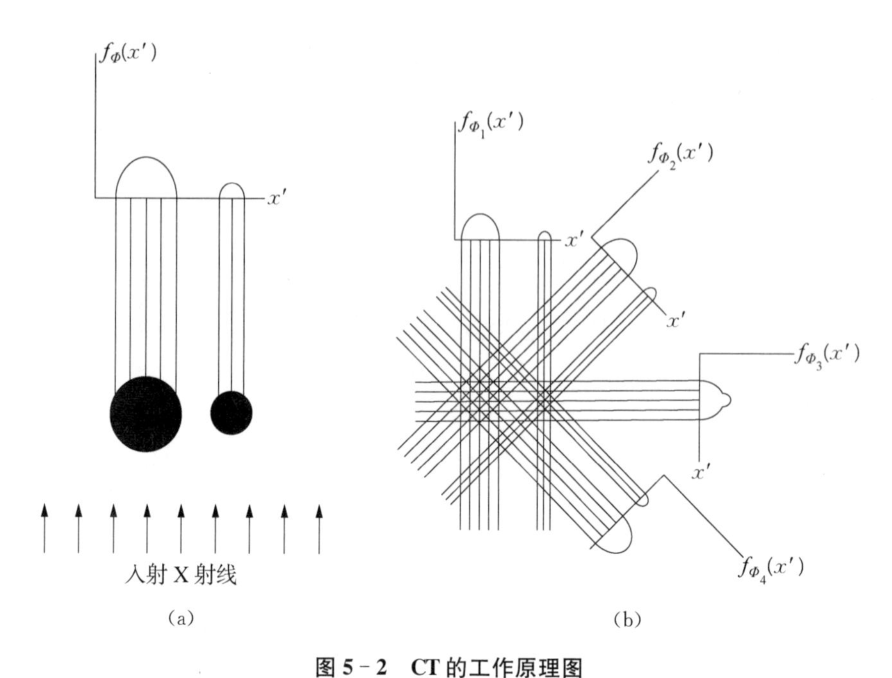

图 5-2　CT 的工作原理图

(a)单个角度透照示意图;(b)多个角度透照示意图

CT 技术中 Radon 变换是 CT 图像重建的基础,为了能够按照 Radon 的理论计算出令人满意的图像质量,必须要记录足够多的衰减积分或投影值,需要在所有方向上进行测量,即至少在 180°的范围内测量,并在每个投影中确定众多的间隔非常小的数据点。

当前的 CT 测量通常是在 360°范围内以扇形束的方式进行测量。测量扩展到 360°的做法是从几个方面的因素考虑的,首要考虑的是图像质量和更高精度的数据采样。通常做法是通过对探测器的准确定位后,采用四分之一探测器偏置法和重叠法采样。从实际考虑,360°扫描也是必需的,特别对于螺旋 CT 而言,它是一个前提条件。新型 CT 已经发展到 800～1 500 个投影,每个投影有 600～1 200 个数据点。

(3) CT 图像的计算。

CT 图像的计算,即如何通过测量到的数据求解出一幅 CT 图像。其衰减系数通过 Radon 逆变换计算得到,具体求解原理及方法将在 5.1.2 节中 CT 的数学基础部分进行讨论。

目前 CT 通常采用卷积反投影进行计算。以一个空的图像矩阵为起点,即计算机内存中定义的数据范围只将 0 作为初始值。在简单的反投影中,每个投影值都被加到其测量方向上所有的像素中。通常,扫描物体,其显示在衰减曲线中的每个细节不仅会影响图像点的像素值,而且还会对整个图像造成影响,使图像模糊,因此扫描不能满足对复杂结构的检测需求。

为了避免模糊图像的产生,每个投影必须在反投影之前与卷积核进行卷积运算。卷积核与衰减曲线逐点相乘,然后再将结果值相加。从本质上说,这是一种高通滤波法,在物体的边界上能产生正向和负向作用。对于正向信号,会产生负向作用。这些负向作用将在每个物体细节之外,拉平由反投影引起的正向信号对图像的影响。另外通过选择和设计卷积核(从柔和或平滑到锐利或边缘增强)还可以影响图像的特性。稍弱的高通滤波器会降低空间分辨率和图像噪声,而较强的高通滤波器会产生相反的作用。

(4) CT 图像的显示。

CT 图像的显示,指 CT 图像显示内容,即在 CT 图像中显示什么。如上所述,CT 测量并计算线性衰减系数的空间分布。不过,物理量线性衰减系数 μ 并不好描述,它很大程度上取决于 X 射线光谱能量。这就导致在使用不同电压和过滤器的 CT 测量所获得的图像之间进行线性衰减系数的直接比较毫无意义。

为此我们引入 CT 值的概念,用不同物质相对于相对水的衰减来间接表示其衰减系数。为了纪念 CT 的发明者,将 CT 值的单位制定为 Hounsfield,单位符号为 HU。对于某一组织 T,它的衰减系数为 μ_T,则它的 CT 值可表示为

$$\text{CT 值}=[(\mu_T-\mu_{水})/\mu_{水}]\times 1\,000(\text{HU})$$

按此比例,水和每一种相当于水的组织,存在 $\mu_T=\mu_{水}$,它的 CT 值应为 0 HU。因为 $\mu_{空气}$ 几乎等于 0,所以空气的 CT 值为 $-1\,000$ HU。水和空气的 CT 值不受 X 射线能量的影响,因此它们就成了 CT 值标尺上的固定点。

在扫描阶段对物体进行扫描后,重建阶段需通过相应的重建算法来完成各个体素 CT 值的计算,此阶段有相关参数的物理意义需要明确。

FOV 是 field of view 的简写,它是指在 CT 扫描期间所测量的区域。具体而言,FOV 决定了在 x-y 平面 X 射线的照射范围。FOV 和矩阵共同决定了像素的大小。像素是显示图像的基本单元,其定义为:

$$\text{像素}=\text{FOV}/\text{矩阵大小}$$

由于被扫描物体的组成是不均匀的,在应用中要将其分成很多小块,这种被分成许多密度均匀的小立方体,称之为体素。体素是构成 CT 图像信息的基本单元。由于被准直的 X 射线有一定的厚度,所以在 CT 测量中得到的图像实际上反映了物体的一个三维体层的情况。体素越小图像越清晰。体素的大小由以下公式决定:体素 $=\text{FOV}\times\text{slice}(\text{层厚})/\text{矩阵}$。为得到高质量图像,CT 测量需要尽可能多的原始数据,而原始数据又与采样点数和探测器数目有关。

二维CT影像对应物体的三维体层，即三维信息被压缩至二维显示。然而，与常规平面胶片所不同的是，CT影像的层厚非常薄，且层厚可以调节。图像像素对应的是体素值。体素和像素采用统一坐标系统，像素值可代表对应体素的平均吸收特性，在影像中显示出来。

一般CT值的范围为－1 024～＋3 096 HU，有几千个灰阶，无论是在显示器还是在胶片上，都无法一次显示区别这么多的灰阶。人眼最多能辨别60～80个灰阶。为了解决这个问题，就引出了窗宽和窗位的概念，即所谓的窗口技术。

窗位(window level, WL)：将某一CT值对应于灰度级中心位置，这个CT值表示窗位。

窗宽(window width, WW)：表示所显示CT值的范围。通过窗宽的调节，可以把任何一段CT值扩大到整个灰度范围内。

窗位功能起着控制显示对比度的作用，根据窗位设置，可以把图像分为三种类型。CT值比所设置的窗口下限值低的组织在图像中显示为黑色；CT值比所设置的窗口上限值高的组织为白色；CT值介于窗口上、下限(窗宽大小)之间的组织则形成灰度不同的图像。

图像对比度与设置的窗口的上下限的差值有关。小窗口可以使图像产生高的对比度，这是因为用相差大的灰度形成了相差小的物体的图像。大窗口设置使图像的对比度降低，但能把可见度扩展到较宽的CT值范围内。窗口技术可以把难以区分的物体的CT值从整个范围内突出出来，然后把它们显示在整个灰度标上，这是获得高对比灵敏度图像的一个重要因素。

3）计算机层析成像的特点

工业CT是20世纪80年代发展起来的先进无损检测技术，是计算机层析成像技术的工业应用，具有以下特点。

(1) 工业CT的优点。

① 能够给出检测工件的二维和三维图像，其关注的检测目标不受周围细节特征的遮挡，图像容易识别。从CT检测图像上可以直接获得目标特征的空间位置、形状及尺寸信息，而常规射线检测技术是将三维物体投影到二维平面上，会造成图像信息叠加，难以对目标进行准确定位和定量测量，评定图像需要有一定的经验。

② 具有突出的密度分辨能力，高质量的CT图像密度分辨率甚至可以达到0.1%，比常规无损检测技术高一个数量级。

③ X射线源焦点小、射束细、能量密度大，空间分辨率高，能够精确地测定出被检物体内部结构(缺陷)的大小、位置和形状。

④ 图像是数字化的，从中可直接得出像素灰度、尺寸设置密度等物理信息，且数字化的图像便于存储、传输、分析和处理。

(2) 工业CT技术的局限。

① 工业CT装置专用性较强,按照检测对象和技术要求的不同,其系统结构和配置可能相差很大;工业CT装置对细节特征的分辨能力与工件本身几何特性有关,对不同工件的分辨能力有差别。

② 被测物体需要满足CT系统的工装条件,并且能被射线穿透。其次,CT图像的重建算法要求扫描系统至少采集180°范围的数据,但在工程实践中由于射线源和探测器尺寸、射线束形状等因素的影响,使得穿过物体的某一路径在正、反方向获得的投影数据存在差异,因此需要采集360°范围的数据才能获得高质量图像。有些情况下数据的采集还受被测物的尺寸和透射率限制,虽然数据不完整时可以采用一些补偿手段,但是会降低图像质量。根据动态范围、被测物体最大等效钢厚度和射线能量可以估计被测物体的检测可行性。

③ CT图像的另一个缺点是可能会出现伪影。伪影是CT图像上出现的与试件的结构及物理特性无关的图像特征。由于伪影是不真实的,因此它不利于检测人员从图像中定量地提取密度、尺寸或其他数据。因此,需要检测人员学会识别并能凭经验消除常见伪影对图像的影响。有些伪影可以通过一定的工程技术手段改进CT系统软硬件提升性能来减弱或消除,例如散射和电子噪声引起的伪影;但有一些伪影从理论上是不可避免的,只能通过工程手段减弱,例如边界条纹和部分容积伪影;还有一些伪影同时具有以上两种特点,例如杯状伪影,它主要是由于射线的多色性和射线散射造成的。

④ 用线阵CT进行完整的三维扫描比较耗时,以1 024×1 024的图像为例,单幅图像的典型扫描时间一般需要几分钟,部分高速CT系统的扫描时间可缩短到1 min内。因此并不是所有的CT检测都需要进行三维扫描,有些可以通过数字射线成像(DR)检测进行补充。此外,也可以通过加大切片厚度来减少扫描时间,但是会降低轴向分辨率,还可能产生部分容积伪影,原则上,这个缺点可以通过全三维扫描如锥束扫描来消除。

4) 计算机层析成像检测技术的应用

(1) 尺寸测量。可用于测量复杂零件(特别是内部结构复杂的零件)的形位尺寸。

(2) 逆向工程。用于零件反求,即根据CT图像数据构造CAD模型,再根据CAD模型制作相应的零件,同时提供面向快速原型制造的数据接口。

(3) 缺陷检测。定量检测零件内部缺陷的大小、位向,并可检测微裂纹的动态演变过程。

(4) 检验装配。检查装配部件的组成及其装配关系,这是根据工业CT对材料密度敏感的特性,通过适当的图像处理技术,来区分出不同的零件。

(5) 成分检测。如零件制造或复合材料制备过程中材料的均匀性,涂层厚度及其均匀性等。

(6) 结构优化。无损检测零件在不同载荷、不同环境下的变形及破坏情况,从而进行材料结构辅助优化设计。

(7) 失效和故障分析。检查零件失效和故障原因,工业 CT 检测结果可引导后续装配体拆分或进行破坏性实验。

5.1.2 技术基础

计算机层析成像检测技术基础包括物理基础、数学基础和扫描方式这三个方面。

1) 物理基础

X 射线是由带电粒子加速或减速产生的,其与物质之间的相互作用与它的产生方式无关,只与它的能量有关。射线与物质的相互作用有四种方式,分别是射线与原子中的电子发生作用、射线与核子发生作用、射线与原子中的电子或原子核产生的电场发生作用、射线与原子核周围的介子场①发生作用。射线与物质发生相互作用后可能产生三种结果:完全吸收、发生弹性散射或发生非弹性散射。因此,理论上射线与物质之间的相互作用有 12 种不同的现象(见表 5-1),其中一些现象还没有从物理上观测到。

表 5-1 射线与物质的相互作用产生的现象

作用结果	射线与物质相互作用的对象			
	原子中的电子	核子	原子中的电场	原子核的介子场
完全吸收	光电效应	光致分裂	电子对效应	介子的产生
弹性散射	瑞利散射	汤姆逊散射	德尔布鲁克散射[a]	无现象
非弹性散射	康普顿散射	核共振散射	无现象	无现象

注:a. 德尔布鲁克散射,即射线光子与原子的电场发生作用后,光子能量不变,仅是传播方向发生改变的现象。

射线照相技术中最重要的相互作用是光电效应、康普顿散射和电子对效应。它们的作用范围与射线光子能量和材料原子序数的关系详见本书第 2 章中图 2-8。

当射线能量低于 1 MeV 时,不可能产生电子对,与原子中电子的相互作用是射线与物质的主要作用,其他可能的作用中,瑞利散射很小但不能忽略。

当射线能量高于 1 MeV 时,随着射线能量升高,电子对效应增强,康普顿散射减弱。

---

① 介子场,即核子间通过交换介子发生作用,产生核力。

当射线能量高于 8 MeV 时会产生一定量的中子。

能量高于 10 MeV 时应考虑中子防护。

图 5-3 给出了三种主要的相互作用的示意图。发生光电效应时，原子作为整体与入射射线发生作用，入射射线被完全吸收。由于能量和动量守恒，原子被反冲并发射出一个电子，随后的衰减过程会导致特征 X 射线和次级电子①的产生。由图 5-3(a)可知，光电效应在低能部分起主要作用。

发生康普顿散射时，入射射线与电子相互作用，发生非弹性散射，该过程中射线损失了能量，这种散射也称为非相干散射。由于能量和动量守恒，电子发生反冲并且射线以更低的能量被散射到不同的方向。虽然射线没有被完全吸收，但是已经偏离了初始方向。在射线照相检测中大部分散射线都来源于康普顿散射。由图 5-3(b)可知，康普顿散射在中能部分起主要作用。

发生电子对效应[见图 5-3(c)]时，入射射线与原子核周围的电场发生相互作用并被完全吸收，在这个过程中产生正负电子对。电子对的产生保证了能量和动量守恒。正电子最终与电子相互作用产生湮没辐射。电子对效应在高能部分起主要作用。

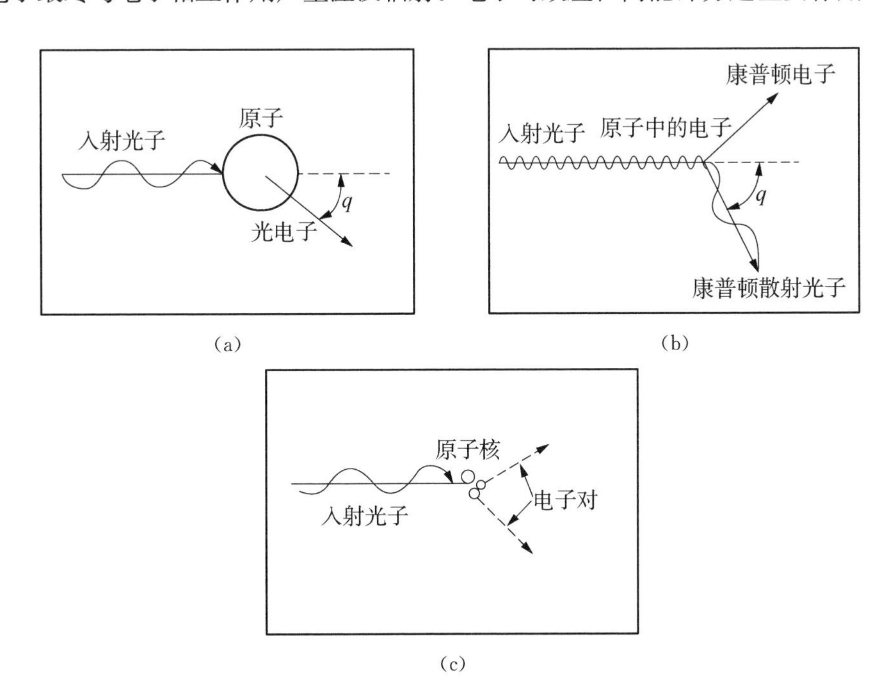

图 5-3　射线与物质的三种相互作用的示意图

(a)光电效应；(b)康普顿散射；(c)电子对效应

① 次级电子，即俄歇电子。激发态的电子向低能级跃迁时，不产生特征 X 射线，而是使外层电子激发发射，产生次级电子。

射线穿过物体时受到射线路径上物体的吸收或散射而导致强度衰减，衰减规律由 Lambert 定律确定[见式(5-1)]。射线穿过物体后的衰减是沿该射线路径线性衰减系数的线积分值的卷积函数(见图 5-4)。

$$I = I_0 \exp\left[\int_l \mu(x,\ y)\mathrm{d}l\right] \tag{5-1}$$

式中，I_0 为入射射线强度；I 为透射射线强度；$\mu(x,\ y)$ 为路径 l 的线性衰减系数分布。

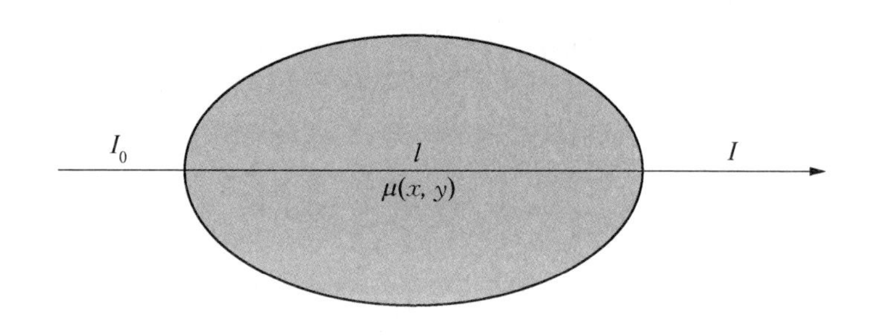

图 5-4　Lambert 定律示意图

在 CT 检测中，I_0 是空气测量时探测器的测量值，I 是射线经被测物体衰减后探测器的测量值。由式(5-1)可得：

$$\rho(l) = \int_l \mu(x,\ y)\mathrm{d}l = -\ln(I/I_0) \tag{5-2}$$

线性衰减系数的线积分值 $\rho(l)$ 称为投影数据。当射线从不同方向和位置穿过该物体时，对应路径上的投影数据 $\rho(l)$ 均可由此求出，从而得到一个投影数据集合。由于物体的线性衰减系数与射线穿过的物体密度直接相关，密度大的物体对射线的衰减大，探测器所能接收的射线就少，反之则多，故线性衰减系数的二维分布也可视为密度的二维分布，因而切片图像能反映物体切片的结构关系和物质组成。由式(5-2)可以看出 CT 的图像重建问题可归结为由投影数据 $\rho(l)$ 的集合来计算 $\mu(x,\ y)$ 的反演问题。

2) 数学基础

(1) CT 图像。

一般而言，CT 图像包含了扫描工件的描述信息，它近似于工件线性衰减系数的分布。二维 CT 图像通常具有以下三个特征。

① 图像区域是一个正方形。

② 设函数 $f(x, y)$ 表示 CT 图像，其中心为坐标原点，则其值在重建区域外为 0：

$$f(x, y) \geqslant 0, \text{当} \sqrt{x^2 + y^2} \leqslant R$$

$$f(x, y) = 0, \text{当} \sqrt{x^2 + y^2} > R \tag{5-3}$$

式中，R 为重建区域半径。

③ 任意点 (x, y) 处的函数值 $f(x, y)$ 正比于物体在该点的线性衰减系数。

CT 图像就是 $f(x, y)$ 在二维空间坐标和亮度上都已离散化了的图像，因此可以把一幅数字图像等价为一个矩阵，其行和列标出了图像各个点在二维空间的位置，而矩阵元素的值标出这些点的灰度等级，该数字阵列的元素叫作图像元素或像素。图像一般包含 $N \times N$ 个像素，CT 图像中常见的像素规模有 128×128、256×256、512×512、$1\,024 \times 1\,024$、$2\,048 \times 2\,048$ 等。

(2) Randon 变换。

Randon 变换是由 J. Randon 于 1917 年建立的数学变换。如果一个函数在某个特定区域内的值是有限的而在其他区域内值为零，且已知该函数在通过这个区域的所有路径上的积分，那么这个函数在特定区域的值就能被唯一确定。一个函数和与它相关的线积分组成一个变换对，线积分的集合称为该函数的 Randon 变换。由函数的 Randon 变换推导函数的过程称为 Randon 反变换。Randon 反变换的存在为 CT 图像重建提供了重要的存在定理。

(3) 求解方程组重建图像。

由投影数据 $\rho(l)$ 集合计算线性衰减系数分布 $\mu(x, y)$ 的最直接做法是求解方程组。如图 5-5 所示，假定有一个 3×3 单元构成的切片，各单元的线性衰减系数分别为 μ_{ij}，三条平行射线由三个视角穿过该切片，测得沿各条射线路径上的线性衰减系数和分别为 P_{ij}，由此可以建立一个由 9 个独立方程构成的方程组[见式(5-4)]，求解该解方程组就能求得线性衰减系数 μ_{ij}，把求得的线性衰减系数分布用计算机图像的形式显示出来，最终得到该切片的重建图像。

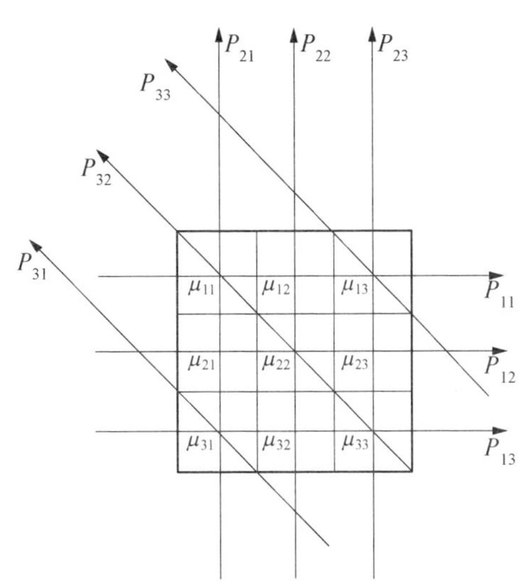

图 5-5　射线扫描示意图

$$\mu_{11} + \mu_{12} + \mu_{13} = P_{11}$$
$$\mu_{21} + \mu_{22} + \mu_{23} = P_{12}$$

$$\mu_{31}+\mu_{32}+\mu_{33}=P_{13}$$
$$\mu_{11}+\mu_{21}+\mu_{31}=P_{21}$$
$$\mu_{12}+\mu_{22}+\mu_{32}=P_{22}$$
$$\mu_{13}+\mu_{23}+\mu_{33}=P_{23}$$
$$\mu_{31}=P_{31}$$
$$\mu_{11}+\mu_{22}+\mu_{33}=P_{32}$$
$$\mu_{13}=P \tag{5-4}$$

为了获得一个由 $N\times N$ 个像素构成的图像，可以通过构建一个由 $N\times N$ 个方程组成的方程组，求解此联立方程组即可求得 $N\times N$ 个线性衰减系数的二维分布。实际应用中 N 值较大，方程组直接求解很困难，所以这种算法不实用，需采用其他方法来解决这个问题。

（4）迭代重建算法。

迭代重建算法是利用投影值通过迭代逼近被测物体线性衰减系数分布图像的算法。与解析重建算法相比，迭代重建算法的优点是抗噪性好，伪影抑制能力强，易于处理投影数据截断，可引入物体先验信息；算法的缺点是重建速度慢。随着计算机运算能力的快速发展，迭代重建算法越来越受到关注。目前，常用的迭代重建算法有两类：代数迭代（algebraic reconstruction technique，ART）和期望最大化（expectation maximization，EM）迭代。

代数迭代重建算法一般包括以下过程：模拟投影、投影误差校正、反投影更新图像数据。根据迭代过程中更新一次图像数据所涉及的射线路径数，可以将代数迭代算法分为以下三类：①顺序迭代，每次迭代只使用一条射线路径；②有序子集，先将所有的射线路径按照一定的规则划分成几个有序子集，每次迭代只使用其中的一个子集；③同时迭代，即一次迭代包含所有的射线路径。

为了与“一次迭代”相区分，当所有的射线路径都被使用一次时，称为完成了“一轮迭代”。对于有序子集或者同时迭代算法，一次迭代涉及多条射线甚至多个视角，而沿不同的射线的投影或反投影是可以同时计算的，因此可以使用并行计算技术对算法进行加速。

（5）解析重建算法。

解析重建算法是利用投影值，通过数学变换计算被测物体线性衰减系数分布图像的算法。最常用的是滤波反投影重建算法（filtered back projection，FBP），它采用核函数对投影数据进行卷积滤波，再对卷积后的投影数据进行反投影计算从而得到图像上每个像素值。由于该算法在反投影前需要对投影数据进行卷积滤波，所以也称其为滤波卷积反投影重建算法。

滤波卷积反投影重建算法采用的核函数为斜坡滤波器或其改进形式，它具有加强高频抑制低频的作用，可有效抑制 CT 投影的低频扩散效应，加强投影数据中高频细节信号。反投影是在投影路径的每个像素上叠加该路径下的投影值的过程，通过对各个视角下的投影数据进行反投影，可重建出物体的断面图像。二维滤波反投影重建算法又分为平行束滤波反投影重建算法和扇束滤波反投影重建算法。

利用平行束或扇束投影数据可重建出物体的断面图像，再利用序列 CT 断面图像可重构三维体数据，也可利用锥束投影数据直接重建三维体数据。锥束 CT 重建算法分为近似重建算法和精确重建算法两类。FDK 算法(Feldkamp、Davis、Kress，FDK)及其改进形式是最常用的近似重建算法，主要用于螺旋扫描[详见 221 页中(6)螺旋扫描]轨迹的锥束 CT 重建，也被推广到螺旋扫描轨迹的锥束 CT 重建。精确重建算法目前仍在发展之中，代表性的算法有 Grangeat 算法、Katsevich 算法、BPF(先反投影再滤波)重建算法等，主要用于螺旋扫描轨迹的锥束 CT 重建。

和迭代重建法相比，解析重建算法重建速度快，但重建图像的质量依赖投影数据的质量和完整性。

3）*扫描方式*

CT 扫描是沿着多个视角依次对物体特定区域的射线透射率进行测量的过程，射线源和探测器与被测物体间做相对运动，该过程由精确控制的机械扫描系统实现。按照扫描方式，可以分为一代扫描、二代扫描、三代扫描、四代扫描、锥束扫描和螺旋扫描。工业 CT 目前最常用的是二代扫描和三代扫描。

（1）一代扫描。

一代扫描也称平行束扫描，如图 5 - 6 所示。扫描方式：在每个视角上，笔形束 X 射线(沿 X 射线传播方向射线宽近似不变)经过相对于物体的平移形成平行射线组，从而获得该视角下的投影值。采集完一个视角的数据后，物体与射线源和探测器相对旋转一个小角度，如图 5 - 6 中旋转 1°，进行该视角的扫描。完成全部数据采集至少要旋转 180°。一代扫描的特点是设计简单，扫描参数选择灵活，能容纳的被测物体的尺寸范围大，但是扫描时间很长。

（2）二代扫描。

二代扫描也称旋转平移扫描，如图 5 - 7 所示。其扫描方式类似于一代扫描，区别在于二代扫描使用扇束射线并且使用多个探测器，每次平移能得到多个方向的平行投影数据，相应地缩短了扫描时间。和一代扫描一样，二代扫描容纳的被测物体的尺寸范围也大，但是无用扫描数据多，扫描速度慢。

（3）三代扫描。

三代扫描只是用旋转扫描，如图 5 - 8 所示。扫描方式：在一个视角下射线束能包容整个被测物体断面范围，在有足够密集的探测器的情况下，一次采样就能得到该视角下的完整投影。采样完成后经过物体与射线源和探测器的相对旋转,得到其他视角下的投影。三代扫描比二代扫描速度快,但是是以增加探测器数量为代价的,同时由于三代扫描时探测器阵列的所有探测器对每组投影数据都起作用,因此它对探测器的性能提出了更高的要求。

(4) 四代扫描。

四代扫描也只使用旋转扫描,如图 5-9 所示。与三代扫描的区别在于探测器排列成环形阵列且静止不动,只移动射线源。四代扫描具备二代扫描抗伪影的特点和三代扫描速度快的特点,但是它的结构更复杂,成本更高,并且更容易受到散射的影响。

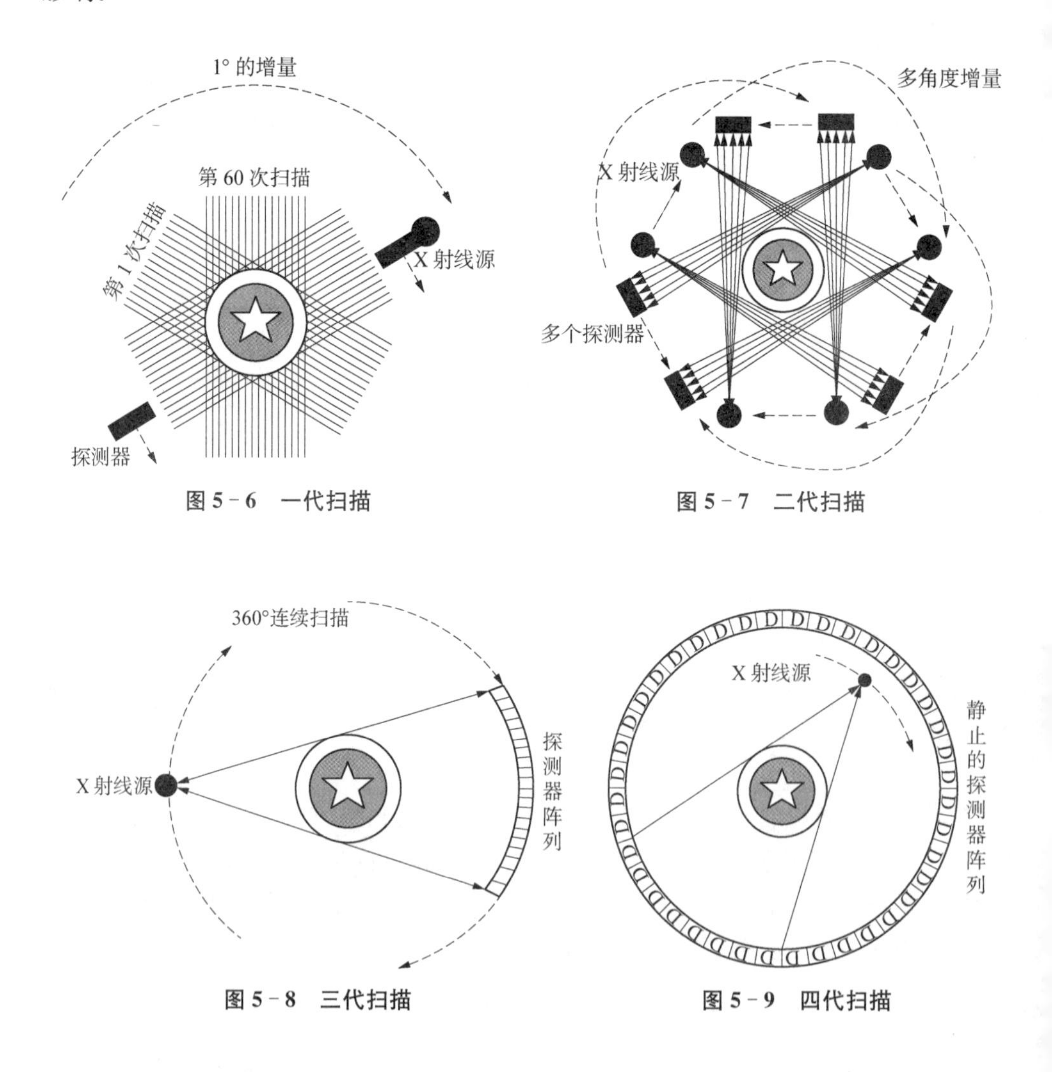

图 5-6 一代扫描

图 5-7 二代扫描

图 5-8 三代扫描

图 5-9 四代扫描

(5) 锥束扫描。

锥束扫描多用于全三维扫描,如图 5-10 所示。扫描方式类似于三代扫描,区别在于使用锥束射线并且使用面阵探测器。锥束扫描的扫描范围与射线源到被测物体旋转轴的距离、射线源与探测器的距离和探测器的尺寸等扫描参数有关。与基于线阵探测器的扇束扫描相比,基于面阵探测器的锥束扫描可以提高射线的利用效率,同时可以显著提高重建图像的轴向分辨率。锥束扫描速度快,但是射线散射对检测结果影响较大。

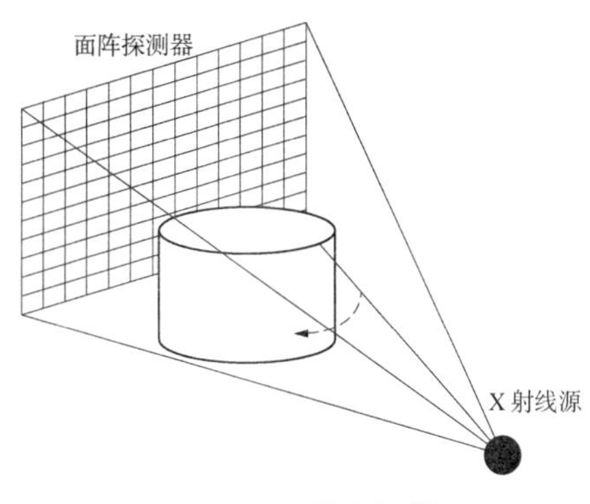

图 5-10　锥束扫描

(6) 螺旋扫描。

螺旋扫描多用于全三维扫描,如图 5-11 所示。扫描方式:物体相对于射线源和探测器同时进行旋转和平移运动,扫描轨迹呈螺旋线。目前,螺旋扫描分为单层螺旋扫描、多层螺旋扫描和螺旋锥束扫描。

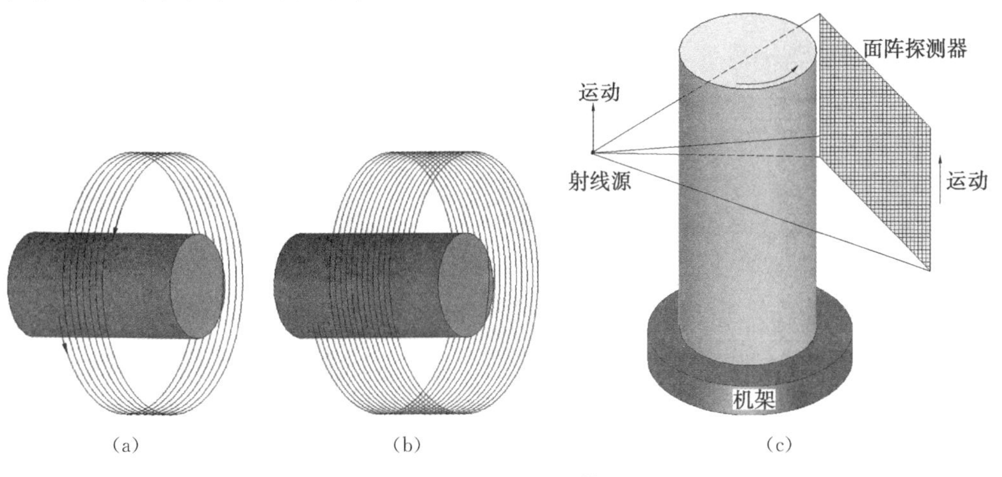

图 5-11　螺旋扫描

(a)单层螺旋扫描;(b)多层螺旋扫描;(c)螺旋锥束扫描

5.1.3　系统参数

计算机层析(断层)成像技术的系统参数主要包括空间分辨率、纵向分辨率、噪声、密度分辨率、CT 值线性、伪影这 6 个方面。

1) 空间分辨率

(1) 空间分辨率的定义。

空间分辨率又称几何分辨率或高对比度分辨率(high contrast resolution,

HCR)，指在高对比度(目标和背景 CT 值差值大于 100 HU)的情况下识别两个相邻物体的最小距离，即显示最小体积缺陷或结构的能力。一般认为 HCR 和纵向分辨率是两个不同的参数，实际上纵向分辨率是 HCR 在 z 轴方向上的延伸。

(2) 空间分辨率的表示方法。

空间分辨率有两种表示方法，即线对法和调制传输函数法。

① 线对法。一般用每厘米可以分辨的线对数(lp/cm)来表征图像的 HCR，或者以能区分最小细微结构的尺寸大小(以毫米为单位)来表征。一个线对就是一对黑白相间的条带，如果一幅图像的空间分辨率是 10 lp/cm，它的含义就是在高对比度的情况下，若相邻物体距离大于 0.5 mm($\frac{1}{2}L$，L 为一个线对宽度)，则系统可以将两个目标区分开，否则无法区分开。普通 CT 在常规算法下 HCR 为 6～7 lp/cm，在增强算法下 CT 设备的 HCR 可达 21 lp/cm。CT 的 HCR 要比普通 X 射线机的平面成像差。

② 调制传输函数法。调制传输函数法(modulation transfer function, MTF)曲线表示系统对不同频率的细节成分的成像能力。其定义主要涉及两方面，一个是图像再现细节的能力，另一个是在反差微小的情况下对细节的保留程度，描述一定范围内的不同图像细节的保留程度，就可以绘制出一个关系图。MTF 曲线的横轴代表空间频率，它的意义是当 X 射线透过物体时，影像中可真实地描绘强度波动所要求的空间间隔。要绘制 MTF 曲线，可以分次选取一系列的不同频率值的信号，信号的调制输入值已知，输出信号的调制值可以在信号通过成像系统以后测量得到。这样，就可以得到各个频率值对应的输出输入调制值的比值，绘制频率(lp/cm)与调制比值的曲线，得到 MTF 曲线。MTF 较高意味着系统能够较好地恢复原有信息。理想状态下，MTF 应该是一条水平的直线。但事实上，随着频率的增高，系统恢复信息的能量会递减。MTF 能够定量地反映图像的空间分辨率，不仅减少了检测过程的人为干预，增加结果的客观性和可靠性，而且蕴含了更多的信息，可以体现重建算法之间的差别，是评价成像系统 HCR 特性常用的方法。

(3) 影响空间分辨率的主要因素。

影响 CT 检测系统 HCR 的两大类主要因素：一类是几何因素，包括有效探测器尺寸、像素点大小、层厚、采样间隔等；另一类是算法，主要包括卷积函数的形式。

① 有效探测器尺寸对 HCR 的影响。有效探测器尺寸是制约空间分辨率的根本。从物理上看，孔径影响分辨率是很直观的，探测器单元尺寸较大时，很难区分两个相邻很近的物体，即 HCR 比较低。因此孔径越小，HCR 的性能越好，但孔径一旦很小，要保持高的光子俘获率就需要相应减小检测器单元的间隔，使之与孔径相近，这就意味着要增加探测器个数，进而导致增加设备复杂性。有效探测器孔径尺寸与焦点大小、探测器单元尺寸、焦点到等中心点距离(FID)、焦点到探测器距离(FDD)相

关，它们通过影响有效探测器孔径大小来影响空间分辨率。焦点大小与探测器孔径 a 大小成正比，FID/FDD 越小，则有效探测孔径也越小。

② 像素点大小对 HCR 的影响。像素大小主要取决于 SFOV（扫描视野，scanning field of view）和矩阵的大小。矩阵增大，像素点面积减小，HCR 提高。

③ 层厚对 HCR 的影响。层厚越小，HCR 越好，但同时层厚越小，噪声越大。由于切层薄，扫描的层数就会增加。

④ 采样间隔对 HCR 的影响。采样间隔同样制约着 HCR，采样间隔越小，HCR 性能越好。当采样不满足香农采样定理[①]时，会产生混淆伪影。因此，提高采样率，降低采样间隔是提高 HCR 的根本方法。

⑤ 卷积函数形式对 HCR 的影响。采用增强算法可以提高 HCR。当需要显示高对比度物体结构时，可以采用这种突出轮廓的算法。但同时也要注意：图像的噪声随着边缘突出程度的增加而变得剧烈，继而影响细节，限制对 CT 图像的定量评价。

2）纵向分辨率

（1）纵向分辨率的定义。

必须要区分 x/y 扫描平面分辨率与 z 轴分辨率，因为这两个值是由不同因素决定的。前面所述的空间分辨率主要指 x/y 扫描平面的分辨率。

纵向分辨率又称有效层厚（effective slice thickness）或者成像层厚（imaged slice thickness），是指在 z 轴方向上的分辨率，这项参数对于高档 CT 中的 3D 建模尤为重要。其定义是沿着运动方向并通过机架选装中心直线所决定的 PSF（点分布函数 point spread function）。纵向分辨率是 CT 检测中一个重要的因素，它的下降会导致容积效应的增加，这样会影响 CT 影像的诊断。

（2）纵向分辨率的表示方法。

纵向分辨率通过层灵敏度剖面线 SSP（slice/section sensitivity profile）来描述。它表示垂直于扫描平面的系统响应特性。SSP 决定了 z 轴方向体素的大小及特性，代表相邻层面的相互影响。理论上，层面上的一个无限小的物体可获得 100% 的信号，而层面外物体的信号为 0%，因此，其理想形状应为矩形。但实际上 SSP 的形状表现为高斯形。

依据扫描方式，可以由三个参数表征 SSP，分别为全值半高宽（full width at half maximum，FWHM）、面积的 1/10（full width at tenth area，FWTA）和全值 1/10 宽（full width at tenth maximum，FWTM）。

在轴向扫描方式下，其扫描灵敏度分布曲线的半值全宽等于层厚，此时的部分容积效应几乎等于零；而在螺旋扫描方式下，采集数据时，CT 设备相对于被检物体沿 z

---

① 香农采样定理：为了不失真地恢复模拟信号，采样频率应该大于等于模拟信号频谱中最高频率的 2 倍。

轴方向(垂直于扫描平面方向)匀速运动。因此,决定 SSP 的除探测器组的响应函数外,运动函数也起着决定作用,最终导致 SSP 形状变宽。理论证明,螺旋扫描方式下 SSP 等于轴向扫描下的 SSP(矩形函数)与运动函数的乘积。

(3) 纵向分辨率影响因素。

① 单层面准直器对层厚额影响。在单层面 CT 中,当系统调节恰当时,z 轴灵敏度应等于准直器的狭缝宽度。

② 焦点大小对层厚的影响。当焦点较小时,小的焦点能够有效地提高层厚的准确性。

3) 噪声

(1) 噪声的定义。

噪声是指 CT 值的随机变化,即在均匀物体的影像中 CT 值在平均值上下的随机涨落。图像噪声的存在,会掩盖或降低图像中某些特征的可见度。

噪声在图像上表现为雪花状斑点、不规则颗粒或者网状纹路等,复杂多样。

噪声的主要来源是量子噪声、电气噪声和重建算法引起的噪声,可以通过增加剂量或者提高探测器的效率来降低量子噪声。电气系统形成的噪声主要是指机架旋转部分的转速不稳定等。算法引起的噪声包括重建算法、重建参数和校准等。算法不同,图像的噪声也不同。即使对于同样的重建算法,选用不同的参数,如滤波函数、FOV 和矩阵大小等,最终重建的图像噪声也会差异巨大。

(2) 噪声的表示方法。

当前有 2 种噪声的表示方法,即标准偏差表示法和噪声功率谱表示法。

① 标准偏差表示噪声。噪声采用 ROI(感兴趣区,region of interest)内标准偏差(standard deviation, SD)表示。

② 噪声功率谱表示噪声。用标准偏差表达噪声的优点是简单直接,易于理解,但其也存在不足,如在某些情况下,单独用 SD 无法区分图像的噪声纹理,故采用噪声功率谱(noise power spectrum, NPS)来表征图像的噪声。

(3) 噪声的影响因素。

影响噪声的主要因素有剂量、厚度以及算法。

① 剂量对噪声的影响。量子噪声产生的主要原因是由于探测器接收到的 X 射线在整个接收平面并不是完全均匀分布,其强度表现为在空间上的随机波动,它是图像噪声的主要来源。图像噪声与剂量之间的关系是 X 射线成像过程中必须考虑的问题之一。大多情况下,照射量的减少以增加量子噪声为代价,量子噪声同时降低了图像的可见度。另外在大多数情况下,为了降低图像噪声,需要更大的曝光量。

② 厚度对噪声的影响。厚度直接决定了到达探测器光子数目的多少,因此也决定了噪声值的大小,层厚越薄,噪声水平越高,但是薄的层厚可以产生较清晰的细节并降低部分体积伪影。所以在选用成像参数时,还要兼顾层厚的影响。将薄层图像

融合可以得到厚层图像，从而降低图像噪声。

③ 算法对噪声的影响。在 CT 图像中，能够通过图像的平滑或者模糊来减少图像噪声。这主要是由图像噪声的相关性决定的。在 CT 图像中，像点噪声有相关性，即一个像点的噪声与图像中的其他像点是相关的。出现这种情况的原因是 CT 中的每个衰减测量值对每个像点都有作用，尽管其权值大小不同。CT 设备中的平滑算法提高了各个像素之间的相关性，使每个像素点与它们周围区域有交融的情况，结果使噪声的随机结构区域平滑，并使图像不易被看清楚，而锐化算法则提高了各个像素点之间的非相关性，故平滑算法降低了噪声而锐化算法提高了噪声。

4）密度分辨率

（1）密度分辨率的定义。

密度分辨率又称为低对比度分辨率（low contrast resolution，LCR），它表示系统所能分辨的对比度差别的能力。对 CT 检测而言，低对比度是指目标和背景的 CT 值差值小于 10 HU。在所有断层成像中 LCR 是最重要的性能指标。

（2）密度分辨率的表示方法。

LCR 包含两个方面内容：一是在特定的低对比度的前提下，所能检测到的最小物体的直径大小；二是指对于一定直径的物体，在多少对比度的情况下，可以将物体看清楚。LCR 通常用百分数（即%）来表示，比如，一幅 CT 图像的 LCR 为 3 mm@0.5%，其含义为当目标和背景 CT 值相差 5 HU 时，能分辨目标的最小直径为 3 mm。

（3）密度分辨率的影响因素。

CTDI（CT 剂量指数）直接影响 LCR 的高低，不同的 CTDI，其 LCR 结果也不同。因此，就影响因素而言，所有影响 CTDI 的因素都会影响 LCR。

由于低对比度结构的大小不同，所以 LCR 不仅由噪声决定，也由系统的 HCR 决定。对比度-细节曲线可以清楚地表示它们之间的关系。对于小物体来说，曲线的上限值相当于 HCR 的上限值，这些值只在高对比度条件下才能得到，与空间分辨率的定义一致。大物体的 LCR 首先取决于噪声，进而取决于剂量水平和系统的剂量效率。对比度-细节曲线反映了量子噪声和 HCR 对物体细节检测能力的影响。对于不同对比度和不同大小的组织结构来说，都可以通过参数优化得到适当的分辨率。LCR 和 HCR 是互相制约的，通过参数的优化不能同时提高，因此在实际检测中，所选的参数要有利于 LCR。

5）CT 值线性

对于理想的 CT 系统，其透明物质的 X 射线衰减系数与图像上所表现的 CT 值之间的线性关系，称为 CT 值线性（CT number linearity）。它反映了设备 CT 值与线衰减系数之间成正比变化的特性，表示测量 CT 值与扫描物质实际具有 CT 值之间的差异。实际应用中的设备受成像理论和设备本身的限制，X 射线衰减系数与测量 CT

值这两个参数之间并非理想的线性关系，但其线性度作为应用质量检测的重要参数，可反映图像的真实性。

物质的线性衰减系数随着X射线能量的变化而变化，而X射线能量不仅受管电压的影响，还与靶材料有直接关系，而不同X射线机的球管采用的靶材料并不是一样的。也就是说，不同条件下的线性衰减系数是不同的。另外，探测器的品质和重建算法等软硬件条件因素也影响CT值线性。近年来出现的平板探测器阵列具有结构紧凑、高效、宽动态范围等特点，有利于改善CT值线性。当设备处于理想状态下时，CT值和对应的线性衰减系数的关系应该是一条直线。

6）伪影

所有的成像系统都存在伪影。CT伪影有不同的表现形式。射束硬化会在图像上形成杯状伪影，表现为均匀材质物体的CT图像中CT密度从中心向边缘逐渐增大。不同密度材料的分界面上产生的伪影很难确定，在密度曲线上通常表现为尖峰或者低谷。检测人员在检测前需要理解伪影的分类并确定其影响因素。某些伪影是CT的物理特性和数学特性所固有的，不能被消除，而其他的来源于硬件或软件的设计缺陷，可通过工程手段消除。

在其他参数相同的条件下，伪影的种类和严重程度是比较不同CT系统性能指标的两个重要因素。检测人员需要理解各种伪影的差异及其对测量的影响，例如未校正的杯状伪影会对绝对密度的测量产生严重影响，条状伪影会对尺寸测量精度产生严重影响。

7）空间分辨率与密度分辨率的相互关系

工业CT装置的空间分辨率与密度分辨率都是根据所获得的CT图像按照一定的方法来测量的，这两者都是影响成像的因素。理论和实践表明，在辐射剂量一定的情况下，空间分辨率和密度分辨率是矛盾的。当被检物体大小改变时，密度分辨率也会发生变化，两者之积为一常数，称为对比度细节常数，它取决于射线的剂量和CT装置的性能。从工业CT装置的对比度细节曲线中得知，密度分辨率越高（LCR值越小，如0.2%）空间分辨率就越低，反之，密度分辨率越低（LCR值越大，如2%）则空间分辨率就越高。这种空间分辨率与密度分辨率的相互关系，在现代先进的工业CT装置上普遍成立的。另外，剂量对密度分辨率的影响也十分显著，剂量越高，则密度分辨率越高（%值越小）。

为了提高空间分辨率，通过减小探测器准直孔宽度、增加扫描矩阵的像素数目是有效的，但它受到密度分辨率的限制（即剂量大小），在一定密度分辨率时，提高1倍空间分辨率就要减少1/2像素宽度，而剂量则要增加8倍。因此，所有工业CT装置的最高空间分辨率与最高密度分辨率均是分别测试得到的，不可能在同一测试条件下，同时取得两者的最佳值。

5.2　计算机层析成像检测系统构成

计算机层析成像检测系统主要由射线源系统、探测系统、机械扫描系统、数据采集传输系统、控制系统、图像处理系统、辐射安全防护系统这七大部分组成。其系统组成原理如图 5－12 所示，工业 CT 检测装置如图 5－13 所示。

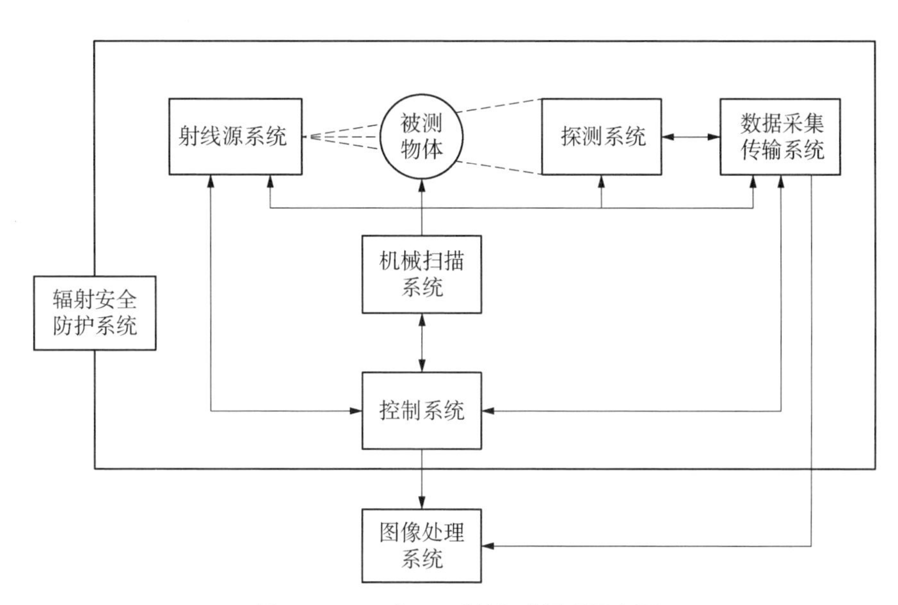

图 5－12　工业 CT 系统组成原理示意图

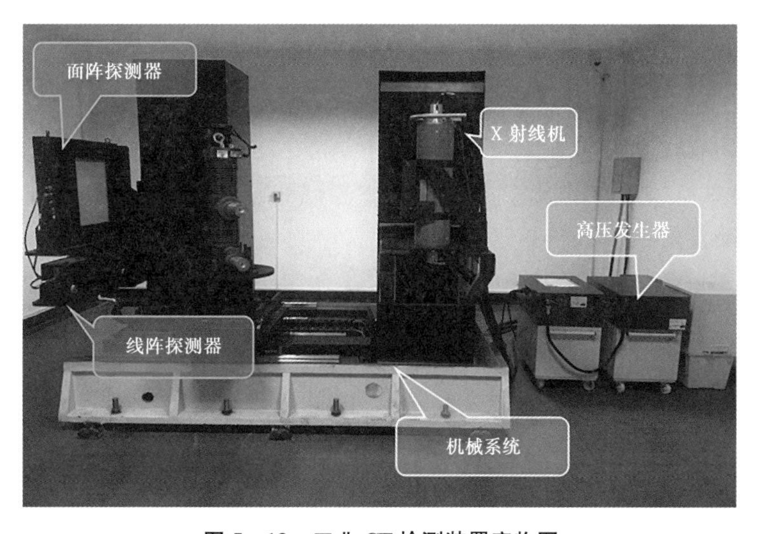

图 5－13　工业 CT 检测装置实物图

1）射线源系统

射线源系统提供照射被测物体的射线束，经准直后可形成需要的各种射线形状，如笔束、扇束、锥束等。工业CT最常用的射线源是X射线机和电子直线加速器，有时也使用放射性同位素源和同步辐射源。射线源系统的主要性能指标有射线能量、焦点尺寸、最大剂量率、剂量率稳定性等。

2）探测系统

探测系统用于测量到达探测器的射线强度，将入射射线强度转换为电信号。工业CT所用的探测器按照物理结构形态可以分为线阵探测器和面阵探测器。线阵探测器是线状排列的探测器阵列，常用的探测单元有气体和闪烁体两大类。面阵探测器主要有三种类型，即高分辨率半导体芯片、图像增强器和平板探测器。

3）机械扫描系统

机械扫描系统是CT检测系统的基础结构，是射线源系统、探测系统及被测物体的安装载体，并为CT系统提供所需扫描检测的多自由度高精度的运动功能。根据机械结构的布局，常见的工业CT系统分为立式和卧式两种结构。

4）数据采集传输系统

数据采集传输系统用于获取和收集信号，它将探测器获得的信号转换、收集、处理和存贮后，供图像重建使用。数据采集传输系统主要包括信号调理与转换单元、数据采集控制单元和数据传输控制单元。信号调理与转换单元对探测器输出的信号进行放大、滤波、A/D转换等处理，以获得大动态范围、高信噪比的数字信号；数据采集控制单元负责控制信号调理与转换单元进行数据采集，并进行数据缓存；数据传输控制单元将各通道数据信号收集处理后传送到图像重建处理计算机。数据采集传输系统的主要性能指标有信噪比、稳定性、动态范围、采集速度和一致性等。

5）控制系统

控制系统实现对扫描检测过程中机械运动的精确定位控制、系统的逻辑控制、时序控制及检测工作流程的顺序控制和系统各部分的协调，并负责系统的安全防护控制。

6）图像处理系统

图像处理系统可实现由投影数据重建生成图像，对图像进行处理、分析和测量，并可根据实际应用开发专业的后处理软件，例如缺陷自动识别软件、逆向CAD软件等。图像处理系统通常由图像处理工作站、图像处理软件、图像显示设备、图像输出设备以及其他相关部件构成。

7）辐射安全防护系统

辐射安全防护系统包括辐射防护与报警系统、现场监视系统，也可根据情况选配语音通信装置。辐射防护与报警系统包括门联锁装置、急停按钮、专用钥匙及声光报警等,必要时可以配备红外和微波双鉴探测装置。现场监视系统包括摄像机和监视器,应尽量保证检测室内无监控盲区。语音通信装置是指对讲通信设备,可实现检测室操作人员与控制室操作人员的双向语音通信。辐射安全防护系统的指标要求可参考相应的国家标准和法律法规中的相关内容及条款。

目前,根据电网设备的特点,丹东奥龙射线仪器集团有限公司为国网某公司研发的1 100 kV绝缘产品CT检测系统(即绝缘产品2D/3D无损检测解决方案),如图5-14所示。该系统主要由X射线探伤机装置、数字平板成像系统、2D/3D图像扫描与重建系统、机械电气控制系统、射线防护系统五部分组成,可用于电网金属材料如钢、铝及铝合金、铜及铜合金制设备以及非金属材料如塑料、橡胶、陶瓷等设备的在线/离线无损检测、失效分析等,尤其适用于检测电网中那些体积大、形状不规则的设备(绝缘盆、绝缘纸板、绝缘拉杆)等。

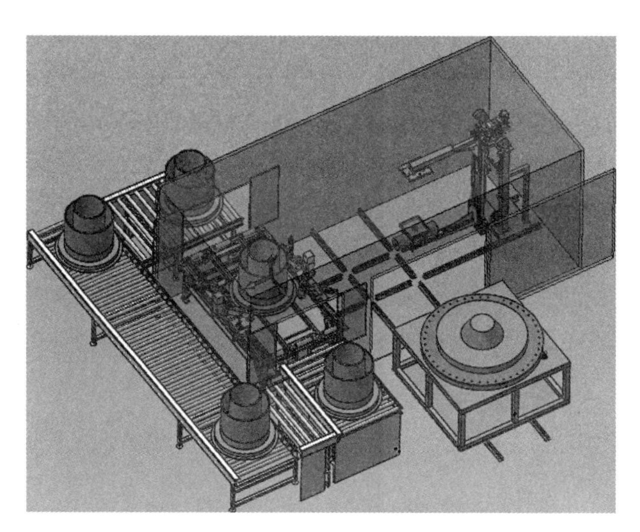

图5-14 某公司1 100 kV绝缘产品CT检测系统

5.3 计算机层析成像检测通用工艺

计算机层析成像检测工艺主要包括系统技术参数的选取、工艺参数定量取值方法、工艺参数选取原则这三部分内容。

5.3.1 系统技术参数的选取

在CT检测性能指标中,空间分辨率和密度分辨率是最重要的两个参数,但通常更关注空间分辨能率，所以本节先从空间分辨率入手介绍如何选取 CT 系统技术参数。CT 的空间分辨率主要取决于射线源焦点的尺寸、探测器孔径和几何条件，同时整个机械系统的精度、数据采集系统和重建算法也对其有一定影响。射线源焦点的尺寸等决定了 CT 系统空间分辨能力的极限，这些因素的共同作用决定了系统实际能够达到的空间分辨能力。

1）空间分辨率

为提高空间分辨率，首先尽量减小探测器的尺寸，因为射线源的选择余地不大。减小探测器尺寸，更精确地说减小探测器有效孔径可以使系统空间分辨率提高，若需要深入地定量考察各种参数的影响，可以从分析射线等效束宽计算公式开始，因为射线等效束宽(BW)从物理上确定了系统可能达到的极限分辨率。射线等效束宽的计算参数如图 5-15 所示。

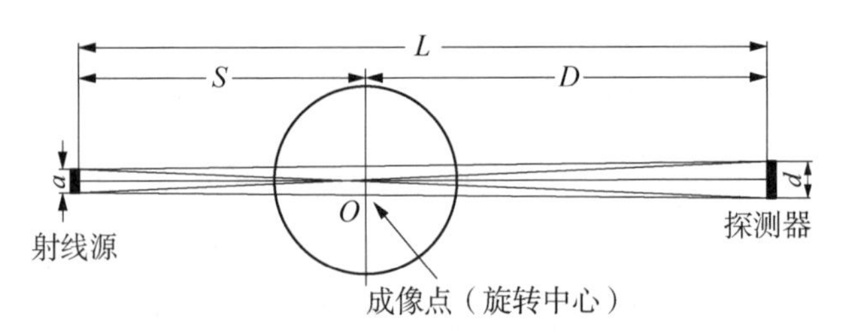

图 5-15　射线等效束宽计算参数示意图

$$\mathrm{BW} \approx \frac{\sqrt{d^2+[a(M-1)]^2}}{M} \tag{5-5}$$

式(5-5)可改写为

$$\mathrm{BW}=a\left[\left(\frac{D}{L}\right)^2+\left(\frac{S}{L}\right)^2+\left(\frac{d}{a}\right)^2\right]^{1/2} \tag{5-6}$$

式中，a 为射线源尺寸；d 为探测器孔径；M 为几何放大倍数，$M=L/S$；D 为探测器到旋转中心距离；L 为射线源到探测器距离；S 为射线源到旋转中心距离。

令

$$A=\frac{D}{L},\ B=\frac{S}{L}=\frac{1}{M},\ C=\frac{d}{a} \tag{5-7}$$

式中，A 为探测器的几何等效倍率；B 为射线源的几何等效倍率；C 为探测器孔径与射线源尺寸之比。

则式(5-6)可以改写为

$$BW = a[A^2 + (BC)^2]^{1/2} \tag{5-8}$$

也可写成如下形式

$$BW = \sqrt{(aA)^2 + (dB)^2} \tag{5-9}$$

再利用表5-2的数据分别画出BW/a-d/a和BW/a-L/D的关系曲线，分别如图5-16、图5-17所示。

表5-2 不同几何条件下的射线等效束宽与射线源尺寸比值(BW/a)

C	不同L/D对应的BW/a					
1.00	0.71	0.79	0.82	0.88	0.91	0.95
0.50	0.56	0.45	0.45	0.46	0.46	0.48
0.20	0.51	0.29	0.26	0.22	0.21	0.20
0.10	0.50	0.26	0.22	0.15	0.13	0.11
0.05	0.50	0.25	0.20	0.13	0.11	0.07
0.02	0.50	0.25	0.20	0.13	0.10	0.05

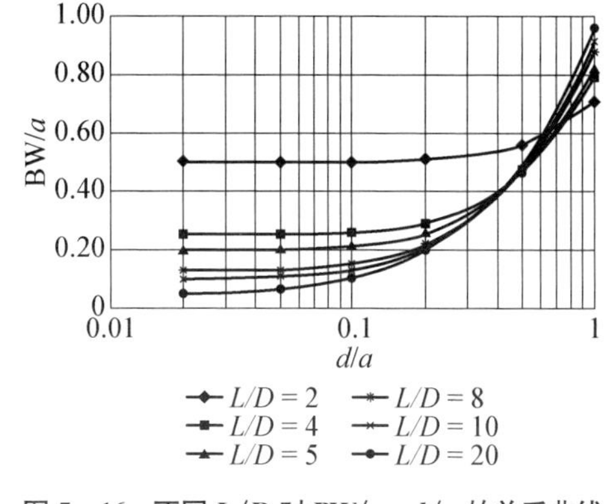

图5-16 不同L/D时BW/a-d/a的关系曲线

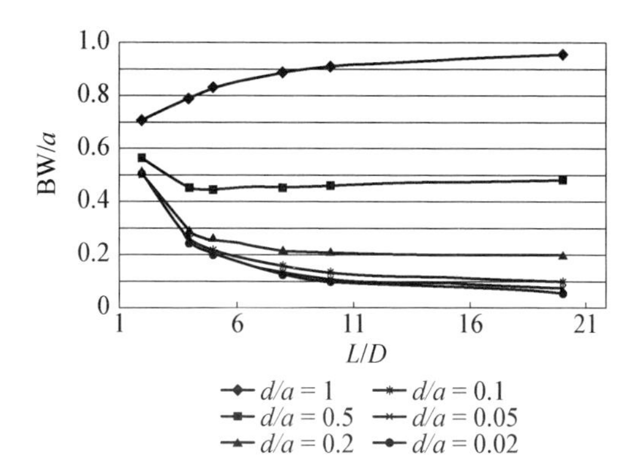

图5-17 不同d/a时BW/a-L/D的关系曲线

由图5-16可知，射线源尺寸一定时，减小探测器孔径d可以减小射线等效束宽BW，即提高了系统的空间分辨率。同时还可看出减小探测器孔径的时候，射线等效束宽BW减小的倍率与L/D密切相关。L/D较小时，BW的减小并不显著；只有L/D较大时，探测器孔径减小，BW才有显著的变化，即当样品的旋转中心远离探测器的时候，减小探测器孔径或者直接减小探测器的尺寸并不能有效地提高系统空间分辨率，只有当样品的旋转中心足够靠近探测器的时候，减小探测器孔径或者直接减小探测器的尺寸才能有效地提高系统空间分辨率。值得注意，当 d/a 为0.4～0.5时且 $L/D \geqslant 4$，BW 几乎与 L/D 没有关系，也就是说探测器离旋转中心的远近与空间分辨率几乎没有关系。

由图 5-17 可以得到与图 5-16 同样的结论，当 $d/a=0.5$ 时，BW/a 随L/D 的变化平缓，说明旋转中心的移动对空间分辨率影响不大。还有一个重要的现象是当 $d/a \leqslant 0.2$ 以后，几条曲线几乎重合。这说明在射线源尺寸一定时，探测器孔径 d 减小到一定程度以后，对系统空间分辨率的提高作用将不再十分明显。

归纳一下，从前述相关计算和图表得到的结论如下：

① 在射线源尺寸一定时，减小探测器孔径 d 可以减小射线等效束宽 BW。

② 减小探测器孔径，L/D 较小时，BW 的减小并不显著；只有 L/D 较大时，BW 的变化显著。

③ 当 $d/a=0.5$ 时，BW 几乎与 L/D 无关。

④ 射线源尺寸一定时，探测器孔径 d 减小到一定程度（例如 $d/a \leqslant 0.2$）以后，对提高系统空间分辨率的作用将不再十分明显。

若考虑一般 X 射线机或直线加速器的实际源点尺寸 $a \approx 2$ mm，当 $d/a \approx 0.5$ 时，即探测器有效孔径 d 接近 1 mm，BW 几乎与 L/D 没有关；当 $d/a \leqslant 0.2$ 时，即探测器有效孔径 $d \approx 0.4$ mm 以后，继续减小探测器有效孔径对于提高系统的空间分辨率的作用将不再十分明显。

了解上述结论对于合理选择 CT 检测系统的结构参数是非常必要的，可以避免盲目改变某些参数，既达不到改善希望提高某些性能的目的，反而影响了其他指标。

另外，根据采样理论，投影采样间隔 δ 应当不大于 BW/2（有时候被误解为应当等于）。习惯上有时将 $F=1/\text{BW}$ 称为系统的截止频率。过分减小采样间隔 δ 对于充分达到系统的极限空间分辨率虽然好处不明显，但是射线源点的形状实际上并不是边界清晰的，射线源的强度本身是分布的概念，也就是说 BW 的计算并不精确，所以，实际上在条件允许的时候，应当采用稍小于 BW/2 的采样间隔，才能得到最佳空间分辨率。还有一点值得注意的是，射线源点并不都是圆对称，有的接近长方形，即射线源的放置方向也会影响系统的空间分辨率。

2）密度分辨率

统计标准模体的 CT 图像上给定尺寸方块的 CT 值，求出标准偏差，三倍标准偏差即为给定面积下的密度分辨能力，由此即可得到密度分辨能力相对于不同面积的关系曲线，也称为对比度辨别函数（CDF）。或者以普通人眼 50%可信度能够发现的相对密度变化来定义系统密度分辨率，则

$$\frac{|\mu_{\mathrm{f}}-\mu_{\mathrm{b}}|}{\mu_{\mathrm{b}}}\times 100\%=\frac{c\sigma\Delta p}{D\mu_{\mathrm{b}}}\times 100\% \tag{5-10}$$

式中，μ_{f} 为细节（缺陷）材料的衰减系数；μ_{b} 为基体材料的衰减系数；c 为经验系数，$2\leqslant c\leqslant 5$；σ 为CT图像噪声；Δp 为CT像素宽度；D 为被观测细节（缺陷）的尺寸。

无论哪种表示方法都说明微小密度差别能否被可靠地识别，取决于它们相对于噪声的幅度。换句话说，系统密度分辨率取决于系统的（广义）信号噪声比。广义概念上的系统噪声大致可以分为四个来源，即射线强度的统计涨落和射线源的不稳定、射线强度数据采集系统的噪声（包括探测器能量响应的不一致性、射线检测系统强度响应非线性和各类电子学噪声）、位置测量系统的误差以及重建算法近似性。原则上，系统应减小除射线强度的统计涨落以外的所有各项噪声。

3）照射时间和射线源强度

在射线源强度一定的条件下如何提高信号幅度和质量，本部分以闪烁体-光电二极管线阵列为典型例子，概要地分析信号形成的全过程。

射线从源点发出，进入单个探测器的射线强度取决于探测器孔径对源点所张的立体角。在射线源到探测器距离相同的条件下，探测器尺寸越小或者有效孔径越小，进入探测器的射线强度越低。也就是说为了得到高的空间分辨率，就要使探测器接收到的光子数减少，如果要保持原来的入射光子数，就要延长测量时间。在探测器尺寸或者其有效孔径固定的条件下，射线源到探测器距离越远，进入探测器的射线强度越低，在源点尺寸相对于距离可以忽略的条件下，射线强度与距离平方成反比。因此条件允许时，探测系统设计得越紧凑越好。

射线穿过被检测样品，其强度衰减。当射线在检测样品中的透射路径长或者穿透某些等效原子序数大的材料（即检测大或者重的材料）时，射线受到更多的衰减，探测器接收到的信号就会减弱，当射线强度的统计涨落大到一定程度就会严重影响CT图像的质量。目前普遍采用的反投影算法中，衰减大的（也就是统计涨落大的）那些投影数据对最后形成的CT图像数据有更大的“权重”。因此设计CT检测系统时，要适当选择射线源能量，避免射线受到过大的衰减。根据经验数据，对于性能良好的分立探测器，射线强度在自己的投影路径上的衰减至1/500时，图像质量将受到明显的影响。

检测大而重的样品时，对图像质量的影响还不仅限于统计涨落的增大。射线衰减实际上是由X射线与物质的三种不同的相互作用造成的，在工业CT检测应用的能区，康普顿效应占优势，散射过大会影响成像质量。射线穿透检测样品时产生大量的散射，由于检测样品就在探测器附近，这些散射源相对探测器所张的立体角大，散射线增加了探测器的“本底”，减小了探测器的动态范围，同时由于散射“本底”并不稳定，随样品几何形状以及扫描位置而变化，这在“有用射线”受到较大衰减时就不能忽略，应当采用有效措施来抑制散射线的影响。

工业 CT 检测应用的分立探测器一般都采用切片方向和垂直切片方向两个射线准直器，它们可阻挡大部分散射线，且切片方向准直器还决定了切片厚度和 z 方向的空间分辨率，垂直方向准直器主要影响 $x-y$ 切片平面内的空间分辨率。从 CT 计算的角度看，把准直器尺寸看成射线探测器探元更为合适。穿过准直器的 X 射线首先到达闪烁晶体。X 光子的能量通过射线与物质的相互作用而被闪烁体吸收并发光。一般比较关注闪烁体在射线入射方向上的长度，由此计算得到所谓的探测效率，实际上只是算出了对射线的“阻挡”效率。因为 CT 检测用的探测器大多数是长方体，为了保证一定的空间分辨率，在垂直于射线的两个方向上闪烁晶体尺寸比准直器尺寸要小得多，尤其是应用高能加速器的情况下差距更大。这样 X 光子虽然被闪烁晶体所阻挡，但是并不是全部能量都能被闪烁体吸收，相当一部分能量“逃逸”出闪烁体，其中一部分还会形成对相邻探测单元的射线窜扰。射线能量越高，闪烁体越薄，射线窜扰问题越严重。不仅如此，由于 X 射线是连续谱分布，要求各探测单元之间的能量响应尽可能一致，而薄的探测单元的能量响应一致性要比厚的探测单元差。信号幅度降低、射线窜扰增加和能量响应不一致的结果是为了提高空间分辨率而付出的代价。

5.3.2 工艺参数定量取值方法

1）基本原则

工业 CT 检测中，CT 图像质量与检测时间及系统设备是相关的。因此检测过程必须要以检测需求为基础，制定其他相关的工艺参数。在检测前需要了解以下信息。

① 检测设备信息：射线源焦点尺寸 a、探测器通道尺寸 d，以及系统的最佳空间分辨率 L。

② 试样信息：试样的材料、试样外形的最大直径 D、试样的重量。

③ 检测目的：常见的检测目的有缺陷检测、尺寸测量、密度表征、结构分析等。对于缺陷检测，要确定需要检出的最小缺陷尺寸 $D_{ef\min}$。

2）转台位置

对于转台位置可以沿射线平行方向移动的系统，源到探测器距离 S_{DD} 不变，源到转台中心距离 S_{OD} 是可变的。转台位置确定了有效射束宽度，转台的位置应该在最佳放大倍数 M_{OPT} 位置：

$$M_{OPT}=1+(d/a)^2 \tag{5-11}$$

由上式可知，$d \ll a$ 时，$M_{OPT} \approx 1$，此时转台的最佳位置越靠近探测器越好，最佳放大倍数主要受转台尺寸限制。$d \gg a$ 时，M_{OPT} 很大，此时转台的位置越靠近射线源，分辨率越高，最佳放大倍数主要受转台尺寸、试样尺寸和面板尺寸限制，目前微焦面阵探测器 CT 多工作在此模式下。

注意：微焦射线源的焦点尺寸通常随射线源能量的增加而增大，随着射线源能量的增加，最佳放大倍数会减小。

3）重建矩阵和重建范围

重建范围(R_e)受试样外形尺寸的影响，通常重建范围可以用下式确定：

$$R_e = 1.5 \times D \tag{5-12}$$

式中，D 为试样外形的最大尺寸，故重建范围为试样外形最大尺寸的 1.5 倍。检测时应防止试样未摆放到转台中心，造成 CT 图像没有完全包含产品的情况。

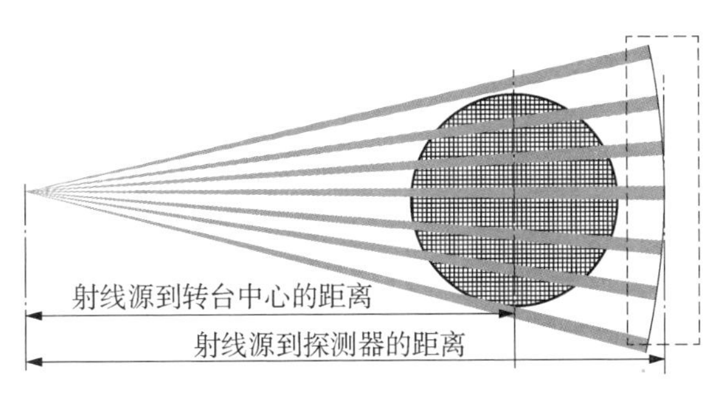

图 5-18　三代模式下扫描示意

重建矩阵($H \times H$)可以一定的精度来量化重建范围，如图 5-18 所示(图中圆形区域是重建范围，圆形区域中的小方格表示重建矩阵)，重建范围固定后，重建矩阵越大，分割试样空间越精细，能描述的空间分辨率越高。

像元尺寸 p 用下式计算：

$$p = R_e / H \tag{5-13}$$

重建矩阵的取值满足下式的最接近值：

$$H > R_e / (2 \times D_{ef\min}) \tag{5-14}$$

根据采样定理，通常要求像元尺寸 p 小于要求检出最小缺陷尺寸 $D_{ef\min}$ 的 1/2，以保证最小缺陷可以正常地显示。缺陷是否能显示出来，还取决于系统的空间分辨率是否能够优于最小缺陷。

重建矩阵的大小决定了 CT 图像文件的规模，当达到系统极限空间分辨率图像可正常显示的条件后，即使再增加图像矩阵，也不能再提高细节的分辨率，还会增加硬盘和内存的负担。

另外，显示器的物理分辨率也在一定程度上限制了图像细节的显示，当原始图像像元尺寸小于显示器的物理分辨率时，图像显示时会被放大，小的噪声信号也可能被放大到人眼可识别的程度，造成 CT 图像背景噪声增大，干扰小缺陷的识别；当显示器完全显示所有图像信息时，像素的大小被显示器的物理分辨率替代，细节特征可能会被丢失。

4）焦点尺寸

关于 X 射线源焦点尺寸的选择，小焦点具有更高的空间分辨率，但小焦点因为散热问题，功率较小，射线强度弱，探测器采样需要更长的积分时间。对于微焦射线源，为了保证试样的穿透性，需要提高扫描电压，焦点尺寸同时也变大。因此，应在保证穿透性和射线强度的前提下，尽量使用小焦点。

5）扫描电压和扫描电流

扫描电压决定射线的能量，穿透试样的射线强度占入射射线强度的 10%～20% 时，信噪比最好。当穿透射线强度太低时会造成噪声增加，信噪比降低；当穿透射线强度太高时，信号对比度降低，信噪比也降低。通常，大约穿透 2～3 个半值层时，信噪比最佳。

扫描电流确定射线强度，在探测器的线形阶段，射线强度越高，信噪比越大。因此在保证探测器不饱和状态下，扫描电流应尽可能大一些。

6）采样幅数

对于三代扫描模式，在采样过程中，探测器通道间隔代表了试样空间上的径向采样频率，而采样幅数 n 表示圆周方向的采样频率。按照采样定理，n 应满足式(5－15)，以避免最大圆周方向上因采样不足造成噪声增大的问题。

$$2 \times (3.14 \times R_e)/n < D_{ef\min}/M \tag{5-15}$$

式中，M 为放大倍数。由式(5－15)可推导出：

$$n > 2 \times M \times 3.14 \times R_e/D_{ef\min} \tag{5-16}$$

由于探测器通道间隔受探测器硬件成本的限制，因此很多 CT 系统通过机械系统微动，增加扫描次数来增加径向采样频率，提高空间分辨率。其本质就是用增加检测时间来换取检测精度的方法。

7）切片厚度

对于线阵探测器，切片厚度 h 由后准直器水平宽度确定。切片厚度决定了 z 轴方向的分辨率，也影响密度分辨率，切片厚度越小，信噪比越小，图像噪声增大，薄型缺陷更容易检出，z 方向分辨率越高。从缺陷定量角度分析，切片厚度 h 满足下式：

$$h \leqslant D_{ef\min} \tag{5-17}$$

8）积分时间

积分时间的设置主要与射线扫描电流(射线强度)以及扫描时间相关,积分时间的设置要保证探测器采样信号不饱和。适当增加积分时间可以提高信噪比,但在射线强度严重不足时,仅增加积分时间会导致噪声的增加。因此,积分时间的确定要综合考虑探测器响应参数、射线强度等因素。

5.3.3　工艺参数选取原则

1）射线控制

(1) 射线源的能量应保证穿透被测物体。对于单一材料或密度差异很大的材料组成的被测物体,宜选择偏高的射线能量,以提高信噪比;对于密度差异小的材料组成的被测物体,宜选择偏低的射线能量,以增加对比度。

(2) 在条件许可的情况下,宜选用高的管电流或射线出束频率,以提高射线强度,增加信噪比。对于 X 射线机,当管电压一定时,增大管电流可提高射线强度;对于电子直线加速器,在能量一定时,增加其出束频率可提高射线强度;对于同位素源,选用比活度大的射线源可提高射线强度。

(3) 在射线能量和强度允许的条件下,宜选用小的焦点尺寸,提高空间分辨率。

(4) 提高射线强度有利于缩短扫描时间。

(5) 在满足空间分辨率要求前提下,宜选用大的后准直器孔或晶体尺寸,提高密度分辨率。

(6) 采用前准直器控制射线束的形状,以减少散射。

(7) 在条件许可的情况下,宜采用后准直器控制射线束的路径,以改善分辨率、降低散射。

(8) 将滤波片放在射线源侧可减少 X 射线能谱中的低能成分,降低射线束硬化的影响。

(9) 将滤波片放在探测器侧比放在射线源侧更能有效降低射线散射的影响。

2）切片厚度

增大切片厚度有利于增加信噪比和提高扫描效率。切片变厚会增加贯通切片特征的对比灵敏度,同时减少了未贯通切片异物的缺陷检出灵敏度。

(1) 对于线阵探测系统,切片厚度通常可通过切片厚度调节机构来设置。

(2) 对于面阵探测系统,探测器纵向排列密度和软件设置决定切片厚度。

3）扫描视场直径

（1）为了改善图像视觉效果，不宜用大视场直径来检测小直径被测物。

（2）选择扫描视场直径时，被测物在图像中宜占视场的 2/3。

4）提高空间分辨率

（1）选用的射线源焦点尺寸越小，越有利于提高空间分辨率。

（2）减小探测器（单探头探测器或弧线型线阵探测器）后准直孔的宽度有利于提高空间分辨率。

（3）增大射线源焦点到探测器距离有利于提高空间分辨率。

（4）在一定范围内，增大扫描图像矩阵，有利于提高检测空间分辨能力。

（5）如果射线源焦点到探测器距离一定，当射线源焦点尺寸小于后准直孔宽度时，源焦点到被测物的距离越小越有利于提高空间分辨率；当射线源焦点尺寸大于后准直孔宽度时，被测物到探测器的距离越小，越有利于提高空间分辨率。

5）提高密度分辨率

（1）提高射线强度，有利于提高密度分辨率，增强信噪比。

（2）增加采样时间，有利于提高密度分辨率，增强信噪比。

（3）对于单探头探测器或弧线型线阵探测器，增大后准直孔的有效截面，有利于提高密度分辨率，增强信噪比。

（4）缩短射线源到探测器之间的距离可增加入射到探测器单位面积内的射线强度，有利于提高密度分辨率，增强信噪比。

6）减轻或消除图像伪影

（1）可通过适当的硬件和软件校正方法来消除或减轻图像伪影。

（2）射束硬化伪影可通过提高射线能量或过滤入射射线中的低能成分来减弱，或同时使用这两种方法。

（3）金属伪影可通过减少边界处变化率或使用特殊软件校正等方法得到减轻。降低对比度的方法包括将被测物埋在第二介质（如水或沙子）中进行扫描，或者是提高射线源的能量。使用特殊软件校正方法通常需要具备一定的局部先验知识，并采用数据非线性校正方法。

（4）对探测器信道响应不一致性进行校正，有利于消除或降低三代扫描中的环状伪影。

7）提高扫描效率

（1）在密度分辨能力、信噪比允许条件下，减小采样时间，可提高扫描效率。

（2）提高射线强度，有利于提高扫描效率。

（3）在精度允许的条件下，图像矩阵越小，采集投影数据越少，扫描效率越高。

CT 检测工艺卡示例见表 5－3。

表 5 - 3 CT 检测工艺卡示例

<table>
<tr><td>工件名称</td><td></td><td>试件图号</td><td></td><td>牌号规格</td><td></td></tr>
<tr><td>检测方法</td><td></td><td>验收标准</td><td></td><td>验收等级</td><td></td></tr>
<tr><td>文件名称</td><td></td><td>设备型号</td><td></td><td>探测器</td><td></td></tr>
<tr><td>S_{DD}（mm）</td><td></td><td colspan="4" rowspan="20">扫描示意图：</td></tr>
<tr><td>S_{OD}（mm）</td><td></td></tr>
<tr><td>扫描部位</td><td></td></tr>
<tr><td>扫描旋转直径（mm）</td><td></td></tr>
<tr><td>最大穿透厚度（mm）</td><td></td></tr>
<tr><td>投影窗口大小</td><td></td></tr>
<tr><td>投影幅数（张）</td><td></td></tr>
<tr><td>焦点尺寸（mm）</td><td></td></tr>
<tr><td>探元尺寸（mm）</td><td></td></tr>
<tr><td>滤波</td><td></td></tr>
<tr><td>准直器</td><td></td></tr>
<tr><td>探测器增益（pF）</td><td></td></tr>
<tr><td>积分时间（ms）</td><td></td></tr>
<tr><td>CT 扫描方式</td><td></td></tr>
<tr><td>CT 扫描电压（kV）</td><td></td></tr>
<tr><td>CT 扫描电流（mA）</td><td></td></tr>
<tr><td>切片位置</td><td></td></tr>
<tr><td>切片厚度（mm）</td><td></td></tr>
<tr><td>切片间距（mm）</td><td></td></tr>
<tr><td>切片数量</td><td></td></tr>
<tr><td>重建范围</td><td></td><td colspan="4" rowspan="4">备注：</td></tr>
<tr><td>重建矩阵</td><td></td></tr>
<tr><td>图像处理</td><td></td></tr>
<tr><td>存储方式</td><td></td></tr>
</table>

5.4 计算机层析成像检测技术在电网设备检测中的应用

5.4.1 500 kV 罐式断路器绝缘喷嘴计算机层析成像检测

某 500 kV 罐式断路器绝缘喷嘴材料为聚四氟乙烯，密度为 2.3 g/cm^3，形状近似为中空的圆柱体，其尺寸：高 158 mm、上端外径 83 mm、下端外径 90 mm，实物如图 5-19 所示。

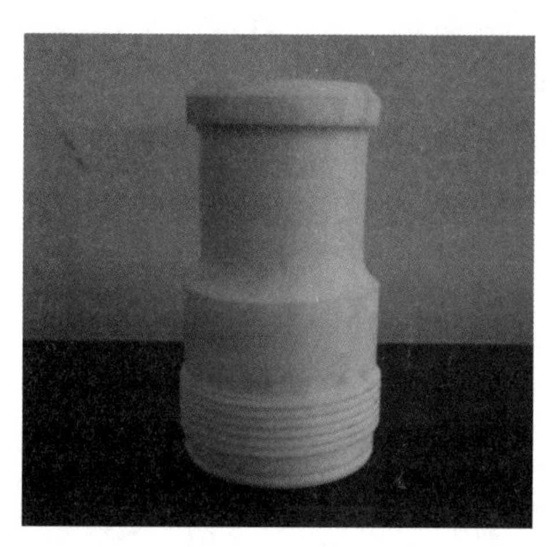

图 5-19 某 500 kV 罐式断路器绝缘喷嘴实物图

为了对比结果，用 X 射线数字平板探测器成像(DR)检测技术及计算机层析成像(CT)检测技术对该罐式断路器绝缘喷嘴分别进行了检测、试验。

(1) X 射线数字平板探测器成像检测(DR 检测)。

该工件体积较小，材质单一，厚度薄，易于 X 射线穿透，其 DR 检测参数见表 5-4。

表 5-4 某 500 kV 罐式断路器绝缘喷嘴 DR 检测参数

焦距/mm	X 射线电压值/kV	X 射线电流值/mA	曝光时间/s
1 000	80	3	8

喷嘴 DR 检测结果如图 5-20 所示，分别为互相垂直角度(0°和 90°)的成像结果：被检工件内部完好无缺，未发现任何细小的磨损、脱落或空隙等缺陷。

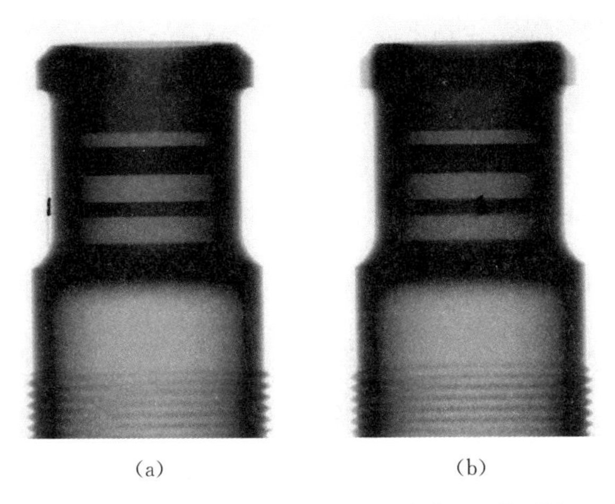

(a)　　　　　　　　(b)

图 5－20　某 500 kV 罐式断路器绝缘喷嘴 DR 检测结果图

(a)检测角度一(0°)；(b)检测角度二(90°)

(2) 计算机层析成像检测(CT 检测)。

采用 CT 检测系统对喷嘴进行扫描，检测时采用的工艺参数见表 5－5。

表 5－5　某 500 kV 罐式断路器绝缘喷嘴断层扫描检测参数

射线源电压/kV	射线源电流/mA	投影幅数/张	滤波片厚度/mm	机械系统参数/mm
220	1.2	800	2	$S_{OD}=600$

喷嘴断层扫描图像如图 5－21 所示。从图像上能看到横切面 CT 图像上有细小的圆点，不同断层面上的细小圆点的分布位置、尺寸大小和数量各不相同，初判为断路器喷嘴中孔隙率绝缘缺陷。

图 5－21　某 500 kV 罐式断路器绝缘喷嘴横切面 CT 图像

为了实现喷嘴内部缺陷的空间分布位置、形状、体积尺寸、数量的定量分析，需进行喷嘴三维模型重建。三维重建体模型如图 5－22 所示，其中图 5－22(a)、(b)为按如图所示弦切线位置剖切得到的横纵切面的喷嘴 CT 三维图像。重建的喷嘴三维 CT 图像可以根据自己感兴趣区域进行横纵方向剖切，从这些横纵切面的 CT 图像中可以清晰地显示喷嘴内部缺陷的空间位置和缺陷形状，有助于我们针对发生缺陷概率较大的地方进一步缺陷研究。

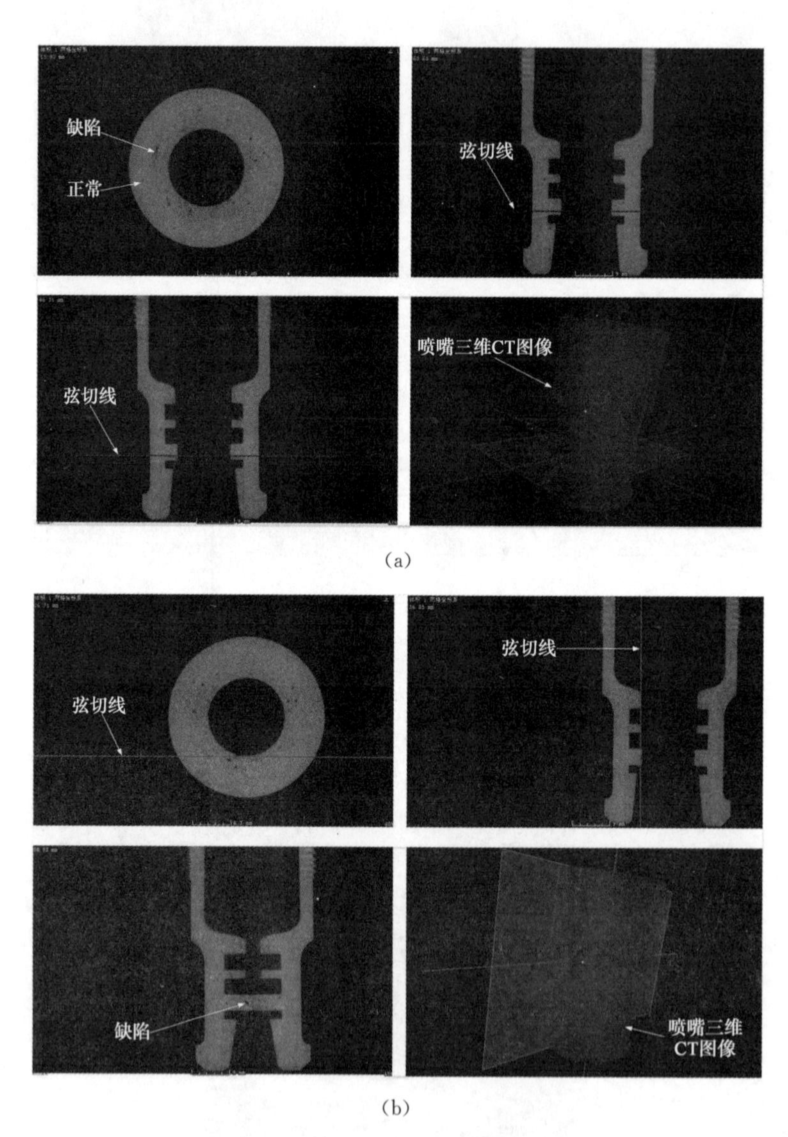

图 5－22　某 500 kV 罐式断路器绝缘喷嘴三维 CT 图像

(a)横切面；(b)纵切面

为了使缺陷的空间分布位置和缺陷形状更加直观地显现出来，便于后续缺陷体积尺寸和数量的定量分析，在喷嘴的三维 CT 模型重建完成后，可以对三维重建模型进行空隙缺陷分析，在缺陷分析中利用不同颜色来区分缺陷的体积大小以及位置。在经过大量的分析后发现，该喷嘴的缺陷体积全部在 0.0～0.50 mm^3 范围之内，缺陷体积出现在 0.0～0.20 mm^3 范围内的概率超过 90%，0.0～0.15 mm^3 范围内的缺陷体积在三维 CT 图像上是很难通过肉眼看到的，在该范围内的缺陷必须要使用软件中的缺陷检测分析功能才能看到。结合喷嘴三维模型任意截面的剖切分析后发现，断路器喷嘴内部易发生脱落部位主要集中在上端(端口直径较小一端)20～80 mm 处。如图 5－23 所示，右下图为喷嘴三维重建体的整体缺陷体积检测图，另外三幅图为它的三视剖切位置的横纵切面缺陷体积检测图。图 5－24 所示为该喷嘴的缺陷体积分布数量统计图，从图中可以清晰地看出不同缺陷体积尺寸分布的数量关系。

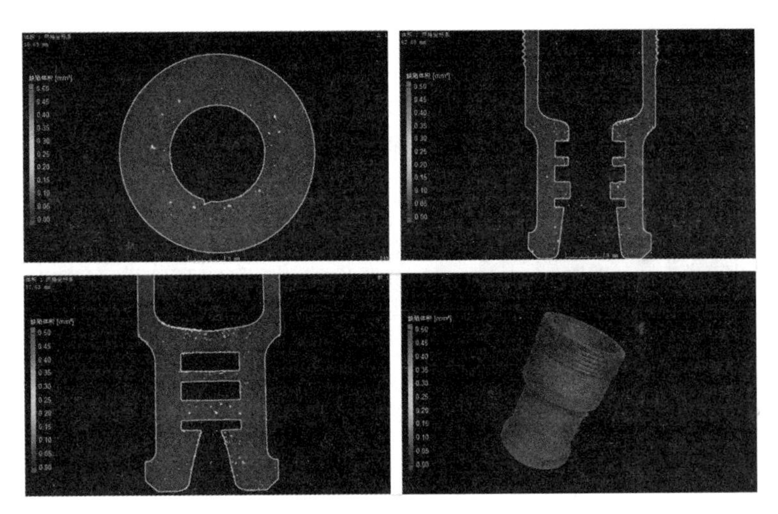

图 5－23　某 500 kV 罐式断路器绝缘喷嘴缺陷位置与体积尺寸

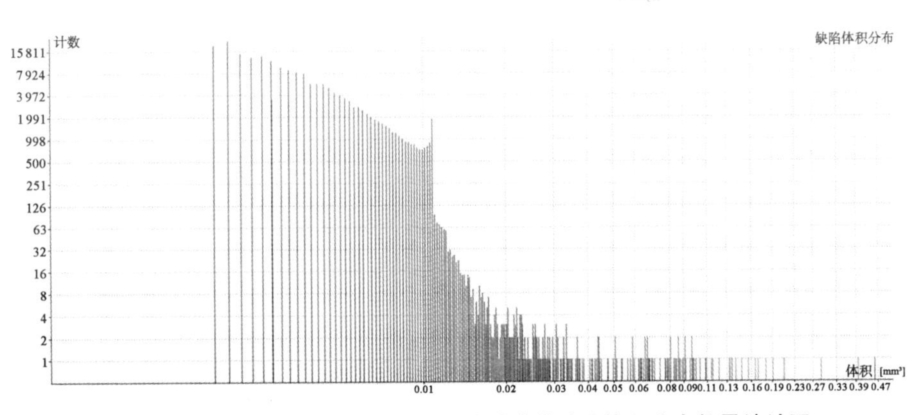

图 5－24　某 500 kV 罐式断路器绝缘喷嘴的缺陷体积分布数量统计图

综合对比 CT 检测和 DR 检测两种检测技术对断路器绝缘喷嘴的检测结果可知：针对电力设备中的小缺陷，利用工业 CT 检测系统可以检测出喷嘴试样的内部空隙和脱落缺陷，能够更加清晰地将感兴趣区域的缺陷细节特征呈现出来，这也是 CT 检测技术在电力设备中应用的优势之一。而采用 X 射线数字平板成像检测系统未能将喷嘴内部的缺陷检测出来，这也表明 DR 检测技术在检测电力设备小缺陷时存在不足，容易导致检测人员做出错误的认知和判断。

5.4.2 35 kV 断路器内部结构计算机层析成像检测

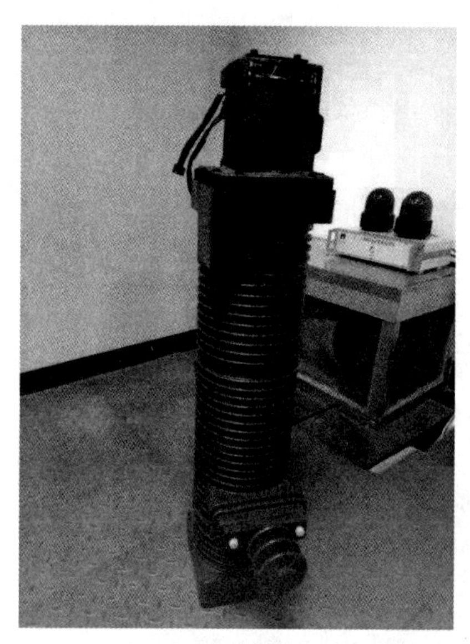

图 5-25 某 35 kV 断路器 B 相极柱实物图

某 220 kV 变电站 35 kV 侧断路器烧毁。该断路器额定电压和额定电流分别为 40.5 kV、2 500 A，额定短路持续时间为 3 s，额定短路开断电流为 31.5 kA。为确定内部的缺陷位置以及类型，对其进行 X 射线检测。断路器的 B 相极柱如图 5-25 所示，其三维尺寸为 510 mm×180 mm×894 mm(长×宽×高)。

为了对比结果，分别用 X 射线数字平板探测器成像(DR)检测技术和计算机层析成像(CT)检测技术对该断路器进行检测、试验。

(1) X 射线数字平板探测器成像检测(DR 检测)。

按照表 5-6 所示的试验参数进行 DR 检测。

表 5-6 某 35 kV 断路器 B 相极柱的 DR 检测参数

焦距/mm	X 射线电压值/kV	X 射线电流值/mA	曝光时间/s
1 000	280	3	10

断路器的 DR 成像结果如图 5-27 所示，通过不同角度的拍摄可以看到断路器内部的活塞杆发生断裂。在应用 DR 检测技术检测该断路器时能发现设备内部存在活塞杆断裂故障，但当拍摄角度不合适时(见图 5-26 中角度一)，很难判断其内部的活塞杆发生断裂，这就要求检测人员要尽可能多地在不同角度下做 X 射线透照试验，才能增加检测的准确性。

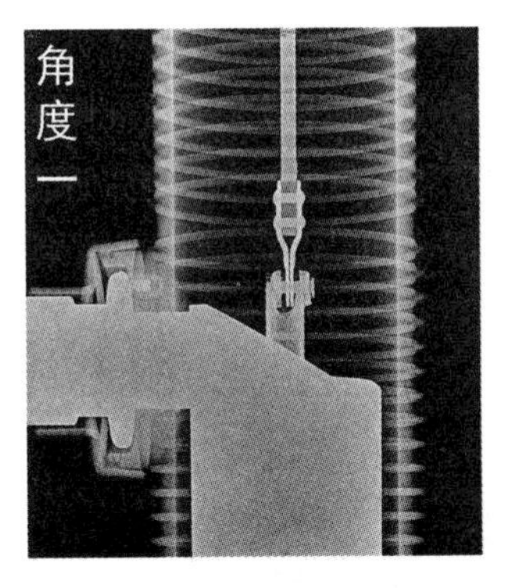

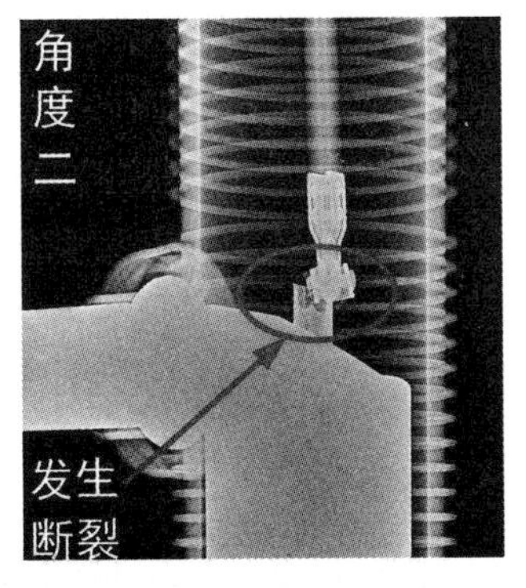

图 5 - 26　断路器 DR 成像结果

(2) 计算机层析成像检测(CT 检测)。

对断路器进行 CT 扫描,检测时设置的工艺参数见表 5 - 7。通过断层扫描后得到的活塞杆断裂位置断层图像如图 5 - 27 所示。

表 5 - 7　断路器断层扫描检测参数

射线源电压/kV	射线源电流/mA	投影幅数/张	滤波片厚度/mm	机械系统参数/mm
380	1.5	1 200	1	$S_{OD}=600$

图 5 - 27　活塞杆断裂位置断层图像

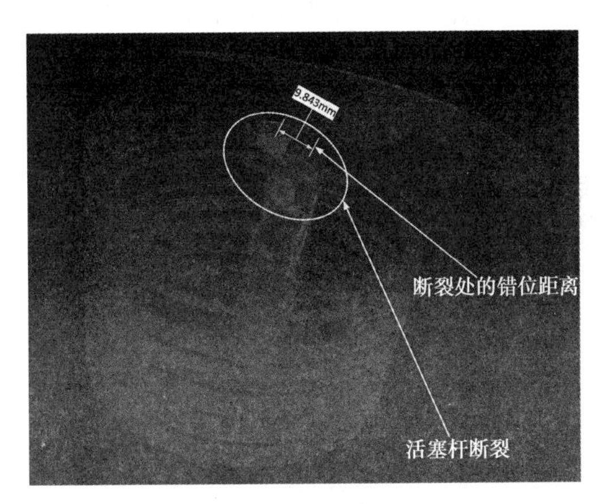

图 5 - 28　断路器活塞杆断裂位置三维重建体

从活塞杆的断层图像中可以发现,活塞杆的断层图形状并不是一个圆环,而是有交叉的两个圆环,这表明断路器内部活塞杆发生了断裂,出现了错位才致使在断层图像上看到这种情况。为了能够更加直观地将断路器内部活塞杆的情况呈现出来,将断层扫描的图像数据进行三维重建,三维重建结果如图 5 - 28 所示。在断路器的三维 CT 图像上可以清晰地发现其内部的活塞杆存在断裂故障,经过软件测量后,发现在断裂部位发生的错位距离达到 9.843 mm，由此将断路器内部的完整缺陷信息通过视觉直观地呈现出来。

通过弦切线剖切断路器的三维重建体，可以更准确地了解活塞杆断裂的部位和断裂后表面的形状。断路器内部活塞杆断裂的 CT 图像(见图 5 - 29)特征：断裂表面轮廓较光滑，断裂部位靠近活塞杆下端应力集中的地方，断裂上下端发生的错位明显(大约 10 mm)，材料缺失较少。

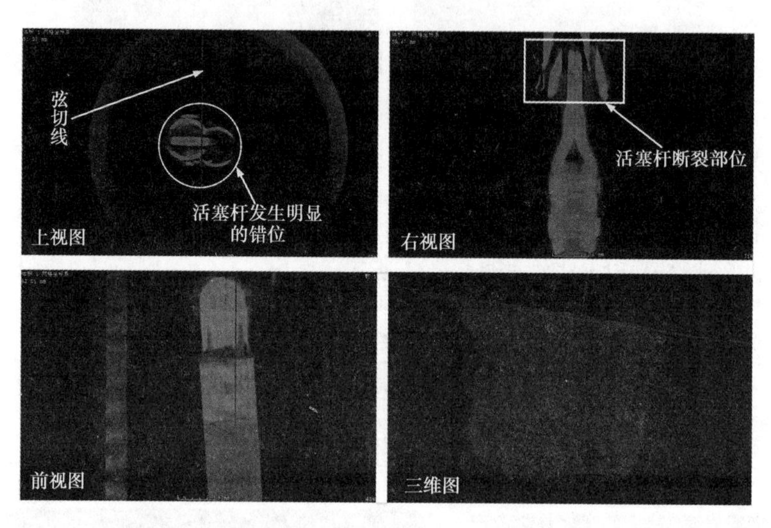

图 5 - 29 断路器剖切 CT 图像

图 5 - 30 断路器 B 相极柱活塞杆断裂解体结果

为了进一步验证断路器内部活塞杆断裂的情况，对断路器 B 相极柱活塞杆进行解体验证。其解体结果如图 5 - 30 所示，解体结果表明 B 相极柱活塞杆发生断裂，断裂部位主要为应力集中点和它的薄弱点，并且在断裂部位有加工痕迹，解体结果基本和 CT 可视化检测一致，这也表明 CT 检测系统可以在电力设备检测中准确判断缺陷情况和位置。

5.4.3 悬垂线夹计算机层析成像检测

检测试样为 CS 型悬垂线夹，线夹本体和压板为铝合金，闭口销为不锈钢制件，其余为热镀锌钢制件。CS 型悬垂线夹实物如图 5 - 31 所示。

图 5－31　CS 型悬垂线夹实物图

为了对比结果，用 X 射线数字平板探测器成像(DR)检测技术和计算机层析成像(CT)检测技术分别对该悬垂线夹进行了检测、试验。

(1) X 射线数字平板探测器成像检测(DR 检测)。

按照表 5－8 所示的试验参数进行悬垂线夹的 DR 检测。

表 5－8　悬垂线夹 DR 检测参数

焦距/mm	X 射线电压值/kV	X 射线电流值/mA	曝光时间/s
1 000	150	3	8

CS 型悬垂线夹 DR 检测结果如图 5－32 所示，仅能从图像中看出线夹内部存在裂纹，由于影像的重叠难以分辨出裂纹的位置和走向，同时也不能实现裂纹准确尺寸等数据的测量，影响缺陷严重程度的准确定性判断和裂纹产生原因的准确分析。

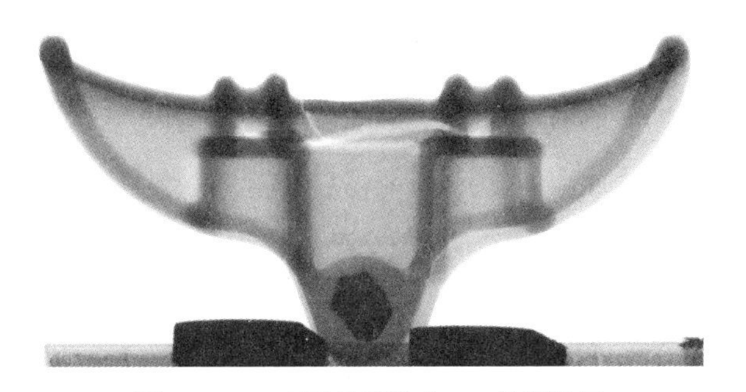

图 5－32　CS 型悬垂线夹 DR 检测结果

(2) 计算机层析成像检测(CT 检测)。

对悬垂线夹进行 CT 扫描，检测时设置的工艺参数见表 5－9。通过断层扫描后得到的CS型悬垂线夹三维图像如图5-33所示。

表5-9 悬垂线夹CT检测参数

射线源电压/kV	射线源电流/mA	投影幅数/张	滤波片厚度/mm	机械系统参数/mm
290	26	800	1	$S_{OD}=1\,200$

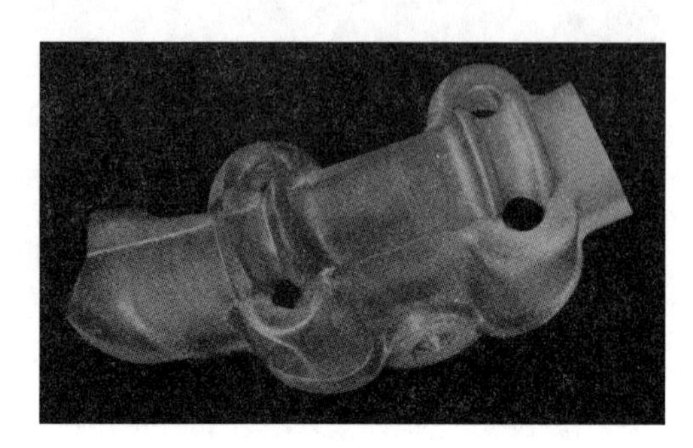

图5-33 CS型悬垂线夹三维重建图像

通过切片分析可以从图像上很清晰地看到样品内部存在的裂缝，如图5-34中圆圈部分所示。同时，通过三维图像可以实现裂纹走向的准确显现，尤其是裂纹尖端的清晰显示(见图5-35)，可以帮助我们准确判断裂纹源，免去以往通过对样品进行反复的机械取样来寻找裂纹源的烦琐工作，使裂纹分析具有针对性，对了解裂纹产生的原因具有重要的意义。

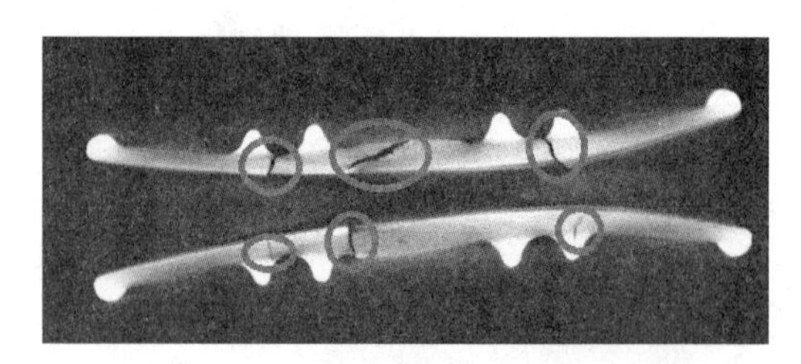

图5-34 CS型悬垂线夹切面裂纹分布

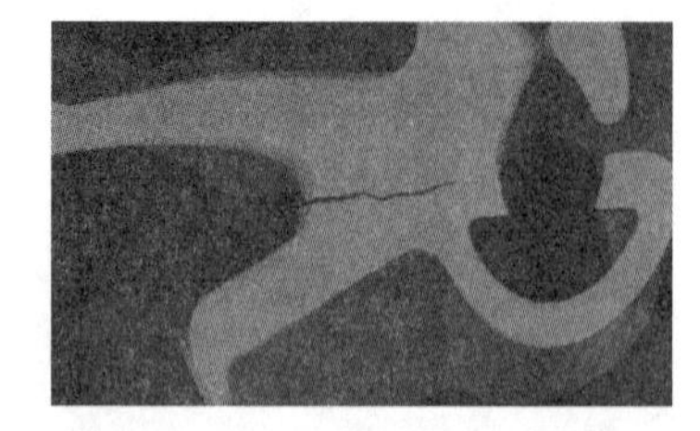

图5-35 CS型悬垂线夹裂纹尖端图像

5.4.4 其他典型电网设备计算机层析成像检测

1) 盘式瓷绝缘子

试样为XP-16型盘式瓷绝缘子，尺寸规格为Φ260 mm×160 mm(直径×高)。

(1) X射线数字平板探测器成像检测(DR检测)。

表5-10为XP-16型盘式瓷绝缘子DR检测参数。

表5-10　XP-16型盘式瓷绝缘子DR检测参数

焦距/mm	X射线电压值/kV	X射线电流值/mA	曝光时间/s
1 000	300	3	8

在DR检测中，绝缘子内部部件由于重叠成像严重，整体分辨率较差。DR检测结果如图5-36所示。

(2) 计算机层析成像检测(CT检测)。

XP-16型盘式瓷绝缘子CT检测参数见表5-11。

表5-11　XP-16型盘式瓷绝缘子断层扫描检测参数

射线源电压/kV	射线源电流/mA	投影幅数/张	滤波片厚度/mm	机械系统参数/mm
400	1.7	1 000	2	$S_{OD}=1\,300$

图5-37所示为该绝缘子CT检测数据重构成像后的效果图，通过对截面数据重建后，可从图中分辨出钢帽、钢角、瓷裙等各个部件，以及各个部件结合面的状态。不同材质及厚度的部件成像黑度均匀。

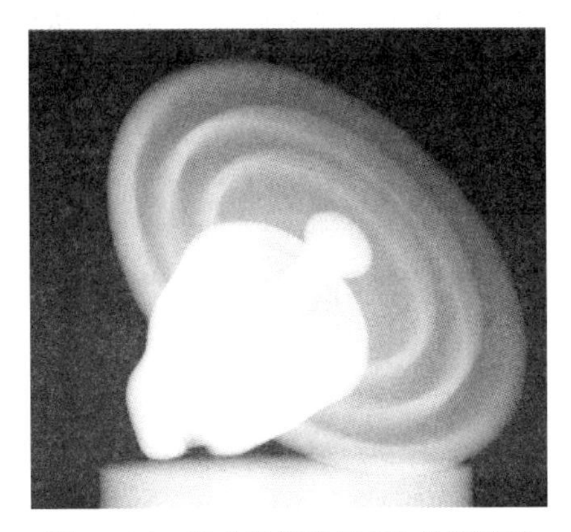

图5-36　盘式瓷绝缘子DR检测结果

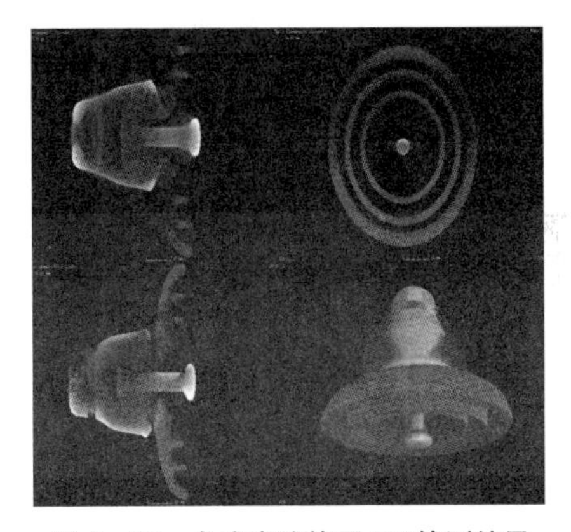

图5-37　盘式瓷绝缘子CT检测结果

2) 复合绝缘避雷器

试样为复合绝缘避雷器，尺寸规格为800 mm×200 mm×200 mm(长×宽×高)。

(1) X射线数字平板探测器成像检测(DR检测)。

复合绝缘避雷器DR检测参数见表5-12。

表 5 - 12　复合绝缘避雷器 DR 检测参数

焦距/mm	X 射线电压值/kV	X 射线电流值/mA	曝光时间/s
1 000	300	3	8

图 5 - 38 所示为复合绝缘避雷器的 DR 检测结果，在 DR 检测中，绝缘子内部部件由于重叠成像严重，检测结果整体分辨率较差。

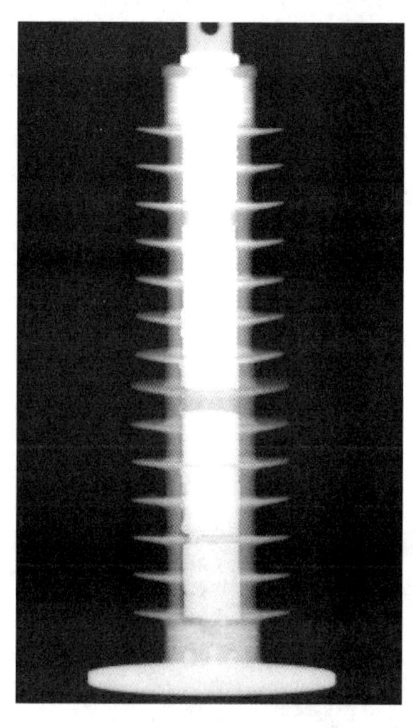

图 5 - 38　复合绝缘避雷器 DR 检测结果

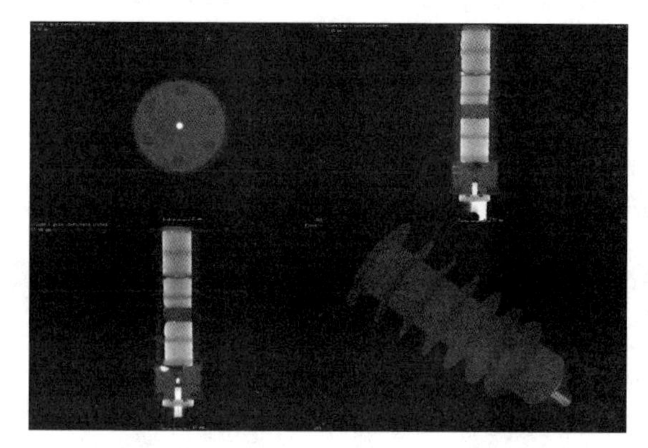

图 5 - 39　复合绝缘避雷器 CT 检测结果

(2) 计算机层析成像检测(CT 检测)。

复合绝缘避雷器 CT 检测参数见表 5 - 13。

表 5 - 13　复合绝缘避雷器断层扫描检测参数

射线源电压/kV	射线源电流/mA	投影幅数/张	滤波片厚度/mm	机械系统参数/mm
400	1.7	1 000	2	$S_{OD}=1\,300$

图 5 - 39 所示为复合绝缘避雷器 CT 检测结果(数据重构成像后的效果图)，通过对截面数据重建后，从 CT 检测数据可以清晰地分辨外绝缘层的橡胶部分破损和内部氧化锌避雷器件破碎情况。

3) 复合绝缘子

试样为FXWP－120型盘形悬式复合绝缘子，尺寸规格为Φ320 mm×180 mm（直径×高）。

(1) X射线数字平板探测器成像检测(DR检测)。

FXWP－120型盘形悬式复合绝缘子DR检测参数见表5－14。

表5－14　FXWP－120型盘形悬式复合绝缘子DR检测参数

焦距/mm	X射线电压值/kV	X射线电流值/mA	曝光时间/s
1 000	320	3	8

图5－40所示为复合绝缘子的DR检测结果，与陶瓷绝缘子DR检测情况类似，绝缘子内部部件由于重叠成像严重，检测结果整体分辨率较差。

(2) 计算机层析成像检测(CT检测)。

FXWP－120型盘形悬式复合绝缘子CT检测参数见表5－15。

表5－15　FXWP－120型盘形悬式复合绝缘子断层扫描检测参数

射线源电压/kV	射线源电流/mA	投影幅数/张	滤波片厚度/mm	机械系统参数/mm
400	1.7	1 000	2	$S_{OD}=1\,300$

图5－41所示为复合绝缘子CT检测结果(数据重构成像后的效果图)，通过对截面数据重建后，可从图中分辨出钢帽、钢角、橡胶绝缘裙等各个部件，以及各个部件结合面的状态。不同材质及厚度的部件成像黑度均匀。

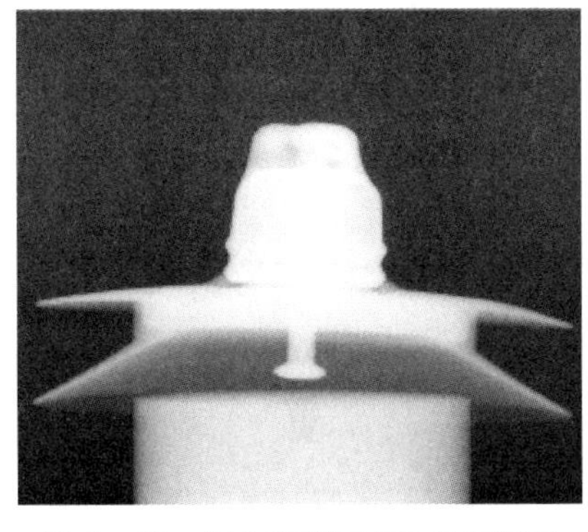

图5－40　复合绝缘子DR检测结果

图5－41　复合绝缘子CT检测结果

4) 复合盆式绝缘子

试样为复合盆式绝缘子，尺寸规格为 Φ400 mm×150 mm(直径×高)。

(1) X 射线数字平板探测器成像检测(DR 检测)。

复合盆式绝缘子 DR 检测参数见表 5-16。

表 5-16　复合盆式绝缘子 DR 检测参数

焦距/mm	X 射线电压值/kV	X 射线电流值/mA	曝光时间/s
1 000	150	3	8

图 5-42 所示为复合盆式绝缘子的 DR 检测结果，在 DR 检测中，由于其圆形结构边缘位置透照厚度变化大，导致检测影像重叠，分辨率较差。

(2) 计算机层析成像检测(CT 检测)。

复合盆式绝缘子 CT 检测参数见表 5-17。

表 5-17　复合盆式绝缘子断层扫描检测参数

射线源电压/kV	射线源电流/mA	投影幅数/张	滤波片厚度/mm	机械系统参数/mm
400	1.7	1 000	2	$S_{OD}=1\,300$

图 5-43 所示为复合盆式绝缘子 CT 检测结果(数据重构成像后的效果图)，通过对截面数据重建后，消除了平面透照成像时由于透照厚度变化带来的成像模糊，不同厚度的部件成像黑度均匀，从检测结果中可清晰辨识人工设置在绝缘子表面的缺陷。

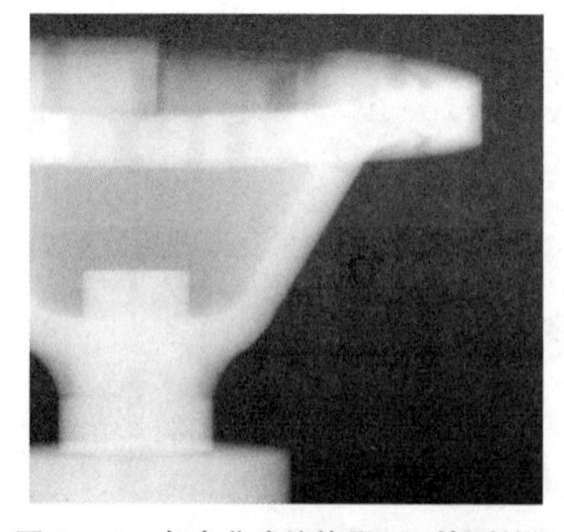

图 5-42　复合盆式绝缘子 DR 检测结果

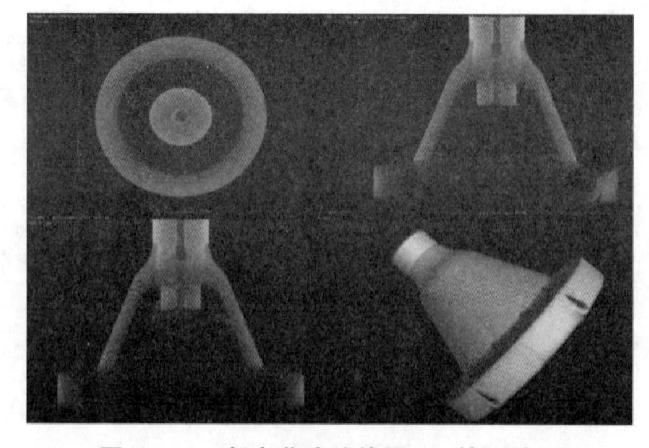

图 5-43　复合盆式绝缘子 CT 检测结果

5）电压互感器

试样为 JDZJ－10 型电压互感器，尺寸规格为 340 mm×240 mm×210 mm（高×长×宽）。

（1）X 射线数字平板探测器成像检测（DR 检测）。

JDZJ－10 型电压互感器 DR 检测参数见表 5－18。

表 5－18　JDZJ－10 型电压互感器 DR 检测参数

焦距/mm	X 射线电压值/kV	X 射线电流值/mA	曝光时间/s
1 000	6 000	3	8

图 5－44 所示为该电压互感器 DR 检测结果，在 DR 检测中，可以分辨出包覆于绝缘材料之下的线圈和导线结构，但由于内部部件重叠成像严重，检测图像整体分辨率较差。

（2）计算机层析成像检测（CT 检测）。

JDZJ－10 型电压互感器 CT 检测参数见表 5－19。

表 5－19　JDZJ－10 型电压互感器断层扫描检测参数

射线源电压/kV	射线源电流/mA	投影幅数/张	滤波片厚度/mm	机械系统参数/mm
6 000	2.0	1 000	10	$S_{OD}=3\,430$

图 5－45 所示为该电压互感器 CT 检测结果（数据重构成像后的效果图），通过对截面数据重建后，可从图中分辨出一次线圈、二次线圈、钢芯、绝缘层、引流导线等结构细节，不同材质及厚度的部件成像黑度均匀。

图 5－44　JDZJ－10 型电压互感器 DR 检测结果

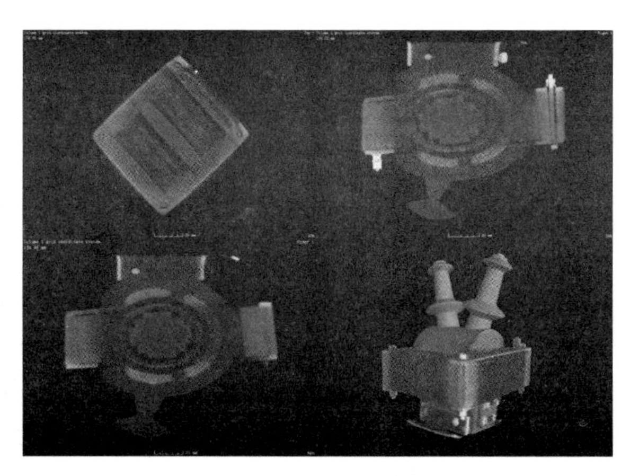

图 5－45　JDZJ－10 型电压互感器 CT 检测结果

6）变压器

试样为 YDQ－3/50 型试验变压器，尺寸规格为 260 mm×250 mm×520 mm（长×宽×高）。

（1）X 射线数字平板探测器成像检测（DR 检测）。

YDQ－3/50 型试验变压器 DR 检测参数见表 5－20。

表 5－20　YDQ－3/50 型试验变压器 DR 检测参数

焦距/mm	X 射线电压值/kV	X 射线电流值/mA	曝光时间/s
1 000	6 000	3	8

图 5－46 所示为该变压器 DR 检测结果，在 DR 检测中，可以分辨出外壳之下的线圈、绕组和导线结构，但由于内部部件重叠成像严重，检测图像整体分辨率较差。

（2）计算机层析成像检测（CT 检测）。

YDQ－3/50 型试验变压器 CT 检测参数见表 5－21。

表 5－21　YDQ－3/50 型试验变压器断层扫描检测参数

射线源电压/kV	射线源电流/mA	投影幅数/张	滤波片厚度/mm	机械系统参数/mm
6 000	1.7	1 000	10	$S_{OD}=3\ 430$

图 5－47 所示为该变压器 CT 检测结果（数据重构成像后的效果图），通过对截面数据重建后，可从图中分辨出一次线圈、二次线圈、钢芯、引流导线等结构细节，不同材质及厚度的部件成像黑度均匀。

图 5－46　YDQ－3/50 型试验变压器 DR 检测结果

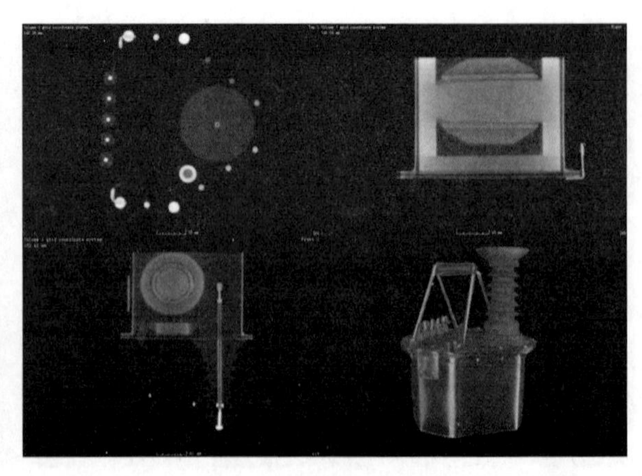

图 5－47　YDQ－3/50 型试验变压器 CT 检测结果

7）电压互感器

试样为JDZXF9－10GY型电压互感器，尺寸规格为350 mm×200 mm×390 mm（长×宽×高）。

（1）X射线数字平板探测器成像检测（DR检测）。

JDZXF9－10GY型电压互感器DR检测参数见表5－22。

表5－22　JDZXF9－10GY型电压互感器DR检测参数

焦距/mm	X射线电压值/kV	X射线电流值/mA	曝光时间/s
1 000	9 000	3	8

图5－48所示为该电压互感器DR检测效果，在DR检测中，可以分辨出外部的复合绝缘层、线圈结构，但由于内部部件重叠成像严重，检测图像整体分辨率较差。

（2）计算机层析成像检测（CT检测）。

JDZXF9－10GY型电压互感器CT检测参数见表5－23。

表5－23　JDZXF9－10GY型电压互感器断层扫描检测参数

射线源电压/kV	射线源电流/mA	投影幅数/张	滤波片厚度/mm	机械系统参数/mm
9 000	2.0	1 000	10	$S_{OD}=3\,430$

图5－49所示为该电压互感器CT检测结果（数据重构成像后的效果图），通过对截面数据重建后，可从图中分辨出复合绝缘层、一次/二次线圈、钢芯、引流导线等结构细节。不同材质及厚度的部件成像黑度均匀。

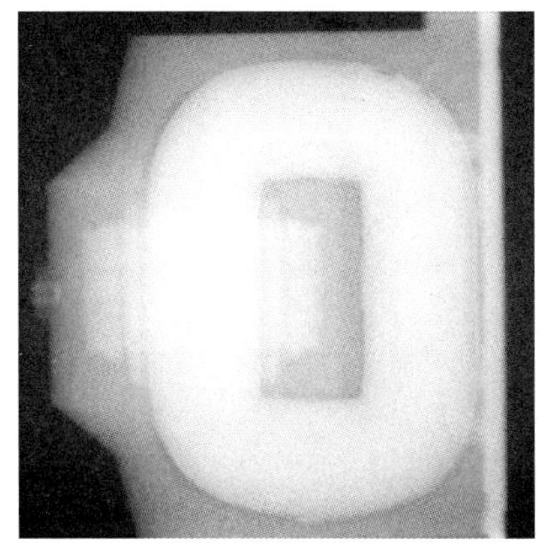

图5－48　JDZXF9－10GY型电压互感器DR检测结果

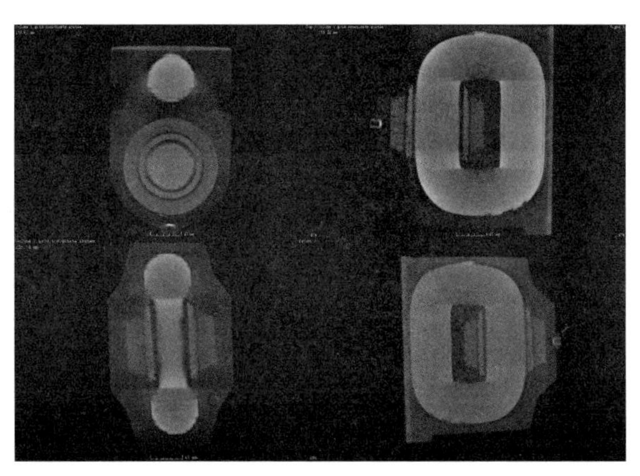

图5－49　JDZXF9－10GY型电压互感器CT检测结果

8) 电流互感器

试样为 LQZ-550 型电流互感器，尺寸规格为 400 mm×300 mm×570 mm(长×宽×高)。

(1) X射线数字平板探测器成像检测(DR检测)。

LQZ-550 型电流互感器 DR 检测参数见表 5-24。

表 5-24　LQZ-550 型电流互感器 DR 检测参数

焦距/mm	X射线电压值/kV	X射线电流值/mA	曝光时间/s
1 000	9 000	3	8

图 5-50 所示为该电流互感器 DR 检测结果，在 DR 检测中，可以分辨出接线柱内部的空腔结构，并分辨出其中的引流导线，但对于导线位置分辨能力较差。

(2) 计算机层析成像检测(CT检测)。

LQZ-550 型电流互感器 CT 检测参数见表 5-25。

表 5-25　LQZ-550 型电流互感器断层扫描检测参数

射线源电压/kV	射线源电流/mA	投影幅数/张	滤波片厚度/mm	机械系统参数/mm
9 000	2.0	1 000	10	$S_{OD}=3\,430$

图 5-51 所示为该电流互感器 CT 检测结果(数据重构成像后的效果图)，通过对截面数据重建后，可从图像中明确分辨接线柱的结构、引流导线位置等结构细节。

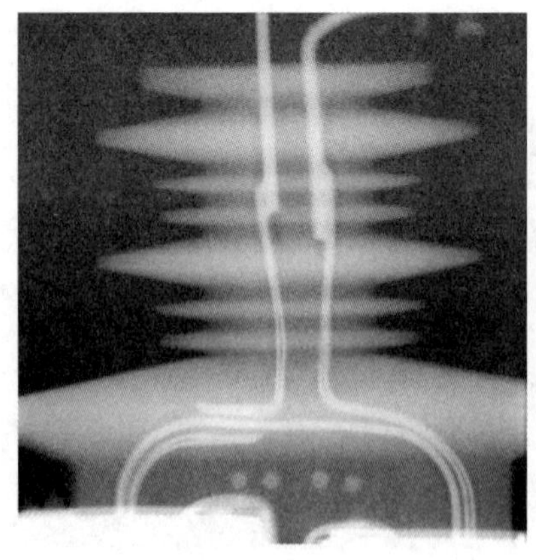

图 5-50　LQZ-550 型电流互感器 DR 检测结果

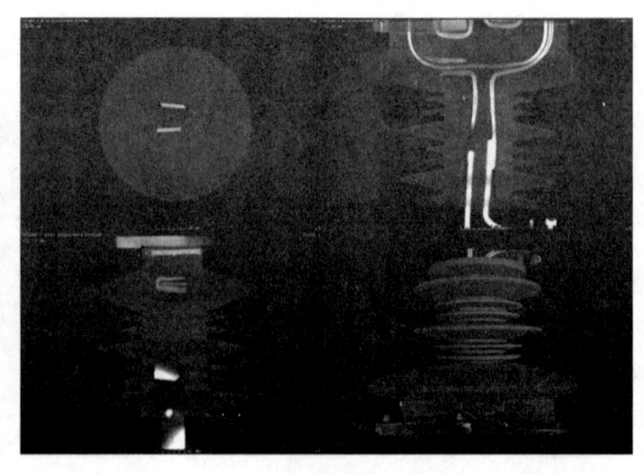

图 5-51　LQZ-550 型电流互感器 CT 检测结果

9）并联电容器

试样为 BGF 10.5－50－IW 型并联电容器，尺寸规格为 370 mm×120 mm×470 mm（长×宽×高）。

（1）X 射线数字平板探测器成像检测（DR 检测）。

BGF 10.5－50－IW 型并联电容器 DR 检测参数见表 5－26。

表 5－26　BGF 10.5－50－IW 型并联电容器 DR 检测参数

焦距/mm	X 射线电压值/kV	X 射线电流值/mA	曝光时间/s
1 000	9 000	3	8

图 5－52 所示为该并联电容器 DR 检测结果，在 DR 检测中，难以分辨出线套管的内部结构。

（2）计算机层析成像检测（CT 检测）。

BGF 10.5－50－IW 型并联电容器 CT 检测参数见表 5－27。

表 5－27　BGF 10.5－50－IW 型并联电容器断层扫描检测参数

射线源电压/kV	射线源电流/mA	投影幅数/张	滤波片厚度/mm	机械系统参数/mm
9 000	2.0	1 000	10	$S_{OD}=3\ 430$

图 5－53 所示为该并联电容器 CT 检测结果（数据重构成像后的效果图），通过对截面数据重建后，可从图像中明确分辨出线套管的内部结构。

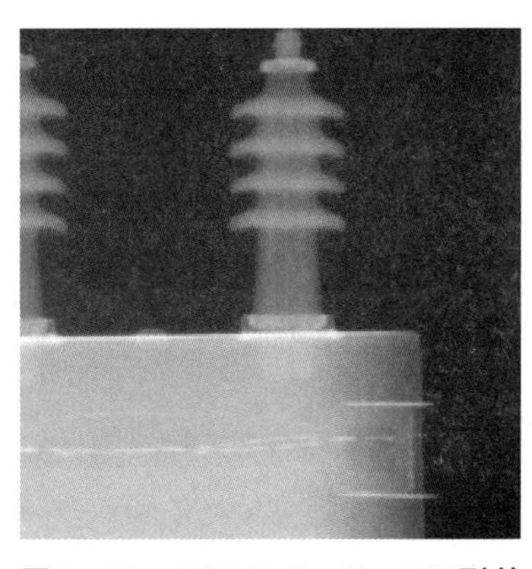

图 5－52　BGF 10.5－50－IW 型并联电容器 DR 检测结果

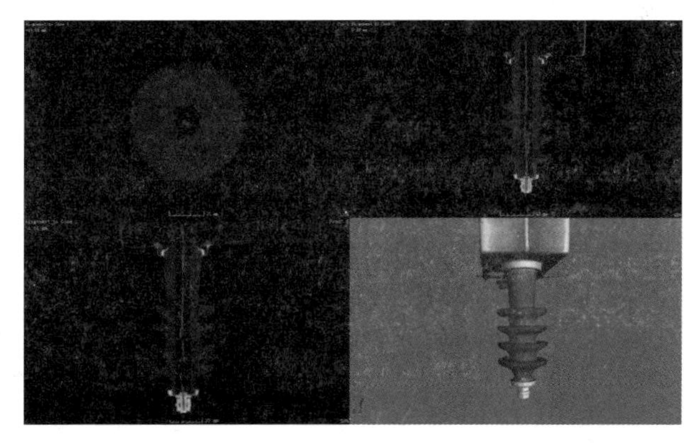

图 5－53　BGF 10.5－50－IW 型并联电容器 CT 检测结果

10）均压电容器

试样为 JY－40－0.0015 型均压电容器，尺寸规格为 Φ200 mm×700 mm（直径×

高)。

(1) X射线数字平板探测器成像检测(DR检测)。

JY-40-0.0015型均压电容器DR检测参数见表5-28。

表5-28 JY-40-0.0015型均压电容器DR检测参数

焦距/mm	X射线电压值/kV	X射线电流值/mA	曝光时间/s
1 000	3 000	3	8

(2) 计算机层析成像检测(CT检测)。

JY-40-0.0015型均压电容器CT检测参数见表5-29。

表5-29 JY-40-0.0015型均压电容器断层扫描检测参数

射线源电压/kV	射线源电流/mA	投影幅数/张	滤波片厚度/mm	机械系统参数/mm
3 000	2.0	1 000	10	$S_{OD}=3\,430$

图5-54~图5-59为JY-40-0.0015型均压电容器的DR检测结果与CT检测结果。由于该样品长度超过成像板尺寸,因此分三次对其进行成像检测。

在下段的DR检测结果中,可见电容器中心部件显著歪斜。在中段和上段的DR检测结果中,可以分辨中心部件的存在。

在CT检测结果中,可以清晰地分辨电容器上部部件歪斜,并可从三维视图判断其歪斜位置。在中段和下段,通过CT数据可以明确地分辨中心部件的位置,并观测到中段的中心部件存在偏心。

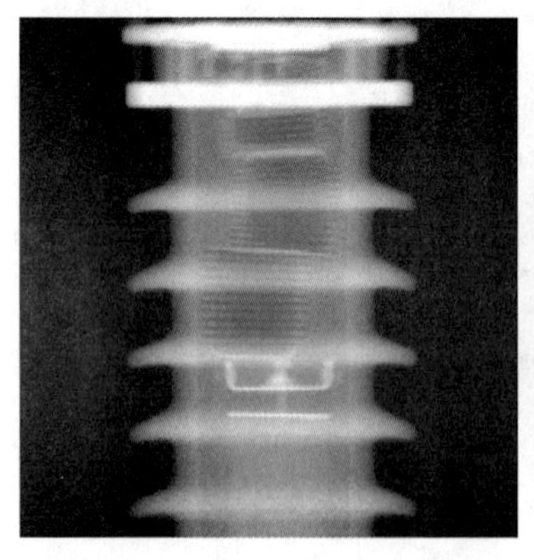

图5-54 JY-40-0.0015型均压电容器下段DR检测结果

图5-55 JY-40-0.0015型均压电容器下段CT检测结果

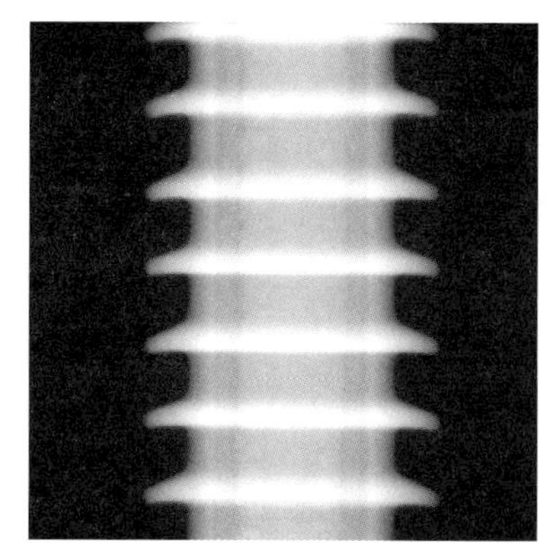

图 5 - 56　JY - 40 - 0.0015 型均压电容器中段 DR 检测结果

图 5 - 57　JY - 40 - 0.0015 型均压电容器中段 CT 检测结果

图 5 - 58　JY - 40 - 0.0015 型均压电容器上段 DR 检测结果

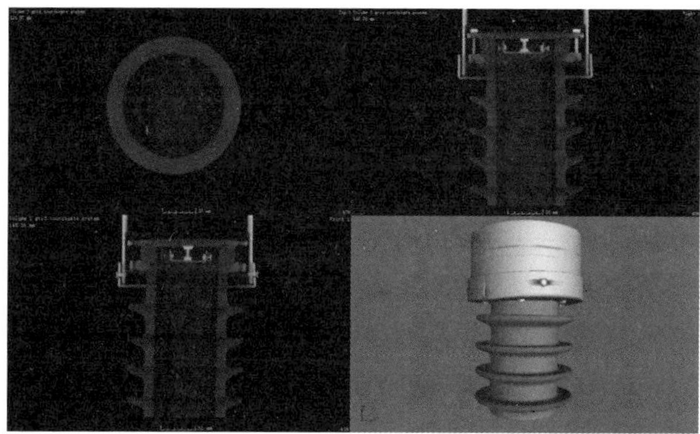

图 5 - 59　JY - 40 - 0.0015 型均压电容器上段 CT 检测结果

第 6 章　其他射线检测技术

射线检测技术除了在电网系统常用的射线照相检测技术及射线数字成像检测技术外，还包括应用在其他行业的几种射线检测技术，比如高能射线照相检测技术、中子射线照相检测技术、胶片扫描成像检测技术、康普顿散射成像检测技术、X 射线表面残余应力测试技术、射线测厚技术等。

本章主要从原理、设备及应用场景等方面对前面章节没有具体涉及的其他射线检测技术进行介绍。

6.1　高能射线照相检测技术

高能射线照相检测技术中所用的高能射线大多数是通过电子加速器获得。电子加速器是一种高能 X 射线机，它利用高电压、强磁场、微波等技术使动能很大的高速电子撞击金属靶，从而获得高能 X 射线。常用的电子加速器包括电子感应加速器、电子直线加速器和电子回旋加速器。

1）电子感应加速器

电子感应加速器利用电磁感应原理制作而成，通过电磁作用力来加速电子流，如图 6－1 所示。

当交变脉冲电流通过激励线圈时，电磁铁产生交变磁场，电子在磁场的作用下，在环形真空管内回旋转动加速获得动能。每回旋一次电子获得数十电子伏的能量，回转数十万次后能量将达到数百万电子伏，然后电子撞击金属靶，产生高能 X 射线。电子感应加速器发出的 X 射线束成 5°～6°锥形，能量可达到 30 MeV，能穿透厚度达 500 mm 的钢材或钢制设备。

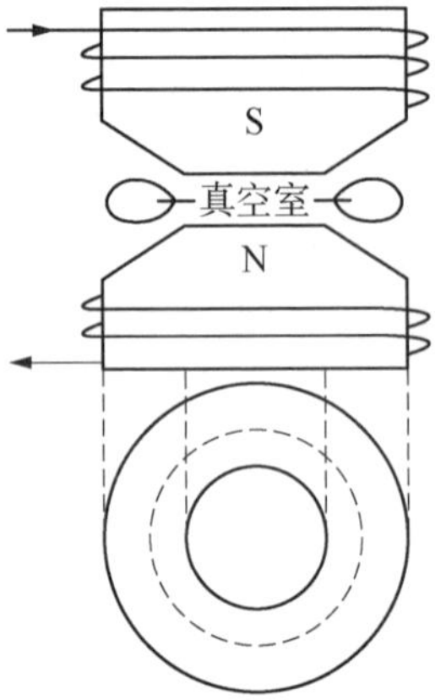

图 6－1　电子感应加速器

2）电子回旋加速器

电子回旋加速器（见图 6－2）利用磁感效应加速电子。它利用恒定磁场使电子在环形真空室中回转，同时由谐振腔产生固定频率的高频电场加速电子。在恒定磁场作用下，电子绕一圈的时间随能量的增加而变快。若使电子回转一圈，加速电场恰好变化整数个周期，则电子被逐步被加速。当电子被加速到所需要的能量时，从圆周轨道将电子引出，使其撞击在靶上产生 X 射线。被加速电子在撞击靶之前要环绕轨道转几十万圈，以获得足够的能量，目前回旋加速器可将电子加速至 20 MeV，束流强度达 10 mA 左右。

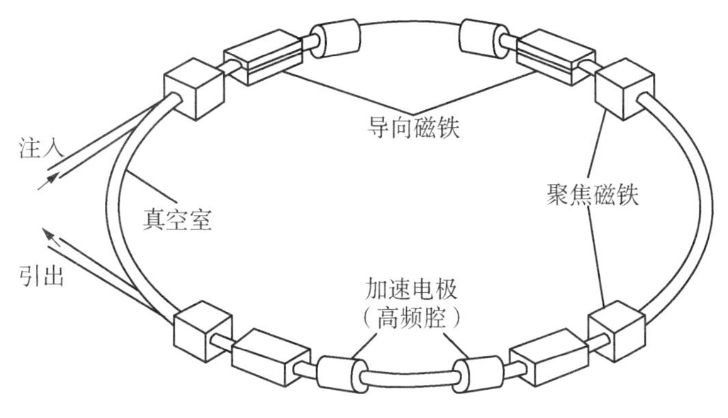

图 6-2　电子回旋加速器

电子回旋加速器的主要结构是安放在两个磁极之间的一个扁圆盒形真空室，即环形真空室。环形真空室管通常是瓷制的，内侧涂有导电的靶层并接地。环形真空室用来容纳因被加速而高速旋转的电子。

电子回旋加速器具有很多优点，其能量范围宽但分散度小，焦点尺寸也小，束流强度比较大且准直性好，可以获得高检测灵敏度；电子回旋加速器也存在一些缺点，比如设备复杂、造价高、体积大、射线强度低。

3）电子直线加速器

电子直线加速器是利用射频电场来加速电子的直线轨道加速器，其由电流调整系统、控制操作台和主机组成。电流调整系统可以将外电源经过稳压和调制后，供给电子直线加速器使用，控制操作台可以控制检测曝光时间和剂量，主机是电子直线加速器的核心部分。

电子直线加速器主机由一系列空腔构成的加速管组成，电子通过空腔两端的孔从一个空腔进入到下一个空腔。电子直线加速器利用射频电磁场加速电子，磁控管产生自激荡发射微波，通过波导管把微波输入到加速管内。加速管空腔被设计成谐振腔，由电子枪发射的电子在适当的时候射入空腔，穿过谐振腔的电子正好在适当的时刻到达磁场中某一加速点被加速，从而增加了能量，被加速的电子从前一腔体出来后进入下一个空腔被继续加速，直到获得很高能量。被加速的高能电子最高速度可达光速的 99%，高速电子撞击金属靶产生高能 X 射线。

目前，用于工业射线检测的电子直线加速器有两种：一种采用行波加速，另一种采用驻波加速。

与电子回旋加速器相比，电子直线加速器焦点较大，但其体积小，由大电子束流产生的 X 射线强度大，更适合用于工业射线检测。

关于高能 X 射线的辐射防护要注意两点：一是室内必须安装通风或者换气装置，因为对被检工件进行高能 X 射线检测的同时会电离室内空气，其产生的臭氧和氮氧化合物对人身体有害；二是对于直线加速器，除了采取高能 X 射线辐射防护外，还要进行微波辐射防护，同时防止氟利昂、高电压等对工作人员产生的危害。

6.2 中子射线照相检测技术

中子与物质的相互作用服从指数衰减规律：

$$I_t = I_0 e^{-\mu_n t}$$

式中，t 为射线透过物体的厚度；I_0 为透射物体前的射线强度；I_t 为透过厚度为 t 的物体后的射线强度；μ_n 为中子吸收系数，与中子的作用截面有关。

由于中子不带电荷，在透过物体时与原子的核外电子不发生电子库仑力的作用，因此能比较轻易地穿过电子层直接击中原子核发生吸收或散射等核反应，吸收或散射作用越大，中子强度减弱得越多，从而使穿透中子束的强度发生相应的减弱，而这种强度的减弱与物质内部单位体积内核素性质、种类及原子核密度有关，也与被穿透物体的厚度有关。随着上述因素的变化，穿透的中子数强度变化就与物体内部结构相对应，形成中子强度分布图像，通过图像探测器的记录和成像显示，从而得到包含被检测物体内部的核素、密度和厚度变化等综合信息的图像。

中子射线照相检测布置如图 6-3 所示。

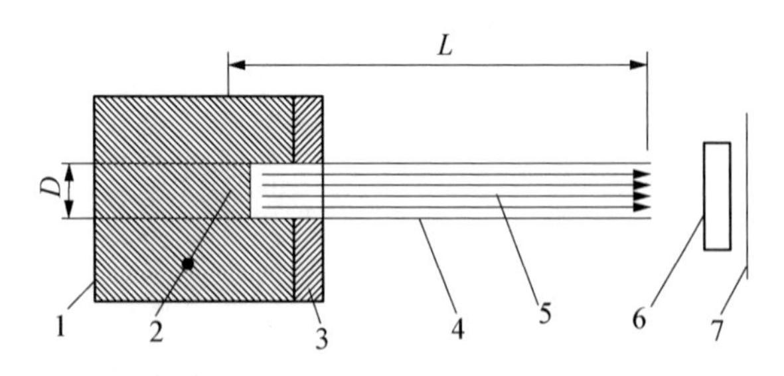

1—慢化剂；2—快中子源；3—中子吸收层；4—准直器；5—中子束；6—被检工件；7—转换屏(间接法)或转换屏与胶片的组合(直接法)；D— 中子入射孔径；L— 准直器长度。

图 6-3 中子射线照相检测布置图

由图6－3可知，常见的中子射线照相检测设备主要有中子源、慢化剂、准直器、图像探测器(如转换屏-胶片)等。

(1) 中子源。常用的中子源有同位素中子源、加速器中子源、反应堆中子源、中子管式中子源这四种，前两种中子源产生的中子是快中子，需通过慢化剂使其变成热中子才能使用，热中子反应堆产生的中子是热中子。中子管式中子源是加速器中子源的另一种形式，其体积小、价格低，可用于移动式中子检测装置。中子射线照相检测所用的中子源为热中子源。

(2) 慢化剂。从各种中子源发出中子的能量高达数百万电子伏特，穿透力强，但与物质的相互作用反应截面小，中子照相速度慢。为了得到热中子束，需要将快中子慢化(减速)为热中子和超热中子，这样做除了可增大与物质的反应截面积提高照相速度外，还能减小快中子散射引起的次级γ射线的影响，从而提高照相质量。慢化剂作用原理：当中子穿透某些原子序数小、中子散射截面大而吸收截面极小的材料(如石墨、金属铍等)组成的慢化剂时，中子与物质的原子核发生弹性或非弹性碰撞而损失能力，从而使其速度降低。

(3) 准直器。准直器用铝或不锈钢等材料制造，经过减速后的热中子通过准直器后，能量减少为原来的1%。准直器的准直效果越好，获得的图像质量越高，但准直程度的提高则意味着中子强度变弱。

(4) 图像探测器。从被检物体透射出来的中子束的空间强度分布形成反映被检物体内部状态等的潜像。图像探测器的作用就是在适当的探测技术条件下将潜像变成可见的图像显示出来或以数字的形式记录出来。

由于中子只与原子核而不与电子发生作用，因此，中子几乎不能使胶片感光，所以不能用X射线胶片直接成像法来显示中子射线图像，必须采用转换屏。转换屏在中子照射下可以发射α射线、β射线或γ射线等，利用这些射线使胶片感光，记录透射中子分布图像，完成中子射线照相检测。根据转换屏的不同，中子射线可分为直接曝光法和间接曝光法两种。

① 直接曝光法。该方法使用半衰期极短的材料比如锂、硼、钆等制作转换屏(也称为瞬时屏)，在中子照射下瞬时发射射线使胶片感光，直接记录转换屏在中子照射下产生的瞬间图像。这种屏用于直接曝光法，即屏同胶片贴在一起放在真空或者压紧型的暗盒内与中子束一起曝光，如图6－4(a)所示。

② 间接曝光法。该方法使用半衰期稍长的材料比如铟、镝、铑等制作转换屏(也称活化屏)，当中子照射转换屏时，俘获中子，形成具有一定寿命的放射性核，当之后的放射性衰变中放出的β射线达到一定强度后，立即转移转换屏到暗盒内，与胶片紧贴在一起(乳胶面与照射面相贴)，由β衰变粒子使胶片累计感光，直至获得足够的曝光量从而得到清晰的图像，如图6－4(b)所示。

应用间接曝光法时，由于 α、β、γ 射线不能激活转换屏，该方法不但可消除中子束中寄生 γ 射线的干扰，还能消除被检工件自身放出的 α、β、γ 射线对图像的干扰。

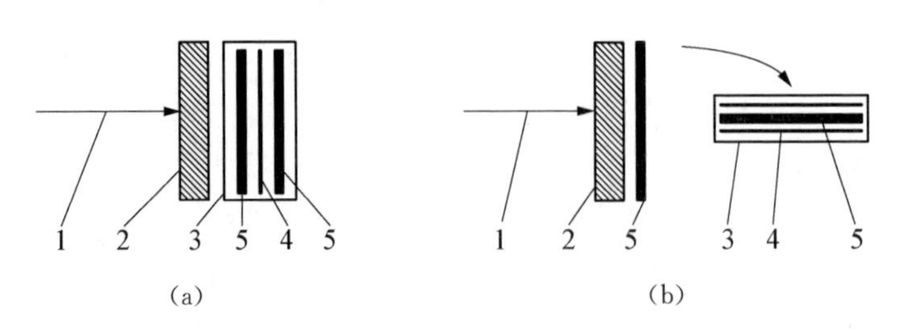

1—中子束；2—被检工件；3—暗盒；4—胶片；5—转换屏。

图 6-4　热中子射线照相检测方法

(a)直接曝光法；(b)间接曝光法

6.3　胶片扫描成像检测技术

在射线照相检测技术的应用中，检测完成后得到的 X 射线或 γ 射线的底片保存与管理比较烦琐和麻烦，经常会出现以下问题：①若环境不佳，射线底片会出现霉斑、老化等；②对于大型工程，需要很大的存放空间；③大多为人工管理，效率低、资料的查询不方便，速度慢，无法做到图像实时传输和多人同时评片、异地评定；④存在丢失、损坏和变质所引起的信息丢失等一系列问题。因此，实现射线底片的数字化管理及应用有着非常紧迫的现实意义。

目前，随着底片数据采集设备和计算机技术的发展，胶片扫描成像检测技术基本做到了底片信息的无损转换，实现了底片数字图像数据的长期存储和灵活调阅。借助图像管理软件，可以对图像进行缩放及缺陷尺寸精确测量，通过调整图像灰度、亮度等指标突显底片图像中缺陷信息，方便人眼观察。通过计算机辅助评定软件实现对缺陷的辅助评定工作，借助网络对图像进行远程传输，实现对缺陷的多人、异地评定及专家会诊。

胶片扫描成像检测系统(也称底片数字化系统)一般由底片扫描系统和计算机系统两大部分组成。其中底片扫描系统由光源及光栅机构、CCD 相机、底片传动机构、嵌入式控制板组成，计算机系统由控制软件、图像处理软件、图像评定及显示系统组成。胶片扫描成像检测系统原理图如图 6-5 所示。

胶片扫描成像检测系统工作时，由计算机软件进行参数设置、扫描过程实时控制以及图像实时显示。计算机的设置参数(底片密度值)通过网络通信的方式发送到嵌

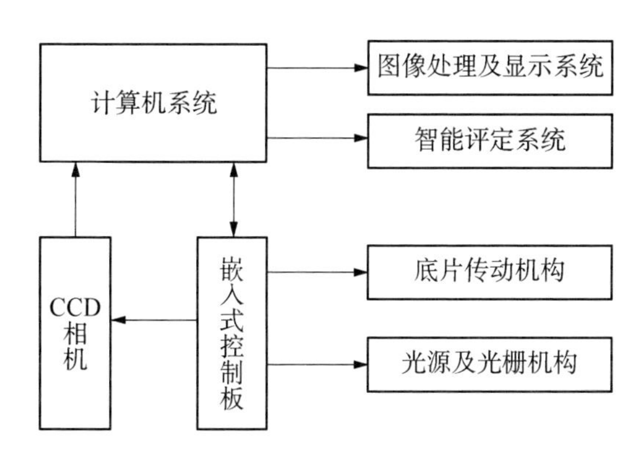

图6-5　胶片扫描成像检测系统原理图

入式控制板，控制系统会根据不同的焊缝底片密度值匹配相应的光源亮度、光阑宽度、相机曝光模式和传动机构转速，实现精确的自动化控制。经CCD相机曝光采集的图像信号，经A/D转换后将数字信号图像传达给计算机，由图像处理软件进行图像处理和实时显示。进而利用图像分析软件对缺陷进行分析和评定。

一般认为，当底片数字化系统的空间分辨率不低于底片的空间分辨率时，则可认为数字化过程中的有效信息是无损的。《无损检测 射线照相底片数字化系统的质量鉴定 第2部分：最低要求》(GB/T 26141.2—2010)标准中规定了底片数字化系统的密度范围和工作范围以及底片数字化系统的最小空间分辨率(见表6-1、表6-2)。

表6-1　最小密度对比度的射线照相底片数字化系统的最小密度范围

参　数	DS级	DB级	DA级
密度范围[①] D_R	0.5～4.5	0.5～4.0	0.5～3.5
以位表示的数字分辨率	≥12	≥10	≥10
在 D_R 内密度对比灵敏度 ΔD_{cs}	≤0.02	≤0.02	≤0.02

注：① 密度范围可被分成几个独立的工作范围。

表6-2　底片数字化系统的最小空间分辨率

能量/keV	DS级		DB级		DA级	
	像素尺寸/μm	MTF20%[①②]/(lp/mm)	像素尺寸/μm	MTF20%/(lp/mm)	像素尺寸/μm	MTF20%/(lp/mm)
≤100[③]	15	16.7	50	5	70	3.6
>100～200	30	8.3	70	3.6	85	3

（续表）

能量/keV	DS级		DB级		DA级	
	像素尺寸/μm	MTF20%/(lp/mm)	像素尺寸/μm	MTF20%/(lp/mm)	像素尺寸/μm	MTF20%/(lp/mm)
>200～450 ^{75}Se、^{169}Yb	60	4.2	85	3	100	2.5
^{192}Ir	100	2.5	125	2	150	1.7
^{60}Co、>1 MeV	200	1.25	250	1	250	1

注：① 对应GB/T 26141.1—2010的常规检查，20%的MTF值可通过汇聚空间分辨率测试目标来决定；
② 由于可能的混淆，汇聚空间分辨率测试目标可以给出比MTF测量更低准确度的值；
③ 能量低于70 keV，射线底片的空间分辨率可以比级别DS16.7所要求的扫描仪分辨率更好一些。在此情况下，扫描仪的空间分辨率应当与底片的分辨率适合，或者射线底片的原件应当被归档。

底片数字化系统的密度范围和工作范围的最低要求除需达到表6-1内容的规定要求外，还要求在表6-1规定的范围内，数字化仪应提供密度对比灵敏度：$\Delta D_{cs} \leqslant 0.02$。根据数字化仪的结构，密度范围可以被划分成几个工作范围。设备依据光学密度的比例转换数字化值时，应提供最小数字分辨率。如果数字化值是依据光强度比例转换的，则数字分辨率至少增加2个额外的位数。

射线照相底片数字化系统分为3个级别：DS、DB和DA。

DS-增强技术：一种信噪比和空间分辨率没有明显降低的数字化转换。应用领域为底片数字化归档（数字存储）。

DB-增强技术：允许图像质量有一定降低。应用领域为对底片进行数字化分析，射线底片原件必须归档。

DA-基本技术：允许图像质量有某些降低，并且也允许空间分辨率的进一步减少。应用领域为对底片进行数字化分析，射线底片原件必须归档。

6.4 康普顿散射成像检测技术

康普顿散射作用过程中，入射射线光子的能量一部分转移给反冲电子，一部分保留在散射电子中。入射光子发生康普顿散射的概率除了与入射光子的能量和物质的原子序数有关外，还与物质的原子量和密度有关。康普顿散射成像检测技术就是利用测量从被透照物体中放射出来的康普顿散射线对物体内部进行成像的放射性成像技术，其成像原理如图6-6所示。

由图6-6可以看出，射线源发射出的射线 I_0 经过准直器后到达被检工件，被检工件中不同位置产生的散射线经准直器到达不同的检测器。对于同一层区域，一般

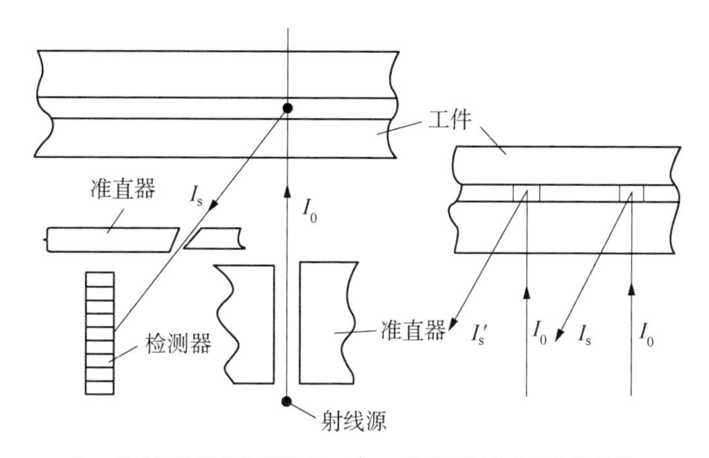

I_0—射线源发射出的射线；I_s、I_s'—工件中不同点产生的散射线。

图 6-6　康普顿散射成像技术原理

情况下，到达缺陷区的入射射线与到达其他区的射线将经受到同等的衰减，从缺陷区产生的散射线与其他区产生的散射线，在到达检测器时（同一方向）也将经受同等程度的衰减。被检工件中某一层如果不同点存在性质差异比如存在缺陷，则其产生的散射线能量将不同，该层检测器测量到的数据也就不同，检测到的散射辐射由高增益的光电倍增管进行放大，数字化后输出到计算机中，从而对该层存在的性质差异比如缺陷等进行分析、判断。

康普顿散射成像系统一般由射线源、准直器、探测器（检测器）、机械装置、计算机控制系统及图像处理系统组成，射线源、探测器（检测器）与被检工件在同一侧，成像系统可以直接层析成像而不需要图像重建。从射线源发出的射线，通过准直器形成一小角度的扇形射线束入射到被检工件；从工件产生的康普顿散射线，只能通过成像室的窄缝按直线传播方式入射到探测器上，形成工件的图像；通过机械装置的左右移动，可以对被检工件在一定角度的散射线通过区域形成三维扫查，并由软件系统进行图像处理，输出三维图像。

由于康普顿散射具有能量较低，对低密度物质穿透率较大的特点，因此，适合检测低原子序数的物质材料，比如轻合金、塑料、复合材料等，对于钢铁等金属材料或设备，由于康普顿散射穿透厚度有限，只可用于近表面区 3～5 mm 范围内的缺陷检测。

6.5　X 射线表面残余应力测试技术

对于多晶体材料而言，宏观应力对应的应变被认为是相应区域里晶格应变的统计结果，因此，依据 X 射线衍射原理测定晶格应变可计算应力。X 射线应力测试的坐标系统如图 6-7 所示：S_3 为垂直于试样表面的坐标轴(试样表面法线)；O 为试样表面上的一个点；OP 为空间某一方向；S_ϕ 为在试样平面上的投影所在方向，亦即应力 σ_ϕ 的方向和切应力 τ_ϕ 作用平面的法线方向。

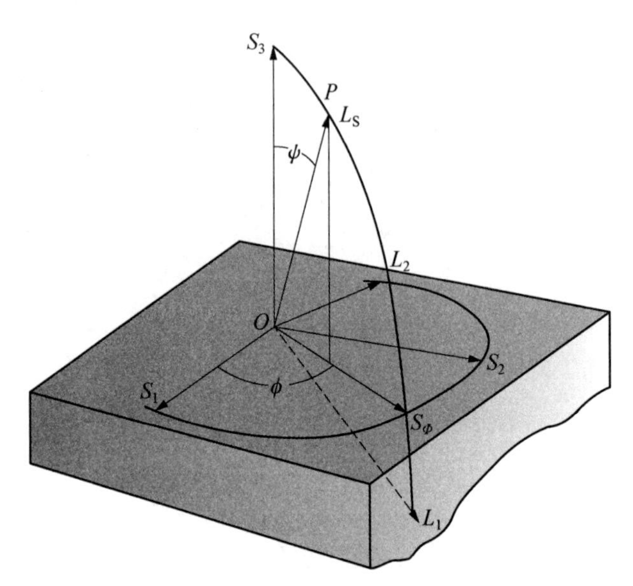

图 6-7　X 射线衍射应力测试相关的正交坐标系

注意：在 X 射线应力测定中，将 OP 选定为材料中衍射晶面$\{hkl\}$的法线方向，亦即入射光束和衍射光束之角平分线。根据线弹性力学理论，由 ψ 与 ϕ 确定的 OP 方向上的应变可以表示为

$$\begin{aligned}\varepsilon_{\phi\psi}^{\{hkl\}} = & S_1^{\{hkl\}}(\sigma_{11}+\sigma_{22}+\sigma_{33})+\frac{1}{2}S_2^{\{hkl\}}\sigma_{33}\cos^2\psi + \\ & \frac{1}{2}S_2^{\{hkl\}}(\sigma_{11}\cos^2\phi+\sigma_{22}\sin^2\phi+\tau_{12}\sin 2\phi)\sin^2\psi + \\ & \frac{1}{2}S_2^{\{hkl\}}(\tau_{13}\cos\phi+\tau_{23}\sin\phi)\sin 2\psi \end{aligned} \tag{6-1}$$

式中，$\varepsilon_{\phi\psi}^{\{hkl\}}$ 为材料的 O 点上由 ϕ 和 ψ 确定的 OP 方向上的应变；$S_1^{\{hkl\}}$、$\frac{1}{2}S_2^{\{hkl\}}$ 为材料中$\{hkl\}$晶面的 X 射线弹性常数；σ_{11}、σ_{22}、σ_{33} 为 O 点在 S_1、S_2、S_3 方向上的正应力分量；τ_{12} 为 O 点以 S_1 为法线的平面上 S_2 方向的切应力；τ_{13} 为 O 点以 S_1 为法线的平面上 S_3 方向的切应力；τ_{23} 为 O 点以 S_2 为法线的平面上 S_3 方向的切应力。式中，材料$\{hkl\}$晶面的 X 射线弹性常数 $S_1^{\{hkl\}}$、$\frac{1}{2}S_2^{\{hkl\}}$ 由材料晶面的杨氏模量 E 和泊松比 ν

确定，$S_1^{\{hkl\}}=-\frac{\nu}{E}$、$\frac{1}{2}S_2^{\{hkl\}}=\frac{1+\nu}{E}$。

大多情况下，检测所用的射线能量能穿透的材料和零部件深度只有几微米至几十微米，因此通常假定 $\tau_{33}=0$，则式(6-1)可表示为

$$\varepsilon_{\phi\psi}^{\{hkl\}}=S_1^{\{hkl\}}(\sigma_{11}+\sigma_{22}+\sigma_{33})+\frac{1}{2}S_2^{\{hkl\}}\sigma_{33}\cos^2\psi+\frac{1}{2}S_2^{\{hkl\}}\sigma_{\phi}\sin^2\psi+\frac{1}{2}S_2^{\{hkl\}}\tau_{\phi}\sin 2\psi \tag{6-2}$$

使用 X 射线衍射装置测得衍射角 $2\theta_{\phi\psi}$(材料 O 点上以 OP 方向为法线的 $\{hkl\}$ 所对应的衍射角)，根据布拉格定律可求得与之对应的晶面间距为 $d_{\phi\psi}$，则晶格应变 $\varepsilon_{\phi\psi}$ 可用晶面间距来表示：

$$\varepsilon_{\phi\psi}^{\{hkl\}}=\ln\left(\frac{d_{\phi\psi}}{d_0}\right)=\ln\left(\frac{\sin\theta_0}{\sin\theta_{\phi\psi}}\right) \tag{6-3}$$

式中，$\varepsilon_{\phi\psi}^{\{hkl\}}$ 为材料 O 点上 $\{hkl\}$ 晶面由 ϕ 和 ψ 确定的 OP 方向上的应变；θ_0 为材料无应力状态对应 $\{hkl\}$ 的布拉格角；$\theta_{\phi\psi}$ 为衍射角 $2\theta_{\phi\psi}$ 的 1/2；d_0 为材料无应力状态 $\{hkl\}$ 的晶面间距；$d_{\phi\psi}$ 为材料的 O 点上以 OP 方向为法线的 $\{hkl\}$ 的晶面间距，由测得的 $2\theta_{\phi\psi}$ 求出。

晶格应变也可用近似表示：$\varepsilon_{\phi\psi}^{\{hkl\}}\approx\frac{d_{\phi\psi}-d_0}{d_0}$ (6-4)

$$\varepsilon_{\phi\psi}^{\{hkl\}}\approx-(\theta_{\phi\psi}-\theta_0)\cdot\frac{\pi}{180}\cdot\cot\theta_0 \tag{6-5}$$

在平面应力状态下，$\tau_{13}=\tau_{23}=\tau_{33}=0$，则

$$\varepsilon_{\phi\psi}^{\{hkl\}}=S_1^{\{hkl\}}(\sigma_{11}+\sigma_{22})+\frac{1}{2}S_2^{\{hkl\}}\sigma_{\phi}\sin^2\psi \tag{6-6}$$

上式表明试样 O 点 ϕ 方向的正应力 σ_{ϕ} 与晶格应变 $\varepsilon_{\phi\psi}^{\{hkl\}}$ 呈正比关系

$$\sigma_{\phi}=\frac{1}{(1/2)S_2^{\{hkl\}}}\cdot\frac{\partial\varepsilon_{\phi\psi}^{\{hkl\}}}{\partial\sin^2\psi} \tag{6-7}$$

将式(6-7)代入式(6-5)得到：

$$\sigma_{\phi}=K\cdot\frac{\partial\theta_{\phi\psi}}{\partial\sin^2\psi} \tag{6-8}$$

式中，K 为应力常数，且 K 为

$$K=-\frac{E}{2(1+\nu)}\cdot\frac{\pi}{180}\cdot\cot\theta_0 \tag{6-9}$$

根据上述原理，用波长为 λ 的 X 射线先后数次以不同的入射角 θ 照射试样，测出相应的衍射角 2θ，求出 2θ 对 $\sin 2\psi$ 的斜率，便可算出应力。

6.6 射线测厚技术

常见的射线测厚有 X 射线荧光测厚和辐射测厚。

6.6.1 X 射线荧光测厚

1）测厚原理

当原子受到 X 射线光子撞击使原子内层电子从轨道游离出来而出现空位，原子内层电子将重新配位，较外层电子会跃迁到内层电子轨道，同时释放出次级 X 射线，即 X 射线荧光。较外层电子跃迁到内层电子空位所释放的能量等于电子能级的能量差，不同元素会释放波长不同的特征 X 射线荧光，根据 X 射线荧光特征波长可进行材料的定性分析，根据释放出来的特征 X 射线荧光强度可以进行镀层厚度测量。

与超声波测厚不同，X 射线荧光测厚主要用于几微米甚至几十微米的镀层厚度测量，如电网隔离开关、10 kV 开关柜梅花触头、10 kV 柱上开关等设备的镀银（锡）层厚度测量。

2）设备与器材

X 射线荧光测厚设备与器材包括 X 射线荧光光谱仪、试片等。

（1）X 射线荧光光谱仪。

X 射线荧光光谱仪分为便携式 X 射线荧光光谱仪和台式 X 射线荧光光谱仪两种，如图 6－8 所示。

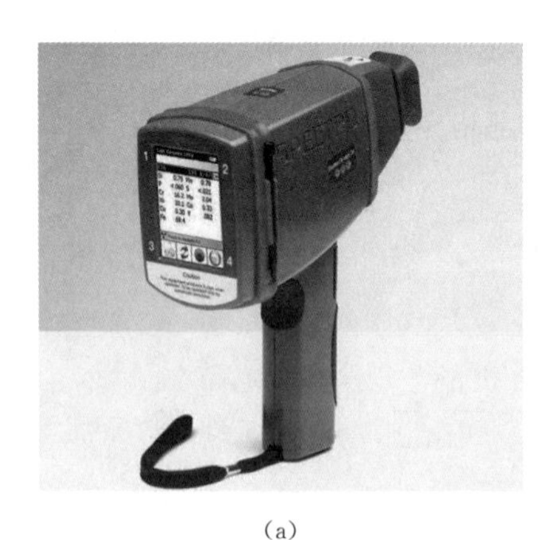

（a）

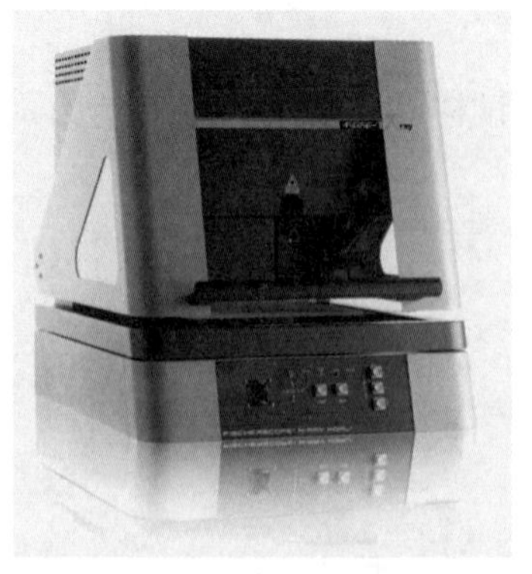

（b）

图 6－8　X 射线荧光光谱仪

（a）便携式；（b）台式

X 射线荧光光谱仪测量镀层厚度时，不需要接触样品，照射样品的 X 射线只有几十瓦，不会对样品造成损伤，整个测量过程大约需要十几秒到几分钟。X 射线荧光光谱仪最多可以测量 6 层镀层的厚度，测量范围大约为 0.1～50 μm，不同的镀层种类测量范围有一定的差异。

(2) 试片。

X 射线荧光光谱仪主要配件为试片，用于仪器校准及工艺评价。通常根据检测对象不同，试片主要采用与被检测工件基体及镀层材料相同的材质制作而成，常见的有铜基镀银试片、铜基镀锡试片、铝基镀银试片等，如图 6-9 所示。每种试片都由若干片组成，在每块试片上均标定基体材料及镀层厚度值，常见覆盖的镀层厚度有 1 μm、3 μm、10 μm、15 μm、20 μm 等，每套试片的实际厚度值有差异，且不是整数，需要进行标定。

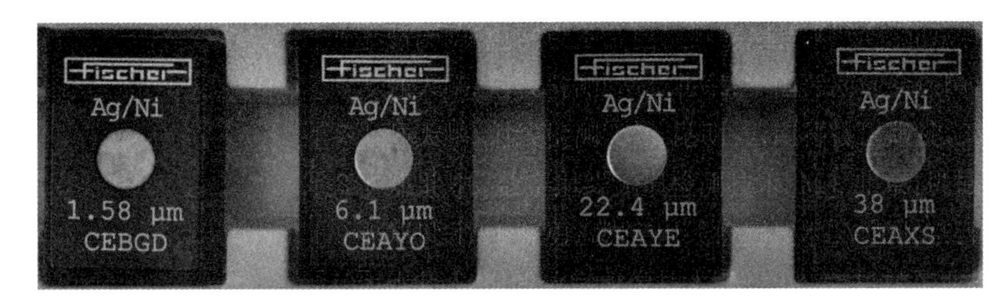

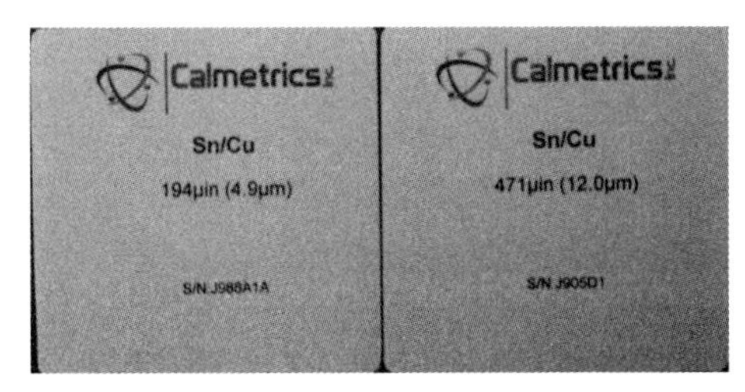

图 6-9　镀层试片

6.6.2　辐射测厚

射线穿过物体时射线强度会减弱，穿过的物体越厚，辐射吸收得越多，其辐射强度就越小。射线辐射强度与穿过物体厚度之间遵循的衰减规律为

$$I_t = I_0 e^{-\mu\rho t} \tag{6-10}$$

式(6-10)中等式两边取自然对数，即得到：

$$t = 1/(\mu\rho)\ln(I_0/I_t) \tag{6-11}$$

式中，t 为射线透过物体的厚度(m)；I_0 为没有被测物体时的射线辐射量；I_t 为透过厚度为 t 的物体后的射线辐射量；ρ 为穿过物体的密度(g/m^3)；μ 为穿过物体对射线的吸收系数(m^2/g)。

当穿过物体与射线能量一定时，μ 和 ρ 就是常数，通过测量 I_0 和 I_t 就可知道穿过物体的厚度 t，辐射测厚就是根据这个原理来测量被测物体厚度的。

实际工作中，用辐射测厚仪测量被测物体厚度时，穿透被测物体前、后射线强度的变化是通过探测器上的输出电压 V 体现出来的，由于电压 V 与射线强度 I 成正比关系，因此，式(6－11)可变为

$$t = 1/(\mu\rho)\ln(V_0/V_t) \tag{6-12}$$

式中，V_0 为没有穿过被测物体时的探测器输出电压；V_t 为穿过厚度为 t 的被测物体后的探测器输出电压。

不同射线的能量差异比较大，所以针对不同的被测对象和测量厚度范围，应选择不同放射源的辐射测厚方法。γ 射线辐射测厚方法的测量范围比较宽，能测量较厚的带材(如不锈钢)，承受较为恶劣的工况条件，且不受烟气、蒸汽和水分等影响。β射线辐射测厚方法适用于测量较薄物体比如纸张、塑料和橡胶的厚度等。

第 7 章　辐射防护

射线检测工作中涉及的辐射分为两大类，一类为电离辐射，主要有 X 射线、γ 射线、中子射线等；另一类则是粒子辐射，主要有 α 射线、β 射线、质子射线等。所谓辐射防护，是指在射线检测工作中为了避免或减少辐射对人体伤害而采取的防护措施。本章主要介绍辐射的危害、辐射的防护以及电网设备射线现场检测的放射防护等基本内容。

7.1　辐射的危害

7.1.1　辐射的生物效应

辐射作用于生物体时产生的电离辐射导致生物体的细胞、组织、器官等发生损伤从而引起的病理反应就叫辐射生物效应。

辐射的生物效应分类有多种。根据电离辐射出现的范围不同，分为躯体效应和遗传效应，在受照者本人身上表现出来的效应称作躯体效应，影响受照者后代的效应称为遗传效应，躯体效应又分全身效应和局部效应；根据电离辐射出现的时间不同，分为远期效应和近期效应，近期效应又分为急性效应和慢性效应；从辐射防护角度看，分为随机效应和非随机效应或确定性效应，这也是本章节讲述的主要内容。

（1）随机效应。

随机效应，是指电离辐射引起的伤害带有随机性，不存在剂量阈值。随机效应在辐射防护中发生的概率与照射剂量大小有关，剂量大，随机效应发生的概率就越大，但效应的严重程度与剂量的大小无关，如遗传效应和由于辐射诱发的躯体致癌效应。

（2）确定性效应(非随机效应)。

确定性效应，也称非随机效应，是指电离辐射引起的伤害不存在概率性，只要达到一定量的照射，就必定出现一定程度的伤害。一般情况下，确定性效应的严重程度与照射剂量大小有关，剂量越大，损害越严重，只要限制剂量当量，基本上就可以阻止确定性效应的发生。

辐射安全防护工作的最终目的就是要防止非随机效应带来的危害，并限制随机效应发生的概率，从而达到标准所规定的允许范围。

7.1.2 辐射的损伤

辐射损伤是指电离辐射产生的各种生物效应对人体造成的损伤。辐射损伤有两种来源，一种是来自人体之外的辐射照射（即外照射），另外一种来自吸入（如带有放射性的灰尘等）或进入（如受放射性污染的水源、食品等）人体内的放射性物质的照射（即内照射）。辐射损伤主要有急性损伤和慢性损伤两种。

急性损伤是指在较短时间内全身受到大剂量的照射产生的辐射损伤。急性损伤对人体的中枢神经系统、造血系统、消化系统及性腺和皮肤等会造成严重后果。

慢性损伤是指人体长时间受到超过允许的低剂量照射后的数年或者更长时间后才出现的辐射损伤。慢性损伤会导致白血病、癌症、再生不良性贫血、白内障等。

总的来说，辐射损伤是一个复杂的过程，它与许多因素有关，比如辐射的敏感性、辐射性质、吸收剂量、吸收剂量率、受照条件等。

(1) 辐射敏感性。对于同样的受照条件，不同的器官、组织对辐射损伤作用的敏感程度不一样，有的物质辐射敏感性高，有的物质辐射敏感性较低，比如血细胞辐射敏感性较高，肌肉和神经细胞的辐射敏感性最低。

(2) 辐射的性质。不同种类的辐射、不同能量的同种辐射，其电离密度不同，使人体产生的电离程度不同，引起的生物效应不同。比如，对于同一数量级能量的不同种类辐射，γ 射线对人体产生的辐射损伤就比 X 射线对人体产生的辐射损伤更大；对于不同能量的 X 射线，高能 X 射线造成的辐射损伤比低能 X 射线要大。

(3) 吸收剂量。一般情况下，吸收剂量越大产生辐射损伤也越大。

(4) 吸收剂量率。在受照总剂量一定的条件下，剂量率越高，单位时间内的吸收剂量越大，辐射生物效应越严重。

(5) 受照条件。受照条件不同，其辐射损伤也不同。受照条件主要包括照射方式、照射部位、照射面积这三个方面。

照射方式：各种不同辐射对人体的危害程度不同，对于外照射来说，危害程度为中子射线＞γ 射线，X 射线＞β 射线＞α 射线；对于内照射来说，危害程度为 α 射线、质子射线大于 β 射线、α 射线、X 射线。

照射部位：在同样辐射照射条件下，对辐射敏感性从高到低排列依次为腹部、盆腔、头部、胸部、四肢。

照射面积：相同剂量照射下，受照射面积越大，产生的效应越大。应尽量避免大剂量的全身照射。

7.2　辐射防护

7.2.1　防护原则

辐射防护的目的是采取适当措施，防止发生有害的确定性效应（非随机性效应），并使随机性效应发生的概率限制在标准允许的范围之内，从而降低辐射可能造成的危害，确保人员的安全。因此，根据《电离辐射防护与辐射源安全基本标准》（GB 18871—2002）中相关条款的规定，辐射防护应遵循辐射实践的正当化、辐射防护的最优化以及个人剂量限值这三个基本原则。

（1）实践的正当性。对于一项实践，只有在考虑了社会、经济和其他有关因素之后，其对受照个人或社会所带来的利益足以弥补其可能引起的辐射危害时，该实践才是正当的。对于不具有正当性的实践及该实践中的源，不应予以批准。也就是说，任何有关辐射的工作，都需要考虑政治、经济、社会、环境等综合因素，只有带来的利益大于辐射的危害才能实施，否则就不应该实施。

（2）防护与安全的最优化。对于来自一项实践中的任一特定源的照射，应使防护与安全最优化，使得在考虑了经济和社会因素之后，个人受照剂量的大小、受照射的人数以及受照射的可能性均保持在可合理达到的尽量低水平；这种最优化应以该源所致个人剂量和潜在照射危险分别低于剂量约束和潜在照射危险约束为前提条件。也就是说，进行辐射照射不一定是剂量越小越好，而是在考虑各种综合因素后，使辐射照射水平降低到一个合理、可及的程度即可。

（3）剂量限制和潜在照射危险限制。应对个人受到的正常照射加以限制，由来自各项获准实践的综合照射所致的个人总有效剂量和有关器官或组织的总当量剂量不超过相关标准规定的剂量限值。应对个人所受到的潜在照射危险加以限制，使来自各项获准实践的所有潜在照射所致的个人危险与正常照射剂量限值所相应的健康危险处于同一数量级水平。即个人所受到的辐射照射剂量当量不超过相关标准所规定的个人剂量限值。

7.2.2　防护的基本方法和计算

辐射防护分为外照辐射防护和内照辐射防护。根据前文，内照辐射是因为放射性物质污染的空气、水、食物或者放射性物质从皮肤、伤口等通过不同渠道进入人体内造成的。本书的重点是工业射线检测，所以，不考虑内照射辐射，只考虑外照射的辐射防护这种情况。因此，本节所讲解的辐射防护的基本方法和相关计算也紧紧围绕防护的三个基本方法来具体展开，即时间防护、距离防护、屏蔽防护。

1）时间防护

时间防护就是控制射线对人体的照射时间。时间防护主要考虑剂量、剂量率、时间三个主要因素，三者之间的关系为：剂量（P）＝剂量率（$\dot{P}$）×时间（t）。

（1）对于X射线

$$P=\dot{P}t=\frac{KiZV^2}{F^2}t \tag{7-1}$$

式中，K 为比例系数，$K=1.1\sim1.4\times10^{-6}/\text{kV}$；$V$ 为管电压（kV）；i 为管电流（mA）；Z 为靶材料原子序数；F 为检测点距辐射源中心的距离（m）。

（2）对于γ射线

$$P=\dot{P}t=\frac{K_rA}{F^2}t \tag{7-2}$$

式中，K_r 为照射量率常数（γ 常数）$[\text{R}\cdot\text{m}^2/(\text{h}\cdot\text{Ci})]$；$A$ 为辐射源的放射活度（R）；F 为到点源的距离（m）；t 为照射时间（h）。

常用的放射源常数 K_r 可以通过查表7－1获得。

表7－1 常见γ源的 K_r 常数

γ源名称	K_γ /$[\text{R}\cdot\text{m}^2/(\text{h}\cdot\text{Ci})]$	K_γ /$[\times10^{-16}\ \text{C}\cdot\text{m}^2/(\text{kg}\cdot\text{h}\cdot\text{Bq})]$
^{60}Co	1.32	92
^{137}Cs	0.32	22.3
^{170}Tm	0.001 4	0.097
^{192}Ir	0.472	32.9
^{75}Se	0.20	13.9

由式（7－1）、式（7－2）可以看出，受照射的总剂量与受照时间成正比，因此，为了减少透照时间，则要求：操作人员技术要熟练；应尽量采用机械化、自动化工作；另外，在实际工作中，可以采取几个人一组进行轮换操作，减少每位人员接受照射时长，达到控制个人累积剂量低于剂量限值目的。

例 射线检测人员所在位置的剂量率为 50×10^{-6} Sv/h，根据GB 18871—2002中关于职业照射剂量限值规定B1.1.1.1条款“b）任何一年中的有效剂量，50 mSv”，一年按工作时间50周计算，则工作人员每周最多可从事射线检测工作多少时间？

解 一年中的有效剂量不超过50 mSv，一年工作时间50周，则每周有效剂量 P 不超过 $1\ \text{mSv}=10^3\ \mu\text{Sv}$，$\dot{P}=50\times10^{-6}\ \text{Sv/h}=50\ \mu\text{Sv/h}$，根据式（7－1）得：

$$t=\frac{P}{\dot{P}}=\frac{10^3}{50}=20\ \text{h}$$

答:每周最多可从事射线检测工作不超过20小时。

2) 距离防护

距离防护就是控制射线源到人体间的距离。假设射线源为点状射线源,即点源,则照射量率或剂量率与离开源的距离平方成反比关系。即:

$$\frac{D_1}{D_2}=\frac{R_2^2}{R_1^2}\quad 或\quad D_1R_1^2=D_2R_2^2 \tag{7-3}$$

式中,D_1为辐射源R_1处的剂量或剂量率;D_2为辐射源R_2处的剂量或剂量率;R_1为辐射源到1点的距离;R_2为辐射源到2点的距离。从上式可以看出,距离增加一倍,剂量或者剂量率降为原来的四分之一。

注意:对于非点状射线源,不满足上述平方反比关系,但照射剂量或剂量率还是遵循随距离增大而减小这个规律。

实际工作中,当现场射线检测工作缺少屏蔽物时,则尽量连接最长的控制电缆来拉远与源的距离,或者用机械化、自动化、遥控等多种手段来代替手工操作,从而达到辐射防护的效果。

例 辐射场中距离射线源2 m处的剂量率为90×10^{-6} Sv/h,射线检测工作人员每周从事射线检测工作时间为25 h,根据GB 18871—2002中关于职业照射剂量限值规定B1.1.1.1条款"b) 任何一年中的有效剂量,50 mSv",一年按工作时间50周计算,则工作人员与射线源之间的最小距离为多少?

解 已知:$R_1=2$ m, $D_1=90\times10^{-6}$ Sv/h

每周工作接受的最高有效剂量为$\frac{50\ \text{mSv}}{50}=1\ \text{mSv}=10^{-3}$ Sv

则在辐射场中距离射线源R_2处每小时接受的最大剂量率为

$$D_2=\frac{10^{-3}}{25}\ \text{Sv/h}=40\times10^{-6}\ \text{Sv/h}$$

根据式(7-3)得:$R_2^2=\frac{D_1}{D_2}R_1^2$,代入上述各已知量,则$R_2=3.0$ m

答:工作人员与射线源之间的最小距离为3 m。

3) 屏蔽防护

屏蔽防护就是在人体和射线源之间阻隔一种或数种能够降低射线的吸收材料,使得透过后的射线强度减弱,从而把工作人员所接受的照射剂量降低到标准允许的范围之内。

根据射线源的不同使用场景，屏蔽防护要解决屏蔽方式、屏蔽材料、屏蔽厚度这三大问题。

(1) 屏蔽方式。

根据放射性防护要求和射线源的不同，屏蔽方式分为固定式和移动式两类。固定式屏蔽防护有防护墙、防护铅门和观察窗等，移动式屏蔽防护有防护屏、不同结构的手套箱、铅砖以及各种移动的铅房、容器等。

(2) 屏蔽材料。

① 屏蔽材料的要求。对于不同的电离辐射采用不同的屏蔽材料，但选择屏蔽材料时应考虑材料对射线具有良好的吸收衰减系数(即防护性能)、稳定性能、结构性能及经济适用性等。

防护性能:是指屏蔽材料对辐射的衰减能力。在屏蔽效果差不多的情况下，应选择成本低、厚度薄、质量轻，并且在衰减入射过程中不产生贯穿性次级辐射的屏蔽材料。

稳定性能:屏蔽材料本身除了能抗辐射外，还要具备耐高温、抗腐蚀的性能。

结构性能:由于屏蔽材料最终会成为建筑结构的一部分，因此，对材料的结构性能包括材料的物理形态、力学特性和机械强度等有要求。

经济适用性:即屏蔽材料应尽量做到成本低、来源广、易加工，安装、维修方便。

② 常用屏蔽材料及特点。工业检测常用的屏蔽材料有铅、铁、红砖等。

铅:原子序数为82，密度为11.35 g/cm^3，耐腐蚀，对射线有强衰减，防护性能及稳定性较好。缺点是价格贵、结构性能差、机械强度低、不耐高温、有化学毒性，而且对低能量X射线散射大。

铁:原子序数26，密度7.8 g/cm^3，力学性能好、价钱便宜，具有良好的防护性能。

红砖:来源广，价廉、通用，对低能量X射线散射小，是屏蔽防护常选的材料。

混凝土:由水、石子、沙子和水泥混合凝固而成，密度低(2.1～2.3 g/cm^3)、成本低，有良好的结构性能，跟红砖一样也是最常用来作固定防护的屏蔽材料。如果成本允许，有时候为了进一步提高屏蔽性能和减少屏蔽厚度，会在里面加入重晶石、铁砂石、铸铁块等制成密度较大的混凝土。

在X射线防护屏蔽材料中，最常用的是铅板、普通的混凝土墙(密度为2.25 g/cm^3左右)、含钡混凝土墙(混凝土中添加了硫酸钡粉末，目的是增加混凝土的密度来增加射线的衰减，密度≥3 g/cm^3)，或者普通混凝土加铅板以及含铅玻璃等。

(3) 屏蔽厚度。

屏蔽材料的厚度计算，常采用半值层(也叫半价层，常用 $T_{1/2}$ 来表示) 或 1/10 值层($T_{1/10}$)。半值层的相关内容详见本书“2.4.3 单能窄束射线的衰减”。宽束X射线在铅和混凝土中的近似半价层厚度 $T_{1/2}$ 和 1/10 值层厚度 $T_{1/10}$ 见表 7-2;宽束 γ 射线在不同材料中的半值层厚度见表7-3。

表7-2 宽束X射线的近似半价层厚度 $T_{1/2}$ 和1/10值层厚度 $T_{1/10}$

峰值电压/kV	$T_{1/2}$ /mm		$T_{1/10}$ /mm	
	铅	混凝土	铅	混凝土
50	0.06	4.3	0.17	15
70	0.17	8.4	0.52	28
100	0.27	16	0.88	63
125	0.28	20	0.93	66
150	0.30	22.4	0.99	74
200	0.52	25	1.7	84
250	0.88	28	2.9	94
300	1.47	31	4.8	109
400	2.50	33	8.3	109
500	3.60	36	11.9	117
1 MV	7.90	44	26	147

表7-3 宽束γ射线在不同材料中的半值层厚度的近似值

屏蔽材料	不同放射源的半值层厚度/mm				
	^{60}Co	^{192}Ir	^{169}Yb	^{170}Tm	^{75}Se
铝	70	50	27	20	30
混凝土	70	50	27	—	30
钢	24	14	9	5	9
铅	13	3	0.8	0.6	1

半值层($T_{1/2}$)与1/10值层($T_{1/10}$)两者之间的关系为

$$T_{1/2}=0.301T_{1/10} \quad 或 \quad T_{1/10}=3.32T_{1/2} \tag{7-4}$$

利用半值层计算屏蔽层厚度的公式为

$$I_0/I=2^n \tag{7-5}$$

$$d=nT_{1/2} \tag{7-6}$$

式中,I_0 为屏蔽前的射线强度;I 为屏蔽后的射线强度;n 为半值层个数;d 为屏蔽层厚度。

屏蔽层厚度 d 求解过程：先求出屏蔽前的照射量（或照射率）I_0，按照标准选择安全照射量（或照射率）I（国家标准规定 $I=2.5\,\mu Sv/h$），利用式（7－5）求出半值层个数 n，根据射线种类或能量、屏蔽材料的种类由表 7－2 或表 7－3 查出 $T_{1/2}$，然后根据式（7－6）求出屏蔽层厚度 d。由于射线都存在散射，也就是射线属于宽束，其半值层厚度不是固定值，半价层厚度随防护层厚度的增加而增加，最终增加到一定值时不再变化，所以半值层个数的计算值为近似值，根据半价层的数目而计算出的防护层也不够准确。

例　额定管电压 250 kV 的 X 射线机在某一距离处的照射率为 200 mR/h，若要将此距离处的照射率降到 10 mR/h，分别计算所需混凝土和铅板屏蔽厚度是多少？

解　已知 $I_0=200\,mR/h$，$I=10\,mR/h$，根据式（7－5），求半值层个数 n

$$n=\frac{\lg I_0/I}{\lg 2}=\frac{\lg\frac{200}{10}}{\lg 2}=\lg 20/\lg 2=4.3$$

查表 7－2，则在管电压 250 kV 时混凝土和铅的半价层厚度值分别为

$$T_{1/2混凝土}=28\,mm；\;T_{1/2铅}=0.88\,mm$$

根据式（7－6），求屏蔽层厚度 $d=nT_{1/2}$

$$d_{混凝土}=4.3\times 28\,mm=120.4\,mm$$
$$d_{铅}=4.3\times 0.88\,mm=3.784\,mm$$

如果从考虑安全系数出发，则一般应再加一个半值层厚度，即

$$d_{混凝土}=120.4+28=148.4\approx 149\,mm$$
$$d_{铅}=3.784+0.88=4.664\approx 5.0\,mm$$

故所需混凝土和铅板的屏蔽厚度分别为 149 mm 和 5.0 mm。

总之，时间防护就是尽可能减少人体与射线的接触时间，距离防护就是尽量增大人体与射线源之间的距离，屏蔽防护则是在射线源与人体之间放置一种能有效吸收射线的足够厚度的屏蔽材料。辐射防护的最终目标就是要使射线从业人员所承受的辐射剂量在国家辐射防护安全相关标准所规定的限值范围之内。

7.2.3　辐射监测

辐射监测是指以射线辐射安全防护为目的，为估算和控制放射性辐射或放射性物质产生的照射而进行的测量，又称辐射照射监测或者辐射防护监测。因此，辐射监测主要包含两部分内容：一个是以辐射安全为目的的辐射监测内容，另外一个则是辐

射监测的测量仪器。

1）辐射监测的内容

辐射监测主要内容包括工作场所辐射监测、个人剂量监测、环境监测、排出物监测以及事故监测等，在工业射线检测中，主要是检测工作场所的辐射水平监测和个人剂量的监测。

（1）工作场所的监测。

在了解辐射工作场所监测前，先了解辐射工作场所的分区及相关标准管理要求。辐射工作场所分为控制区和监督区，不同的标准对控制区和监督区的规定不同。

① GB 18871—2002 对控制区和监督区的规定。

控制区 注册者和许可证持有者应把需要和可能需要专门防护手段或安全措施的区域定义为控制区，以便控制正常工作条件下的正常照射或防止污染扩散，并预防潜在照射或限制潜在照射的范围；确定控制区边界时，应考虑预计的正常照射的水平、潜在照射的可能性和大小，以及所需要的防护手段与安全措施的性质和范围；对于范围比较大的控制区，如果其中的照射或污染水平在不同的局部变化较大，需要实施不同的专门防护手段或安全措施，则可根据需要再划分出不同的子区，以方便管理；应在控制区的进出口及其他适当位置处设立醒目的警告标志，制定职业防护与安全措施，包括适用于控制区的规则与程序。

监督区 注册者和许可证持有者应将下述区域定为监督区：这种区域未被定为控制区，在其中通常不需要专门的防护手段或安全措施，但需要经常对职业照射条件进行监督和评价。应采用适当的手段划出监督区的边界，在监督区入口处的适当地点设立表明监督区的标牌；定期审查该区的条件，以确定是否需要采取防护措施和做出安全规定，或是否需要更改监督区的边界。

② GBZ 117—2015 与 GBZ 132—2008 针对不同射线作业现场，关于控制区、监督区的规定。

X 射线现场探伤作业。一般应将作业场所中周围剂量当量率大于 15 μSv/h 的范围内划为控制区；控制区边界应悬挂清晰可见的“禁止进入 X 射线区”警告牌，探伤作业人员在控制区边界外操作，否则应采取专门的防护措施。应将控制区边界外、作业时周围剂量当量率大于 2.5 μSv/h 的范围划为监督区，并在其边界上悬挂清晰可见的“无关人员禁止入内”警告牌，必要时设专人警戒。

γ 射线现场探伤作业。控制区边界外空气中剂量当量率应低于 15 μSv/h。在控制区边界上合适的位置设置电离辐射警告标志并悬挂清晰可见的“禁止进入放射工作场所”标牌，未经许可人员不得进入边界内。监督区位于控制区外，允许相关人员在此区活动，培训人员或探访者也可以进入该区域，其边界空气比释动能率应不大于 2.5 μSv/h，边界处应有电离辐射警告标志牌，非工作人员不得进入该区域。

工作场所的监测包括透照室内剂量场和周围环境剂量场的分别测定。

透照室内剂量场测定。通过对不同射线源和不同条件下射线产生的剂量、散射能量和剂量场的分布情况测定，可以发现剂量场中的高危险区域，并提前做好防护措施。

周围环境剂量场分布测定。通过对射线透照房间门窗，相连和相邻空间等周围环境照射量率测量，可以为保证环境辐射剂量合规提供依据。

(2) 个人剂量的监测。

个人剂量监测是一种控制性测量，其目的是通过测量人员身体整体或局部接受射线照射剂量的累积量，给出到某一时间点所受到的照射量或吸收剂量，从而提示注意控制以后的照射量，避免人员受到超过剂量限值的照射，同时也有助于分析超剂量的原因，为射线病的治疗和研究辐射损伤提供有价值的数据。

对于个人剂量监测，GB 18871—2002 相关规定如下：①对于任何在控制区工作的工作人员，或有时进入控制区工作并可能受到显著职业照射的工作人员，或其职业照射剂量可能大于 5 mSv/a 的工作人员，均应进行个人监测。在进行个人监测不现实或不可行的情况下，经审管部门认可后可根据工作场所监测的结果和受照地点和时间的资料对工作人员的职业受照做出评价。②对在监督区或只偶尔进入控制区工作的工作人员，如果预计其职业照射剂量在 1～5 mSv/a 范围内，则应尽可能进行个人监测。应对这类人员的职业受照进行评价，这种评价应以个人监测或工作场所监测的结果为基础。③如果可能，对所有受到职业照射的人员均应进行个人监测。但对于受照剂量始终不可能大于 1 mSv/a 的工作人员，一般可不进行个人监测。

同时，GB 18871—2002 对工作人员的职业照射剂量限值做了如下规定：①由审管部门决定的连续 5 年的年平均有效剂量(但不可做任何追溯性平均)为 20 mSv；②任何一年中的有效剂量为 50 mSv；③眼晶体的年当量剂量为 150 mSv；④四肢(手和足)或皮肤的年当量剂量为 50 mSv。

2) 辐射监测的仪器

辐射防护监测仪器有两类，一类是检出仪器，另一类为测量仪器。检出仪器不具体指示剂量率或照射率，仅指示辐射的存在或者为了确定相对照射率而发出有辐射存在或辐射危险的警告，如携带式 X、γ 辐射剂量仪；测量仪器用于在特定的需要测量的位置使用，经过定期检定的测量仪器可以测量瞬时的辐射剂量率或照射率数值，作为剂量计则可在需要测量的位置经过一定时间测量记录累积的电离辐射总量(累积剂量)。

(1) 个人剂量监测仪。

个人剂量监测仪主要用于监测个人受到的总照射量或组织的吸收剂量，体积小巧、轻便、容易使用和佩戴舒适，携带方便，同时能量响应精准，不受所测目标外的各种因素干扰。常用的个人剂量监测仪主要有胶片剂量计、个人剂量笔、热释光剂量计、电离室式剂量笔等。

胶片剂量计是用黑纸包住 X 射线胶片，当胶片受到射线照射后感光，通过标准处理程序处理后表现为不同的照相黑度，而黑度的程度与受到的辐射量有关，通过光密度计测量来反映所承受射线照射的个人累积剂量。

个人剂量笔（个人剂量计），又叫携带剂量表，一种形似钢笔的小验电器，实际上是一种直读式袖珍电离室。

热释光剂量计，也称热致发光剂量计，是以热致发光原理记录累积辐射剂量的一种剂量计。

电离室式剂量笔尤其适用于监测非日常操作或情况多变期间的照射量或监测短期来访者的受照量，可用来测量直接射线、操作区内的散射线等相当高的照射率。

（2）场所辐射监测仪。

场所辐射监测仪器主要有固态电离辐射仪和气态电离辐射仪两种。固态电离辐射仪其检测器感受辐射作用的物质为固态（如半导体、晶体等），常用的有电导率探测器、闪烁探测器等；气态电离辐射仪其检测器感受辐射作用的物质为气体，比如电离室剂量仪和技术管式剂量仪等。

7.2.4　常用辐射量及单位

常用的辐射量主要有照射量 X、吸收剂量 D、当量剂量 H_T、比释动能 K、有效剂量 E 等。

（1）照射量 X。照射量是描述 X 射线、γ 射线使空气电离能力的物理量，是指 X 射线或 γ 射线在单位质量空气中，与原子相互作用释放出来的次级电子完全被阻止时产生同一符号离子的总电荷。照射量的 SI 制单位是库伦/千克（C/kg），专用单位为伦琴（R），二者换算关系为 $1\ \mathrm{C/kg} \approx 3.877 \times 10^3\ \mathrm{R}$，$1\ \mathrm{R} = 2.58 \times 10^{-4}\ \mathrm{C/kg} = 10^3\ \mathrm{mR} = 10^6\ \mu\mathrm{R}$。

照射量率 $\dot{X}$：单位时间的照射量。照射量率 $\dot{X}$ 的 SI 制单位为库伦每千克秒，即 $\mathrm{C \cdot kg^{-1} \cdot s^{-1}}$，专用单位是伦琴/小时（R/h）、伦琴/分（R/min）、伦琴/秒（R/s）、毫仑/时（mR/h）等。

（2）吸收剂量 D。电离辐射传递给每单位质量的被照射物质的平均能量称作吸收剂量，它是量度物质受到电离辐射照射后，吸收能量多少的一个物理量，适用于任何物质。吸收剂量的 SI 制单位为戈瑞（Gy），工程中常用单位为拉德（rad），两者换算关系为：$1\ \mathrm{Gy} = 100\ \mathrm{rad} = 1\ \mathrm{J/kg} = 10^3\ \mathrm{mGy} = 10^6\ \mu\mathrm{Gy}$。

吸收剂量率 $\dot{D}$：单位时间内的吸收剂量称为吸收剂量率。其 SI 制单位为戈瑞/小时（Gy/h），专用单位为毫戈瑞/小时（mGy/h）、微戈瑞/秒（μGy/s）。

照射量与吸收剂量之间的关系：①二者表示的意义不同，照射量适用于X射线或γ射线，描述的是电离辐射在空气中的电离能力，研究对象是空气，是辐射场的量度，不反映生物组织的辐射吸收情况；吸收剂量适用于任何电离辐射和任何种类的物质，反映被照射物质吸收辐射能量的程度，即生物组织的辐射吸收情况；②在一定条件下，二者可以相互换算，对于同种类、同能量的射线和同一种被照射物质，吸收剂量与照射量成正比。

(3) 当量剂量 H_T。它是吸收剂量与辐射权重因子的乘积。某类辐射 R 在某个组织或器官 T 中的当量剂量记为 $H_{T\cdot R}$，$H_{T\cdot R}=D_{T\cdot R}\cdot W_R$。其中，$W_R$ 为 R 类辐射的权重因子(见表7-4)；$D_{T\cdot R}$ 为 R 类辐射在组织或器官中所致的平均吸收剂量。

表7-4 不同辐射类型的辐射权重因子

辐射类型	能量范围	W_R
光子	所有能量	1
电子和介子	所有能量	1
中子	<10 keV	5
	10～100 keV	10
	100 keV～2 MeV	20
	2～20 MeV	10
	>20 MeV	5
质子(反冲质子除外)	>2 MeV	5
α粒子、裂变碎片、重核	所有能量	20

当量剂量的SI制单位与吸收剂量的SI制单位相同，都是焦耳/千克(J/kg)，专用单位是希沃特(Sv)，也有毫希沃特(mSv)、微希沃特(μSv)，其换算关系为：$1\ \text{Sv}=1\ \text{J/kg}=10^3\ \text{mSv}=10^6\ \mu\text{Sv}$。

当量剂量率 $\dot{H}_T$：单位时间内的当量剂量。当量剂量率的SI制单位是希沃特/秒(Sv/s)，另外还有希沃特/分(Sv/min)等。

(4) 比释动能 K。所谓比释动能，是指不带电致电粒子与物质相互作用时，在单位质量的物质中产生的带电粒子的初始动能的总和。物质中比释动能的大小反映不带电致电粒子交给带电粒子能量的多少。比释动能的单位跟前述吸收剂量单位相同。

比释动能率 $\dot{K}$：单位时间内，单位质量的物质中由间接电离粒子释放出来的所有带电粒子初始动能的总和。其SI制单位为戈瑞/秒(Gy/s)，其他常用单位为毫戈瑞/小时(mGy/h)等。

(5) 有效剂量 E。加权的当量剂量(双加权的吸收剂量)称为有效剂量,其计算公式为

$$E = \Sigma_T W_T \cdot H_T = \Sigma_T W_T \cdot \Sigma_R W_R \cdot D_{T \cdot R} \tag{7-7}$$

式中,H_T 为组织或器官 T 所受的当量剂量;W_T 为组织或器官 T 的组织权重因子(见表7-5);W_R 为辐射 R 的辐射权重因子;$D_{T \cdot R}$ 为组织或器官 T 内的平均吸收剂量。

表7-5 各组织或器官的组织权重因子

组织或器官	组织权重因子 W_T	组织或器官	组织权重因子 W_T
性腺	0.20	肝	0.05
(红)骨髓	0.12	食道	0.05
结肠	0.12	甲状腺	0.05
肺	0.12	皮肤	0.01
胃	0.12	肝表面	0.01
膀胱	0.05	骨表面	0.01
乳腺	0.05	其余组织或器官	0.05

由表7-5可知,对射线越敏感的组织,权重因子的数值越大,但所有组织权重因子的和为1。

有效剂量 E 的单位和当量剂量一样,都是焦耳/千克(J/kg),或希沃特(Sv)。

7.3 电网设备X射线现场检测辐射防护

标准 GBZ 117—2015 对工业X射线现场探伤作业分区设置要求中明确规定:一般应将作业场所中周围剂量当量率大于15 μSv/h的范围内划为控制区,探伤作业人员在控制区边界外操作,否则应采取专门的防护措施;应将控制区边界外、作业时周围剂量当量率大于2.5 μSv/h的范围划为监督区,并禁止无关人员进入。因此,对于电网设备X射线现场检测放射防护,要从两个方面来采取措施:一个是通过剂量当量率来计算出控制区和监督区的距离;另一个是现场采取具体措施来进行防护。

(1) 控制区和监督区的距离计算。

根据标准 GBZ 117—2015 对控制区和监督区的定义及剂量当量率的限制,电网设备X射线现场检测放射防护必须遵守和依据该标准的规定来执行。也就是说,电网设备现场X射线检测时,控制区、监督区边界处的剂量当量率分别为15 μSv/h、

2.5 μSv/h。

在X射线现场检测时，对工作人员和周围环境影响最大的是透射射线和散射射线，其次才是漏射射线。漏射射线的控制区和监督区距离计算是利用式(7-9)，只不过此时 H_0 应变成“X射线探伤机在额定工作条件下，距X射线管焦点1米处的漏射射线空气比释动能率”，经过计算其数值均小于散射射线和透射射线的控制区和监督区半径距离，因此，漏射射线相关内容在此不再展开，只对散射射线和透射射线两种情况来分别计算电网设备现场X射线检测时的控制区和监督区的最小距离。

① 散射射线控制区和监督区最小距离的计算。为了安全，控制区和监督区的距离一般以工件90°散射的X射线剂量率来计算，其计算公式为

$$\dot{H}=I\times H_0\times B\times S\times\alpha/(L_S^2\times L_0^2) \tag{7-8}$$

式中，$\dot{H}$ 为控制区或监督区边界X射线剂量率，其在控制区为15 μSv/h，其在监督区为2.5 μSv/h；I 为X射线探伤机在最高管电压下的最大管电流(mA)；H_0 为距辐射源点1米处的输出量(μSv·m^2·mA^{-1}·h^{-1})；S 为辐射野面积，辐射野也称照射野，所谓辐射野面积是指与辐射束相交的平面内，其中辐射强度超过某一比例(或规定水平)的区域，一般取0.02 m^2；α 为散射因子，可以水的 α 值作为保守估计，取 4.75×10^{-2}；L_0 为源到工件的距离，取值0.9 m；L_S 为辐射体到控制区边界或监督区边界的距离(m)；B 为屏蔽透射因子，取值为1。

根据《工业X射线探伤室辐射屏蔽规范》(GBZ/T 250—2014)及相关资料得到不同射线管电压(kV)和不同过滤条件下的X射线距辐射源点(靶点)1米处输出量 H_0(表7-6)。

表7-6 不同管电压距靶点1 m处X射线输出量

管电压/kV	过滤条件(铝)/mm	输出量 H_0 /[Gy·m^2/(mA·h)]
50	3	0.103
100	3	0.261
150	3	0.312
200	3	0.534
250	3	0.834
300	3	1.254

例如，根据 $\dot{H}=I\times H_0\times B\times S\times\alpha/(L_S^2\times L_0^2)$，求国网某供电公司新建变电站110 kV GIS筒体焊缝现场X射线检测时散射射线的控制区和监督区距离，其中GIS壳体材质为5083铝合金，规格为 Φ508 mm×8 mm，现场X射线检测管电压为

100 kV,管电流 5 mA。

求散射射线控制区的距离

解:根据散射射线控制区距离公式

$$\dot{H}=I\times H_0\times B\times S\times \alpha/(L_S^2\times L_0^2)$$

式中，$\dot{H}=15\ \mu Sv/h$；$H_0=0.261\times 10^6\ \mu Sv\cdot m^2\cdot mA^{-1}\cdot h^{-1}$；$I=5\ mA$；$B=1$；$S=0.02\ m^2$；$\alpha=4.75\times 10^{-2}$；$L_0=0.9\ m$。

代入以上数据后得到：$15=5\times 0.261\times 10^6\times 1\times 0.02\times 4.75\times 10^{-2}/(L_S^2\times 0.9^2)$。

求出散射射线控制区的距离为：$L_S=10.10\ m$，即辐射体到控制区边界距离为 10.10 m。

求散射射线监督区的距离

解:根据散射射线监督区的距离公式

$$\dot{H}=I\times H_0\times B\times S\times \alpha/(L_S^2\times L_0^2)$$

式中，$\dot{H}=2.5\ \mu Sv/h$；$H_0=0.261\times 10^6\ \mu Sv\cdot m^2\cdot mA^{-1}\cdot h^{-1}$；$I=5\ mA$；$B=1$；$S=0.02\ m^2$；$\alpha=4.75\times 10^{-2}$；$L_0=0.9\ m$。

代入以上数据后得到：$2.5=5\times 0.261\times 10^6\times 1\times 0.02\times 4.75\times 10^{-2}/(L_S^2\times 0.9^2)$。

求出散射射线监督区的距离为 $L_S=24.74\ m$，即辐射体到监督区边界距离为 24.74 m。

② 透射射线控制区和监督区最小距离的计算。对于透射射线控制区和监督区的最小距离，即控制区和监督区最小半径 R 的计算公式为

$$\dot{H}=I\times H_0\times B/R^2 \tag{7-9}$$

式中，$\dot{H}$ 为控制区或监督区边界 X 射线剂量率，其在控制区为 $15\ \mu Sv/h$，其在监督区为 $2.5\ \mu Sv/h$；I 为 X 射线探伤机在最高管电压下的最大管电流(mA)；H_0 为距辐射源点 1 米处的输出量(见表 7-6)($\mu Sv\cdot m^2\cdot mA^{-1}\cdot h^{-1}$)；$B$ 为透射因子；R 为控制区或监督区半径(m)。

对于已知被检设备或工件，透射因子 B 为

$$B=10^{-d/\mathrm{TVL}} \tag{7-10}$$

$$B=10^{-d/\mathrm{HVL}} \tag{7-11}$$

式中，d 为被检工件厚度(mm)；TVL 为被检工件的什值层厚(mm)；HVL 为被检工件的半值层厚(mm)。什值层(也叫 1/10 值层，即 $T_{1/10}$)、半值层相关内容详见本书 7.2.2 节“3) 屏蔽厚度” 部分内容。

不同管电压下 X 射线检测铝制设备或钢制设备的最大厚度见表 7-7。不同管

电压下铝的半值层厚和钢的什值层厚见表 7－8。

表 7－7　不同管电压下 X 射线检测铝制设备或钢制设备的最大厚度

管电压/kV	铝制设备/mm	钢制设备/mm
50	19	2
100	60	8
150	100	13
200	160	22
250	200	30
300	230	45

表 7－8　不同管电压下铝的半值层厚和钢的什值层厚

管电压/kV	管电流/mA	铝半值层厚/mm	钢什值层厚/mm
50	5	1.5	1.8
100	5	2.7	5.1
150	5	4.1	12.0
200	5	5.28	18.9
250	5	6.54	29.6
300	5	7.79	45.2

例如，根据 $\dot{H}=I\times H_0\times B/R^2$，求国网某供电公司新建变电站 110 kV GIS 筒体焊缝现场 X 射线检测时透射射线的控制区和监督区距离，其中 GIS 壳体材质为 5083 铝合金，规格为 Φ508 mm×8 mm，现场 X 射线检测管电压为 100 kV，管电流 5 mA。

求透射射线控制区的距离

解：根据透射射线控制区的距离公式

$$\dot{H}=I\times H_0\times B/R^2$$

式中，$\dot{H}=15\ \mu\text{Sv/h}$；$H_0=0.261\times10^6\ \mu\text{Sv}\cdot\text{m}^2\cdot\text{mA}^{-1}\cdot\text{h}^{-1}$；$I=5\ \text{mA}$；

GIS 筒体材质为铝，$d=8\ \text{mm}$，$\text{HVL}=2.7\ \text{mm}$，则 $B=10^{-d/\text{HVL}}=10^{-8/2.7}$。

代入以上数据后得到：$15=5\times0.261\times10^6\times10^{-8/2.7}/R^2$。

求出透射射线控制区的距离为：$R=9.73\ \text{m}$，即辐射体到控制区边界距离为 9.73 m。

求透射射线监督区的距离

解:根据透射射线控制区的距离公式

$$\dot{H}=I\times H_0\times B/R^2$$

式中,$\dot{H}=2.5\ \mu Sv/h$;$H_0=0.261\times10^6\ \mu Sv\cdot m^2\cdot mA^{-1}\cdot h^{-1}$;$I=5\ mA$;

GIS筒体材质为铝,$d=8\ mm$,$HVL=2.7\ mm$,则$B=10^{-d/HVL}=10^{-8/2.7}$。

代入以上数据后为:$2.5=5\times0.261\times10^6\times10^{-8/2.7}/R^2$。

求出透射射线监督区的距离为:$R=23.84\ m$,即辐射体到监督区边界距离为23.84 m。

(2)现场防护措施。

根据标准GBZ 117—2015中关于"工业X射线现场探伤的放射防护要求"的相关规定及电网设备X射线现场检测的实际情况,现场采取的防护措施如下。

① 根据本节相关公式计算出的控制区和监督区的距离,在其距离范围的边界拉红白带、设置警示标志。

② 在控制区边界的红白带上悬挂"禁止进入X射线区"警告牌,工作人员在控制区边界外操作,否则应采取专门的防护措施。

③ 在监督区边界红白带上悬挂"无关人员禁止入内"和"电离辐射危险"警示牌,装设具有报警功能的电铃等设备,现场工作时还应配备一定数量的巡视人员,防止无关人员进入监督区,且现场工作人员应佩带个人剂量计,并携带剂量报警仪。

④ 根据现场检测设备的情况,尽量利用地形和周围其他设备的遮挡,防止射线对现场工作人员及其他无关人员造成辐射影响。

⑤ 现场如果没有其他可利用的地形或其他遮挡物,可考虑在被检设备2~3 m处放置一定厚度的铅板,以屏蔽或减少透射射线和散射射线对现场工作人员及其他无关人员的辐射影响。

⑥ 如果现场X射线检测在多楼层的室内变电站,应防止现场探伤工作区上层或下层的人员通过楼梯进入控制区。

⑦ 现场X射线检测作业时间尽量安排在晚上或非工作时间(比如中午休息或吃饭时间),错峰或避开工作时间检测,减少无关人员进入射线检测现场被辐射照射的机会。

⑧ 射线探伤机的控制台应设置在合适的位置或设有延时开机的装置,以便尽可能降低操作人员的受照剂量。

参 考 文 献

[1] 张小海,邬冠华.射线检测[M].北京机械工业出版社,2013.
[2] 夏纪真.工业无损检测技术(射线检测)[M].广州:中山大学出版社,2014.
[3] 骆国防.电网设备金属材料检测技术基础[M].上海:上海交通大学出版社,2020.
[4] 王建华,李树轩.射线成像检测[M].北京:机械工业出版社,2018.
[5] 骆国防.电网设备金属检测实用技术[M].北京:中国电力出版社,2019.
[6] 强天鹏.射线检测[M].北京:中国劳动社会保障出版社,2007.
[7] 强天鹏.射线检测[M].昆明:云南科技出版社,2001.
[8] 郑世才. 数字射线无损检测技术[M].北京:机械工业出版社, 2012.
[9] 郑世才,王晓勇. 数字射线检测技术[M].北京:机械工业出版社, 2019.
[10] 孙忠诚.射线数字成像技术[M].北京:机械工业出版社,2018.
[11] 郑世才.数字射线检测技术专题(一)——辐射探测器介绍[J]. 无损检测, 2012, 34(2): 35-40.
[12] 陈朝,李仓敏,贾铎默.IP板研究现状与前景展望[J].影像技术,2011,(3):3-7.
[13] 尹晓东,王福合.物理学与世界进步[M].合肥:安徽教育出版社,2015.
[14] Kalender W A.计算机层析成像:基本原理、系统技术、图像质量及应用[M].许州,陈浩,王远,译.北京:清华大学出版社,2016.
[15] 张定华,黄魁东,程云勇.锥束CT技术及应用[M].西安:西北工业大学出版社,2010.
[16] 余晓锷,龚剑.CT原理与技术[M].北京:科学出版社,2014.
[17] 董方旭,王从科,凡丽梅,等. X射线检测技术在复合材料检测中的应用与发展[J]. 无损检测,2016,38(2):67-72.
[18] 钟飞. 螺旋埋弧焊钢管管端焊缝线扫描DR成像系统的应用[J]. 现代电子,2006,235(20):132-135.
[19] 李衍.工业射线照相的历史[J]. 无损探伤, 2002(05):1-5.
[20] 赵聪,孙莉,武要峰,等.CR与DR检测技术在压力管道中的应用对比分析[J].化学工程与装备,2017(5):215-217.
[21] 董方旭,王从科,赵付宝,等.工业CT检测工艺参数对复合材料检测图像质量的影响[J].无损检测,2017,39(12):15-19.

[22] 张维国，倪培君，王晓艳，等. 工业 CT 检测中主要工艺参数定量取值方法[J]. 无损检测，2017，39(12)：7－14.

[23] 付康，倪培君，齐子诚，等. 工业 CT 工艺参数选择对小缺陷尺寸测量的影响[J]. 兵器材料科学与工程，2018，41(01)：110－115.

[24] 周江，孙灵霞，叶云长. 工业 CT 工艺参数选择对图像质量的影响[J]. 核电子学与探测技术，2009，29(5)：1183－1188.

[25] 万书亭，王志欢，郝广超，等. 基于 CT 优化工艺参数的断路器缺陷检测研究[J]. 电力科学与工程，2020，36(12)：44－50.

[26] 张朝宗. 工业 CT 技术参数对性能指标的影响——兼谈如何选择工业 CT 产品[J]. 无损检测，2007，29(1) ：48－52.

[27] 郑世才. 数字射线检测技术专题(二)——探测器系统选择[J]. 无损检测，2014，36(8)：12－45.

[28] 李衍. 非胶片射线检测技术[J]. 无损检测，2009，31(1) ：79－82.

[29] 管玉超，闫志鸿，武静，等. 焊缝底片数字化系统及其评价方法[J]. 电焊机，2017，(08)：48－52.

[30] 王振涛，王立强，吴志芳，等. 阵列康普顿背散射成像系统设计的蒙特卡罗仿真研究[J]. 核电子学与探测技术，2006，(06)：831－834.

[31] 朱建芳，梁煦宏，陈仕光. 薄带材智能辐射测厚仪的测量精度集成处理[J]. 传感器与微系统，2006，25(5)：48－51.

[32] 巴法海，李凯. 金属材料残余应力的测定方法[J]. 理化检验——物理分册，2017，53(11)：771－777.

[33] 杨宝钢，吴东流，任华友. 复合材料的康普顿背散射成像(CST)检测的初步研究[C]. 天津：第十二届全国复合材料学术会议，2002.

[34] 仇月双，李先杰，蒋宇红. X 射线装置移动探伤作业辐射防护距离和措施探讨[J]. 铀矿冶，2017，36(3)：236－240.

[35] 倪培君，王俊涛，闫敏，等. 数字射线检测技术理论研究进展[J]. 机械工程学部，2017，53(12)：13－18.

[36] 中华人民共和国国家卫生和计划委员会. GBZ 117—2015 工业 X 射线探伤放射防护要求[S]. 北京：中国标准出版社，2015.

[37] 中华人民共和国国家质量监督检验检疫总局. GB 18871—2002 电离辐射防护与辐射源安全基本标准[S]. 北京：中国标准出版社，2002.

[38] 中华人民共和国卫生部. GBZ 132—2008 工业 γ 射线探伤放射防护标准[S]. 北京：中国标准出版社，2008.

[39] 中华人民共和国国家质量监督检验检疫总局，中国国家标准化管理委员会. GB/T 7704—2017 无损检测 X 射线应力测定方法[S]. 北京：中国标准出版社，2017.

[40] 中华人民共和国国家质量监督检验检疫总局，中国国家标准化管理委员会. GB/T 26141.

2—2010 无损检测 射线照相底片数字化系统的质量鉴定 第 2 部分：最低要求[S]. 北京：中国标准出版社，2010.
[41] 国家能源局. NB/T 47013—2015 承压设备无损检测[S]. 北京：新华出版社，2015.
[42] 中华人民共和国国家质量监督检验检疫总局，中国国家标准化管理委员会. GB/T 29034—2012 无损检测 工业计算机层析成像(CT)指南[S]. 北京：中国标准出版社，2012.
[43] 中华人民共和国国家质量监督检验检疫总局，中国国家标准化管理委员会. GB/T 29070—2012 无损检测 工业计算机层析成像(CT)检测 通用要求[S]. 北京：中国标准出版社，2012.

索引